# 电气常用强制性条文实施指南

陆　敏　陆继诚　主编

中国建筑工业出版社

图书在版编目（CIP）数据

电气常用强制性条文实施指南/陆敏，陆继诚主编. —北京：
中国建筑工业出版社，2016.9
ISBN 978-7-112-19281-6

Ⅰ.①电…　Ⅱ.①陆…②陆…　Ⅲ.①建筑工程-电气设备-强
制性-文件-中国-指南　Ⅳ.①TU85-65

中国版本图书馆 CIP 数据核字（2016）第 062212 号

　　本书为电气常用强制性条文实施指南，涉及电气专业常用的 176 本国家和行业规范或标准中约 980 多条的条款内容，根据各规范单行本中强制性条文的条文说明和释义进行汇总和编撰。全书共分六个篇章。第一篇　供配电篇含变电所、供配电、电力线路、照明、防雷接地等电气设计与施工验收相关内容；第二篇　弱电篇含智能建筑、综合布线、安全防范、公共广播、有线电视、通信及线路、自动化仪表等弱电工程设计与施工验收相关内容；第三篇　消防篇含工业与民用建筑中各类建筑物的防火、火灾报警、气体和水灭火等消防设计与施工验收相关电气内容；第四篇　民用建筑篇含各类民用建筑、人防、暖通等工程设计与安装的相关电气内容；第五篇　节能、环保篇含工业与民用建筑的电气节能、太阳能、供热、计量和水处理、生活垃圾等环保工程设计与施工验收相关电气内容；第六篇　市政工程篇含城镇建设、规划、综合管廊、城市道路、轨道交通、桥梁、给水排水、暖通设备等市政工程设计与施工验收相关电气内容。

　　为了使读者能够更好地理解和掌握规范要义，本书对电气专业常用的强制性条文的实施进行了较为详细的释义说明。本书也是一本实用方便的速查应用手册，可供相关行业内勘察设计、审图、建设方（业主）、施工、监理、质量监督等单位的从事电气技术和管理人员查阅和使用，也可供大专院校电气专业的师生学习和参考。

责任编辑：张伯熙　张　磊
责任设计：李志立
责任校对：陈晶晶　刘　钰

**电气常用强制性条文实施指南**
陆　敏　陆继诚　主编
＊
中国建筑工业出版社出版、发行（北京西郊百万庄）
各地新华书店、建筑书店经销
北京红光制版公司制版
环球东方（北京）印务有限公司印刷
＊
开本：787×1092 毫米　1/16　印张：21½　字数：522 千字
2016 年 8 月第一版　　2016 年 8 月第一次印刷
定价：**50.00** 元
ISBN 978-7-112-19281-6
（28499）

# 本书编委会

主　　编：陆　敏　陆继诚

编写人员：刘　冬　曹宝康　陈剑峰　王佳斌　厉筱颖

　　　　　李兴乾　王葆瑜　王汝超

# 前　言

工程建设强制性标准条文是我国在工程建设领域中参与建设活动的各方所必须强制执行的条文，也是政府对执行情况实施监督的依据。同时也是确保工程建设安全和质量的关键。强制性标准条文的贯彻实施及应用，对于保证工程项目的工程质量，提高工程建设的安全性、可靠性以及社会效益、节能效益、环保效益等方面都具有极其重要的意义。

本实施指南主要依据是住房和城乡建设部在 2015 年 10 月 31 日前颁布的国家和行业正在实施的设计、施工及验收规范（标准）的强制性条文及条文说明，编者将这些条文说明内容进行了收集和整理，并参考有关资料进行了部分引申和扩展编写。本书对电气强条进行了比较深入的技术分析，在释义中阐明确立强条的依据，使读者能更好地理解和掌握规范。本实施指南是为了惠及和方便从事电气专业技术人员的工作，免去翻阅大量规范强条及条文说明的辛劳，节省宝贵的工作时间，而且携带和查阅方便。

本实施指南的各篇章中所列出的规范或标准的排列方式和顺序为：

1 先排国家规范（标准），后排行业规范（标准）。

2 先排勘察设计规范（标准），后排技术规范（标准）；

3 先排技术规范（标准），后排安装和验收规范（标准）；

4 先排安装规范（标准），后排验收规范（标准）；

5 根据规范（标准）的编号由小到大（不按年份）进行排序。

由于近年来国家及行业的规范（标准）更新较为频繁，新修订的勘察设计与施工及验收规范（标准）也将在以后陆续出版发行，因此本书将还会有少部分内容要有所更新。需要说明的是：本书如有收录的国家及行业的规范（标准）不是最新或有误以及编写方式查阅不便等问题，欢迎阅读本书的专家、同行和读者提出宝贵的意见（邮箱：lumin@smedi.com），以便再版时予以修订。

本实施指南由陆敏、陆继诚主编，参加本指南编写工作的有：陆敏承担供配电内容编写；王佳斌、厉筱颖承担弱电内容编写；曹宝康、陆敏承担消防内容编写；李兴乾、王葆瑜、王汝超承担民用建筑内容编写；刘冬承担节能、环保内容编写；陈剑峰承担市政内容的编写；陆继诚、陆敏承担了本书的审校工作。本实施指南在编写的过程中，得到了上海市政工程设计研究总院（集团）有限公司领导和同事们的支持和帮助，在此表示衷心的感谢。

**陆　敏**

2015 年 12 月于上海市政工程设计研究总院

# 目　录

## 第一篇　供　配　电

# 第二篇　弱　　电

# 第三篇　消　　防

# 第四篇　民　用　建　筑

# 第五篇　节　能、环　保

# 第六篇　市　政　工　程

# 第 一 篇

# 供 配 电

# 1. 《建筑照明设计标准》GB 50034—2013

**6.3.3** 办公建筑和其他类型建筑中具有办公用途场所的照明功率密度限值应符合表 6.3.3 的规定。

表 6.3.3 办公建筑和其他类型建筑中具有办公用途场所照明功率密度限值

| 房间或场所 | 对应照度值（lx） | 照明功率密度值（W/m²） | |
| --- | --- | --- | --- |
| | | 现行值 | 目标值 |
| 普通办公室 | 300 | ≤9.0 | ≤8.0 |
| 高档办公室、设计室 | 500 | ≤15.0 | ≤13.5 |
| 会议室 | 300 | ≤9.0 | ≤8.0 |
| 服务大厅 | 300 | ≤11.0 | ≤10.0 |

【释义】

本条规定了办公室建筑照明的功率密度值，取消了原标准中的对于办公建筑比较少的文件整理、复印、发行室和档案室，营业厅改为服务大厅。本条虽然规定了办公场所一个固定的照度标准值，但也有相当的灵活性，当符合本标准中第 4.1.2. 和第 4.1.3 条某些特殊条件之一及以上时，作业面或参考平面的照度，可按照度标准值进行分级提高或降低一级时，照明功率密度值应按比例提高或折减。除此以外其他任何情况均不能提高或折减。

附表 6.3.3 办公建筑国内外照明功率密度值对比

| 房间或场所 | 美国 ASHRAE/ IESNA-90. 1—1999 | 美国 ASHRAE/ IESNA-90. 1—2010 | 日本 节能法 1999 | 俄罗斯 МГСН 2.01— 98 | 原标准（GB 50034—2004） | | | 本标准 | | |
| --- | --- | --- | --- | --- | --- | --- | --- | --- | --- | --- |
| | | | | | 照明功率密度 | | 对应照度 （lx） | 照明功率密度 | | 对应照度 （lx） |
| | | | | | 现行值 | 目标值 | | 现行值 | 目标值 | |
| 普通办公室 | 17.0（封闭） 14.0（开敞） | 11.9（封闭） 10.5（开敞） | 20 | 25 | 11 | 9 | 300 | ≤9.0 | ≤8.0 | 300 |
| 高档办公室设计室 | | | | | 18 | 15 | 500 | ≤15.0 | ≤13.5 | 500 |
| 会议室 | 16.0 | 13.2 | 20 | — | 11 | 9 | 300 | ≤9.0 | ≤8.0 | 300 |
| 服务大厅 | 15.0 | — | 30 | 35 | 13 | 11 | 300 | ≤11.0 | ≤10.0 | 300 |

**6.3.4** 商店建筑照明功率密度限值应符合表 6.3.4 的规定。当商店营业厅、高档商店营业厅、专卖店营业厅、专卖店营业厅需装设重点照明时，该营业厅照明功率密度限值应增加 5W/m²。

表 6.3.4　商店建筑照明功率密度限值

| 房间或场所 | 对应照度值（lx） | 功率密度值（W/m²） | |
|---|---|---|---|
| | | 现行值 | 目标值 |
| 一般商店营业厅 | 300 | ≤10.0 | ≤9.0 |
| 高档商店营业厅 | 500 | ≤16.0 | ≤14.5 |
| 一般超市营业厅 | 300 | ≤11.0 | ≤10.0 |
| 高档超市营业厅 | 500 | ≤17.0 | ≤15.5 |
| 专卖店营业厅 | 300 | ≤11.0 | ≤10.0 |
| 仓储超市 | 300 | ≤11.0 | ≤10.0 |

【释义】

本条规定了商店建筑照明的功率密度值，在原标准的基础上增加了专卖店营业厅和仓储超市。但当符合标准第 4.1.2. 和第 4.1.3 条的规定，可按照度标准值进行分级提高或降低一级时，照明功率密度值应按比例提高或折减。除此以外其他任何情况均不能提高或折减。

附表 6.3.4　商店建筑国内外照明功率密度值对比（单位：W/m²）

| 房间或场所 | 美国ASHRAE/IESNA-90.1—1999 | 美国ASHRAE/IESNA-90.1—2010 | 新加坡建筑设备及运行节能标准SS530；2006 | 俄罗斯МГСН 2.01—98 | 原标准（GB 50034—2004） | | | 本标准 | | |
|---|---|---|---|---|---|---|---|---|---|---|
| | | | | | 照明功率密度 | | 对应照度（lx） | 照明功率密度 | | 对应照度（lx） |
| | | | | | 现行值 | 目标值 | | 现行值 | 目标值 | |
| 一般商店营业厅 | 22.6 | 18.1 | 30 | 25 | 12 | 10 | 300 | ≤10.0 | ≤9.0 | 300 |
| 高档商店营业厅 | | | | | 19 | 16 | 500 | ≤16.0 | ≤14.5 | 500 |
| 一般商店营业厅 | 19.4 | — | 30 | 35 | 13 | 11 | 300 | ≤11.0 | ≤10.0 | 300 |
| 高档商店营业厅 | | | | | 20 | 17 | 500 | ≤17.0 | ≤15.5 | 500 |
| 专卖店营业厅 | 15.07 | — | 30 | 35 | 13 | 11 | 300 | ≤11.0 | ≤10.0 | 300 |
| 仓储超市 | — | — | — | — | — | — | — | ≤11.0 | ≤10.0 | 300 |

**6.3.5　旅馆建筑照明功率密度限值应符合表 6.3.5 的规定。**

表 6.3.5　旅馆建筑照明功率密度限值

| 房间或场所 | 对应照度值（lx） | 功率密度值（W/m²） | |
|---|---|---|---|
| | | 现行值 | 目标值 |
| 客房 | — | ≤7.0 | ≤6.0 |
| 中餐厅 | 200 | ≤9.0 | ≤8.0 |
| 西餐厅 | 150 | ≤6.5 | ≤5.5 |

续表

| 房间或场所 | 对应照度值（lx） | 功率密度值（W/m²） | |
|---|---|---|---|
| | | 现行值 | 目标值 |
| 多功能厅 | 300 | ≤13.5 | ≤12.0 |
| 客房层走廊 | 50 | ≤4.0 | ≤3.5 |
| 大堂 | 200 | ≤9.0 | ≤8.0 |
| 会议室 | 300 | ≤9.0 | ≤8.0 |

【释义】

本条规定了旅馆建筑照明的功率密度值，在原标准的基础上增加了西餐厅和会议厅。但当符合标准第4.1.2和第4.1.3条的规定，可按照度标准值进行分级提高或降低一级时，照明功率密度值应按比例提高或折减。除此以外其他任何情况均不能提高或折减。

附表 6.3.5 旅馆建筑国内外照明功率密度值对比（单位：W/m²）

| 房间或场所 | 美国 ASHRAE/ IESNA-90.1—1999 | 美国 ASHRAE/ IESNA-90.1—2010 | 香港地区建筑照明节能规范 | 加州建筑照明节能规范—2008 | 原标准（GB 50034—2004） | | | 本标准 | | |
|---|---|---|---|---|---|---|---|---|---|---|
| | | | | | 照明功率密度 | | 对应照度（lx） | 照明功率密度 | | 对应照度（lx） |
| | | | | | 现行值 | 目标值 | | 现行值 | 目标值 | |
| 客房 | 26.0 | 11.9 | 15 | — | 15 | 13 | — | ≤7.0 | ≤6.0 | — |
| 中餐厅 | 11.0 | 8.8 | 23 | 11.8 | 13 | 11 | 200 | ≤9.0 | ≤8.0 | 200 |
| 西餐厅 | | | | | — | — | — | ≤6.5 | ≤5.5 | 150 |
| 多功能厅 | 16.0 | 13.2 | 23 | 16.1 | 18 | 15 | 300 | ≤13.5 | ≤12.0 | 300 |
| 客房层走廊 | 8.0 | 7.1 | 10 | 6.5 | 5 | 4 | 50 | ≤4.0 | ≤3.5 | 50 |
| 大堂 | 19.0 | 11.4 | 20 | 11.8 | — | — | — | ≤7.0 | ≤6.0 | 200 |
| 会议室 | 16.0 | 13.2 | 16 | 16.1 | 11 | 9 | 300 | ≤9.0 | ≤8.0 | 300 |

**6.3.6** 医疗建筑照明功率密度限值应符合表6.3.6的规定。

表 6.3.6 医院建筑照明功率密度值

| 房间或场所 | 对应照度值（lx） | 功率密度值（W/m²） | |
|---|---|---|---|
| | | 现行值 | 目标值 |
| 治疗室、诊室 | 300 | ≤9.0 | ≤8.0 |
| 化验室 | 500 | ≤15.0 | ≤13.5 |
| 候诊室、挂号厅 | 200 | ≤6.5 | ≤5.5 |
| 病房 | 100 | ≤5.0 | ≤4.5 |
| 护士站 | 300 | ≤9.0 | ≤8.0 |
| 药房 | 500 | ≤15.0 | ≤13.5 |
| 走廊 | 100 | ≤4.5 | ≤4.0 |

【释义】

本条规定了医疗建筑照明的功率密度值，在原标准的基础上增加了走廊，取消了手术室和重症监护室。但当符合标准第4.1.2和第4.1.3条的规定，可按照度标准值进行分级提高或降低一级时，照明功率密度值应按比例提高或折减。除此以外其他任何均不能提高或者折减。

附表 6.3.6　医疗建筑国内外照明密度值对比（单位：W/m²）

| 房间或场所 | 美国 ASHRAE/ IESNA- 90.1—1999 | 美国 ASHRAE/ IESNA- 90.1—2010 | 日本 节能法 1999 | 俄罗斯 МГСН 2.01— 98 | 原标准（GB 50034—2004） | | | 本标准 | | |
|---|---|---|---|---|---|---|---|---|---|---|
| | | | | | 照明功率密度 | | 对应照度 (lx) | 照明功率密度 | | 对应照度 (lx) |
| | | | | | 现行值 | 目标值 | | 现行值 | 目标值 | |
| 治疗室、诊室 | 17.22 | 17.9 | 30（诊室）20（治疗） | — | 11 | 9 | 300 | ≤9.0 | ≤8.0 | 300 |
| 化验室 | 20.0 | 19.5 | — | — | 18 | 15 | 500 | ≤15.0 | ≤13.5 | 500 |
| 候诊室 | 19.4 | 11.5 | 15 | — | 8 | 7 | 200 | ≤6.5 | ≤5.5 | 200 |
| 病房 | 12.9 | 6.7 | 10 | — | 6 | 5 | 100 | ≤5.0 | ≤4.5 | 100 |
| 护士站 | 19.0 | 9.4 | 20 | — | 11 | 9 | 300 | ≤9.0 | ≤8.0 | 300 |
| 药房 | 24.75 | 12.3 | 30 | 14 | 20 | 17 | 500 | ≤15.0 | ≤13.5 | 500 |
| 走廊 | 17.0 | 9.6 | — | — | — | — | — | ≤4.5 | ≤4.0 | 100 |

**6.3.7**　教育建筑照明功率密度限值应符合表 6.3.7 的规定。

表 6.3.7　教育建筑照明功率密度限值

| 房间或场所 | 对应照度值（lx） | 功率密度值（W/m²） | |
|---|---|---|---|
| | | 现行值 | 目标值 |
| 教室、阅览室 | 300 | ≤9.0 | ≤8.0 |
| 实验室 | 300 | ≤9.0 | ≤8.0 |
| 美术教室 | 500 | ≤15.0 | ≤13.5 |
| 多媒体教室 | 300 | ≤9.0 | ≤8.0 |
| 计算机教室、电子阅览室 | 500 | ≤15.0 | ≤13.5 |
| 学生宿舍 | 150 | ≤5.0 | ≤4.5 |

**【释义】**

本条规定了教育建筑照明的功率密度值，在原标准的基础上增加了计算机教室、电子阅览室和学生宿舍。但当符合标准第 4.1.2 和第 4.1.3 条的规定，可按照度标准值进行分级提高或降低一级时，照明功率密度值应按比例提高或折减。除此以外其他任何情况均不能提高或折减。

附表 6.3.7　教育建筑国内外照明功率密度对比（单位：W/m²）

| 房间或场所 | 美国 ASHRAE/ IESNA- 90.1—1999 | 美国 ASHRAE/ IESNA- 90.1—2010 | 日本 节能法 1999 | 俄罗斯 МГСН 2.01— 98 | 原标准（GB 50034—2004） | | | 本标准 | | |
|---|---|---|---|---|---|---|---|---|---|---|
| | | | | | 照明功率密度 | | 对应照度 (lx) | 照明功率密度 | | 对应照度 (lx) |
| | | | | | 现行值 | 目标值 | | 现行值 | 目标值 | |
| 教室、阅览室 | 17.0 | 13.3 | 20 | 20 | 11 | 9 | 300 | ≤9.0 | ≤8.0 | 300 |
| 实验室 | 20.0 | 13.8 | 20 | 25 | 11 | 9 | 300 | ≤9.0 | ≤8.0 | 300 |

续表

| 房间或场所 | 美国 ASHRAE/IESNA-90.1—1999 | 美国 ASHRAE/IESNA-90.1—2010 | 日本节能法 1999 | 俄罗斯 MГCH 2.01—98 | 原标准（GB 50034—2004） | | | 本标准 | | |
|---|---|---|---|---|---|---|---|---|---|---|
| | | | | | 照明功率密度 | | 对应照度（lx） | 照明功率密度 | | 对应照度（lx） |
| | | | | | 现行值 | 目标值 | | 现行值 | 目标值 | |
| 美术教室 | — | — | — | — | 18 | 15 | 500 | ≤15.0 | ≤13.5 | 500 |
| 多媒体教室 | — | — | 30 | 25 | 11 | 9 | 300 | ≤9.0 | ≤8.0 | 300 |
| 计算机教室、电子阅览室 | 17.22 | — | — | — | — | — | — | ≤15.0 | ≤13.5 | 500 |
| 学生宿舍 | 21.0 | 4.1 | — | — | — | — | — | ≤5.0 | ≤4.5 | 100 |

**6.3.9** 会展建筑照明功率密度限值应符合表 6.3.9 的规定。

表 6.3.9　会展建筑照明功率密度限值

| 房间或场所 | 对应照度值（lx） | 功率密度值（W/m²） | |
|---|---|---|---|
| | | 现行值 | 目标值 |
| 会议室、洽谈室 | 300 | ≤9.0 | ≤8.0 |
| 宴会厅、多功能厅 | 300 | ≤13.5 | ≤12.0 |
| 一般展厅 | 200 | ≤9.0 | ≤8.0 |
| 高档展厅 | 300 | ≤13.5 | ≤12.0 |

**【释义】**

本条规定了会展建筑照明的功率密度值，是本标准新增加的内容。但当符合标准第 4.1.2 和第 4.1.3 条的规定，可按照度标准值进行分级提高或降低一级时，照明功率密度值应按比例提高或折减。除此之外其他任何情况均不能提高或折减。

附表 6.3.9　会展建筑国内外照明功率密度值对比（单位：W/m²）

| 房间或场所 | 美国 ASHRAE/IESNA-90.1—1999 | 美国 ASHRAE/IESNA-90.1—2010 | 加州建筑照明节能规范—2008 | 香港地区建筑照明节能规范 | 本标准 | | |
|---|---|---|---|---|---|---|---|
| | | | | | 照明功率密度 | | 对应照度（lx） |
| | | | | | 现行值 | 目标值 | |
| 会议室、洽谈室 | 16.0 | 13.2 | 15 | 16 | ≤9.0 | ≤8.0 | 300 |
| 宴会厅、多功能厅 | 16.0 | 13.2 | 15 | 23 | ≤13.5 | ≤12.0 | 300 |
| 一般展厅 | 17.0 | 15.6 | 21.5 | 15.0 | ≤9.0 | ≤8.0 | 200 |
| 高档展厅 | | | | | ≤13.5 | ≤12.0 | 300 |

**6.3.10** 交通建筑照明功率密度限值应符合表 6.3.10 的规定。

表 6.3.10　交通建筑照明功率密度限值

| 房间或场所 | | 对应照度值（lx） | 功率密度值（W/m²） | |
|---|---|---|---|---|
| | | | 现行值 | 目标值 |
| 候车（机、船）室 | 普通 | 150 | ≤7.0 | ≤6.0 |
| | 高档 | 200 | ≤9.0 | ≤8.0 |
| 中央大厅、售票大厅 | | 200 | ≤9.0 | ≤8.0 |
| 行李认领、到达大厅、出发大厅 | | 200 | ≤9.0 | ≤8.0 |
| 地铁站厅 | 普通 | 100 | ≤5.0 | ≤4.5 |
| | 高档 | 200 | ≤9.0 | ≤8.0 |
| 地铁进出站门厅 | 普通 | 150 | ≤6.5 | ≤5.5 |
| | 高档 | 200 | ≤9.0 | ≤8.0 |

【释义】

本条规定了交通建筑照明的功率密度值，是本标准新增加的内容。但当符合标准第4.1.2和第4.1.3条的规定，可按照度标准值进行分级提高或降低一级时，照明功率密度值应按比例提高或折减。除此以外其他任何情况均不能提高或折减。

附表 6.3.10　交通建筑国内外照明功率密度值对比（单位：W/m²）

| 房间或场所 | | 美国 ASHRAE/ IESNA- 90.1—1999 | 美国 ASHRAE/ IESNA- 90.1—2010 | 加州建筑照明节能规范—2008 | 本标准 | | |
|---|---|---|---|---|---|---|---|
| | | | | | 照明功率密度 | | 对应照度（lx） |
| | | | | | 现行值 | 目标值 | |
| 候车（机、船）室 | 普通 | 11.0 | 5.8 | 6.4 | ≤7.0 | ≤6.0 | 150 |
| | 高档 | | | | ≤9.0 | ≤8.0 | 200 |
| 中央大厅、售票大厅 | | 19.0 | 11.6 | — | ≤9.0 | ≤8.0 | 200 |
| 行李认领、到达大厅、出发大厅 | | 14.0 | 8.2 | — | ≤9.0 | ≤8.0 | 200 |
| 地铁站厅 | 普通 | — | — | — | ≤5.0 | ≤4.5 | 100 |
| | 高档 | — | — | — | ≤9.0 | ≤8.0 | 200 |
| 地铁进出站门厅 | 普通 | — | — | — | ≤6.5 | ≤5.5 | 150 |
| | 高档 | — | — | — | ≤9.0 | ≤8.0 | 200 |

**6.3.11** 金融建筑照明功率密度限值应符合表 6.3.11 的规定。

表 6.3.11　会展建筑照明功率密度限值

| 房间或场所 | 对应照度值（lx） | 功率密度值（W/m²） | |
|---|---|---|---|
| | | 现行值 | 目标值 |
| 营业大厅 | 200 | ≤9.0 | ≤8.0 |
| 交易大厅 | 300 | ≤13.5 | ≤12.0 |

【释义】

本条规定了金融建筑照明的功率密度值，是本标准新增加的内容。但当符合标准第4.1.2和第4.1.3条的规定，可按照度标准值进行分级提高或降低一级时，照明功率密度值应按比例提高或折减。除此以外其他任何情况均不能提高或折减。

附表 6.3.11 金融建筑国内外照明功率密度值对比（单位：W/m²）

| 房间或场所 | 美国 ASHRAE/IESNA-90.1—1999 | 美国 ASHRAE/IESNA-90.1—2010 | 加州建筑照明节能规范—2008 | 本标准 | | |
|---|---|---|---|---|---|---|
| | | | | 照明功率密度 | | 对应照度（lx） |
| | | | | 现行值 | 目标值 | |
| 营业大厅 | 26.0 | 14.9 | 12.9 | ≤9.0 | ≤8.0 | 200 |
| 交易大厅 | — | — | — | ≤13.5 | ≤12.0 | 300 |

**6.3.12** 工业建筑非爆炸危险场所照明功率密度限值应符合表 6.3.12 的规定。

表 6.3.12 工业建筑非爆炸危险场所照明功率密度限值

| 房间或场所 | | 对应照度值（lx） | 功率密度值（W/m²） | |
|---|---|---|---|---|
| | | | 现行值 | 目标值 |
| **1. 机、电工业** | | | | |
| 机械加工 | 粗加工 | 200 | ≤7.5 | ≤6.5 |
| | 一般加工公差≥0.1mm | 300 | ≤11.0 | ≤10.0 |
| | 精密加工公差＜0.1mm | 500 | ≤17.0 | ≤15.0 |
| 机电、仪表装配 | 大件 | 200 | ≤7.5 | ≤6.5 |
| | 一般件 | 300 | ≤11.0 | ≤10.0 |
| | 精密 | 500 | ≤17.0 | ≤15.0 |
| | 特精密 | 750 | ≤24.0 | ≤22.0 |
| 电线、电缆制造 | | 300 | ≤11.0 | ≤10.0 |
| 线圈绕制 | 大线圈 | 300 | ≤11.0 | ≤10.0 |
| | 中等线圈 | 500 | ≤17.0 | ≤15.0 |
| | 精细线圈 | 750 | ≤24.0 | ≤22.0 |
| 线圈浇注 | | 300 | ≤11.0 | ≤10.0 |
| 焊接 | 一般 | 200 | ≤7.5 | ≤6.5 |
| | 精密 | 300 | ≤11.0 | ≤10.0 |
| 钣金 | | 300 | ≤11.0 | ≤10.0 |
| 冲压、剪切 | | 300 | ≤11.0 | ≤10.0 |
| 热处理 | | 200 | ≤7.5 | ≤6.5 |
| 铸造 | 溶化、浇铸 | 200 | ≤9.0 | ≤8.0 |
| | 造型 | 300 | ≤13.0 | ≤12.0 |
| 精密铸造的制模、脱壳 | | 500 | ≤17.0 | ≤15.0 |
| 锻工 | | 200 | ≤8.0 | ≤7.0 |
| 电镀 | | 300 | ≤13.0 | ≤12.0 |
| 酸洗、腐蚀、清洗 | | 300 | ≤15.0 | ≤14.0 |
| 抛光 | 一般装饰性 | 300 | ≤12.0 | ≤11.0 |
| | 精细 | 500 | ≤18.0 | ≤16.0 |
| 复合材料加工、铺叠、装饰 | | 500 | ≤17.0 | ≤15.0 |
| 机电修理 | 一般 | 200 | ≤7.5 | ≤6.5 |
| | 精密 | 300 | ≤11.0 | ≤10.0 |

续表

| 房间或场所 | | 对应照度值（lx） | 功率密度值（W/m²） | |
|---|---|---|---|---|
| | | | 现行值 | 目标值 |
| **2. 电子工业** | | | | |
| 整机类 | 整机厂 | 300 | ≤11.0 | ≤10.0 |
| | 装配工厂 | 300 | ≤11.0 | ≤10.0 |
| 电子材料 | 微电子产品及集成电路 | 500 | ≤18.0 | ≤16.0 |
| | 显示器件 | 500 | ≤18.0 | ≤16.0 |
| | 印刷电路板 | 500 | ≤18.0 | ≤16.0 |
| | 光伏组件 | 300 | ≤11.0 | ≤10.0 |
| | 电真空器件、机电组件 | 500 | ≤18.0 | ≤16.0 |
| 电子材料类 | 半导体材料 | 300 | ≤11.0 | ≤10.0 |
| | 光纤、光缆 | 300 | ≤11.0 | ≤10.0 |
| 酸、碱、药液及粉配制 | | 300 | ≤13.0 | ≤12.0 |

**【释义】**

本条规定了工业建筑照明的功率密度值，与原标准基本相同。但当符合标准第 4.1.2 和第 4.1.3 条的规定，可按照度标准值进行分级提高或降低一级时，照明功率密度值应按比例提高或折减。除此以外其他任何情况均不能提高或折减。

附表 6.3.12 工业建筑国内外照明功率密度值对比（单位：W/m²）

| 房间或场所 | | 美国 ASHRAE/ IESNA- 90.1—1999 | 美国 ASHRAE/ IESNA- 90.1—2010 | 俄罗斯 СНиП 23-05-95 | 原标准（GB 50034—2004） | | | 本标准 | | |
|---|---|---|---|---|---|---|---|---|---|---|
| | | | | | 照明功率密度 | | 对应 照度（lx） | 照明功率密度 | | 对应 照度（lx） |
| | | | | | 现行值 | 目标值 | | 现行值 | 目标值 | |
| **1. 机、电工业** | | | | | | | | | | |
| 机械 加工 | 粗加工 | — | — | 9 | 8 | 7 | 200 | ≤7.5 | ≤6.5 | 200 |
| | 一般加工 公差 ≥0.1mm | — | — | 14 | 12 | 11 | 300 | ≤11.0 | ≤10.0 | 300 |
| | 精密加工 公差 <0.1mm | 66.7 | 13.9 | 23 | 19 | 17 | 500 | ≤17.0 | ≤15.0 | 500 |
| 机电、 仪表 装配 | 大件 | 22.6 | 12.8 | 10 | 8 | 7 | 200 | ≤7.5 | ≤6.5 | 200 |
| | 一般件 | | | 14 | 12 | 11 | 300 | ≤11.0 | ≤10.0 | 300 |
| | 精细 | | | 23 | 19 | 17 | 500 | ≤17.0 | ≤15.0 | 500 |
| | 特精密装配 | | | 34 | 27 | 24 | 750 | ≤24.0 | ≤22.0 | 750 |
| 电线、电缆制造 | | — | — | 14 | 12 | 11 | 300 | ≤11.0 | ≤10.0 | 300 |
| 绕线 | 大线圈 | | | 14 | 12 | 11 | 300 | ≤11.0 | ≤10.0 | 300 |
| | 中等线圈 | | | 23 | 19 | 17 | 500 | ≤17.0 | ≤15.0 | 500 |
| | 精细线圈 | | | 34 | 27 | 24 | 750 | ≤24.0 | ≤22.0 | 750 |
| 线圈浇制 | | — | — | 14 | 12 | 11 | 300 | ≤11.0 | ≤10.0 | 300 |

续表

| 房间或场所 | | 美国 ASHRAE/ IESNA- 90.1—1999 | 美国 ASHRAE/ IESNA- 90.1—2010 | 俄罗斯 СНиЛ 23-05-95 | 原标准（GB 50034—2004） | | | 本标准 | | |
|---|---|---|---|---|---|---|---|---|---|---|
| | | | | | 照明功率密度 | | 对应照度（lx） | 照明功率密度 | | 对应照度（lx） |
| | | | | | 现行值 | 目标值 | | 现行值 | 目标值 | |
| **1. 机、电工业** | | | | | | | | | | |
| 焊接 | 一般 | 32.3 | 13.2 | 11 | 8 | 7 | 200 | ≤7.5 | ≤6.5 | 200 |
| | 精密 | | | 17 | 12 | 11 | 300 | ≤11.0 | ≤10.0 | 300 |
| 钣金、冲压、剪切 | | | | 17 | 12 | 11 | 300 | ≤11.0 | ≤10.0 | 300 |
| 热处理 | | | | 11 | 8 | 7 | 200 | ≤7.5 | ≤6.5 | 200 |
| 铸造 | 熔化、浇铸 | — | — | 11 | 9 | 8 | 200 | ≤9.0 | ≤8.0 | 200 |
| | 造型 | — | — | 17 | 13 | 12 | 300 | ≤13.0 | ≤12.0 | 300 |
| 精密铸造的制模、脱壳 | | — | — | 27 | 19 | 17 | 500 | ≤17.0 | ≤15.0 | 500 |
| 锻工 | | — | — | 11 | 9 | 8 | 200 | ≤8.0 | ≤7.0 | 200 |
| 电镀 | | — | — | — | 13 | 12 | 300 | ≤13.0 | ≤12.0 | 300 |
| 酸洗、腐蚀、清洗 | | — | — | 15 | 14 | 300 | ≤15.0 | ≤14.0 | 300 | |
| 抛光 | 一般装饰性 | — | — | 17 | 13 | 12 | 300 | ≤12.0 | ≤11.0 | 300 |
| | 精细 | — | — | 27 | 20 | 18 | 500 | ≤18.0 | ≤16.0 | 500 |
| 复合材料加工、铺叠、装饰 | | — | — | 26 | 19 | 17 | 500 | ≤17.0 | ≤15.0 | 500 |
| 机电修理 | 一般 | 15.1 | 7.2 | 9 | 8 | 7 | 200 | ≤7.5 | ≤6.5 | 200 |
| | 精密 | 14 | 12 | 11 | 300 | ≤11.0 | ≤10.0 | 300 | | |
| **2. 电子工业** | | | | | | | | | | |
| 整机类 | 整机厂 | 23.0 | 12.8 | 26 | 20 | 18 | 500 | ≤11.0 | ≤10.0 | 300 |
| | 装配厂房 | 23.0 | 12.8 | 26 | 20 | 18 | 500 | ≤11.0 | ≤10.0 | 300 |
| 元器件类 | 微电子产品及集成电路 | 67.0 | 13.9 | 15.6 | 12 | 10 | 300 | ≤18.0 | ≤16.0 | 500 |
| | 显示器件 | | | 15.6 | 14.0 | 12.0 | 300 | ≤18.0 | ≤16.0 | 500 |
| | 印制线路板 | | | — | — | — | ≤18.0 | ≤16.0 | 500 | |
| | 光伏组件 | | | — | — | — | ≤11.0 | ≤10.0 | 500 | |
| | 电真空器件、机电组件等 | | | — | — | — | ≤18.0 | ≤16.0 | 500 | |
| 电子材料类 | 半导体材料 | 67.0 | 13.9 | | | | | ≤11.0 | ≤10.0 | 300 |
| | 光纤、光缆 | | | | | | | ≤11.0 | ≤10.0 | 300 |
| 酸、碱、药液及粉配置 | | 20 | 19.5 | — | — | — | — | ≤13.0 | ≤12.0 | 300 |

**6.3.13** 公共和工业建筑非爆炸危险场所通用房间或场所照明功率密度限值应符合表6.3.13 的规定。

表 6.3.13 公共和工业建筑非爆炸危险场所通用房间或场所照明功率密度限值

| 房间或场所 | | 对应照度值 (lx) | 功率密度值（W/m²） | |
|---|---|---|---|---|
| | | | 现行值 | 目标值 |
| 走廊 | 一般 | 50 | ≤2.5 | ≤2.0 |
| | 高档 | 100 | ≤4.0 | ≤3.5 |
| 厕所 | 一般 | 75 | ≤3.5 | ≤3.0 |
| | 高档 | 150 | ≤6.0 | ≤5.0 |
| 试验室 | 一般 | 300 | ≤9.0 | ≤8.0 |
| | 精细 | 500 | ≤15.0 | ≤13.5 |
| 控制室 | 一般控制室 | 300 | ≤9.0 | ≤8.0 |
| | 主控制室 | 500 | ≤15.0 | ≤13.5 |
| 电话站、网络中心、计算机站 | | 500 | ≤15.0 | ≤13.5 |
| 动力站 | 风机房、空调机房 | 100 | ≤4.0 | ≤3.5 |
| | 泵房 | 100 | ≤4.0 | ≤3.5 |
| | 冷冻站 | 150 | ≤6.0 | ≤5.0 |
| | 压缩空气站 | 150 | ≤6.0 | ≤5.0 |
| | 锅炉房、煤气站的操作层 | 100 | ≤5.0 | ≤4.5 |
| 仓库 | 大件库 | 50 | ≤2.5 | ≤2.0 |
| | 一般件库 | 100 | ≤4.0 | ≤3.5 |
| | 半成品库 | 150 | ≤6.0 | ≤5.0 |
| | 精细件库 | 200 | ≤7.0 | ≤6.0 |
| 公共车库 | | 50 | ≤2.5 | ≤2.0 |
| 车辆加油站 | | 100 | ≤5.0 | ≤4.5 |

【释义】

　　本条规定了工业建筑照明的功率密度值，与原标准基本相同。但当符合标准第 4.1.2 和第 4.1.3 条的规定，可按照度标准值进行分级提高或降低一级时，照明功率密度值应按比例提高或折减。除此以外其他任何情况均不能提高或折减。

附表 6.3.13 公共和工业建筑非爆炸危险场所通用房间或场所

国内外照明功率密度值对比（单位：W/m²）

| 房间或场所 | | 美国 ASHRAE/ IESNA- 90.1— 1999 | 美国 ASHRAE/ IESNA- 90.1— 2010 | 俄罗斯 СНиЛ 23-05—95 | 原标准 (GB 50034—2004) | | | 本标准 | | |
|---|---|---|---|---|---|---|---|---|---|---|
| | | | | | 照明功率密度 | | 对应照度 (lx) | 照明功率密度 | | 对应照度 (lx) |
| | | | | | 现行值 | 目标值 | | 现行值 | 目标值 | |
| 走廊 | 一般 | 8.0 | 7.1 | — | — | — | — | ≤2.5 | ≤2.0 | 50 |
| | 高档 | — | — | — | — | — | — | ≤4.0 | ≤3.5 | 100 |
| 厕所 | 一般 | — | — | — | — | — | — | ≤3.5 | ≤3.0 | 75 |
| | 高档 | — | — | — | — | — | — | ≤6.0 | ≤5.0 | 150 |

续表

| 房间或场所 | | 美国 ASHRAE/ IESNA- 90.1— 1999 | 美国 ASHRAE/ IESNA- 90.1— 2010 | 俄罗斯 СНИЛ 23-05—95 | 原标准 (GB 50034—2004) | | | 本标准 | | |
|---|---|---|---|---|---|---|---|---|---|---|
| | | | | | 照明功率密度 | | 对应照度 (lx) | 照明功率密度 | | 对应照度 (lx) |
| | | | | | 现行值 | 目标值 | | 现行值 | 目标值 | |
| 试验室 | 一般 | — | 13.8 | 16 | 11 | 9 | 300 | ≤9.0 | ≤8.0 | 300 |
| | 精细 | — | 19.5 | 27 | 18 | 15 | 500 | ≤15.0 | ≤13.5 | 500 |
| 检验 | 一般 | — | — | 16 | 11 | 9 | 300 | ≤9.0 | ≤8.0 | 300 |
| | 精细 | — | — | 41 | 27 | 23 | 750 | ≤23.0 | ≤21.0 | 750 |
| 计量室、测量室 | | — | — | 27 | 18 | 15 | 500 | ≤15.0 | ≤13.5 | 500 |
| 控制室 | 一般控制室 | 7.0 | 10.2 | 11 | 11 | 9 | 300 | ≤9.0 | ≤8.0 | 300 |
| | 主控制室 | | | 16 | 18 | 15 | 500 | ≤15.0 | ≤13.5 | 500 |
| 电话站、网络中心 | | — | — | 27 | 18 | 15 | 500 | ≤15.0 | ≤13.5 | 500 |
| 动力站 | 泵房、风机房、空调机房 | 8.6 | 10.2 | 6.7 | 5 | 4 | 100 | ≤4.0 | ≤3.5 | 100 |
| | 冷冻站、压缩空气站 | | | 9.8 | 8 | 7 | 150 | ≤6.0 | ≤5.0 | 150 |
| | 锅炉房、煤气站的操作层 | | | 7.8 | 6 | 5 | 100 | ≤5.0 | ≤4.5 | 100 |
| 仓库 | 大件库 | 12.0 | 6.2 | 2.6 | 3 | 3 | 50 | ≤2.5 | ≤2.0 | 50 |
| | 一般件库 | | | 5.2 | 5 | 4 | 100 | ≤4.0 | ≤3.5 | 100 |
| | 半成品库 | | | — | — | — | — | ≤6.0 | ≤5.0 | 150 |
| | 精细件库 | 18.0 | 10.2 | 10.4 | 8 | 7 | 200 | ≤7.0 | ≤6.0 | 200 |
| 公共车库 | | 3.0 | 2.0 | — | — | — | — | ≤2.5 | ≤2.0 | 50 |
| 车辆加油站 | | — | — | 8 | 6 | 5 | 100 | ≤5.0 | ≤4.5 | 100 |

**【综述释义】**

条文 6.3.3～6.3.13：LPD 是照明节能的重要评价指标，目前国际上采用 LPD 作为节能评价指标的国家和地区有美国、俄罗斯、日本、新加坡等。在我国 2004 版的建筑照明设计标准中，依据大量的照明重点实测调查和普查的数据结果，经过论证和综合经济分析后制定了 LPD 限值的标准，并根据照明产品和技术的发展趋势，同时给出了目标值。本条文修订是在 2004 版的基础上降低了照明功率密度限制。经过多年的工程实践，调查验证认为实行目标值的时机已经成熟，因此在新标准中，拟将 2004 版标准中的目标值作为基础，结合对各类建筑场所进行广泛和大量的调查，同时参考国外相关标准，以及对现有照明产品性能分析，确定新标准中的 LPD 限值。从对比结果来看，新标准中的 LPD 限值比现行标准有显著的降低，民用建筑的 LPD 限值降低了 14.3%～32.5%（平均值约为 19.2%），工业建筑的各类场所平均降低约 7.3%。如表 1 所示：

**表 1　新旧标准的 LPD 限值对比**

| 建筑类型 | LPD 降低比例 | |
|---|---|---|
| | 范围 | 平均值 |
| 居住 | 14.3% | 14.3% |
| 办公 | 15.4%～18.2% | 17.1% |
| 商店 | 15.0%～16.7% | 15.7% |
| 旅馆 | 16.7%～53.3% | 32.5% |
| 医疗 | 16.7%～25.0% | 19.1% |
| 教育 | 16.7%～18.2% | 17.8% |
| 工业 | 0%～11.1% | 7.3% |
| 通用房间 | 12.5%～25.0% | 18.1% |

参照国外的经验，以美国为例，其照明节能标准是 ANSl/ASHRAE/IES. 90. 1（Energy Standard for Buildings Except low rise Residential Buildings），该标准在近 10 年来经过了两次修订，每次修订其 LPD 限值平均约降低 20%。而从这些年来照明产品性能的发展来看，光源光效均有不同程度的提高（以直管形荧光灯为例，其光效平均提高约12%）。同时，相应的灯具效率和镇流器效率也都有所提高，比如镇流器的能效提高了约4%～8%。因此，照明产品性能的提高也为降低 LPD 限值提供了可能性。

有资料表明：组织各大设计院对 13 类建筑共 510 个实际工程案例进行了统计分析，这些案例选择了近年来的新建建筑，反映了当前的照明产品性能和照明设计水平。对这些建筑在新旧标准中的情况达标情况进行了统计分析，如表 2 所示：

**表 2　LPD 计算校准**

| 建筑类型 | 在新标准下的达标比例 | | 在现行标准下的达标比例 |
|---|---|---|---|
| | 修正前 | 修正后 | |
| 图书馆 | 87.5% | 87.5% | — |
| 办公 | 69.2% | 70.2% | 91.3% |
| 商店 | 84.2% | 94.7% | 100% |
| 旅馆 | 78.6% | 78.6% | 92.9% |
| 医疗 | 67.7% | 79.0% | 91.9 |
| 教育 | 78.7% | 80.8% | 97.9% |
| 会展 | 100% | 100% | — |
| 金融 | 100% | 100% | — |
| 交通 | 88.4% | 90.7% | — |
| 工业 | 91.5% | 93.6% | 93.6% |
| 通用房间 | 82.9% | 86.5% | 96.4% |

可以看到，通过合理设计及采用高效照明器具，各类场所在多数情况下都能够满足新标准中 LPD 限值的要求。而如果考虑对室形指数较小的房间进行修正后，达标率更高，

多数都能在 80％ 以上。因此，从调研结果来看，新标准中的 LPD 指标也是合理，切实可行的。在原标准中，办公、商店、旅馆、医疗、教育、工业和通用房间建筑的 LPD 限值要求已经是强制性标准，这次拟增加的会展、金融和交通建筑从实际调研统计结果来看，达标率均超过了 85％，是完全能够满足要求的。考虑到上述的这 10 类场所量大面广，节能潜力大，节能效益显著，因此将这 10 类建筑中重点场所列入相应表中定为强条。需要特殊说明的是对于其他类型建筑中具有办公用途的场所很多，其量大面广，节能潜力大，因此也列入照明节能考核的范畴。教育建筑中照明功率密度限制的考核不包括专门为黑板提供照明的专用黑板灯的负荷。在有爆炸危险的工业建筑及其通用房间或场所需要采用特殊的灯具，而且这部分的场所也比较少，因此不考核照明功率密度限制。

**6.3.14 当房间或场所的室形指数等于或小于 1 时，其照明功率密度限值应增加，但应增加值不应超过限值的 20％。**

【释义】

本条所述灯具的利用系数与房间的室形指数密切相关，不同室形指数的房间，满足 LPD 要求的难易度也不相同。在实践中发现，当各类房间或场所的面积很小，或灯具安装高度大，而导致利用系数过低时，LPD 限值的要求确实不易达到。因此，当室形指数 PI 低于一定值时，应考虑根据其室形指数对 LPD 限值进行修正。为此，标准编制组从 LPD 的基本公式出发，结合大量的计算分析，对 LPD 限值的修正方法进行了研究。该条文与 2004 版标准的基本一致。考虑到在实际工作中，为了便于审图机构和设计院进行统一和协调，因此当房间或场所的室形指数值等于或小于 1 时，其照明功率密度限值应允许增加，但增加值不应超过限值的 20％。

**6.3.15 当房间或场所的照度标准值提高或降低一级时，其照明功率密度限值应按比例提高或折减。**

【释义】

本条所述本标准 4.1.2、4.1.3 规定了一些特定的场所，其照度标准值可提高或降低一级，在这种情况下，相应的 LPD 限值也应进行相应调整。但调整照明功率密度值的前提是"按照本标准 4.1.2、4.1.3 的规定"对照度标准值进行调整，而不是按照设计照度值随意的提高或降低。设计应用举例如下：设某工业场所根据其通用使用功能设计照度值应选择为 500lx，相应的照明功率密度限制为 17.0W/m²。但实际上该作业为精度要求很高，且产生差错会造成很大损失，满足 4.1.2 条第 6 款的规定，设计照度值需要提高一级为 750lx。按本条规定，LPD 应进行调整，则该场所的计算 LPD 值应为：

$$LPD = 750/500 \times 17.0 = 25 \ (W/m^2)$$

## 2.《供配电系统设计规范》GB 50052—2009

**3.0.1 电力负荷应根据对供电可靠性的要求及中断供电在对人身安全、经济损失上所造成影响程度进行分级，并应符合下列规定：**

　　**1 符合下列情况之一时，应视为一级负荷：**

　　　　**1）中断供电将造成人身伤害时。**

2）中断供电将在经济上造成重大损失时。

3）中断供电将影响有重要用电单位的正常工作。

**2** 在一级负荷中，当中断供电将造成人员伤亡或重大设备损坏或发生中毒、爆炸和火灾等情况的负荷，以及特别重要场所的不允许中断供电的负荷，应视为一级负荷中特别重要的负荷。

**3** 符合下列情况之一时，应视为二级负荷：

1）中断供电将在经济上造成较大损失时。

2）中断供电将影响较重要用电单位的正常工作。

**4** 不属于一级和二级负荷者应为三级负荷。

**【释义】**

本条所述的用电负荷分级的意义，在于正确地反映它对供电可靠性要求的界限，以便恰当地选择符合实际水平的供电方式，提高投资的经济效益，保护人员生命安全。负荷分级主要是从安全和经济损失两个方面来确定。安全包括了人身生命安全和生产过程、生产装备的安全。确定负荷特性的目的是为了确定其供电方案。在目前市场经济的大环境下，政府应该只对涉及人身和生产安全的问题采取强制性的规定，而对于停电造成的经济损失的评价主要应该取决于用户所能接受的能力。规范中对特别重要负荷及一、二、三级负荷的供电要求是最低要求，工程设计中用户可以根据其本身的特点确定其供电方案。由于各个行业的负荷特性不一样，本规范只能对负荷的分级作原则性规定，各行业可以依据本规范的分级规定，确定用电设备或用户的负荷级别。停电一般分为计划检修停电和事故停电，由于计划检修停电事先通知用电部门，故可采取措施避免损失或将损失减少至最低限度。条文中是按事故停电的损失来确定负荷的特性。政治影响程度难以衡量。个别特殊的用户有特别的要求，故不在条文中表述。

**1** 对于中断供电将会产生人身伤亡及危及生产安全的用电负荷视为特别重要负荷，在生产连续性较高行业，当生产装置工作电源突然中断时，为确保安全停车，避免引起爆炸、火灾、中毒、人员伤亡，而必须保证的负荷，为特别重要负荷，例如中压及以上的锅炉给水泵，大型压缩机的润滑油泵等；或者事故一旦发生能够及时处理，防止事故扩大，保证工作人员的抢救和撤离，而必须保证的用电负荷，亦为特别重要负荷。在工业生产中，如正常电源中断时处理安全停产所必需的应急照明、通信系统；保证安全停产的自动控制装置等。民用建筑中，如大型金融中心的关键电子计算机系统和防盗报警系统；大型国际比赛场馆的记分系统以及监控系统等。

**2** 对于中断供电将会在经济上产生重大损失的用电负荷视为一级负荷。例如：使生产过程或生产装备处于不安全状态、重大产品报废、用重要原料生产的产品大量报废、生产企业的连续生产过程被打乱需要长时间才能恢复等将在经济上造成重大损失，则其负荷特性为一级负荷。大型银行营业厅的照明、一般银行的防盗系统；大型博物馆、展览馆的防盗信号电源、珍贵展品室的照明电源，一旦中断供电可能会造成珍贵文物和珍贵展品被盗，因此其负荷特性为一级负荷。在民用建筑中，重要的交通枢纽、重要的通信枢纽、重要宾馆、大型体育场馆，以及经常用于重要活动的大量人员集中的公共场所等，由于电源突然中断造成正常秩序严重混乱的用电负荷为一级负荷。

3 中断供电使得主要设备损坏、大量产品报废、连续生产过程被打乱需较长时间才能恢复、重点企业大量减产等将在经济上造成较大损失，则其负荷特性为二级负荷。中断供电将影响较重要用电单位的正常工作，例如：交通枢纽、通信枢纽等用电单位中的重要电力负荷，以及中断供电将造成大型影剧院、大型商场等较多人员集中的重要的公共场所秩序混乱，因此其负荷特性为二级负荷。

4 在一个区域内，当用电负荷中一级负荷占大多数时，本区域的负荷作为一个整体可以认为是一级负荷；在一个区域内，当用电负荷中一级负荷所占的数量和容量都较少时，而二级负荷所占的数量和容量较大时，本区域的负荷作为一个整体可以认为是二级负荷。在确定一个区域的负荷特性时，应分别统计特别重要负荷、一、二、三级负荷的数量和容量，并研究在电源出现故障时需向该区域保证供电的程度。在工程设计中，特别是对大型的工矿企业，有时对某个区域的负荷定性比确定单个的负荷特性更具有可操作性。按照用电负荷在生产使用过程中的特性，对一个区域的用电负荷在整体上进行确定，其目的是确定整个区域的供电方案以及作为向外申请用电的依据。如在一个生产装置中只有少量的用电设备生产连续性要求高，不允许中断供电，其负荷为一级负荷，而其他的用电设备可以断电，其性质为三级负荷，则整个生产装置的用电负荷可以确定为三级负荷；如果生产装置区的大部分用电设备生产的连续性都要求很高，停产将会造成重大的经济损失，则可以确定本装置的负荷特性为一级负荷。如果区域负荷的特性为一级负荷，则应该按照一级负荷的供电要求对整个区域供电；如果区域负荷特性是二级负荷，则对整个区域按照二级负荷的供电要求进行供电，对其中少量的特别重要负荷按照规定供电。

**3.0.2 一级负荷应由双重电源供电；当一电源发生故障时，另一电源不应同时受到损坏。**

【释义】

本条采用的"双重电源"一词引用了《国际电工词汇》IEC60050.601—1985 第 601章中的术语第 601-02-19 条"duplicate supply"。因地区大电力网在主网电压上部是并网的，用电部门无论从电网取几回电源进线，也无法得到严格意义上的两个独立电源。所以这里指的双重电源可以是分别来自不同电网的电源，或者来自同一电网但在运行时电路互相之间联系很弱，或者来自同一个电网但其间的电气距离较远，一个电源系统任意一处出现异常运行时或发生短路故障时，另一个电源仍能不中断供电，这样的电源都可视为双重电源。一级负荷的供电应由双重电源供电，而且不能同时损坏，只有必须满足这两个基本条件，才可能维持其中一个电源继续供电。双重电源可一用一备，亦可同时工作，各供一部分负荷。

**3.0.3 一级负荷中特别重要的负荷供电，应符合下列要求：**

**1 除应由双重电源供电外，尚应增设应急电源，并严禁将其他负荷接入应急供电系统。**

**2 设备的供电电源的切换时间，应满足设备允许中断供电的要求。**

【释义】

本条规定了一级负荷中特别重要的负荷的供电除由双重电源供电外，尚需增加应急电源。由于在实际中很难得到两个真正独立的电源，电网的各种故障都可能引起全部电源进线同时失去电源，造成停电事故。对特别重要负荷要由与电网不并列的、独立的应急电源供电。工程设计中，对于其他专业提出的特别重要负荷，应仔细研究，凡能采取非电气保安措施者，应尽可能减少特别重要负荷的负荷量。

**3.0.9  备用电源的负荷严禁接入应急供电系统。**

【释义】

本条所述的备用电源与应急电源是两个完全不同用途的电源。备用电源是当正常电源断电时，由于非安全原因用来维持电气装置或其某些部分所需的电源；而应急电源，又称安全设施电源，是用作应急供电系统组成部分的电源，是为了人体和家畜的健康和安全，以及避免对环境或其他设备造成损失的电源。本条文从安全角度考虑，其目的是为了防止其他负荷接入应急供电系统，与第3.0.3条1款相一致。

**4.0.2  应急电源与正常电源之间，应采取防止并列运行的措施。当有特殊要求，应急电源向正常电源转换需短暂并列运行时，应采取安全运行的措施。**

【释义】

本条规定应急电源与正常电源之间应采取可靠措施防止并列运行，目的在于保证应急电源的专用性，防止正常电源系统故障时应急电源向正常电源系统负荷送电而失去作用，例如应急电源原动机的启动命令必须由正常电源主开关的辅助接点发出，而不是由继电器的接点发出，因为继电器有可能误动而造成与正常电源误并网。有个别用户在应急电源向正常电源转换时，为了减少电源转换对应急设备的影响，将应急电源与正常电源短暂并列运行，并列完成后立即将应急电源断开。当需要并列操作时，应符合下列条件：①应取得供电部门的同意；②应急电源需设置频率、相位和电压的自动同步系统；③正常电源应设置逆功率保护；④并列及不并列运行时故障情况的短路保护、电击保护都应得到保证。具有应急电源蓄电池组的静止不间断电源装置，其正常电源是经整流环节变为直流才与蓄电池组并列运行的，在对蓄电池组进行浮充储能的同时经逆变环节提供交流电源，当正常电源系统故障时，利用蓄电池组直流储能放电而自动经逆变环节不间断地提供交流电源，但由于整流环节的存在因而蓄电池组不会向正常电源进线侧反馈，也就保证了应急电源的专用性。国际标准 IEC 60364-5-551 第 5.5.1.7 条发电设备可能与公用电网并列运行时，对电气装置的附加要求，也有相关的规定。

## 3.《20kV 及以下变电所设计规范》GB 50053—2013

**2.0.2  油浸变压器的车间内变电所，不应设在三、四级耐火等级的建筑物内；当设在二级耐火等级的建筑物内时，建筑物应采取局部防火措施。**

【释义】

本条所述是为了防止车间内变电所的油浸变压器发生火灾事故时，火舌从变压器室的排风窗向外窜出而危及燃烧体的屋顶承重构件或周围环境有火灾危险的场所，致使事故扩大。按照《建筑设计防火规范》GB 50016 的规定，三、四级耐火等级建筑物的建筑构件燃烧性能较差，耐火极限时间较短，容易引起厂房火灾事故。本条涉及防火安全措施。耐火等级和厂房的生产类别的划分，详见现行国家标准《建筑设计防火规范》GB 50016 的规定。

**4.1.3  户内变电所每台油量大于或等于100kg 的油浸三相变压器，应设在单独的变压器**

室内，并应有储油或挡油、排油等防火措施。

【释义】

本条所述单台油浸三相变压器的油量大于或等于 100kg 时，由于油量大，增加了事故时发生火灾的危险性，扩大了排油的污染范围，为了防止火灾事故的扩大，规定变压器应设在单独的变压器室内，并设置灭火措施。本条涉及防火安全措施。

**4.2.3 当露天或半露天变压器供给一级负荷用电时，相邻油浸变压器的净距不应小于 5m；当小于 5m 时，应设置防火墙。**

【释义】

本条规定是为了保证对一级负荷供电的可靠性，不致在一台变压器发生火灾事故时危及相邻变压器的安全运行。本条涉及对一级负荷供电的可靠性和防火安全措施。

**6.1.1 变压器室、配电室和电容器室的耐火等级不应低于二级。**

【释义】

本条规定了各电气设备室的耐火等级要求是依据现行国家标准《建筑设计防火规范》GB 50016 中的有关规定和多年来 10kV 及以下变电所的设计经验修订的。本条涉及防火安全要求。

**6.1.2 位于下列场所的油浸变压器室的门应采用甲级防火门：**

  **1 有火灾危险的车间内；**

  **2 容易沉积可燃粉尘、可燃纤维的场所；**

  **3 附近有粮、棉及其他易燃物大量集中的露天堆场；**

  **4 民用建筑物内，门通向其他相邻房间；**

  **5 油浸变压器室下面有地下室。**

【释义】

本条规定了油浸变压器室采用甲级防火门的场所，是为了防止当变压器发生火灾事故时，不致使变压器门因辐射热和火焰而烧毁，防止火灾事故的蔓延。第 1 款中，因普通车间的火灾危险性不大，因此修订时改为"有火灾危险的车间内"的变压器室的门应为甲级防火门。第 4 款修改为"民用建筑物内，门通向其他相邻房间"是区别于"位于民用建筑物内的附设变电所"的，后者不要求甲级防火门。本条涉及防火安全措施。

**6.1.3 民用建筑内变电所防火门的设置应符合下列规定：**

  **1 变电所位于高层主体建筑或裙房内时，通向其他相邻房间的门应为甲级防火门，通向过道的门应为乙级防火门；**

  **2 变电所位于多层建筑物的二层或更高层时，通向其他相邻房间的门应为甲级防火门，通向过道的门应为乙级防火门；**

  **3 变电所位于单层建筑物内或多层建筑物的一层时，通向其他相邻房间或过道的门应为乙级防火门；**

  **4 变电所位于地下层或下面有地下层时，通向其他相邻房间或过道的门应为甲级防火门；**

  **5 变电所附近堆有易燃物品或通向汽车库的门应为甲级防火门；**

  **6 变电所直接通向室外的门应为丙级防火门。**

【释义】

为保证电力系统的运行安全，防止火灾事故扩大，对民用建筑内变电所需要设置的防火门作出具体规定。本条涉及防火安全措施。

**6.1.5** 当露天或半露天变电所安装油浸变压器，且变压器外廓与生产建筑物外墙的距离小于 5m 时，建筑物外墙在下列范围内不得有门、窗或通风孔：

　　1　油量大于 1000kg 时，在变压器总高度加 3m 及外廓两侧各加 3m 的范围内；

　　2　油量小于或等于 1000kg 时，在变压器总高度加 3m 及外廓两侧各加 1.5m 的范围内。

【释义】

本条规定是为了防止当露天或半露天安装的油浸变压器发生火灾事故时，不致危及附近的建筑物。20kV 及以下的油浸变压器的单台油量各厂产品略有差别，有资料表明：变压器容量为 1250kVA 及以下时的油量在 1000kg 及以下，变压器容量为 1600～6300kVA 时的油量在 1000～2500kg 范围内。具体执行本条时，需要核查变压器的油量。本条涉及防火安全措施。

**6.1.6** 高层建筑物的裙房和多层建筑物内的附设变电所及车间内变电所的油浸变压器室，应设置容量为 100％变压器油量的储油池。

【释义】

本条规定设储油池是为了当建筑物内变电所和车间内变电所的变压器发生火灾事故时，减少火灾危害和使燃烧的油在储油池内熄灭，不致使火灾事故蔓延到建筑物和车间，故应设 100％变压器油量的储油池。储油池的通常做法是在变压器油坑内填放厚度大于 250mm 的卵石层，在卵石层底下设置储油池，或者利用变压器油坑内卵石之间的缝隙。本条涉及防火安全措施。

**6.1.7** 当设置容量不低于 20％变压器油量的挡油池时，应有能将油排到安全场所的设施。位于下列场所的油浸变压器室，应设置容量为 100％变压器油量的储油池或挡油设施：

　　1　容易沉积可燃粉尘、可燃纤维的场所；

　　2　附近有粮、棉及其他易燃物大量集中的露天场所；

　　3　油浸变压器室下面有地下室。

【释义】

本条规定位于危险场所的油浸变压器室设置储油池或挡油池是为了防止当油浸变压器发生火灾事故时，不致使油流窜到室外，引燃周围物品，以防事故扩大。变压器油为有污染物质，因此挡油池的油应排入不致引起污染危害的安全场所的设施内，一般为事故油池。本条涉及防火安全措施。

**6.1.9** 在多层建筑物或高层建筑物裙房的首层布置油浸变压器的变电站时，首层外墙开口部位的上方应设置宽度不小于 1.0m 的不燃烧体防火挑檐或高度不小于 1.2m 的窗槛墙。

【释义】

本条规定是为了防止当充油的电气设备发生火灾时，火焰从外墙开口部位延伸到上层建筑物引燃物品，引起事故扩大。本条涉及防火安全措施。

## 4.《低压配电设计规范》GB 50054—2011

**3.1.4　在 TN-C 系统中不应将保护接地中性导体隔离，严禁将保护接地中性导体接入开关电器。**

【释义】

　　在 TN-C 系统中，保护接地中性导体就是 PEN 导体，也称保护接零线。如果三相负荷不平衡时，保护接地中性导体可能会有不平衡电流通过，造成对地电位升高，与保护接地中性导体所连接的电气设备金属外壳有一定的电压；如果保护接地中性导体断线，则保护接零的漏电设备外壳带电；如果电源的相线碰地，则设备外壳的危险电位升高。因此在 TN-C 系统中，不得将保护接地中性导体隔离或接入开关电器，否则会危及人身安全。

**3.1.7　半导体开关电器，严禁作为隔离电器。**

【释义】

　　本条规定是为了保证人身安全，隔离电器应可靠地将回路与电源隔离，而半导体开关电器不具有这样的功能。

**3.1.10　隔离器、熔断器和连接片，严禁作为功能性开关电器。**

【释义】

　　本条规定是隔离器、熔断器以及连接片不具有接通断开负荷电流的功能，所以不能作为功能性开关电器。如果装设错误，将可能造成人身和财产损失。

**3.1.12　采用剩余电流动作保护电器作为间接接触防护电器的回路时，必须装设保护导体。**

【释义】

　　本条规定是在没有保护导体的回路中，剩余电流动作保护电器是不能正确动作的，因此必须装设保护导体。

**3.2.13　装置外可导电部分严禁作为保护接地中性导体的一部分。**

【释义】

　　本条规定是由于装置外可导电部分在电气连接的可靠性方面没有保证，因此严禁作为保护接地中性导体的一部分。

**4.2.6　配电室通道上方裸带电体距地面的高度不应低于 2.5m；当低于 2.5m 时，应设置不低于现行国家标准《外壳防护等级（IP 代码）》GB 4208 规定的 IP××B 级或 IP2×级的遮拦或外护物，遮拦或外护物底部距地面的高度不应低于 2.2m。**

【释义】

　　本条规定是对原规范第 3.2.10 条的修改条文。原规范规定屏后通道上方裸导电体距地高度为 2.3m，不符合直接接触防护中置于伸臂范围 2.5m 之外的要求，故作此条规定。

**7.4.1　除配电室外，无遮护的裸导体至地面的距离，不应小于 3.5m；采用防护等级不低于现行国家标准《外壳防护等级（IP 代码）》GB 4208 规定的 IP2×的网孔遮拦时，不应小于 2.5m。网状遮拦与裸导体的间距，不应小于 100mm；板状遮拦与裸导体的间距，不应小于 50mm。**

**【释义】**

本条规定是为避免车间内工人或维修人员等，在搬金属梯子或手持长杆形金属工具时，不慎碰到裸导体，从而导致人身伤亡事故发生。

## 5. 《通用用电设备配电设计规范》GB 50055—2011

**2.3.1　交流电动机应装设短路保护和接地故障的保护。**

**【释义】**

本条规定是对条文中有关低压线路保护和电气安全的名词定义，详见现行国家标准《电气安全术语》GB/T 4776 和《低压配电设计规范》GB 50054 的规定。短路故障和接地故障的保护是交流电动机必须设置的保护。

**2.5.5　当反转会引起危险时，反接制动的电动机应采取防止制动终了时反转的措施。**

**【释义】**

本条规定是参照《建筑物电气装置》IEC 60364-4 第 465.3.2 条、第 465.3.3 条的要求而增加的，是保证人身和设备安全的最基本规定。

**2.5.6　电动机旋转方向的错误将危及人员和设备安全时，应采取防止电动机倒相造成旋转方向错误的措施。**

**【释义】**

本条规定是参照《建筑物电气装置》IEC 60364-4 第 465.3.2 条、第 465.3.3 条的要求而增加的，是保证人身和设备安全的最基本规定。

**3.1.13　在起重机的滑触线上严禁连接与起重机无关的用电设备。**

**【释义】**

本条规定了起重机的滑触线上严禁连接与起重机无关的用电设备，是为了配电可靠和人员及设备安全，防止无关用电设备的故障而影响起重机的用电，减少引起失压事故的几率。

## 6. 《建筑物防雷设计规范》GB 50057—2010

**3.0.2　在可能发生对地闪击的地区，遇下列情况之一时，应划为第一类防雷建筑物：**

**1　凡制造、使用或贮存火炸药及其制品的危险建筑物，因电火花而引起爆炸、爆轰，会造成巨大破坏和人身伤亡者。**

**2　具有 0 区或 20 区爆炸危险场所的建筑物。**

**3　具有 1 区或 21 区爆炸危险场所的建筑物，因电火花而引起爆炸，会造成巨大破坏和人身伤亡者。**

**【释义】**

本条增加了"在可能发生对地闪击的地区"。

1　火炸药及其制品包括火药（含发射药和推进剂）、炸药、弹药、引信和火工品等。爆轰——爆炸物中一小部分受到引发或激励后爆炸物整体瞬时爆炸。

2、3　爆炸性粉尘环境区域的划分和代号采用现行国家标准《可燃性粉尘环境用电气设备第 3 部分：存在或可能存在可燃性粉尘的场所分类》GB 12476.3—2007/IEC 61241—10：2004 中的规定。

0 区：连续出现或长期出现或频繁出现爆炸性气体混合物的场所。

1 区：在正常运行时可能偶然出现爆炸性气体混合物的场所。

2 区：在正常运行时不可能出现爆炸性气体混合物的场所，或即使出现也仅是短时存在的爆炸性气体混合物的场所。

20 区：以空气中可燃性粉尘云持续地或长期地或频繁地短时存在于爆炸性环境中的场所。

21 区：正常运行时，很可能偶然地以空气中可燃性粉尘云形式存在于爆炸性环境中的场所。

22 区：正常运行时，不太可能以空气中可燃性粉尘云形式存在于爆炸性环境中的场所，如果存在仅是短暂的。

1 区、21 区的建筑物可能划为第一类防雷建筑物，也可能划为第二类防雷建筑物。其区分在于是否会造成巨大破坏和人身伤亡。例如，易燃液体泵房，当布置在地面上时，其爆炸危险场所一般为 2 区，则该泵房可划为第二类防雷建筑物。但当工艺要求布置在地下或半地下时，在易燃液体的蒸气与空气混合物的密度大于空气，又无可靠的机械通风设施的情况下，爆炸性混合物就不易扩散，该泵房就要划为 1 区危险场所。如该泵房系大型石油化工联合企业的原油泵房，当泵房遭雷击就可能会使工厂停产，造成巨大经济损失和人员伤亡，那么这类泵房应划为第一类防雷建筑物；如该泵房系石油库的卸油泵房，平时间断操作，虽可能因雷电火花引发爆炸造成经济损失和人身伤亡，但相对而言其概率要小得多，则这类泵房可划为第二类防雷建筑物。

**3.0.3** 在可能发生对地闪击的地区，遇下列情况之一时，应划为第二类防雷建筑物：

**1** 国家级重点文物保护的建筑物。

**2** 国家级的会堂、办公建筑物、大型展览和博览建筑物、大型火车站和飞机场、国宾馆，国家级档案馆、大型城市的重要给水泵房等特别重要的建筑物。

注：飞机场不含停放飞机的露天场所和跑道。

**3** 国家级计算中心、国际通信枢纽等对国民经济有重要意义的建筑物。

**4** 国家特级和甲级大型体育馆。

**5** 制造、使用或贮存火炸药及其制品的危险建筑物，且电火花不易引起爆炸或不致造成巨大破坏和人身伤亡者。

**6** 具有 1 区或 21 区爆炸危险场所的建筑物，且电火花不易引起爆炸或不致造成巨大破坏和人身伤亡者。

**7** 具有 2 区或 22 区爆炸危险场所的建筑物。

**8** 有爆炸危险的露天钢质封闭气罐。

**9** 预计雷击次数大于 0.05 次/a 的部、省级办公建筑物和其他重要或人员密集的公共建筑物以及火灾危险场所。

**10** 预计雷击次数大于 0.25 次/a 的住宅、办公楼等一般性民用建筑物或一般性工业建筑物。

【释义】

本条为在原规范的基础上增加了"在可能发生对地闪击的地区"。增加了第 4 款"国家特级和甲级大型体育馆"。

5　有些爆炸物质不易因电火花而引起爆炸，但爆炸后破坏力较大，如小型炮弹库、枪弹库以及硝化棉脱水和包装等均属第二类防雷建筑物。

6、7同【释义】3.0.2条中有关内容。

9　增加了"以及火灾危险场所"。选择防雷装置的目的在于将需要防直击雷的建筑物的年损坏风险 $R$ 值（需要防雷的建筑物每年可能遭雷击而损坏的概率）减到小于或等于可接受的最大损坏风险 $R_T$ 值（即 $R \leqslant R_T$）。

本章中对于需计算年雷击次数的条文采用每年 $10^{-5}$ 的 $R_T$ 值，即每年十万分之一的损坏概率。基于建筑物年预计雷击次数（$N$）和基于防雷装置或建筑物遭雷击一次发生损坏的综合概率（$P$），对于时间周期 $t=1$ 年，在 $NPt \ll 1$ 的条件下（所有真实情况都满足这一条件），下面的关系式是适用的：

$$R = 1 - \exp(-NPt) = NP，即 R = NP \tag{1}$$
$$P = P_i \times P_{id} + P_f \times P_{fd} \tag{2}$$

式中　$P_i$——防雷装置截收雷击的概率，或防雷装置的截收效率（也用 $E_i$ 表示），其值与接闪器的布置有关；

$P_f$——闪电穿过防雷装置击到需要保护的建筑物的概率，也即防雷装置截收雷击失败的概率，等于（$1-P_i$）或（$1-E_i$）；

$P_{id}$——防雷装置所选用的各种尺寸和规格，当其截收雷击后保护失败而发生损坏的概率；

$P_{fd}$——防雷装置没有截到雷击而发生损坏的概率。一次雷击后可能同时在不同地点发生 $n$ 处损坏，每处损坏的分概率为 $P_k$，这些分概率是并联组成，因此，一次雷击的总损坏概率为：

$$P_d = 1 - \prod_{k=1}^{n}(1 - P_k) \tag{3}$$

分损坏概率包含这样一些事件，如爆炸、火灾、生命触电、机械性损坏、敏感电子或电气设备损坏或受到干扰等。

在确定分损坏概率时，应考虑到同时发生两类事件，即引发损坏的事件（如金属熔化、导体炽热、侧向跳击、不允许的接触电压或跨步电压等）和被损坏物体的出现（即人、可燃物、爆炸性混合物等的存在）这两类事件同时发生。

出现引发损坏事件的概率直接或间接与闪击参量的分布概率有关，在设计防雷装置和选用其规格尺寸时是依据闪击参量的。在引发事件的地方出现可能被损坏的周围物体的概率取决于建筑物的特点、存放物和用途。

为简化起见，假定：

1）在引发事件的地方出现可能被损坏的周围物体的概率对每一类损坏采用相同的值，用共同概率 $P_r$ 代替；

2）没有被截到的雷击（直击雷）所引发的损坏是肯定的，损坏的出现与可能被损坏的周围物体的出现是同时发生的，因此，$P_{fd}=P_r$；

3）被截到的雷击引发损坏的总概率只与防雷装置的尺寸效率 $E_s$ 有关，并假定等于 $(1-E_s)$。$E_s$ 规定为这样一个综合概率，即被截收的雷击在此概率下不应对被保护空间造成损害。$E_s$ 与用来确定接闪器、引下线、接地装置的尺寸和规格的闪击参量值有关。将上述假定代入式（2），即将以下各项代入：$P_i$ 用 $E_i$ 代入，$P_f$ 用 $(1-E_i)$ 代入，$P_{fd}$ 用 $P_r$ 代入，$P_{id}$ 用 $P_r(1-E_s)$ 代入；此外，引入一个附加系数 $W_r$，它是考虑雷击后果的一个系数，后果越严重，$W_r$ 值越大。因此，式（2）转化为：

$$P = P_r W_r (1 - E_i E_s) \tag{4}$$

概率 $P_r$ 应看作是一个系数，它表示建筑物自身保护的程度或表示考虑这样的真实情况的一个系数，即不是每一个打到需要防雷的建筑物的雷击和不是每一个使防雷装置所选用的规格和尺寸失败的雷击均造成损坏。$P_r$ 值主要取决于建筑物的特点，即它的结构、用途、存放物或设备。

$$\eta = E_i E_s \tag{5}$$

$\eta$ 或 $E_i E_s$ 为防雷装置的效率。

由式（1）、（4）、（5）得：

$R = N P_r W_r (1-\eta), \eta = 1 - R/(N P_r W_r)$ 如果 $R$ 值采用可接受的年最大损坏风险 $R_T = 10^{-5} \alpha^{-1}$，并使

$$N_T = R_T / (P_r W_r) = 10^{-5} / (P_r W_r) \tag{6}$$

式中 $N_T$——建筑物可接受的年允许遭雷击次数（次/a）。

因此，防雷装置所需要的效率应符合下式：

$$\eta = 1 - N_T / N \tag{7}$$

根据 IEC 62305—1：2010 Ed. 2.0（Protection against lightning-Part 1：General Principles. 防雷——第 1 部分：总则）第 22、23 页的表 4 和表 5，第三类防雷建筑物所装设的防雷装置的有关值见表 1。

表 1 $E_i$ 和 $E_s$ 值

| 第三类防雷建筑物<br>所装设的防雷装置 | $E_i$ | $E_s$ | $\eta = E_i E_s$ |
|---|---|---|---|
| | 0.84 | 0.97 | 0.81 |

注：1 $E_i$ 为防雷装置截收雷击的概率，或防雷装置的截收效率，其值与接闪器的布置有关，第三类防雷建筑物采用 60m 的滚球半径，其对应的最小雷电流幅值为 16kA，雷电流大于 16kA 的概率为 0.84；

2 $E_s$ 与用来确定接闪器、引下线、接地装置的尺寸和规格的闪击参量值有关，小于第三类防雷建筑物所规定的各雷电流参量最大值（见本规范附录 F）的概率为 0.97。

根据验算和对比（见本条第 10 款和本章第 3.0.4 条第 2，3 款的条文说明），本规范对一般建筑物和公共建筑物所采用的 $P_r W_r$ 值见表 2（由于校正系数 $k$ 的改变，见本规范附录 A 及其说明，$P_r W_r$ 值有所改小）。从表 1 可以看出，保护第三类防雷建筑物的防雷装置的效率 $\eta$ 为 0.81。

表2 $P_\mathrm{r}W_\mathrm{r}$ 值

| 建筑物 | | $P_\mathrm{r}W_\mathrm{r}$ | $N_\mathrm{T}=10^{-5}/(P_\mathrm{r}W_\mathrm{r})$ |
|---|---|---|---|
| 形式 | 特点 | | |
| 一般建筑物 | 正常危险 | $0.2\times10^{-3}$ | $5\times10^{-3}$ |
| 公共建筑物 | 重大危险（引起惊慌、重大损失） | $1\times10^{-3}$ | $1\times10^{-2}$ |

从表2查得，公共建筑物的 $N_\mathrm{T}$ 值为 $1\times10^{-2}$。将这两个数值代入式（7），得 $0.81\geqslant1-1\times10^{-2}/N$，所以 $N\leqslant1\times10^{-2}/0.19=0.053\approx0.05$。这表明对这类建筑物如采用第三类防雷建筑物的防雷措施，只对 $N\leqslant0.05$ 的建筑物保证 $R_\mathrm{t}$ 值不大于 $10^{-5}$。当 $N>0.05$ 时，$R_\mathrm{T}$ 值达不到（即大于）$10^{-5}$，因此，当 $N>0.05$ 时，升级采用第二类防雷建筑物的防雷措施。

将部、省级办公建筑物列入，是考虑其所存放的文件和资料的重要性。人员密集的公共建筑物，是指如集会、展览、博览、体育、商业、影剧院、医院、学校等建筑物。

10 增加了"或一般性工业建筑物"。从表1可以看出，保护第三类防雷建筑物的防雷装置的效率 $\eta$ 值为 $0.81$，从表2查得，一般建筑物的 $R_\mathrm{T}$ 值为 $5\times10^{-2}$。将这两个数值代入式（7），得 $0.81\geqslant1-1\times10^{-2}/N$，所以 $N\leqslant1\times10^{-2}/0.19=0.26\approx0.25$。这表明对这类建筑物如采用第三类防雷建筑物的防雷措施，只对 $N\leqslant0.25$ 的建筑物保证 $R_\mathrm{T}$ 值不大于 $10^{-5}$。当 $N>0.25$ 时，$R_\mathrm{T}$ 值达不到（即大于）$10^{-5}$，因此，当 $N>0.25$ 时，升级采用第二类防雷建筑物的防雷措施。

**3.0.4 在可能发生对地闪击的地区，遇下列情况之一时，应划为第三类防雷建筑物：**

**1 省级重点文物保护的建筑物及省级档案馆。**

**2 预计雷击次数大于或等于 0.01 次/a，且小于或等于 0.05 次/a 的部、省级办公建筑物和其他重要或人员密集的公共建筑物，以及火灾危险场所。**

**3 预计雷击次数大于或等于 0.05 次/a，且小于或等于 0.25 次/a 的住宅、办公楼等一般性民用建筑物或一般性工业建筑物。**

**4 在平均雷暴日大于 15d/a 的地区，高度在 15m 及以上的烟囱、水塔等孤立的高耸建筑物；在平均雷暴日小于或等于 15d/a 的地区，高度在 20m 及以上的烟囱、水塔等孤立的高耸建筑物。**

**【释义】**

本条为在原规范的基础上增加了"在可能发生对地闪击的地区"，并删去原第4、5款。

2 增加了"以及火灾危险场所"。当没有防雷装置时 $\eta=0$，从表2查得，公共建筑物的 $N_\mathrm{T}$ 值为 $1\times10^{-2}$。将这两个数值代入式（7），得 $0\geqslant1-1\times10^{-2}/N$，所以 $N\leqslant0.01$。这表明对这类建筑物当 $N<0.01$ 时，可以不设防雷装置；当 $N\geqslant0.01$ 时，要设防雷装置。

3 增加了"或一般性工业建筑物"。当没有防雷装置时 $\eta=0$，从表2查得，一般建筑物的 $N_\mathrm{T}$ 值为 $5\times10^{-2}$ 将这两个数值代入式（7），得 $0\geqslant1-5\times10^{-2}/N$，所以 $N\leqslant0.05$。这表明对这类建筑物当 $N<0.05$ 时，可以不设防雷装置E；当 $N\geqslant0.05$ 时，要设防雷装置。

下面用长 60m、宽 13m（即四个单元住宅）的一般建筑物作为例子进行验算对比，其结果列于表 3。原规范的建筑物年预计雷击次数计算式为 $N=kN_gA_e=k\times0.024T_d^{1.3}\times A_e$，修改后，本规范的建筑物年预计雷击次数计算式为 $N=kN_gA_e=k\times0.1T_d\times A_e$，$k$ 值均取 1。

表 3　计算结果的比较表

| 地区名称 | 年平均雷暴日（d/a） | N 为以下数值时算出的建筑物高度（m） | | | |
|---|---|---|---|---|---|
| | | 用原规范计算式 | | 用现规范计算式 | |
| | | 0.06 | 0.3 | 0.05 | 0.25 |
| 北京 | 35.2 | 25.3 | 174.6 | 11.2 | 128.0 |
| 成都 | 32.5 | 29.6 | 184.8 | 12.7 | 134.0 |
| 昆明 | 61.8 | 8.4 | 114.5 | 4.7 | 59.8 |
| 贵阳 | 49.0 | 13.4 | 136.7 | 6.8 | 105.3 |
| 上海 | 23.7 | 60.8 | 232.2 | 20.4 | 160.8 |
| 南宁 | 78.1 | 5.3 | 70.0 | 3.2 | 38.8 |
| 湛江 | 78.9 | 5.1 | 67.6 | 3.1 | 38.2 |
| 广州 | 73.1 | 6.0 | 100.5 | 3.5 | 43.5 |
| 海口 | 93.8 | 3.6 | 43.3 | 2.3 | 29.1 |

注：表中的年平均雷暴日取自气象系统提供的资料，其统计时段除贵阳为 1971～1999 年和上海为 1991～2000 年外，其他均为 1971～2000 年。

要精确计及周围物体对建筑物等效面积的影响，计算起来很繁杂，因此，略去这类影响的精确计算；而改用较简单的计算方法，见本规范附录 A 的第 A.0.3 条的第 2、3、4、5、6 款及其相应说明。

**4.1.1**　各类防雷建筑物应设防直击雷的外部防雷装置，并应采取防闪电电涌侵入的措施。

第一类防雷建筑物和本规范第 3.0.3 条第 5～7 款所规定的第二类防雷建筑物，尚应采取防闪电感应的措施。

**【释义】**

本规范防雷主要参照 IEC 防雷标准修订，防雷分为外部防雷和内部防雷以及防雷击电磁脉冲。外部防雷就是防直击雷，不包括防止外部防雷装置受到直接雷击时向其他物体的反击；内部防雷包括防闪电感应、防反击以及防闪电电涌侵入和防生命危险。防雷击电磁脉冲是对建筑物内系统（包括线路和设备）防雷电流引发的电磁效应，它包含防经导体传导的闪电电涌和防辐射脉冲电磁场效应。

**4.1.2**　各类防雷建筑物应设内部防雷装置，并应符合下列规定：

**1**　在建筑物的地下室或地面层处，下列物体应与防雷装置做防雷等电位连接：

**1）**建筑物金属体。

**2）**金属装置。

**3）**建筑物内系统。

**4）**进出建筑物的金属管线。

**2**　除本条第 1 款的措施外，外部防雷装置与建筑物金属体、金属装置、建筑物内系统之间，尚应满足间隔距离的要求。

**【释义】**

本规范的第一、二、三类防雷建筑物是按防 Sl 和 S2 雷击选用 SPD 的，其 $U_p$ 和通流能力足以防 S3 和 S4 引发的过电压和过电流，所以不在规范中单独列入防 S3 和 S4 的规定。

为说明等电位的作用和一般的做法，下面摘译 IEC 62305—3：2010 Ed. 2.0 （Protectionag ainst lightning-Part 3：Physical damage to structures and life hazard. 防雷-第 3 部分：建筑物的物理损坏和生命危险）第 31 页的一些规定：

"6 内部防雷装置

6.1 通则

内部防雷装置应防止由于雷电流流经外部防雷装置或建筑物的其他导电部分而在需要保护的建筑物内发生危险的火花放电。危险的火花放电可能在外部防雷装置与其他部件（如金属装置、建筑物内系统、从外部引入建筑物的导电物体和线路）之间发生。

采用以下方法可以避免产生这类危险的火花放电：按 6.2 做等电位连接或按 6.3 在它们之间采用电气绝缘（间隔距离）。

6.2 防雷等电位连接

6.2.1 通则

防雷装置与下列诸物体之间互相连接以实现等电位：金属装置，建筑物内系统，从外部引入建筑物的外来导电物体和线路。

互相之间连接的方法可采用：在那些自然等电位连接不能提供电气贯通之处用等电位连接导体，在用等电位连接导体做直接连接不可行之处用电涌保护器（SPD）连接；在不允许用等电位连接导体做直接连接之处用隔离放电间隙（ISG）连接……"。

**4.2.1 第一类防雷建筑物防直击雷的措施应符合下列规定：**

**2 排放爆炸危险气体、蒸气或粉尘的放散管、呼吸阀、排风管等的管口外的下列空间应处于接闪器的保护范围内：**

**1）当有管帽时应按表 4.2.1 的规定确定。**

**2）当无管帽时，应为管口上方半径 5m 的半球体。**

**3）接闪器与雷闪的接触点应设在本款第 1 项或第 2 项所规定的空间之外。**

表 4.2.1 有管帽的管口外处于接闪器保护范围内的空间

| 装置内的压力与周围空气压力的压力差（kPa） | 排放物对比于空气 | 管帽以上的垂直距离（m） | 距管口处水平距离（m） |
|---|---|---|---|
| ＜5 | 重于空气 | 1 | 2 |
| 5~25 | 重于空气 | 2.5 | 5 |
| ≤25 | 轻于空气 | 2.5 | 5 |
| ＞25 | 重或轻于空气 | 5 | 5 |

注：相对密度小于或等于 0.75 的爆炸性气体规定为轻于空气的气体；相对密度大于 0.75 的爆炸性气体规定为重于空气的气体。

**3** 排放爆炸危险气体、蒸气或粉尘的放散管、呼吸阀、排风管等，当其排放物达不到爆炸浓度、长期点火燃烧、一排放就点火燃烧，以及发生事故时排放物才达到爆炸浓度的通风管、安全阀，接闪器的保护范围应保护到管帽，无管帽时应保护到管口。

**【释义】**

外部防雷装置完全与被保护的建筑物脱离者称为独立的外部防雷装置，其接闪器称为独立接闪器。

**2** 从安全的角度考虑，作了本款规定。本款为强制性条款。压力单位用 Pa 或 kPa，它们是法定计量单位。标准大气压为非法定计量单位。因此，表 4.2.1 中的压力单位采用 kPa。一个标准大气压＝$1.01325 \times 10^5$ Pa＝$1.01325 \times 10^2$ kPa。

"接闪器与雷闪的接触点应设在本款第 1 项或第 2 项所规定的空间之外"，接触点处于该空间的正上方之外也属于此规定。

**3** 本款规定是为了保证排放爆炸危险气体、蒸气或粉尘的安全。

**4.2.3** 第一类防雷建筑物防闪电电涌侵入的措施应符合下列规定：

**1** 室外低压配电线路应全线采用电缆直接埋地敷设，在入户处应将电缆的金属外皮、钢管接到等电位连接带或防闪电感应的接地装置上。

**2** 当全线采用电缆有困难时，应采用钢筋混凝土杆和铁横担的架空线，并应使用一段金属铠装电缆或护套电缆穿钢管直接埋地引入。架空线与建筑物的距离不应小于 **15m**。

在电缆与架空线连接处，尚应装设户外型电涌保护器。电涌保护器、电缆金属外皮、钢管和绝缘子铁脚、金具等应连在一起接地，其冲击接地电阻不应大于 **30Ω**。所装设的电涌保护器应选用 I 级试验产品，其电压保护水平应小于或等于 **2.5kV**，其每一保护模式应选冲击电流等于或大于 **10kA**；若无户外型电涌保护器，应选用户内型电涌保护器，其使用温度应满足安装处的环境温度，并应安装在防护等级 IP54 的箱内。

当电涌保护器的接线形式为本规范表 J.1.2 中的接线形式 2 时，接在中性线和 PE 线间电涌保护器的冲击电流，当为三相系统时不应小于 **40kA**，当为单相系统时不应小于 **20kA**。

**【释义】**

本条说明如下：

**1** 为防止雷击线路时高电位侵入建筑物造成危险，低压线路应全线采用电缆直接埋地引入。

**2** 当难于全线采用电缆时，不得将架空线路直接引入屋内，允许从架空线上换接一段有金属铠装（埋地部分的金属铠装要直接与周围土壤接触）的电缆或护套电缆穿钢管直接埋地引入。需要强调的是，电缆首端必须装设 SPD 并与绝缘子铁脚、金具、电缆外皮等共同接地，入户端的电缆外皮、钢管必须接到防闪电感应接地装置上。

因规定架空线距爆炸危险场所至少为杆高的 1.5 倍，设杆高一般为 10m，1.5 倍就是 15m。

在电缆与架空线连接处所安装的 SPD，其 $U_p$ 应小于或等于 2.5kV 是根据 IEC 62305—1：2010 的规定，选用 I 级试验产品和选 $I_{imp}$ 等于或大于 10kA 是根据 IEC 62305—1：2010 第 64、65 页表 E.2 和表 E.3，将其转换为本规范建筑物防雷类别后见表 5。

**表5 预期雷击的电涌电流①**

| 建筑物防雷类别 | 闪电直接和非直接击在线路上 | | 闪电击于建筑物附近① | 闪电击于建筑物④ |
| --- | --- | --- | --- | --- |
| | 损害源 S3（直接闪击） | 损害源 S4（非直接闪击） | 损害源 S2（所感应的电流） | 损害源 S1（所感应的电流） |
| | 10/350μs 波形（kA） | 8/20μs 波形（kA） | 8/20μs 波形（kA） | 8/20μs 波形（kA） |
| 低压系统 | | | | |
| 第三类 | 5② | 2.5③ | 0.1⑤ | 5⑤ |
| 第二类 | 7.5② | 3.75③ | 0.15⑤ | 7.5⑤ |
| 第一类 | 10② | 5③ | 0.2⑤ | 10⑤ |
| 电信系统⑦ | | | | |
| 第三类 | 1⑥ | 0.035③ | 0.1 | 5 |
| 第二类 | 1.5⑥ | 0.085③ | 0.15 | 7.5 |
| 第一类 | 2⑥ | 0.160③ | 0.2 | 10 |

注：① 表中所有值均指线路中每一导体的预期电涌电流；

② 所列数值属于闪电击在线路靠近用户的最后一根电杆上，并且线路为多根导体（三相＋中性线）；

③ 所列数值属于架空线路，对埋地线路所列数值可减半；

④ 环状导体的路径和距离感应作用的电流的距离影响预期电涌过电流的。表5的值参照在大型建筑物内有不同路径、无屏蔽的一短路环状导体所感应的值（环状面积约50m²，宽约5m），距建筑物墙1m，在无屏蔽的建筑物内或装有 LPS 的建筑物内（$k_c=0.5$）；

⑤ 环路的电感和电阻影响所感应电流的波形。当略去环路电阻时，宜采用10/350μs 波形。在被感应电路中安装开关型 SPD 就是这类情况；

⑥ 所列数值属于有多对线的无屏蔽线路。对击于无屏蔽的入户线，可取5倍所列数值；

⑦ 更多的信息参见 1TU-T 建议标准 K.67。

**4.2.4** 当难以装设独立的外部防雷装置时，可将接闪杆或网格不大于 5m×5m 或 6m×4m 的接闪网或由其混合组成的接闪器直接装在建筑物上，接闪网应按本规范附录 B 的规定沿屋角、屋脊、屋檐和檐角等易受雷击的部位敷设；当建筑物高度超过 30m 时，首先应沿屋顶周边敷设接闪带，接闪带应设在外墙外表面或屋檐边垂直面上，也可设在外墙外表面或屋檐边垂直面外，并应符合下列规定：

**8** 在电源引入的总配电箱处应装设 I 级试验的电涌保护器。电涌保护器的电压保护水平值应小于或等于 **2.5kV**。每一保护模式的冲击电流值，当无法确定时，冲击电流应取等于或大于 **12.5kA**。

【释义】

正如本章第 4.2.1 条所述，第一类防雷建筑物的防直击雷措施，首先应采用独立接闪杆或架空接闪线或网。本条只适用于特殊情况，即可能由于建筑物太高或其他原因，不能或无法装设独立接闪杆或架空接闪线或网时，才允许采用附设于建筑物上的防雷装置进行保护。

8 本款的"在电源引入的总配电箱处应装设 I 级试验的电涌保护器"的规定是根据 IEC-TC81 和 IEC-TC37A 的有关标准制定的。"电涌保护器的电压保护水平值应小于或等于

2.5kV"和"当无法确定时，冲击电流应取等于或大于 12.5kA"是根据现行国家标准《建筑物电气装置第 5-53 部分：电气设备的选择和安装，隔离、开关和控制设备第 534 节：过电压保护电器》GB 16895.22-2004/IEC 60364-5-53：2001；A1：2002 的规定制定的。

**4.3.3** 专设引下线不应少于 2 根，并应沿建筑物四周和内庭院四周均匀对称布置，其间距沿周长计算不应大于 18m。当建筑物的跨度较大，无法在跨距中间设引下线时，应在跨距两端设引下线并减小其他引下线的间距，专设引下线的平均间距不应大于 18m。

**【释义】**

关于专设引下线的间距问题，从法拉第笼的原理看，网格尺寸和引下线间距越小，对闪电感应的屏蔽越好，可降低屏蔽空间内的磁场强度和减小引下线的分流系数。雷电流通过引下线入地，当引下线数量较多且间距较小时，雷电流在局部区域分布也较均匀，引下线上的电压降减小，反击危险也相应减小。对引下线间距，本规范向 IEC62305 防雷标准靠拢。如果完全采用该标准，则本规范的第一类、第二类、第三类防雷建筑物的引下线间距相应应为 10m、15m、25m。但考虑到我国工业建筑物的柱距一般均为 6m，因此，按不小于 6m 的倍数考虑，故本规范对引下线间距相应定为 12m、18m、25m。根据实践经验和实际需要补充增加了"当建筑物的跨度较大，无法在跨距中间设引下线时，应在跨距两端设引下线并减小其他引下线的间距，专设引下线的平均间距不应大于 18m。""专设"指专门敷设，区别于利用建筑物的金属体。

**4.3.5** 利用建筑物的钢筋作防雷装置时，应符合下列规定：

**6** 构件内有箍筋连接的钢筋或成网状的钢筋，其箍筋与钢筋、钢筋与钢筋应采用土建施工的绑扎法、螺丝、对焊或搭焊连接。单根钢筋、圆钢或外引预埋连接板、线与构件内钢筋应焊接或采用螺栓紧固的卡夹器连接。构件之间必须连接成电气通路。

**【释义】**

利用钢筋混凝土柱和基础内钢筋作引下线和接地体，国内外在 20 世纪 60 年代初期就已经采用了，现已较为普遍。利用屋顶钢筋作为接闪器，国内外从 20 世纪 70 年代初就逐渐被采用了。

6 混凝土内的钢筋借绑扎作为电气连接，当雷电流通过时，在连接处是否可能由此而发生混凝土的爆炸性炸裂，为了澄清这一问题，瑞士高压问题研究委员会进行过研究，认为钢筋之间的普通金属绑丝连接对防雷保护来说是完全足够的，而且确证，在任何情况下，在这样连接附近的混凝土决不会碎裂，甚至出现雷电流本身把绑在一起的钢筋焊接起来，如点焊一样，通过电流以后，一个这样的连接点的电阻下降为几个毫欧的数值。

**4.3.8** 防止雷电流流经引下线和接地装置时产生的高电位对附近金属物或电气和电子系统线路的反击，应符合下列规定：

**4** 在电气接地装置与防雷接地装置共用或相连的情况下，应在低压电源线路引入的总配电箱、配电柜处装设 I 级试验的电涌保护器。电涌保护器的电压保护水平值应小于或等于 2.5kV。每一保护模式的冲击电流值，当无法确定时应取等于或大于 12.5kA。

**5** 当 Yyn0 型或 Dyn11 型接线的配电变压器设在本建筑物内或附设于外墙处时，应在变压器高压侧装设避雷器；在低压侧的配电屏上，当有线路引出本建筑物至其他有独自敷设接地装置的配电装置时，应在母线上装设 I 级试验的电涌保护器，电涌保护器每一保护模式的冲击电流值，当无法确定时冲击电流应取等于或大于 **12.5kA**；当无线路引出本建筑物时，应在母线上装设Ⅱ级试验的电涌保护器，电涌保护器每一保护模式的标称放电电流值应等于或大于 **5kA**。电涌保护器的电压保护水平值应小于或等于 **2.5kV**。

【释义】

本条说明如下：

4 本款的"低压电源线路引入的总配电箱、配电柜处装设Ⅰ级试验的电涌保护器"的规定是根据 IEC-TC81 和 IEC-TC37A 的有关标准制定的。"电涌保护器的电压保护水平值应小于或等于 2.5kV"和"当无法确定时，冲击电流应取等于或大于 12.5kA"是根据现行国家标准《建筑物电气装置第 5-53 部分：电气设备的选择和安装，隔离、开关和控制设备第 534 节：过电压保护电器》GB 16895.22—2004/IEC 60364-5-53：2001：A1：2002 的规定制定的。

5 本款是强制性条款。在"当 Yyn0 型或 Dyn11 型接线的配电变压器设在本建筑物内或附设于外墙处"的情况下，当该建筑物的防雷装置遭雷击时，接地装置的电位升高，变压器外亮的电位也升高。由于变压器高压侧各相绕组是相连的，对外壳的雷击高电位来说，可看作处于同一低电位，外壳的雷击高电位可能击穿高压绕组的绝缘，因此，应在高压侧装设避雷器。当避雷器反击穿时，高压绕组则处于与外壳相近的电位，高压绕组得到保护。另一方面，由于变压器低压侧绕组的中心点通常与外壳在电气上是直接连在一起的，当外壳电位升高时，该电位加到低压绕组上，低压绕组有电流流过，并通过变压器高、低压绕组的电磁感应使高压绕组匝间可能产生危险的电位差。若在低压侧装设 SPD，当外壳出现危险的高电位时，SPD 动作放电，大部分雷电流流经与低压绕组并联的 SPD，因此，保护了高压绕组。"当无线路引出本建筑物时，应在母线上装设 E 级试验的电涌保护器，电涌保护器每一保护模式的标称放电电流值应等于或大于 5kA"的规定是因为此时低压线路的地电位（PE 导体、共用接地系统）与 SPD 的接地端是处于同一电位（在同一平面上）或高于 SPD 接地端的电位（在建筑物的高处），流经 SPD 的电流和能量不会是大的，即不会有大的雷电流再从 SPD 的接地端流经 SPD，又从低压线路的分布电容流回 SPD 接地端的接地装置。但此时 SPD 动作后将保护低压装置的绝缘免遭击穿破坏。

**4.4.3 专设引下线不应少于 2 根，并应沿建筑物四周和内庭院四周均匀对称布置，其间距沿周长计算不应大于 25m。当建筑物的跨度较大，无法在跨距中间设引下线时，应在跨距两端设引下线并减小其他引下线的间距，专设引下线的平均间距不应大于 25m。**

【释义】

从法拉第笼的原理看，网格尺寸和引下线间距越小，对闪电感应的屏蔽越好，可降低屏蔽空间内的磁场强度和减小引下线的分流系数。雷电流通过引下线入地，当引下线数量较多且间距较小时，雷电流在局部区域分布也较均匀，引下线上的电压降减小，反击危险也相应减小。对引下线间距，本规范向 IEC 62305 防雷标准靠拢。如果完全采用该标准，则本规范的第一类、第二类、第三类防雷建筑物的引下线间距相应应为 10m、15m、25m。根据实践经验和实际需要补充增加了"当建筑物的跨度较大，无法在跨距中间设引下线时，应在跨距两端设引下线并减小其他引下线的间距，专设引下线的平均间距不应大于 18m。""专设"指专门敷设，区别于利用建筑物的金属体。

**4.5.8** 在独立接闪杆、架空接闪线、架空接闪网的支柱上，严禁悬挂电话线、广播线、电视接收天线及低压架空线等。

**【释义】**

根据以前在调查中发现，有的单位将电话线、广播线以及低压架空线等悬挂在独立接闪杆、架空接闪线立杆以及建筑物的防雷引下线上，这样容易造成高电位引入，是非常危险的，故作本条规定。

**6.1.2** 当电源采用 TN 系统时，从建筑物总配电箱起供电给本建筑物内的配电线路和分支线路必须采用 TN-S 系统。

**【释义】**

当电源采用 TN 系统时，建筑物内必须采用 TN-S 系统，这是由于正常的负荷电流只应沿中线 N 流回，不应使有的负荷电流沿 PE 线或与 PE 线有连接的导体流回，否则，这些电流会干扰正常运行的用电设备。

## 7.《爆炸危险环境电力装置设计规范》GB 50058—2014

**5.2.2** 危险区域划分与电气设备保护级别的关系应符合下列规定：

**1** 爆炸性环境内电气设备保护级别的选择应符合表 5.2.2-1 的规定。

表 5.2.2-1　爆炸性环境内电气设备保护级别的选择

| 危险区域 | 设备保护级别（EPL） | 危险区域 | 设备保护级别（EPL） |
|---|---|---|---|
| 0 区 | 0 区 | 20 区 | Da |
| 1 区 | Ga 或 Gb | 21 区 | Da、Db |
| 2 区 | Ga、Gb 或 Gc | 22 区 | Da、Db 或 Dc |

**【释义】**

设备的保护级别 EPL（Equipment Protection Levels）是《爆炸性环境第 14 部分：电气装置设计、选择和安装》IEC 60079—14 2007 新引入的一个概念，同时现行国家标准《爆炸性环境》GB 3836 也已经引入了 EPL 的概念。气体/蒸气环境中设备的保护级别为 Ga，Gb，Gc，粉尘环境中设备的保护级别要达到 Da，Db，Dc。"EPLGa"爆炸性气体环境用设备，具有"很高"的保护等级，在正常运行过程中、在预期的故障条件下或者在罕见的故障条件下不会成为点燃源。

"EPL Gb"爆炸性气体环境用设备，具有"高"的保护等级，在正常运行过程中、在预期的故障条件下不会成为点燃源。

"EPL Gc"爆炸性气体环境用设备，具有"加强"的保护等级，在正常运行过程中不会成为点燃源，也可采取附加保护，保证在点燃源有规律预期出现的情况下（如灯具的故障）不会点燃。

"EPL Da"爆炸性粉尘环境用设备，具有"很高"的保护等级，在正常运行过程中、在预期的故障条件下或者在罕见的故障条件下不会成为点燃源。

"EPL Db"爆炸性粉尘环境用设备，具有"高"的保护等级，在正常运行过程中、在预期的故障条件下不会成为点燃源。

"EPL De"爆炸性粉尘环境用设备，具有"加强"的保护等级，在正常运行过程中不会成为点燃源，也可采取附加保护，保证在点燃源有规律预期出现的情况下（如灯具的故障）不会点燃。

电气设备分为主类。

Ⅰ类电气设备用于煤矿瓦斯气体环境。

Ⅱ类电气设备用于除煤矿甲烷气体之外的其他爆炸性气体环境。

Ⅱ类电气设备按照其拟使用的爆炸性环境的种类可进一步再分类：

ⅡA 类：代表性气体是丙烷；

ⅡB 类：代表性气体是乙烯；

ⅡC 类：代表性气体是氢气。

Ⅲ类电气设备用于除煤矿以外的爆炸性粉尘环境。

Ⅲ类电气设备按照其拟使用的爆炸性粉尘环境的特性可进一步再分类。

Ⅲ类电气设备的再分类：

ⅢA 类：可燃性飞絮；

ⅢB 类：非导电性粉尘；

ⅢC 类：导电性粉尘。

**5.5.1** 当爆炸性环境电力系统接地设计时，1000V 交流/1500V 直流以下的电源系统的接地应符合下列规定：

**1** 爆炸性环境中的 TN 系统应采用 TN-S 型；

**2** 危险区中的 TT 型电源系统应采用剩余电流动作的保护电器；

**3** 爆炸性环境中的 IT 型电源系统应设置绝缘监测装置。

【释义】

爆炸性环境中的 TN 系统应采用 TN-S 型是指在危险场所中，中性线与保护线不应连在一起或合

并成一根导线，从 TN-C 到 TN-S 型转换的任何部位，保护线应在非危险场所与等电位联结系统相连接。

如果在爆炸性环境中引入 TN-C 系统，正常运行情况下，中性线存在电流，可能会产生火花引起爆炸，因此在爆炸危险区中只允许采用 TN-S 系统。对于 TT 型系统，由于单相接地时阻抗较大，过流、速断保护的灵敏度难以保证，所以应采用剩余电流动作的保护电器。对于 IT 型系统，通常首次接地故障时，保护装置不直接动作于跳闸，但应设置故障报警，及时消除隐患，否则如果发生异相接地，就很可能导致短路，使事故扩大。

## 8.《35kV～110kV 变电站设计规范》GB 50059—2011

**3.1.3** 装有两台及以上主变压器的变电站，当断开一台主变压器时，其余主变压器的容量（包括过负荷能力）应满足全部一、二级负荷的用电要求。

【释义】

随着我国国民经济的发展，电力用户对于供电可靠性的要求日益提高，鉴于本规范所涉及的 35～110kV 变电站与电力用户直接相关，本次修编后的本条文不再提及一级和二

级负荷所占变压器容量的比例，而强调应确保满足全部一、二级负荷用电的要求。

## 9.《3～110kV 高压配电装置设计规范》GB 50060—2008

**2.0.10** 屋内、屋外配电装置的隔离开关与相应的断路器和接地刀闸之间应装设闭锁装置。屋内配电装置设备低式布置时，还应设置防止误入带电间隔的闭锁装置。

**【释义】**

目前国内外生产的高压开关柜均实现了"五防"功能，对户外敞开式布置的高压配电装置也都配置了"微机五防"操作系统。因此，本条文仅强调了屋内配电装置中设备低式布置时应设置防止误入带电间隔的闭锁装置。

**4.1.9** 正常运行和短路时，电气设备引线的最大作用力不应大于电气设备端子允许的荷载。屋外配电装置的导体、套管、绝缘子和金具，应根据当地气象条件和不同受力状态进行力学计算。导体、套管、绝缘子和金具的安全系数不应小于表 4.1.9 的规定。

表 4.1.9 导体、套管、绝缘子和金具的安全系数

| 类别 | 荷载长期作用时 | 荷载短期作用时 |
|---|---|---|
| 套管、支持绝缘子 | 2.50 | 1.67 |
| 悬式绝缘子及其金具 | 4.00 | 2.50 |
| 软导体 | 4.00 | 2.50 |
| 硬导体 | 2.00 | 1.67 |

注：1. 表中悬式绝缘子的安全系数对应于 1h 机电试验荷载；若对应于破坏荷载，安全系数应分别为 5.3 和 3.3。

2. 硬导体的安全系数对应于破坏应力；若对应于屈服点应力，安全系数应分别为 1.6 和 1.4。

**【释义】**

短时作用的荷载，系指在正常状态下长期作用的荷载与在安装、检修、短路、地震等状态下短时增加的荷载的综合。管型母线的支柱绝缘子，除校验抗弯机械强度外，尚需校验抗扭机械强度。其安全系数可取正文所列数值。

**5.1.1** 屋外配电装置的安全净距不应小于表 5.1.1 所列数值。电气设备外绝缘体最低部位距地小于 2500mm 时，应装设固定遮拦。

表 5.1.1 屋外配电装置的安全净距（mm）

| 符号 | 适应范围 | 系统标称电压（kV） | | | | | |
|---|---|---|---|---|---|---|---|
| | | 3～10 | 15～20 | 35 | 66 | 110J | 110 |
| A1 | 1. 带电部分至接地部分之间<br>2. 网状遮拦向上延伸线距地 2.5m 处与遮拦上方带电部分之间 | 200 | 300 | 400 | 650 | 900 | 1000 |
| A2 | 1. 不同相的带电部分之间<br>2. 断路器和隔离开关的断口两侧引线带电部分之间 | 200 | 300 | 400 | 650 | 1000 | 1100 |

续表

| 符号 | 适应范围 | 系统标称电压 (kV) | | | | | |
|---|---|---|---|---|---|---|---|
| | | 3～10 | 15～20 | 35 | 66 | 110J | 110 |
| B1 | 1. 设备运输时，其设备外廓至无遮拦带电部分之间<br>2. 交叉的不同时停电检修的无遮拦带电部分之间<br>3. 栅状遮拦至绝缘体和带电部分之间<br>4. 带电作业时带电部分至接地部分之间 | 950 | 1050 | 1150 | 1400 | 1650 | 1750 |
| B2 | 网状遮拦至带电部分之间 | 300 | 400 | 500 | 750 | 1000 | 1100 |
| C | 1. 无遮拦裸导体至地（楼）面之间<br>2. 无遮拦裸导体至建筑物、构筑物顶部之间 | 2700 | 2800 | 2900 | 3100 | 3400 | 3500 |
| D | 1. 平行的不同时停电检修的无遮拦裸导体之间<br>2. 带电部分与建筑物、构筑物的边缘部分之间 | 2200 | 2300 | 2400 | 2600 | 2900 | 3000 |

注：1. 110J 指中性点有效接地系统。

2. 海拔超过 1000m 时，A 值应尽进行修正。

3. 本表所列各值不适用于制造厂的成套配电装置。

4. 带电作业时，不同相或交叉的不同回路带电部分之间，其 B1 值可在 A2 值上加 750mm。

【释义】

原规范第 5.1.1 条的部分修改条文。

1 本条主要依据《交流电气装置的过电压保护和绝缘配合》DL/T 620 中的方法，计算作用在空气间隙上的放电电压值，以避雷器的保护水平为基础，依据计算分析结果确定了最小安全距离。

2 对原表中 63kV 电压等级按《标准电压》GB 156—2003 改为 66kV。

3 A 值是基本带电距离。110kV 及以下配电装置的 A 值采用惯用法确定。隔离开关和断路器等开断电器的断口两侧引线带电部分之间，应满足 A2 值的要求。

4 B1 值是指带电部分至栅栏的距离和可移动设备在移动中至无遮拦带电部分的净距，B1＝A1＋750mm。一般运行人员手臂误入栅栏时手臂长不大于 750mm，设备运输或移动时摆动也不会大于此值。交叉的不同时停电检修的无遮拦带电部分之间，检修人员在导线（体）上下活动范围也为此值。

5 B2 值是指带电部分至网状遮拦的净距，B2＝A1＋70mm＋30mm。一般运行人员手指误入网状遮拦时手指长不大于 70mm，另外考虑了 30mm 的施工误差。

6 C 值是保证人举手时，手与带电裸导体之间的净距不小于 A1 值，C＝A1＋2300mm＋200mm。一般运行人员举手后总高度不超过 2300mm，另外考虑屋外配电装置施工误差 200mm。在积雪严重地区还应考虑积雪的影响，该距离可适当加大。规定遮拦向上延伸线距地 2500mm 处与遮拦上方带电部分的净距，不应小于 A1 值；以及电气设备外绝缘体最低部位距地小于 2500mm 时，应装设固定遮拦，都是为了防止人举手时触电。

7  D 值是保证配电装置检修时，人和带电裸导体之间净距不小于 A1 值，D＝A1＋1800mm＋200mm。一般检修人员和工具的活动范围不超过 1800mm，屋外条件较差，另增加 200mm 的裕度。规定带电部分至围墙顶部的净距和带电部分至配电装置以外的建筑物等的净距，不应小于 D 值，也是考虑检修人员的安全。

**5.1.3**  屋外配电装置使用软导线时，在不同条件下，带电部分至接地部分和不同相带电部分之间的最小安全净距，应根据表 5.1.3 进行校验，并应采用最大值。

表 5.1.3  带电部分至接地部分和不同相带电部分之间的最小安全净距（mm）

| 条件 | 校验条件 | 设计风速（m/s） | A 值 | 系统标称电压（kV） | | | |
|---|---|---|---|---|---|---|---|
| | | | | 35 | 66 | 110J | 110 |
| 雷电过电压 | 雷电过电压和风偏 | 10（注） | A1 | 400 | 650 | 900 | 1000 |
| | | | A2 | 400 | 650 | 1000 | 1100 |
| 工频过电压 | 1. 最大工作电压、短路和风偏（取 10m/s 风速）<br>2. 最大工作电压和风偏（取最大设计风速） | 10 或最大设计风速 | A1 | 150 | 300 | 300 | 450 |
| | | | A2 | 150 | 300 | 500 | 500 |

注：在最大设计风速为 35m/s 及以上，以及雷暴时风速较大等气象条件恶劣的地区 15m/s。

【释义】

原规范第 5.1.2 条的修改条文。

1  对原表中 63kV 电压等级按《标准电压》GB 156—2003 改为 66kV。

2  过去在最大工作电压条件下，进行短路加风偏的校验时，计算方法不太明确，有时采用短路叠加最大设计风速的风偏，相间距离常常由此条件控制，考虑到短路与最大设计风速同时出现的几率甚小，故本规范对校验条件明确分为两种情况：①最大工作电压下的最小安全净距与最大设计风速；②最大工作电压下的最小安全净距与短路摇摆加 10m/s 风速。

3  本次修编，取消了 35～110kV 不同条件下的计算风速和安全净距表中操作过电压和风偏值。主要考虑在 35～110kV 系统中操作过电压不起主要作用。并且，国内缺少 35～110kV 内过电压和工频过电压试验曲线。

**5.1.4**  屋内配电装置的安全净距不应小于表 5.1.4 所列数值。电气设备绝缘体最低部位距地小于 2300mm 时，应装设固定遮拦。

表 5.1.4  屋内配电装置的安全净距（mm）

| 符号 | 适应范围 | 系统标称电压（kV） | | | | | | | | |
|---|---|---|---|---|---|---|---|---|---|---|
| | | 3 | 6 | 10 | 15 | 20 | 35 | 66 | 110J | 110 |
| A1 | 1. 带电部分至接地部分之间<br>2. 网状和板状遮拦向上延伸线距地 2300mm 处于遮拦上方带电部分之间 | 75 | 100 | 125 | 150 | 180 | 300 | 550 | 850 | 950 |

续表

| 符号 | 适应范围 | 系统标称电压（kV） | | | | | | | | |
|---|---|---|---|---|---|---|---|---|---|---|
| | | 3 | 6 | 10 | 15 | 20 | 35 | 66 | 110J | 110 |
| A2 | 1. 不同相的带电部分之间<br>2. 断路器和隔离开关的断口两侧引线带电部分之间 | 75 | 100 | 125 | 150 | 180 | 300 | 550 | 900 | 1000 |
| B1 | 1. 栅状遮拦至带电部分之间<br>2. 交叉的不同时停电检修的无遮拦带电部分之间 | 825 | 850 | 875 | 900 | 930 | 1050 | 1300 | 1600 | 1700 |
| B2 | 网状遮拦至带电部分之间 | 175 | 200 | 225 | 250 | 280 | 400 | 650 | 950 | 1050 |
| C | 无遮拦裸导体至地（楼）面之间 | 2500 | 2500 | 2500 | 2500 | 2500 | 2600 | 2850 | 3150 | 3250 |
| D | 平行的不同时停电检修的无遮拦裸导体之间 | 1875 | 1900 | 1925 | 1950 | 1980 | 2100 | 2350 | 2650 | 2750 |
| E | 通向屋外的出线套管至屋外通道的路面 | 4000 | 4000 | 4000 | 4000 | 4000 | 4000 | 4500 | 5000 | 5000 |

注：1. 110J 指中性点有效接地系统。

2. 海拔超过 1000m 时，A 值应尽进行修正。

3. 当为板状遮拦时，B2 值可在 A1 值上加 30mm。

4. 通向屋外的出线套管至屋外地面的距离，不应小于表 5.1.1 中所列屋外部分的 C 值。

5. 本表所列各值不适用于制造厂的产品设计。

【释义】

原规范第 5.1.3 条的修改条文。

1　对原表中 63kV 电压等级按《标准电压》GB 156—2003 改为 66kV。

2　B2 值是指带电部分至网状遮拦的净距，B2＝A1＋30mm＋70mm。70mm 是考虑运行人员手指长度不大于 70mm，30mm 是考虑施工误差。若为板状遮拦，则因运行人员手指无法伸入，只需考虑施工误差 30mm，故此时 B2＝A1＋30mm。

3　35～110kV 栏目中 C 值的含义与屋外相同，考虑到屋内条件比屋外为好，20kV 及以下 C 值取 2500mm，35kV 及以上 C＝A1＋2300mm。

4　D 值的含义与屋外相同，考虑屋内条件比屋外为好，无需再增加裕度，因此 D＝A1＋1800mm。

5　E 值指由出线套管中心线至屋外通道路面的净距，考虑人站在载重汽车车厢中举手高度不大于 3500mm，因此将 E 值定为在 35kV 及以下时为 4000mm，66kV 为 4500mm，110kV 为 5000mm。若明确为经出线套管直接引线至屋外配电装置时，则出线套管至屋外地面的距离可不按 E 值校验，但不应低于同等电压级的屋外 C 值。

6　110kV 及以下屋内配电装置的 A 值普遍比屋外 A 值小 50～100mm。这主要考虑到屋内的环境条件略优于屋外，对造价影响亦较大，因而所取裕度相对较小。上海交通大学曾进行了真型试验。试验表明，由于电场分布的影响，屋内的条件要比屋外恶化。有墙又有顶时，空气间隙的放电电压较低，分散性也较大。但考虑到温度的影响，他们建议屋内与屋外取相同的数值。

**5.1.7** 屋外配电装置裸露的带电部分的上面和下面，不应有照明、通信和信号线路架空跨越或穿过；屋内配电装置裸露的带电部分上面不应有明敷的照明、动力线路或管线跨越。

【释义】

原规范第5.1.5条的保留条文。照明、通信和信号线路绝缘强度很低，不应在屋外配电装置带电部分上面和下面架空跨越或穿过，以防感应电压或断线时造成严重恶果，或因维修照明等线路时误触带电高压设备。屋内配电装置内不应有明敷的照明或动力线路跨越裸露带电部分上面，防止明线脱落造成事故，同时照明灯具的安装位置选择亦应考虑维护人员维修时的安全。

**7.1.3** 充油电气设备间的门开向不属配电装置范围的建筑物内时，应采用非燃烧体或难燃烧体的实体门。

【释义】

为保证电力系统的运行安全，防止延燃致使火灾事故扩大，对民用建筑内变电所需要设置的防火门作出具体规定。本条涉及防火安全措施。

**7.1.4** 配电装置室的门应设置向外开启的防火门，并应装弹簧锁，严禁采用门闩；相邻配电装置室之间有门时，应能双向开启。

【释义】

本条规定是本着安全疏散的原则，均向"外"开启，即通向变配电所室外的门向外开启；并对门锁和相邻配电装置室的互通门的双向开启作出规定。本条涉及变电所值班和维修人员安全疏散的措施。

## 10. 《66kV及以下架空电力线路设计规范》GB 50061—2010

**6.0.9** 海拔高度为1000m以下的地区，35kV和66kV架空电力线路带电部分与杆塔构件、拉线、脚钉的最小间隙，应符合表6.0.9的规定。

表6.0.9 带电部分与杆塔构件、拉线、脚钉的最小间隙

| 工况 | 最小间隙（m） | |
| --- | --- | --- |
| | 线路电压 35kV | 线路电压 66kV |
| 雷电过电压 | 0.45 | 0.65 |
| 内部过电压 | 0.25 | 0.50 |
| 运行电压 | 0.10 | 0.20 |

【释义】

是海拔高度为1000m以下的地区35kV和66kV电力架空线路安全距离的基本要求。

**6.0.10** 海拔高度为1000m及以上的地区，海拔高度每增高100m，内部过电压和运行电压的最小间隙应按本规范表6.0.9所列数值增加1%。

【释义】

是海拔高度为1000m及以上的地区，35kV和66kV电力架空线路安全距离的基本

要求。

**6.0.13** 带电作业杆塔的最小间隙应符合下列要求：

**1** 在海拔高度为 **1000m** 以下的地区，带电部分与接地部分的最小间隙应符合表**6.0.13** 的规定。

表 6.0.13  带电作业杆塔与接地部分的最小间隙（m）

| 线路电压 | 10kV | 35kV | 66kV |
|---|---|---|---|
| 最小间隙 | 0.4 | 0.6 | 0.7 |

**2** 对操作人员需要停留工作的部位，应增加 **0.3m～0.5m**。

【释义】

是电力架空线路带电作业安全距离的基本要求。

**7.0.7** **66kV** 与 **10kV** 同杆共架的线路，不同电压等级导线间的垂直距离不应小于 **3.5m**；**35kV** 与 **10kV** 同杆共架的线路，不同电压等级导线间的垂直距离不应小于 **2m**。

【释义】

是 66kV 与 10kV 电力架空线路同杆共架安全距离的基本要求。

**8.1.3** 各类杆塔均应按以下三种风向计算塔身、横担、导线和地线的风载荷：

**1** 风向与线路方向相垂直。转角塔应按转角等分线方向；

**2** 风向与线路方向的夹角成 **60°**或 **45°**；

**3** 风向与线路方向相同。

【释义】

是电力架空线路杆塔风荷载通常是按这三种风向来进行计算的，也是杆塔荷载的基本安全要求。

**8.1.9** 各类杆塔的运行工况应计算下列工况的荷载：

**1** 最大风速、无冰、未断线；

**2** 覆冰、相应风速、未断线；

**3** 最低气温、无风、无冰、未断线。

【释义】

运行工况包括最大风速工况、覆冰工况和最低气温工况。最大风速工况下无冰，未断线；覆冰工况下为 10m/s 风速，未断线；最低气温工况无风，未断线。这些都是规范规定的设计标准。多年的设计和运行实践证明，这些组合标准是合适的。

**9.0.1** 杆塔结构构件及连接的承载力、强度、稳定计算和基础强度计算，应采用荷载设计值；变形、抗裂、裂缝、地基和基础稳定计算，均应采用荷载标准值。

【释义】

本条是架空线杆塔构件及基础设计计算所采用的荷载设计值和标准值的要求。

**11.0.2** 基础应根据杆位或塔位的地质资料尽享设计。现场浇制钢筋混凝土基础的混凝土强度等级不应低于 **C20**。

【释义】

本条是基础设计的基本安全要求，根据《建筑地基基础设计规范》GB 50007—2002

第 8.2.2 条第 4 款规定"混凝土强度等级不应低于 C20"。

**11.0.12** 基础上拔稳定计算的土重上拔稳定系数 $\gamma_{R1}$、基础自重上拔稳定系数 $\gamma_{R2}$ 和倾覆稳定系数 $\gamma_S$，应按表 11.0.12 采用。

表 11.0.12 上拔稳定系数和倾覆稳定系数

| 杆塔类型 | $\gamma_{R1}$ | $\gamma_{R2}$ | $\gamma_S$ |
|---|---|---|---|
| 直线杆塔 | 1.6 | 1.2 | 1.5 |
| 直线转角或耐张杆塔 | 2.0 | 1.3 | 1.8 |
| 转角或终端杆塔 | 2.5 | 1.5 | 2.2 |

【释义】

本条是保证架空电力线路基础安全稳定的基本设计安全要求。

**12.0.6** 导线与地面、建筑物、树木、铁路、道路、河流、管道、索道及各种架空线路间的距离，应按下列原则确定：

**1** 应根据最高气温情况或覆冰情况求得的最大弧垂和最大风速情况或覆冰情况求得的最大风偏进行计算；

**2** 计算上述距离应计入导线架线后塑性伸长的影响和设计、施工的误差，但不应计入由于电流、太阳辐射、覆冰不均等引起的弧垂增大；

**3** 当架空电力线路与标准轨距铁路、高速公路和一级公路交叉，且架空电力线路的档距超过 200m 时，最大弧垂应按导线温度为 +70℃ 计算。

【释义】

本条是架空电力线路设计电气安全距离的要求。经调查，按有关规范和实验研究成果确定的导线至地（水）面、建筑物、树木以及各种工程设施距离的计算条件设计的线路，在对地距离和交叉跨越方面，运行情况是好的，各地认为是合适的。由于技术上和设备工具上的原因，往往是计算所得的导线弧垂数值与竣工后的数值之间存在一定的差距。其原因概括为测绘误差、定位误差和施工误差三种情况。测绘误差又包含有断面误差和制图展点两种误差。定位误差有模板刻制和在图纸上排杆杆位两方面的问题。施工误差则是由于刻印压接不准、耐张绝缘子串度量不准以及温度计指示的气温数值不能代表导线的温度等原因产生的。因此，杆塔定位是必须考虑到"导线弧垂误差裕度"。该裕度至应视档距大小、地形条件、断面图比例大小而定。由于高速公路大量兴建，线路与其交叉跨越，如交叉档距超过 200m。最大弧垂亦应按导线温度 +70℃ 计算。

**12.0.7** 导线与地面的最小距离，在最大计算弧垂情况下，应符合表 12.0.7 的规定。

表 12.0.7 导线与地面的最小距离（m）

| 线路经过区域 | 最小距离 | | |
|---|---|---|---|
| | 线路电压 | | |
| | 3kV 以下 | 3~10kV | 35~66kV |
| 人口密集地区 | 6.0 | 6.5 | 7.0 |
| 人口稀少地区 | 5.0 | 5.5 | 6.0 |
| 交通困难地区 | 4.0 | 4.5 | 5.0 |

【释义】

本条是架空电力线路设计电气安全距离的要求。人口密集地区是指工业企业地区、港口、码头、火车站和城镇等地区；人员密集地区以外的区域即"人口稀少地区"。各地运行经验表明：导线与地面的距离值是可行的。

**12.0.8** 导线与山坡、峭壁、岩石之间的最小距离，在最大计算风偏情况下，应符合表 12.0.8 的规定。

表 12.0.8　导线与山坡、峭壁、岩石间的最小距离（m）

| 线路经过区域 | 最小距离 | | |
|---|---|---|---|
| | 线路电压 | | |
| | 3kV 以下 | 3～10kV | 35～66kV |
| 步行可以到达的山坡 | 3.0 | 4.5 | 5.0 |
| 步行不能到达的山坡、峭壁、岩石 | 1.0 | 1.5 | 3.0 |

【释义】

本条是架空电力线路设计电气安全距离的要求。

**12.0.9** 导线与建筑物之间的垂直距离，在最大计算弧垂情况下，应符合表 12.0.9 的规定。

表 12.0.9　导线与建筑物间的最小垂直距离（m）

| 线路电压 | 3kV 以下 | 3～10kV | 35kV | 35～66kV |
|---|---|---|---|---|
| 距离 | 2.5 | 3.0 | 4.0 | 5.0 |

【释义】

本条是架空电力线路设计电气安全距离的要求。同时本条对导线与建筑物的垂直距离作出了规定，它是杆塔定位工作的需要。

**12.0.10** 架空电力线路在最大计算风偏情况下，边导线与城市多层建筑或规划建筑线间的最小水平距离，以及边导线与不在规划范围内的城市建筑物间的最小距离，应符合表 12.0.10 的规定。线路边导线与不在规划范围内的城市建筑物间的水平距离，在无风偏情况下，不应小于表 12.0.10 所列数值的 50%。

表 12.0.10　边导线与建筑物间的最小垂直距离（m）

| 线路电压 | 3kV 以下 | 3～10kV | 35kV | 35～66kV |
|---|---|---|---|---|
| 距离 | 1.0 | 1.5 | 3.0 | 4.0 |

【释义】

本条是架空电力线路设计电气安全距离的要求。由于城市多层和高层建筑物增多，其楼上坠物对架空电力线的安全直接威胁更大。为了尽量避免线路受到影响，有条件时宜适当加大边导线与建筑物间的水平距离。

**12.0.11** 导线与树木（考虑自然生长高度）之间的最小垂直距离，应符合表 12.0.11 的规定。

表 12.0.11　导线与树木之间的最小垂直距离（m）

| 线路电压 | 3kV 以下 | 3～10kV | 35～66kV |
|---|---|---|---|
| 距离 | 3.0 | 3.0 | 4.0 |

【释义】

本条是架空电力线路设计电气安全距离的要求。

**12.0.12**　导线与公园、绿化区或防护林带的树木之间的最小距离，在最大计算风偏情况下，应符合表 12.0.12 的规定。

表 12.0.12　导线与公园、绿化区或防护林带的树木之间的最小距离（m）

| 线路电压 | 3kV 以下 | 3～10kV | 35～66kV |
|---|---|---|---|
| 距离 | 3.0 | 3.0 | 3.5 |

【释义】

本条是架空电力线路设计电气安全距离的要求。

**12.0.13**　导线与果树、经济作物或城市灌木之间的最小垂直距离，在最大计算弧垂情况下，应符合表 12.0.13 的规定。

表 12.0.13　导线与果树、经济作物或城市绿化灌木之间的最小垂直距离（m）

| 线路电压 | 3kV 以下 | 3～10kV | 35～66kV |
|---|---|---|---|
| 距离 | 1.5 | 1.5 | 3.0 |

【释义】

本条是架空电力线路设计电气安全距离的要求。

**12.0.14**　导线与街道行道树之间的最小距离，应符合表 12.0.14 的规定。

表 12.0.14　导线与街道行道树之间的最小距离（m）

| 检验状况 | 最小距离 | | |
|---|---|---|---|
| | 线路电压 | | |
| | 3kV 以下 | 3～10kV | 35～66kV |
| 最大计算弧垂情况下的垂直距离 | 1.0 | 1.5 | 3.0 |
| 最大计算风偏情况下的水平距离 | 1.0 | 2.0 | 3.5 |

【释义】

本条是架空电力线路设计电气安全距离的要求。

**12.0.16**　架空电力线路与铁路、道路、河流、管道、索道及各种架空线路交叉或接近的要求，应符合表 12.0.16 的规定。

【释义】

本条是架空电力线路设计电气安全距离的要求。本条在原规范的基础上补充和修改下述内容：

**表 12.0.16 架空电力线路与铁路、道路、河流、管道、索道及各种架空线路交叉或接近的要求**

| 项目 | | 线路（铁路） | | 公路和道路 | 电车道（有轨或无轨） | | 通航河流 | | 不通航河流 | | 架空明线弱电线路 | 电力线路 | 特殊管道 | 一般管道索道 |
|---|---|---|---|---|---|---|---|---|---|---|---|---|---|---|
| | | 标准轨距 | 窄轨 | | | | | | | | | | | |
| 导线或地线在跨越档接头 | | 标准轨距：不得接头 窄轨：不限制 | | 高速公路和一、二级公路及城市一、二级道路：不得接头。三、四级公路和城市三级道路：不限制 | 不得接头 | | 不得接头 | | 不限制 | | 一、二级：不得接头 三级：不限制 | 35kV 及以上：不得接头 10kV 及以下：不限制 | 不得接头 | 不得接头 |
| 交叉档导线最小截面 | | 35kV 及以上采用钢芯铝绞线或铝合金线为 35mm²；10kV 及以下采用铝绞线或铝合金线为 35mm²，其他导线为 16mm² | | | | | | | | | | — | | |
| 交叉档距绝缘子固定方式 | | 双固定 | | 高速公路和一、二级公路及城市一、二级道路为双固定 | 双固定 | | 双固定 | | 不限制 | | 10kV 及以下线路跨一、二级为双固定 | 10kV 及以下线路跨 6～10kV 线路为双固定 | 双固定 | 双固定 |
| 最小垂直距离(m) | | 至标准轨顶 / 至窄轨轨顶 | 至承力索或接触线 | 至路面 | 至路面 | 至承力索或接触线 | 至常年高水位 | 至最高航行水位的最高船桅杆 | 至最高洪水位 | 冬季至冰面 | 至被跨越线 | 至被跨越线 | 至管道任何部分 | 至索道任何部分 |
| | 35～66kV | 7.5 / 7.5 | 3.0 | 7.0 | 10.0 | 3.0 | 6.0 | 2.0 | 3.0 | 5.0 | 3.0 | 3.0 | 4.0 | 3.0 |
| | 3～10kV | 7.5 / 6.0 | 3.0 | 7.0 | 9.0 | 3.0 | 6.0 | 1.5 | 3.0 | 5.0 | 2.0 | 2.0 | 3.0 | 2.0 |
| | 3kV 以下 | 7.5 / 6.0 | 3.0 | 6.0 | 9.0 | 3.0 | 6.0 | 1.0 | 3.0 | 5.0 | 1.0 | 1.0 | 1.5 | 1.5 |

续表

| 项目 | | 铁路 杆塔外缘至轨道中心 | | 公路和道路 杆塔外缘至路基边缘 | | | 电车道(有轨或无轨) 杆塔外缘至路基边缘 | | 通航河流 / 不通航河流 边导线至斜坡上缘(线路与拉纤小路平行) | 架空明线弱电线路 边导线间 | | 电力线路 至被跨越线 | | 特殊管道 | 一般管道、索道 边导线至管道、索道任何部分 |
|---|---|---|---|---|---|---|---|---|---|---|---|---|---|---|---|
| | | 交叉 | 平行 | 开阔地区 | 路径受限制地区 | 市区内 | 开阔地区 | 路径受限制地区 | 通航河流 / 不通航河流 | 开阔地区 | 路径受限制地区 | 开阔地区 | 路径受限制地区 | 开阔地区 | 路径受限制地区 |
| 最小水平距离(m) | 35~66kV | 30 | 最高杆塔高加3m | 交叉:8.0 平行:最高杆塔高 | 5.0 | 0.5 | 交叉:8.0 平行:最高杆塔高 | 5.0 | 最高杆(塔)高 | 最高杆(塔)高 | 4.0 | 最高杆(塔)高 | 5.0 | 最高杆(塔)高 | 4.0 |
| | 3~10kV | 5 | 5 | 0.5 | 0.5 | 0.5 | 0.5 | 0.5 | 最高杆(塔)高 | 最高杆(塔)高 | 2.0 | 最高杆(塔)高 | 2.5 | 最高杆(塔)高 | 2.0 |
| | 3kV以下 | 5 | 5 | 0.5 | 0.5 | 0.5 | 0.5 | 0.5 | — | 最高杆(塔)高 | 1.0 | 最高杆(塔)高 | 2.5 | 最高杆(塔)高 | 1.5 |
| 其他要求 | | 35~66kV不宜在铁路出站信号机以内跨越 | | 在不受环境和规划限制的地区架空电力线路与国道的距离不宜小于20m，省道不宜小于15m，县道不宜小于10m，乡道不宜小于5m | | | | | 最高洪水位时，有抗洪抢险船只航行的河流，边导线垂直距离应协商确定 | 电力线应设在上方；交叉点应尽量靠近杆塔，但不应小于7m(市区除外) | | 电压高的线路应架设在电压低的线路上方；电压相同时，共用线应在专用线上方 | | 与索道交叉，如索道在上方，下方交叉点应装设保护措施；与管道、索道平行、交叉时，管道、索道应接地 | |

注：
1　特殊管道指架设在地面上输送易燃、易爆物的管道；
2　管道、索道上的附属设施，应视为管道、索道的一部分；
3　常年高水位是指五年一遇洪水位，最高洪水位是指百年一遇洪水位，对35kV及以上架空电力线路是指百年一遇洪水位，对10kV及以下架空电力线路是指50年一遇洪水位；
4　不能通航河流指不能浮运的河流，也不能通航的河流；
5　对路径受限制地区的最小水平距离的要求，应计及架空电力线路导线的最大风偏；
6　对电气化铁路的安全距离主要是电力线路导线与承力索和接触线的距离控制，因此，对电气化铁路轨顶的距离按实际情况确定。

1 增加对高速公路的有关规定。

2 根据《公路路线设计规范》JTGD 20—2006 的规定和《中华人民共和国公路管理条例》（1988 年实施）第三十一条"在公路两侧修建永久性工程设施，其建筑物边缘与公路边沟外缘的间距为：国道不小于 20m，省道不小于 15m，县道不宜小于 10m，乡道不宜小于 5m"的内容。

3 根据铁路的有关规范，建议 3～10kV、3kV 以下线路的杆塔外缘至铁路轨道中心，在有条件时应按 10m 设计。

## 11. 《电力工程电缆设计规范》GB 50217—2007

**5.1.9** 在隧道、沟、浅槽、竖井、夹层等封闭式电缆通道中，不得布置热力管道，严禁有易燃气体或易燃液体的管道穿越。

**【释义】**

本条规定是考虑到避免热力和易燃气体和液体管道对电力电缆安全运行的影响，与原国家电力公司 2000 年 9 月 28 日下发的《防止电力生产重大事故的二十五项重点要求》和《火力发电厂与变电所设计防火规范》GB 50229 的有关规定一致。

**5.3.5** 直埋敷设的电缆，严禁位于地下管道的正上方或正下方。电缆与电缆、管道、道路、构筑物等之间的容许最小距离，应符合表 5.3.5 的规定。

表 5.3.5 电缆与电缆、管道、道路、构筑物等之间的容许最小距离（m）

| 电缆直埋敷设时的配置情况 | | 平行 | 交叉 |
|---|---|---|---|
| 控制电缆之间 | | — | 0.5① |
| 电缆与电缆之间或与控制电缆之间 | 10kV 及以下电力电缆 | 0.1 | 0.5① |
| | 10kV 及以上电力电缆 | 0.25② | 0.5① |
| 不同的使用部门使用的电缆 | | 0.5② | 0.5① |
| 电缆与地下管沟 | 热力管沟 | 2③ | 0.5① |
| | 油管或易（可）燃气管道 | 1 | 0.5① |
| | 其他管道 | 0.5 | 0.5① |
| 电缆与铁路 | 非直流电气化铁路轨 | 3 | 1.0 |
| | 直流电气化铁路轨 | 10 | 1.0 |
| 电缆与建筑物基础 | | 0.6③ | — |
| 电缆与公路边 | | 1.0③ | — |
| 电缆与排水沟 | | 1.0③ | — |
| 电缆与树木主干 | | 0.7 | — |
| 电缆与 1kV 以上架空线电杆 | | 1.0③ | — |
| 电缆与 1kV 以上架空线杆塔基础 | | 4.0③ | — |

注：① 用间隔板或电缆穿管时不得小于 0.25m；

② 用间隔板或电缆穿管时不得小于 0.1m；

③ 用间隔板或电缆穿管时不得小于 50%。

**【释义】**

本条规定是经过多年的工程实践验证是合理的。所规定的电缆与电缆、管道、道路、构筑物等之间的容许最小距离对保证安全具有重要的意义。

## 12.《并联电容器装置设计规范》GB 50227—2008

**4.1.2 并联电容器的接线方式应符合下列规定：**

　**3 每个串联段的电容器并联总容量不应超过 3900kvar。**

**【释义】**

本款涉及电容器组的安全运行。限制并联电容器组串联段的并联容量，是抑制电容器故障爆破的重要技术措施，本款规定根据《标称电压 1kV 以上交流电力系统用并联电容器，第三部分：并联电容器和并联电容器组保护》GB/Z 11024.3—2001 中第 5.3.1 条 c 款规定提出。

**4.2.6 并联电容器装置的放电线圈接线应符合下列规定：**

　**2 严禁放电线圈一次绕组中性点接地。**

**【释义】**

本条是原规范第 4.2.6 条和第 4.2.7 条合并的修改条文。电容器是储能元件，断电后两极之间的最高电压可达 $\sqrt{2}U_n$（$U_n$ 为电容器额定电压均方根值），最大储能为 $CU_n^2$，电容器自身绝缘电阻高，不能自行放电至安全电压，需要装设放电件进行放电。电容器放电有两种方式：在电容器内部装设放电电阻，与电容元件并联；在电容器外部装设放电线圈（原规范叫放电器），与电容器直接并联。放电电阻和放电线圈，都能达到电容器放电目的，但放电电阻的放电速度较慢，电容器断开电源后，剩余电压在 5min 内才能由额定电压幅值降至 50V 以下；放电线圈放电速度快，电容器组断开电源后，剩余电压可在 5s 内降至 50V 以下。两种放电方式，二者必具其一，或者两种方式都具备。总之，在电容器脱离电源后，应迅速将剩余电压降低到安全值，从而避免合闸过电压，保障检修人员的安全和降低单相重击穿过电压。放电线圈是保障人身和设备安全必不可少的一种配套设备，经过多年的发展，各种电压等级的放电线圈已有系列产品，并且已经有了专业技术标准，工程设计时应根据需要选用。

以前，曾经在工程中使用过的放电设备有四种接线方式：V 形、星形、星形中性点接地和与电容器直接并联。其中，星形中性点接地是一种错误的接线方式，极少在工程中工程中出现。东北电力试验研究院对不同接线方式放电设备的放电性能进行过研究，在同等条件下（电容器组为星形接线，容量相同）电容器组断电 Is 后，电容器上的剩余电压值如表 2 所示。

**表 2　放电线圈不同接线方式时的剩余电压（V）**

| 序号 | 接线方式 | 对地电压 | | | 极间电压 | | | 备注 |
|---|---|---|---|---|---|---|---|---|
| 1 | | 2014 | 2997 | 2728 | 559 | 404 | 155 | — |

续表

| 序号 | 接线方式 | 对地电压 | | | 极间电压 | | | 备注 |
|---|---|---|---|---|---|---|---|---|
| 2 | | 2014 | 2997 | 2728 | 559 | 404 | 155 | — |
| 3 | | — | — | — | — | — | — | 禁止使用 |
| 4 | | 1116 | 2977 | 5857 | 3688 | 404 | 3284 | 不宜采用 |

注：C 代表电容器；TV 代表放电器。

从表 2 中可以看出，当放电线圈采用序号 1 和序号 2 两种接线方式时放电效果较好，虽然两种接线方式的剩余电压数值都一样，但两种接线方式有着实质性的差别：当这两种接线方式的二次线圈为开口三角形接线时，序号 1 的开口三角电压，能准确反映三相电容器的不平衡情况；序号 2 的开口三角电压反映的是三相母线电压不平衡，不能用于电容器组的不平衡保护。因此，当放电线圈配合继电保护使用时，应采用序号 1 接线。序号 3 接线方式，由形成了 L-C 串联回路，在断路器分闸时，将产生过电压，可能导致断路器重击穿。东北地区某变电站的 66kV 电容器组，误采用了中性点接地的电压互感器作放电线圈使用，投产试验时，测到过电压。即使断路器没有发生重击穿，对地过电压也可达 2.4 倍，如发生重击穿，过电压倍数更高，这对电容器是非常危险的。产生种过电压的原因是 L-C 串联回路产生的谐振，因此序号 3 接线方式禁止采用。序号 4 接线方式，放电效果差，当产生放电回路断线时，将造成其中一相电容器不能放电，虽然这种接线只用两相放电回路设备，但安全性差，不宜采用。需要说明：放电回路必须为完整通路，不允许在放电回路中串接开关或外熔断器（单台电容器保护用外熔断器不在此例）。为了保证人身和设备安全，不能因某种原因使放电回路断开而终止放电，本条规定强调直接并联的含义就在于此。

**6.2.4** 并联电容器的投切装置严禁设置自动重合闸。

**【释义】**

由于经保护装置动作而断开的电容器组在一次重合闸前的短暂时间里，电容器的剩余电压不能降低到允许值，如果设置了自动重合闸，将使电容器在残压较高的情况下，重新加压，致使电容器过电压超过允许值而损坏。因此，规定并联电容器组回路严禁设置自动重合闸。应当注意：当并联电容器装置与供电线路同接一条母线，为了提高供电可靠性而装设了重合闸，这时并联电容器装置的回路保护，应具有闭锁自动重合闸的功能。

**8.2.5 并联电容器组的绝缘水平应与电网绝缘水平相符合。电容器的绝缘水平和接地方式应符合下列规定：**

**2 集合式电容器在地面安装时外壳应可靠接地。**

【释义】

本条规定是根据绝缘配合要求提出的，是电气设计的通用原则。当电气设备的绝缘水平不低于电网时，设备可直接装设在地面上，金属外壳需接地；当电气设备的绝缘水平低于电网时，应将其装设在绝缘台架上，绝缘台架的绝缘水平不得低于电网绝缘水平。例如：额定电压为 $11/\sqrt{3}$ 电容器，它的额定极间电压为 6.35kV，这种电容器的绝缘水平是 10kV，可以作星形连接用于 10kV 电网，电容器的外壳与框（台）架连接并一起接地；额定电压为 6kV 的电容器，它的额定极间电压和绝缘水平都是 6kV，采用 4 段串连接成星形用于 35kV 电容器组，极间电压满足要求，但是，每台电容器的绝缘水平都比电网的绝缘水平低，需要把电容器安装在 35kV 级的绝缘框（台）架上才能满足绝缘配合要求。安装在绝缘框（台）架上的电容器外壳具有一定电位，电位悬浮将产生电容器运行不安全，应将电容器外壳与框（台）架可靠相连，固定电位，防止电位悬浮引起部分电容器过电压损坏。

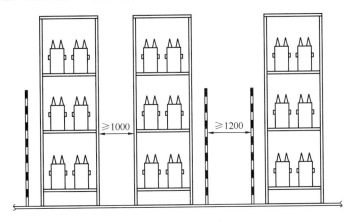

图 1 屋外并联电容器组通道（走道）设置示意图

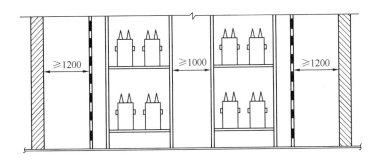

图 2 屋内并联电容器组通道（走道）设置示意图（一）

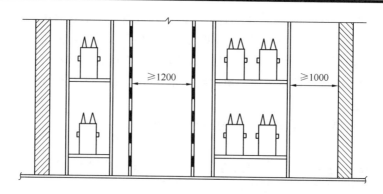

图 3　屋内并联电容器组通道（走道）设置示意图（二）

为了防止运行人员触及带电的电容器外壳，框（台）架周围应设置安全围栏。集合式与箱式电容器的绝缘水平均不低于电网绝缘水平，安装方式都采用安装在地面基础上，为保证安全，外壳应可靠接地。

**8.2.6　并联电容器安装连接线应符合下列规定：**

**3　并联电容器安装连接线严禁直接利用电容器套管连接或支承硬母线。**

【释义】

本条对电容器安装连接线作了三点规定，说明如下：（1）电容器的瓷套与箱壳的连接比较脆弱，因此，无论正常运行或事故情况，均应避免套管受力而使其焊缝开裂引起渗漏油。即使现在采用了滚装套管，无焊缝连接，强度大大提高，仍然是容易漏油的薄弱环节，不能受力过大。所以，与套管连接的导线应使用软导线，并应使这种软导线保持一定的松弛度，安装设计时应对施工安装提出要求。（2）单套管电容器的接壳端子虽然与外壳是连接在一起的，但是为了保持回路接触良好，不能用外壳连接线代替接壳导线，接壳导线应由接壳端子上引出，以保持载流回路接触良好。（3）据调查，以前有不少电容器组直接用电容器套管支持连接硬母线，即我们常说的硬连接。硬连接引起事故教训很多：安装时受力和运行中热胀冷缩，均会使电容器套管承受过大应力，电容器套管与外壳的连接处很容易发生问题，继而出现电容器的渗漏油；用硬母线连接的电容器组，当一台电容器发生爆裂时，与其相邻的电容器瓷套因受硬连接线牵连而被拉断，会造成多台电容器损坏。为防止此类事故的发生，设计安装中应予以遵循。

**8.3.1　油浸式铁心串联电抗器的安装布置，应符合下列要求：**

**2　屋内安装的油浸式铁心串联电抗器，其油量超过 100kg 时，应单独设置防爆间隔和储油设施。**

【释义】

本条规定对油浸式铁心串联电抗器的安装布置提出要求：（1）油浸式铁心串联电抗器和变压器一样是屋外设备，将其安装在屋外通风散热条件好，无需设置防爆措施；工矿企业污秽一般较严重，当采用套管爬电距离较小的普通设备时，为了防止套管污闪事故，应将电抗器布置在屋内，并应采取通风散热措施保证运行安全。（2）油浸式铁心串联电抗器屋内布置时，当其油量超过 100kg，应参照变压器安装规定，设防爆间隔。

**8.3.2　干式空心串联电抗器的安装布置，应符合下列要求：**

**2** 当采用屋内布置时，应加大对周围的空间距离，并应避开继电保护和微机监控等电气二次弱电设备。

【释义】

本条规定对干式空心串联电抗器的安装布置提出要求：（1）空心电抗器采用分相布置的水平排列或三角形排列（"一"字形或"品"字形），由于相间距加大，有利于防止相间短路和缩小事故范围。三相叠装式虽然可以缩小安装场地，但是，相间距离小，相间短路的可能性增加，安全性差，设备安装时，对三相叠装顺序还有特殊要求，因此这种方式不推荐采用。（2）干式空心串联电抗器虽然在屋外或屋内安装均可，但是空心电抗器周围有强磁场，屋外安装容易解决防电磁感应问题。如果需要将空心电抗器安装在屋内时，必须考虑使其远离变电站的计算机监控和继电保护等电气二次弱电设备，防止发生电磁干扰事故，影响继电保护和微机的正常工作。建议屋内装设串联电抗器时，选择设备本体外漏磁场较弱的产品，如干式铁心电抗器或带有磁屏蔽的电抗器。

**9.1.2** 并联电容器装置的消防设施，应符合下列要求：

**3** 并联电容器装置必须设置消防设施。

【释义】

并联电容器装置的消防设施是指消防通道、防火隔墙和能灭油火的消防设备等。本条第三款规定对消防设施提出了要求：（1）安装在不同主变压器的屋外大容量电容器装置之间，设置消防通道，加大了相互之间的距离，既有利于防火，也方便灭火。消防通道的设置应与站内道路作统一考虑，使其能起到方便运行和搬运设备的作用。（2）为了缩小屋内并联电容器装置的火灾事故范围，在属于不同主变压器的并联电容器装置之间，设置防火隔墙是必要的，工程设计应予以考虑。（3）为了缩小并联电容器装置着火后的事故损失，必须为其准备消防设施。消防设备的放置位置应就近、顺路、方便，一般可放在高低压并联电容器屋外入口处，或屋外并联电容器装置附近。

**9.1.7** 油浸集合式并联电容器，应设置储油池或挡油墙。电容器的浸渍剂和冷却油不得污染周围环境和地下水。

【释义】

油浸集合式并联电容器油箱里油量较多，设置储油池或挡油墙，发生事故时刻防止电容器绝缘油和冷却油四周流散，污染周围环境和地下水，防止油流着火后蔓延。储油池的长、宽和深度尺寸，与设备的外形尺寸和油量多少有关。可参照变压器的具体做法确定。

# 13.《室外作业场地照明设计标准》GB 50582—2010

**6.2.8** 室外作业场地照明不应采用0类灯具；当采用Ⅰ类灯具时，灯具的外露可导电部分应可靠接地。

【释义】

本条直接涉及人身安全。按《灯具的安全要求及试验》GB 7000.1—2009关于灯具防电击分类的规定，自2009年1月1日起已取消0类灯具的生产、销售和应用，除少数采用Ⅱ类、Ⅲ类灯具外，室外工作场所采用Ⅰ类灯具，而Ⅰ类灯具的防电击要求为：灯具的外露可导电部分应可靠接地或接PE线，线路按规定设接地故障保护。

## 14.《民用建筑电气设计规范》JGJ 16—2008

**3.2.8** 一级负荷应由两个电源供电，当一个电源发生故障时，另一个电源不应同时受到损坏。

**【释义】**

规定一级负荷应由两个电源供电，而且不能同时损坏。因为只有满足这个基本条件，才可能维持其中一个电源继续供电，这是必须满足的要求。两个电源宜同时工作，也可一用一备。本条也可参见《供配电系统设计规范》GB 50052—2009 中第 3.0.2 条的释义。

**3.3.2** 应急电源与正常电源之间必须采取防止并列运行的措施。

**【释义】**

禁止应急电源与工作电源并列运行，目的在于保证应急电源的专用性，防止正常工作电源故障时应急电源向正常工作电源系统负荷送电而失去作用。另外工作电源故障可能会拖垮应急电源。

**4.3.5** 设置在民用建筑中的变压器，应选择干式、气体绝缘或非可燃性液体绝缘的变压器。当单台变压器油量为 **100kg** 及以上时，应设置单独的变压器室。

**【释义】**

根据调查，目前在民用建筑中附设式配变电所内的配电变压器，均采用干式变压器。现在国际上已生产非可燃性液体绝缘变压器，虽然国内目前尚无此类产品，但不排除以后试制成功或引进的可能。对于气体绝缘干式变压器，在我国的南方潮湿地区及北方干燥地区的地下层不宜使用，因为当变压器停止运行后，变压器的绝缘水平严重下降，不采取措施很难恢复正常运行。

**4.7.3** 当成排布置的配电屏长度大于 **6m** 时，屏后面的通道应设有两个出口。当两出口之间的距离大于 **15m** 时应增加出口。

**【释义】**

本条规定是为了电气值班巡检和维修人员的安全疏散而定的。

**4.9.1** 可燃油油浸电力变压器室的耐火等级应为一级。非燃或难燃介质的电力变压器室、电压为 **10（6）kV** 的配电装置室和电容器室的耐火等级不应低于二级。低压配电装置室和电容器室的耐火等级不应低于三级。

**【释义】**

本条涉及防火安全要求。本条规定的各电气设备室的耐火等级要求是依据现行国家标准《建筑设计防火规范》GB 50016 第 3.3.13 条的有关规定和多年来 10kV 及以下变电所的设计经验而修订的。

**4.9.2** 配变电所的门应为防火门，并应符合下列规定：

**1** 配变电所位于高层主体建筑（或裙房）内时，通向其他相邻房间的门应为甲级防火门，通向过道的门应为乙级防火门；

**2** 配变电所位于多层建筑物的二层或更高层时，通向其他相邻房间的门应为甲级防火门，通向过道的门应为乙级防火门；

   **3** 配变电所位于多层建筑物的一层时，通向相邻房间或过道的门应为乙级防火门；

   **4** 配变电所位于地下层或下面有地下层时，通向相邻房间或过道的门应为甲级防火门；

   **5** 配变电所附近堆有易燃物品或通向汽车库的门应为甲级防火门；

   **6** 配变电所直接通向室外的门应为丙级防火门。

**【释义】**

    配变电所的所有门，均应采用防火门，条文中规定了对各种情况下对门的防火等级要求，一方面是为了配变电所外部火灾时不应对配变电造成大的影响，另一方面是在配变电所内部火灾时，尽量限制在本范围内。防火门分为甲、乙、丙三级，其耐火最低极限：甲级应为 1.50h；乙级应为 1.0h；丙级应为 0.5h。门的开启方向，应本着安全疏散的原则，均向"外"开启，即通向配变电所室外的门向外开启，由较高电压等级通向较低电压等级的房间的门，向较低电压房间开启。

**7.4.2** 低压配电导体截面的选择应符合下列要求：

   **1** 按敷设方式、环境条件确定的导体截面，其导体载流量不应小于预期负荷的最大计算电流和按保护条件所确定的电流；

   **2** 线路电压损失不应超过允许值；

   **3** 导体应满足动稳定与热稳定的要求；

   **4** 导体最小截面应满足机械强度的要求配电线路每一相导体截面不应小于表 7.4.2 的规定。

表 7.4.2 导体最小允许截面

| 布线系统形式 | 线路用途 | 导体最小截面（mm²） | |
|---|---|---|---|
| | | 铜 | 铝 |
| 固定敷设的电缆和绝缘电线 | 电力和照明线路 | 1.5 | 2.5 |
| | 信号和控制线路 | 0.5 | — |
| 固定敷设的裸导体 | 电力（供电）线路 | 10 | 16 |
| | 信号和控制线路 | 4 | — |
| 用绝缘电线和电缆的柔性连接 | 任何用途 | 0.75 | — |
| | 特殊用途的特低压电路 | 0.75 | — |

**【释义】**

    本条为电缆截面选择的基本原则。电力电缆截面选择不当时，会影响可靠运行和使用寿命乃至危及安全。导体的动稳定主要是裸导体敷设时应作校验，电力电缆应作热稳定校验。

**7.4.6** 外界可导电部分，严禁用作 PEN 导体。

**【释义】**

    由于外界可导电部分不符合作为可靠的良性导体要求，故严禁作为 PEN 导体使用。

**7.5.2** 在 TN-C 系统中，严禁断开 PEN 导体，不得装设断开 PEN 导体的电器。

【释义】

在 TN-C 系统中，PEN 导体是保护接零线。如果三相负荷不平衡时，PEN 导体可能会有不平衡电流通过，造成对地电位升高，与保护接零线所连接的电气设备金属外壳有一定的电压；如果工作零线断线，则保护接零的漏电设备外壳带电；如果电源的相线碰地，则设备外壳的危险电位升高。因此在 TN-C 系统中，不得断开 PEN 导体或装设断开 PEN 导体的任何电器，否则会危及人身安全。

**7.6.2　配电线路的短路保护应在短路电流对导体和连接件产生的热效应和机械力造成危险之前切断短路电流。**

【释义】

短路保护是预防电气线路火灾的重要措施之一，配电线路装设短路保护的目的就是避免线路因短路而导致绝缘或导体受损，进而引发火灾或其他设备事故。一般来说，短路保护作用于切断电源。

**7.6.4　配电线路的过负荷保护，应在过负荷电流引起的导体温升对导体的绝缘、接头、端子或导体周围的物质造成损害前切断负荷电流。对于突然断电比过负荷造成的损失更大的线路，该线路的过负荷保护应作用于信号而不应切断电路。**

【释义】

配电线路短时间的过负荷是难免的，它并不一定使线路造成损害。长时间的过负荷将对线路的绝缘、接头、端子或导体周围的介质造成损害。绝缘因长期超过允许温升将因老化加速缩短线路使用寿命。严重的过负荷将使绝缘在短时间内软化变形，介质损耗增大，耐压水平下降，最后导致短路，引起火灾和触电事故，过负荷保护的目的在于防止此种情况的发生。线路过负荷毕竟还未形成短路，短时间的过负荷并不会立即引起灾害，在某些情况下可让导体超过允许温度运行，也即牺牲一些使用寿命以保证对某些重要负荷的供电不中断，如消防水泵之类的负荷，这时过负荷保护可作用于信号。

**7.7.5　对于相导体对地标称电压为 220V 的 TN 系统配电线路的接地故障保护，其切断故障回路的时间应符合下列要求：**

　　**1　对于配电线路或仅供给固定式电气设备用电的末端线路，不应大于 5s；**

　　**2　对于供电给手持式电气设备和移动式电气设备末端线路或插座回路，不应大于 0.4s。**

【释义】

对配电线路或仅供电给固定式电气设备的末端线路切断故障的时间规定为不大于 5s，是因为使用它时设备外露可导电部分不是被手抓握住，发生接地故障时易于挣脱，也不易出现在发生接地故障时人手正好与之接触的情况。5s 这一时间值的规定是考虑了防电气火灾以及电气设备和线路绝缘热稳定的要求，同时也考虑了躲开大电动机启动电流以及线路长、故障电流小时保护电器动作时间长等因素，因此 5s 值的规定并非十分严格。供电给手持式和移动式电气设备的末端配电线路或插座回路，其情况则不同。当发生接地故障时，人的手掌肌肉对电流的反应是不由意志的紧握不放，不能迅速脱离带电体，从而长时间承受接触电压。如不及时切断故障将导致心室纤颤而死亡。另外，这种设备容易发生接地故障，而且往往在使用中发生，这就更增加了危险性。各级电压的手持式和移动式设备定，当相导体对地标称电压为 220V 时，不应大于 0.4s。

**11.1.7** 在防雷装置与其他设置和屋内人员无法隔离的情况下，装有防雷装置的建筑物，应采取等电位联结。

【释义】

民用建筑多为钢筋混凝土结构，防雷装置与其他设施和人员在雷击过程中很难进行隔离。因此，在无特殊要求的情况下，采取等电位联结是保证安全的有效措施，也易于实现。等电位联结可分为直接等电位联结和间接等电位联结两种类型。直接等电位联结即是直接的金属性导通连接；间接的等电位联结即是通过各类 SPD 连接，即在没有浪涌电流的情况下等电位联结的双方在电路上是断开的，保持双方的电气独立性，在有浪涌电流的情况下 SPD 导通，将双方的电位差限制在可承受的范围内，使其免受过电压的破坏。

**11.2.3** 符合下列情况之一的建筑物，应划为第二类防雷建筑物：

**1** 高度超过 100m 的建筑物；

**2** 国家级重点文物保护建筑物；

**3** 国家级的会堂、办公建筑物、档案馆、大型博展建筑物；特大型、大型铁路旅客站；国际性的航空港、通信枢纽；国宾馆、大型旅游建筑物；国际港口客运站；

**4** 国家级计算中心、国家级通信枢纽等对国民经济有重要意义且装有大量电子设备的建筑物；

**5** 年预计雷击次数大于 0.06 的部、省级办公建筑物及其他重要或人员密集的公共建筑物；

**6** 年预计雷击次数大于 0.3 的住宅、办公楼等一般民用建筑物。

【释义】

本条第 1~4 款对划为第二类防雷建筑物的建筑物作了规定；本条第 5~6 款是按年预计雷击次数界定的建筑物的防雷分类是按建筑物的年损坏危险度 R 值（需要防雷的建筑物每年可能遭雷击而损坏的概率）小于或等于可接受的最大损坏危险度 $R_c$ 值。本规范采用每年十万分之一的损坏概率，即 $R_c$ 为 $10^{-5}$。

**11.2.4** 符合下列情况之一的建筑物，应划为第三类防雷建筑物：

**1** 省级重点文物保护建筑物及省级档案馆；

**2** 省级大型计算中心和装有重要电子设备的建筑物；

**3** 19 层及以上的住宅建筑和高度超过 50m 的其他民用建筑物；

**4** 年预计雷击次数大于或等于 0.012 且小于或等于 0.06 的部、省级办公建筑物及其他重要或人员密集的公共建筑物；

**5** 年预计雷击次数大于或等于 0.06 且小于或等于 0.3 的住宅、办公楼等一般民用建筑物；

**6** 建筑群中最高的建筑物或位于建筑群边缘高度超过 20m 的建筑物；

**7** 通过调查确认当地遭受过雷击灾害的类似建筑物；历史上雷害事故严重地区或雷害事故较多地区的较重要建筑物；

**8** 在平均雷暴日大于 15d/a 的地区，高度大于或等于 15m 的烟囱、水塔等孤立的耸构筑物；在平均雷暴日小于或等于 15d/a 的地区，高度大于或等于 20m 的烟囱、水塔等孤立的高耸构筑物。

**【释义】**

本条第 1~3、6~8 款对划为第三类防雷建筑物的建筑物作了规定；本条第 4~5 款是按年预计雷击次数界定的建筑物的防雷分类是按建筑物的年损坏危险度 R 值（需要防雷的建筑物每年可能遭雷击而损坏的概率）小于或等于可接受的最大损坏危险度 $R_c$ 值。本规范采用每年十万分之一的损坏概率，即 $R_c$ 为 $10^{-5}$。

**11.6.1 不得利用安装在接收无线电视广播的共用天线的杆顶上的接闪器保护建筑物。**

**【释义】**

安装在接收无线电视广播的共用天线的杆顶上的接闪器仅是用来保护无线电视广播设备及共用天线而专设的，故不得用来保护建筑物。

**11.8.9 当采用敷设在钢筋混凝土中的单根钢筋或圆钢作为防雷装置时，钢筋或圆钢的直径不应小于 10mm。**

**【释义】**

混凝土中防雷导体的单根钢筋或圆钢的最小直径不应小于 10mm 是根据以下的计算定出的。

《混凝土结构设计规范》规定构件的最高允许表面温度是：对于需要验算疲劳的构件（如吊车梁等承受重复荷载的构件）不宜超过 60℃；对于屋架、托架、屋面梁等不宜超过 80℃；对于其他构件（如柱子、基础）则没有规定最高允许温度值，对于此类构件可按不宜超过 100℃考虑。

由于建筑物遭雷击时，雷电流流经的路径为屋面、屋架（或托架或屋面梁）、柱子、基础，流经需要验算疲劳的构件（加吊车梁等承受重复荷载的构件）的雷电流已分流到很小的数值。因此，雷电流流过构件内钢筋或圆钢后，其最高温度值按 80~100℃考虑。现取最终温度 80℃作为计算值。钢筋的起始温度取 40℃，这是一个很安全的数值。

根据 IEC 出版物 364-5-54，钢导体的温升和截面的计算式如下：

$$S = \frac{\sqrt{I^2 t}}{k} = \frac{\sqrt{I^2 t}}{\sqrt{\dfrac{\rho_{20} \cdot \int i^2 \,\mathrm{d}t}{Q_c(B+20) \cdot \ln\left(1 + \dfrac{\theta_f - \theta_i}{B + \theta_i}\right)}}}$$

考虑分流系数 $k_c$ 上式即成为：

$$S = k_c \sqrt{\dfrac{\rho_{20} \cdot \int i^2 \,\mathrm{d}t}{Q_c(B+20) \cdot \ln\left(1 + \dfrac{\theta_f - \theta_i}{B + \theta_i}\right)}} \tag{1}$$

式中　$S$ ——钢导体的截面积（$mm^2$）；

　　　$Q_c$ ——钢导体的体积热容量（J/℃ · $mm^2$），$3.8 \times 10^{-3}$；

　　　$B$ ——钢导体在 0℃时的电阻率温度系数的倒数（℃），202；

　　　$\rho_{20}$ ——钢导体在 20℃时的电阻率（Ω · mm），$138 \times 10^{-6}$；

　　　$\theta_i$ ——钢导体的起始温度（℃），40℃；

$\theta_f$——钢导体的最终温度（℃），80℃。

将有关已定数值代入（1）式，得

$$S = 3.27 \times 10^{-2} k_c \sqrt{\int i^2 \mathrm{d}t} \tag{2}$$

对于第二类防雷建筑物至少应有两根引下线，其分流系数 $k_c = 0.66$。因此，得，

$$\int i^2 \mathrm{d}t = 5.6 \times 10^6 \tag{3}$$

对于第三类防雷建筑物，由于可能只有一根引下线，分流系数 $k_c = 1$。因此，得，

$$\int i^2 \mathrm{d}t = 2.5 \times 10^6 \tag{4}$$

将式（3）和（4）值和 $k_c$ 分别代入（2）式，对于第二类防雷建筑物，$S = 51.1\mathrm{mm}^2$，其相应直径为 8.06mm；对于第三类防雷建筑物，$S = 51.7\mathrm{mm}^2$，其相应直径为 8.11mm。

即使对第二类防雷建筑物 $k_c$ 取 1 时，钢导体的截面为 $S = 77.38\mathrm{mm}^2$，其相应直径为 9.93mm。

对于第二类防雷建筑物（$k_c = 0.66$）和第三类防雷建筑物（$k_c = 1$），即使最终温度为 60℃，其相应的钢导体截面和直径，第二类防雷建筑物 $S = 77.9\mathrm{mm}^2$、$\phi9.5\mathrm{mm}$，第三类防雷建筑物 $S = 71.78\mathrm{mm}^2$、$\phi9.56\mathrm{mm}$。

上述钢导体的直径均小于 10mm。

**11.9.5　当电子信息系统设备由 TN 交流配电系统供电时，其配电线路必须采用 TN-S 系统的接地形式。**

**【释义】**

TN-S 系统的中性线（N）与保护线（PE）是分开的。当电气设备相线碰壳引起短路，可采用过电流保护器切断电源来保护电子信息系统设备；当 N 线断开，如三相负荷不平衡，造成中性点电位升高，但电子信息系统设备的外壳电位不升高，保障了人身安全；由于配电线路采用 TN-S 系统的接地形式，中性线（N）与保护线（PE）是分开的，可有效地防止交流供电电源对电子信息系统设备产生的交流干扰。

**12.2.3　采用 TN-C-S 系统时，当保护导体与中性导体从某点分开后不应再合并，且中性导体不应再接地。**

**【释义】**

采用 TN-C-S 系统时，当保护导体与中性导体从某点（一般为进户处）分开后就不应再合并，且中性导体不应再接地，否则会造成前段的 N、PE 并联，PE 导体可能会有大电流通过，升高 PE 导体的对地电位，危及人身安全。

**12.2.6　IT 系统中包括中性导体在内的任何带电部分严禁直接接地。IT 系统中的电源系统对地应保持良好的绝缘状态。**

**【释义】**

IT 系统基本要求：所有设备的外露可导电部分均应通过保护导体（或保护接地母线、总接地端子）与接地极连接。在 IT 系统中的任何带电部分（包括中性导体）严禁直接接

地。因为 IT 系统是隔离变压器与供电系统的接地系统完全分开，所以其系统中的任何带电部分（包括中性导体）严禁直接接地。IT 系统中的电源系统对地应保持良好的绝缘状态，在发生系统与外露可导电部分或对地的单一故障时，故障电流很小，可不切断电源，IT 系统必须装设绝缘监视及接地故障报警或显示装置，应对一次接地故障状态进行报警。在无特殊要求的情况下，IT 系统不宜引出中性导体。

**12.3.4　下列部分严禁保护接地：**

　　**1** 采用设置绝缘场所保护方式的所有电气设备外露可导电部分及外界可导电部分；

　　**2** 采用不接地的局部等电位联结保护方式的所有电气设备外露可导电部分及外界可导电部分；

　　**3** 采用电器隔离保护方式的电气设备外露可导电部分及外界可导电部分；

　　**4** 在采用双重绝缘及加强绝缘保护方式中的绝缘外护物里面的可导电部分。

**【释义】**

　　本条文中所规定的场所，由于采取的保护方式不同，故电气设备的外露可导电部分都不得作为保护接地。

**12.5.2　在地下禁止采用裸铝导体做接地极或接地导体。**

**【释义】**

　　本条是考虑到接地装置的安全性，由于铝导体的抗腐蚀和抗机械应力性能较差，故不得采用裸铝导体做接地极或接地导体在地下敷设。

**12.5.4　包括配线用的钢导管及金属线槽在内的外界可导电部分，严禁用作 PEN 导体。PEN 导体必须与相导体具有相同的绝缘水平。**

**【释义】**

　　由于外界可导电部分不应用作 PEN 导体，因为 PEN 有大电流通过，作为 N 导体和 PE 导体的共同载体是不适宜的。另 PEN 导体因有电流通过，其导线的绝缘等级应与相线相同，以策安全。

**12.6.2　手持式电气设备应采用专用保护接地芯导体，且该芯导体严禁用来通过工作电流。**

**【释义】**

　　手持式电气设备是指工作时需用手握持的设备，由于其特点是使用人员经常握持，如没有专用保护接地芯导体与外壳相联，当相联导线绝缘损坏造成手持式电气设备外壳带电，人体受电击是难以摆脱的，易发生人员电击伤亡的事故，因此手持式电气设备的配电导线中必须有专用保护接地芯导体线。这是人身安全保护的重要措施。

**14.9.4　系统监控中心应设置为禁区，应有保证自身安全的防护措施和进行内外联络的通信手段，并应设置紧急报警装置和留有向上一级接处警中心报警的通信接口。**

**【释义】**

　　系统监控中心的自身防范很重要。监控中心不应毗邻重要防范目标，重要的或系统庞大的监控中心应设置对讲电话装置或出入口控制装置，并应设置为禁区。禁区的要求首先是物防措施要足够坚固，同时人员出入要能够严格控制，并宜设具有缓冲式电控联动（二道门互锁）机制。

## 15.《建设工程施工现场供用电安全技术规范》GB 50194—2014

**4.0.4　发电机组电源必须与其他电源互相闭锁，严禁并列运行。**

**【释义】**

发电机组电源必须与其他电源互相闭锁，才能保证发电机组不致因与其他电源并列运行而发生安全事故。

**8.1.10　保护导体（PE）上严禁装设开关或熔断器。**

**【释义】**

为提高保护导体（PE）的可靠性，防止保护导体（PE）断线，所以保护导体（PE）上严禁装设开关或熔断器。

**8.1.12　严禁利用输送可燃液体、可燃气体或爆炸性气体的金属管道作为电气设备的接地保护导体（PE）。**

**【释义】**

本条规定是为保证安全，避免出现可燃液体、可燃气体或爆炸性气体的燃烧、爆炸事故发生。

**10.2.4　严禁利用额定电压 220V 的临时照明灯具作为行灯使用。**

**【释义】**

行灯在使用中经常需要手持移动，而 220V 的临时照明灯具无法提供必要的电击防护措施，易导致电击事故发生，故额定电压 220V 不得作为行灯使用。

**10.2.7　行灯变压器严禁带入金属容器或金属管道内使用。**

**【释义】**

为防止行灯变压器一次侧绝缘损坏后，造成金属容器或管道带电而引发人员电击事故作出的规定。

**11.2.3　在易燃、易爆区域内进行用电设备检修或更换工作时，必须断开电源，严禁带电作业。**

**【释义】**

当在易燃、易爆区域内，带电进行用电设备检修或更换设备时，可能会出现火花，如果环境中易燃、易爆气体达到一定浓度，就会被引燃而发生燃烧或爆炸，造成人身和设备损害，故不得带电进行作业。

**11.4.2　在潮湿环境中严禁带电进行设备检修工作。**

**【释义】**

在潮湿环境下，设备、工具的绝缘水平严重降低，易发生电击事故，故不得带电进行设备检修工作。

## 16.《施工现场临时用电安全技术规范》JGJ 46—2005

**1.0.3　建筑施工现场临时用电工程专用的电源中性点直接接地的 220/380V 三相四线制低压电力系统，必须符合下列规定：**

　　1　采用三级配电系统；

**2** 采用 TN-S 接零保护系统；

**3** 采用二级漏电保护系统。

**【释义】**

本条规定了在建筑施工现场的用电系统中所完整体现的三项基本的用电安全技术原则。它们是建筑施工现场用电工程最主要安全技术依据；也是保障用电安全，防止触电和电气火灾事故的主要技术措施。

**3.1.4** 临时用电组织设计及变更时，必须履行"编制、审核、批准"程序，由电气工程技术人员组织编制，经相关部门审核及具有法人资格企业的技术负责人批准后实施。变更用电组织设计时应补充有关图纸资料。

**【释义】**

为加强管理，明确职责，本条按照现行国家标准《用电安全导则》GB/T 13869 和现行行业标准《电力建设安全工作规程（变电所部分）》DL 5009.3，结合施工现场用电实际，规定用电组织设计及其变更的编制、审核、批准程序。其中，临时用电组织设计的相关审核部门是指相关安全、技术、设备、施工、材料、监理等部门。

**3.1.5** 临时用电工程必须经编制、审核、批准部门和使用单位共同验收，合格后方可投入使用。

**【释义】**

本条同 3.1.4 条释义内容。

**3.3.4** 临时用电工程定期检查应按分部、分项工程进行，对安全隐患必须及时处理，并应履行复查验收手续。

**【释义】**

本条是关于施工现场临时用电工程检查制度及其执行程序的规定。其执行周期最长可为：施工现场每月一次；基层公司每季一次。

**5.1.1** 在施工现场专用变压器的供电的 TN-S 接零保护系统中，电气设备的金属外壳必须与保护零线连接。保护零线应由工作接地线、配电室（总配电箱）电源侧零线或总漏电保护器电源侧零线处引出（图 5.1.1）。

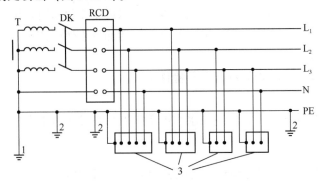

图 5.1.1 专用变压器供电时 TN-S 接零保护系统示意图

1—工作接地；2—PE 线重复接地；3—电气设备金属外壳（正常不带电的外露可导电部分）
$L_1$、$L_2$、$L_3$—相线；N—工作零线；PE—保护零线；DK—总电源隔离开关；RCD—总漏电保护器（兼有短路、过载、漏电保护功能的漏电断路器）；T—变压器

【释义】

本条按照现行国家标准《系统接地的型式及安全技术要求》GB 14050，结合施工现场实际，规定了适合于施工现场临时用电工程系统接地的基本型式，强调采用 TN-S 接零保护系统，禁止采用 TN-C 系统，明确规定 TN-S 系统的形成方式和方法，防止 TN-S 与 TT 系统混用的潜在危害。中性点是指三相电源作 Y 连接时的公共连接端。中性线是指由中性点引出的导线。工作零线是指中性点接地时，由中性点引出，并作为电源线的导线，工作时提供电流通路。保护零线是指中性点接地时，由中性点或中性线引出，不作为电源线，仅用作连接电气设备外露可导电部分的导线，工作时仅提供漏电电流通路。

**5.1.2** 当施工现场与外电线路共用同一供电系统时，电气设备的接地接零保护应与原系统保持一致。不得一部分设备做保护接零，另一部分设备做保护接地。采用 TN 系统做保护接零时，工作零线（N 线）必须通过总漏电保护器，保护零线（PE 线）必须由电源进线零线重复接地处或总漏电保护器电源侧零线处，引出形成局部 TN-S 接零保护系统（图 **5.1.2**）。

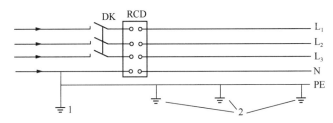

图 5.1.2 三相四线供电时局部 TN-S 接零保护系统保护零线引出示意图
1—NPE 线重复接地；2—PE 线重复接地；L₁、L₂、L₃—相线；N—工作零线；PE—保护零线；
DK—总电源隔离开关；RCD—总漏电保护器（兼有短路、过载、漏电保护功能的漏电断路器）

【释义】

本条同 5.1.1 条释义内容。

**5.1.10** PE 线上严禁装设开关或熔断器，严禁通过工作电流，且严禁断线。

【释义】

本条符合现行国家标准《系统接地的型式及安全技术要求》GB 14050 以及现行国家标准《建筑电气工程施工质量验收规范》GB 50303 规定。PE 线是保护导体，它与系统接地相连接起到有效的安全保护作用，所以严格禁止在 PE 线上装设开关或熔断器和断线。

**5.3.2** TN 系统中的保护零线除必须在配电室或总配电箱处做重复接地外，还必须在配电系统的中间处和末端处做重复接地。在 TN 系统中，保护零线每一处重复接地装置的接地电阻值不应大于 10Ω。在工作接地电阻值允许达到 10Ω 的电力系统中，所有重复接地的等效电阻值不应大于 10Ω。

【释义】

本条是根据现行国家标准《系统接地的型式及安全技术要求》GB 14050 规定的原则，对 TN 系统保护零线接地要求作出的规定。其中对 TN 系统保护零线重复接地、接地电阻值的规定是考虑到一旦 PE 线在某处断线，而其后的电气设备相导体与保护导体（或设备外露可导电部分）又发生短路或漏电时，降低保护导体对地电压并保证系统所设的保护电器可在规定时间内切断电源，符合下列二式关系：

$$Z_s \cdot I_n \leqslant U_o$$
$$Z_s \cdot I_{\Delta n} \leqslant U_o$$

式中：$Z_s$——故障回路的阻抗（Ω）；

$\quad\quad I_n$——短路保护电器的短路整定电流（A）；

$\quad\quad I_{\Delta n}$——漏电保护器的额定漏电动作电流（A）；

$\quad\quad U_o$——故障回路电源电压（V）。

**5.4.7** 做防雷接地机械上的电气设备，所连接的 PE 线必须同时做重复接地，同一台机械电气设备的重复接地和机械的防雷接地可共用同一接地体，但接地电阻应符合重复接地电阻值的要求。

**【释义】**

本条符合现行国家标准《建筑物防雷设计规范》GB 50057 规定的原则，其中综合接地电阻值满足现行国家标准《塔式起重机安全规程》GB 5144 关于起重机接地电阻不大于 4Ω 的要求。

**6.1.6** 配电柜应装设电源隔离开关及短路、过载、漏电保护电器。电源隔离开关分断时应有明显可见分断点。

**【释义】**

本条是按照现行国家标准《低压配电设计规范》GB 50054，结合施工现场对电源线路实施可靠控制和保护，以及设置漏电保护系统之规定。

**6.1.8** 配电柜或配电线路停电维修时，应挂接地线，并应悬挂"禁止合闸、有人工作"停电标志牌。停送电必须由专人负责。

**【释义】**

本条是为保障施工现场用电工程使用、停电维修，以及停、送电操作过程安全、可靠而作的技术性管理规定。

**6.2.3** 发电机组电源必须与外电线路电源连锁，严禁并列运行。

**【释义】**

由于备用发电机组是用于在市网断电时的应急供电，因此应急投入要满足迅速和自动的要求。为了防止倒送电或并列运行而影响市网运行，就必须进行可靠的电气连锁，这需要市网供电开关和备用机组开关只能有一个处于工作状态，通常是采用双电源自切开关来实现。另在控制回路设计中，优先使用市网供电，在市网断电后，通过一个继电器常闭触点，接通备用发电机组的启动控制开关，使备用发电机组自动投入运行。同时还需要满足当市网供电恢复后，系统应切换到市网供电，应急发电机组自动停机。

**6.2.7** 发电机组并列运行时，必须装设同期装置，并在机组同步运行后再向负载供电。

**【释义】**

本条符合现行国家标准《建设工程施工现场供用电安全规范》GB 50194 关于并列发电机设置同期装置和发电机并列运行条件的要求。

**7.2.1** 电缆中必须包含全部工作芯线和用作保护零线或保护线的芯线。需要三相四线制配电的电缆线路必须采用五芯电缆。五芯电缆必须包含淡蓝、绿/黄二种颜色绝缘芯线。淡蓝色芯线必须用作 N 线；绿/黄双色芯线必须用作 PE 线，严禁混用。

【释义】

本条符合现行国家标准《电力工程电缆设计规范》GB 50217 及现行国家标准《额定电压 450/750V 及以下聚氯乙烯绝缘电缆　第 1 部分：一般要求》GB 5023.1（即国际电工委员会标准 IEC 227-1：l993Amendment No.11995）和现行国家标准《额定电压 450/750V 及以下橡皮绝缘电缆第 1 部分：一般要求》GB 5013.1（即国际电工委员会标准 IEC 245-1：1994）关于电缆芯线的规定。

**7.2.3** 电缆线路应采用埋地或架空敷设，严禁沿地面明设，并应避免机械损伤和介质腐蚀。埋地电缆路径应设方位标志。

【释义】

本条是符合现行国家标准《电力工程电缆设计规范》GB 50217 的规定。

**8.1.3** 每台用电设备必须有各自专用的开关箱，严禁用同一个开关箱直接控制 2 台及 2 台以上用电设备（含插座）。

【释义】

为综合适应施工现场用电设备分区布置和用电特点，提高用电安全、可靠性。本条依据现行国家标准《供配电系统设计规范》GB 50052 明确规定了施工现场用电工程三级配电原则，开关箱"一机、一闸、一漏、一箱"制原则和动力、照明配电分设原则。规定三相负荷平衡的要求主要是为了降低三相低压配电系统的不对称度和电压偏差，保证用电的电能质量。

**8.1.11** 配电箱的电器安装板上必须分设 N 线端子板和 PE 线端子板。N 线端子板必须与金属电器安装板绝缘；PE 线端子板必须与金属电器安装板做电气连接。进出线中的 N 线必须通过 N 线端子板连接；PE 线必须通过 PE 线端子板连接。

【释义】

本条是按照现行国家标准《用电安全导则》GB/T 13869、《建设工程施工现场供用电安全规范》GB 50194、《低压配电设计规范》GB 50054 相关规定，为适应施工现场露天作业环境条件和用电系统接零保护需要，本条对配电箱、开关箱的箱体结构作出综合性规范化规定。其中，箱内电器安装尺寸是按照现行国家标准《低压系统内设备的绝缘配合第一部分：原理、要求和试验》GB/T 16935.1（idt IEC664-1：1992）和《电气设备安全设计导则》GB 4064 关于电气间隙和爬电距离的要求考虑到电器安装、维修、操作方便需要而作的规定。

**8.2.10** 开关箱中漏电保护器的额定漏电动作电流不应大于 30mA，额定漏电动作时间不应大于 0.1s。使用于潮湿或有腐蚀介质场所的漏电保护器应采用防溅型产品，其额定漏电动作电流不应大于 15mA，额定漏电动作时间不应大于 0.1s。

【释义】

本条是符合现行国家标准《剩余电流动作保护器的一般要求》GB 6829、《漏电保护器安装和运行》GB 13955，以及《电流通过人体的效应第一部分：常用部分》GB/T

13870.1 的规定。其中，8.2.11 条安全界限值 30mA·s 的确定主要来源于现行国家标准《电流通过人体的效应第一部分：常用部分》GB/T 13870.1 中图 1（15～100Hz 正弦交流电的时间/电流效应区域的划分）。

**8.2.11** 总配电箱中漏电保护器的额定漏电动作电流应大于 **30mA**，额定漏电动作时间应大于 **0.1s**，但其额定漏电动作电流与额定漏电动作时间的乘积不应大于 **30mA·s**。

【释义】

同 8.2.10。

**8.2.15** 配电箱、开关箱的电源进线端严禁采用插头和插座做活动连接。

【释义】

本条是按照现行国家标准《用电安全导则》GB/T 13869，适应施工现场露天作业条件的规定。严禁电源进线采用插头和插座做活动连接主要是防止插头被触碰带电脱落时造成意外短路和人体直接接触触电危害。

**8.3.4** 对配电箱、开关箱进行定期维修、检查时，必须将其前一级相应的电源隔离开关分闸断电，并悬挂"禁止合闸、有人工作"停电标志牌，严禁带电作业。

【释义】

本条是按照现行国家标准《用电安全导则》GB/T 13869，考虑到施工现场实际环境条件，为保障配电箱、开关箱安全运行和维修安全所作的规定。其中，定期检查、维修周期不宜超过一个月。

**9.7.3** 对混凝土搅拌机、钢筋加工机械、木工机械、盾构机械等设备进行清理、检查、维修时，必须首先将其开关箱分闸断电，呈现可见电源分断点，并关门上锁。

【释义】

本条是符合现行行业标准《建筑机械使用安全技术规程》JGJ33 的要求，避免在进行清理、检查、维修时，其他人误送电，造成人身伤亡事故发生。

**10.2.2** 下列特殊场所应使用安全特低电压照明器：

**1** 隧道、人防工程、高温、有导电灰尘、比较潮湿或灯具离地面高度低于 **2.5m** 等场所的照明，电源电压不应大于 **36V**；

**2** 潮湿和易触及带电体场所的照明，电源电压不得大于 **24V**；

**3** 特别潮湿场所、导电良好的地面、锅炉或金属容器内的照明，电源电压不得大于 **12V**。

【释义】

本条是按照现行国家标准《建筑照明设计标准》GB 50034，考虑到现场行灯作为局部照明的移动性和裸露性，为防止由于灯具缺陷而造成意外触电、电火等事故，而对其供电电压和灯具结构作出限制性规定。安全特低电压是指用安全隔离变压器与电力电源隔离的电路中，导体之间或任一导体与地之间交流有效值不超过 50V 或直流脉动值不超过 $50\sqrt{2}V$ 的电压。直流脉动值 $50\sqrt{2}V$ 是暂定的。有特殊要求时，尤其是当允许直接与带电部分接触时，可以规定低于交流有效值 50V 或直流脉动值 $50\sqrt{2}V$ 的最高电压限值。无论是满载还是空载此电压限值均不应超过。

**10.2.5** 照明变压器必须使用双绕组型安全隔离变压器，严禁使用自耦变压器。

**【释义】**

本条符合现行国家标准《建设工程施工现场供用电安全规范》GB 50194 关于行灯变压器的规定，同时强调禁止使用自耦变压器，因其一次绕组与二次绕组之间有电气联系，加之二次侧电压可调，容易使二次侧电压不稳，并且会因绕组故障将一次侧较高电压导入二次侧而烧毁灯具和引起触电。

**10.3.11** 对夜间影响飞机或车辆通行的在建工程及机械设备，必须设置醒目的红色信号灯，其电源应设在施工现场总电源开关的前侧，并应设置外电线路停止供电时的应急自备电源。

**【释义】**

本条规定主要强调对于施工现场有碍外部安全的高大在建工程，建筑机械及开挖沟槽、基坑等，设置夜间警戒照明，而且要求从电源取用上保证警戒照明更加可靠。采用红色警戒信号灯则是依据现行国家标准《安全色》GB 2893 的规定。

# 17.《矿物绝缘电缆敷设技术规程》JGJ 232—2011

**3.1.7** 有耐火要求的线路，矿物绝缘电缆中间连接附件的耐火等级不应低于电缆本体的耐火等级。

**【释义】**

为避免因火灾造成中间连接附件的损毁，导致线路停电，特此对中间连接附件的耐火等级做出要求。

**4.1.7** 交流系统单芯电缆敷设应采取下列防涡流措施：

　　1　电缆向分回路进出钢制配电箱（柜）、桥架；

　　2　电缆应采用金属件固定或金属线绑扎，且不得形成闭合铁磁回路；

　　3　当电缆穿过钢管（钢套管）或钢筋混凝土楼板、墙体的预留洞时，电缆应分回路敷设。

**【释义】**

大截面矿物绝缘电缆多为单芯电缆。在敷设时应有科学的排布方式以减少因涡流造成的能量损失。所以规定电缆进出钢制配电箱（柜）、桥架等开孔穿金属管道应避免产生涡流。电缆明敷在直接固定在混凝土墙体（顶板）上，由于金属胀栓接触墙（顶板）内钢筋会形成闭合磁路。混凝土楼板或墙体内有密布钢筋可形成闭合磁路，所以电缆穿越混凝土楼板或墙体内的预留洞可能产生涡流造成的电能损耗。

**4.1.9** 电缆首末端、分支处及中间接头处应设标志牌。

**【释义】**

由于通常情况下并行敷设的电缆数量较多，为便于区分及检修方便，需加设标志牌。

**4.1.10** 当电缆穿越不同防火区时，其洞口应采用不燃材料进行封堵。

**【释义】**

为防止在火灾情况下火源穿越不同防火分区，矿物绝缘电缆穿越的洞口应采用耐火级别最高等级的材料进行严密封堵。

**4.10.1** 当电缆铜护套作为保护导体使用时，终端接地铜片的最小截面积不应小于电缆铜护套截面积，电缆接地连接线允许最小截面积应符合表 4.10.1 的规定。

表 4.10.1　接地连接线允许最小截面积

| 电缆芯线截面积（mm²） | 接地连接线允许最小截面积（mm²） |
| --- | --- |
| $S \leqslant 16$ | $S$ |
| $16 < S \leqslant 35$ | 16 |
| $35 < S \leqslant 400$ | $S/2$ |

【释义】

电缆铜护套作为接地线，通过电缆终端头接头铜片及接地连接线与设备或配电设施的保护导体排相连接，形成一根整体的保护导体，所以要求接地铜片不小于电缆护套截面积；同一回路电缆接地线可以共用，每根电缆也可单独敷设一根相同材质相同截面的接地连接线应符合表 4.10.1 的要求，以保证整条线路的保护导体截面积不降低。

## 18. 《电气装置安装工程　高压电器施工及验收规范》GB 50147—2010

**4.4.1** 在验收时，应进行下列检查：

**4** 断路器及其操动机构的联动应正常，无卡阻现象；分、合闸指示应正确；辅助开关动作应正确可靠。

**5** 密度继电器的报警、闭锁值应符合产品技术文件的要求，电气回路传动应正确。

**6** 六氟化硫气体压力、泄漏率和含水量应符合现行国家标准《电气装置安装工程　电气设备交接试验标准》GB 50150 及产品技术文件的规定。

【释义】

本条规定了工程竣工后，在交接时进行检查的项目及要求，把与设备安装紧密相关的交接试验项目列入其中，并把交接验合格作为设备交接验收的前提条件。本条第 4 款、第 5 款、第 6 款中，操动机构的联动，分、合闸指示，辅助开关动作，密度继电器的报警、闭锁值，电气回路传动，六氟化硫气体压力、泄漏率和含水量等，都直接涉及设备运行安全可靠性及人员生命安全。

**5.2.7** GIS 元件的安装应在制造厂技术人员指导下按产品技术文件要求进行，并应符合下列要求：

**6** 预充氮气的箱体应先经排氮，然后充干燥空气，箱体内空气中的氧气含量必须达到 18% 以上时，安装人员才允许进入内部进行检查或安装。

【释义】

制造厂提供的产品应是包含现场正确安装、试验合格的整产品，GIS 元件的安装应在制造厂技术人员的指导下进行。

**5.6.1** 在验收时，应进行下列检查：

**4** GIS 中的断路器、隔离开关、接地开关及其操动机构的联动应正常、无卡阻现象；分、合闸指示应正确；辅助开关及电气闭锁应动作正确、可靠。

**5** 密度继电器的报警、闭锁值应符合规定，电气回路传动应正确。

**6** 六氟化硫气体漏气率和含水量，应符合现行国家标准《电气装置安装工程　电气设备交接试验标准》**GB 50150** 及产品技术文件的规定。

**【释义】**

本条第 4 款～第 6 款：GIS 中的断路器、隔离开关、接地开关及其操动机构的联动，分、合闸指示，辅助开关及电气闭锁，密度继电器的报警、闭锁值及六氟化硫气体漏气率和含水量等都是直接涉及设备运行安全可靠及人身安全、健康的重要内容。

**6.4.1** 验收时，应进行下列检查：

**3** 真空断路器与操动机构联动应正常、无卡阻；分、合闸指示应正确；辅助开关动作应准确、可靠。

**4** 高压开关柜应具备防止电气误操作的"五防"功能。

**【释义】**

高压开关柜内安装元件具有集成、结构紧凑且不易观察特点，容易留下因制造厂或现场原因引起的电气接线不符合设计要求的事故隐患，高压开关柜具备"五防"功能是防止电气误操作的基本要求，都直接涉及高压开关柜设备的运行安全、可靠及人身安全的内容。

## 19.《电气装置安装工程　电力变压器、油浸电抗器、互感器施工及验收规范》GB 50148—2010

**4.1.3** 变压器、电抗器在装卸和运输过程中，不应有严重冲击和振动。电压在 220kV 及以上且容量在 150MV·A 及以上的变压器和电压为 330kV 及以上的电抗器均应装设三维冲击记录仪。冲击允许值应符合制造厂及合同的规定。

**【释义】**

为确保运输安全而作此条规定。现行国家标准《油浸式电力变压器技术参数和要求》GB 6451.1～5 中规定"电压在 220kV，容量为 150MV·A 及以上变压器运输中应装冲击记录仪"。所以本条规定大型变压器和油浸电抗器在运输时应装设冲击监测装置，以记录在运输和装卸过程中受冲击和振动情况。设备受冲击的轻重程度以重力加速度 g 表示。基于下列国内外的资料和产品技术协议规定，认为取三维冲击加速度均不大于 3g 较适宜。日本电气协会大型变压器现场安装规范专题研究委员会提出的"大型变压器现场安装规范"中规定其冲击允许值为 3g。联邦德国 TU 公司的变压器，其冲击值规定为 3g。美国国家标准规定：垂直方向为 1g；前后方向为 4g。现场检查如果三维冲击加速度均不大于 3g，可以认为正常。

**4.1.7** 充干燥气体运输的变压器、电抗器油箱内的气体压力应保持在 0.01～0.03MPa；干燥气体露点必须低于−40℃；每台变压器、电抗器必须配有可以随时补气的纯净、干燥气体瓶，始终保持变压器、电抗器内为正压力，并设有压力表进行监视。

**【释义】**

为确保运输安全而作此条规定。随着变压器、电抗器的电压等级升高，容量不断增加，本体重量相应增加，为了适应运输机具对重量的限制，大型变压器、电抗器常采用充氮气或充干燥空气运输的方式。为了使设备在运输过程中不致因氮气或干燥空气渗漏而进入潮气，使器身受潮，油箱内必须保持一定的正压，所以要求装设压力表用以监视油箱内气体的压力，并应备有气体补充装置，以便当油箱内气压下降时及时补充气体。

**4.4.3** 充氮的变压器、电抗器需吊罩检查时，必须让器身在空气中暴露 **15min** 以上，待氮气充分扩散后进行。

**【释义】**

本条排氮采用抽真空的方法较为简单，但如何判断氮气排尽，人能进入内部，国外以油箱内含氧浓度来判断。如日本《防止缺氧症规则》规定，含氧量未达到 18% 以上时，人员不得进入；而美国"职业安全与健康委员会"的要求为 19.5% 及以上。本条为保证工作人员的安全与健康而列为强制性条文。

**4.5.3** 有下列情况之一时，应对变压器、电抗器进行器身检查：

**2** 变压器、电抗器运输和装卸过程中冲撞加速度出现大于 **3g** 或冲撞加速度监视装置出现异常情况时，应由建设、监理、施工、运输和制造厂等单位代表共同分析原因并出具正式报告。必须进行运输和装卸过程分析，明确相关责任，并确定进行现场器身检查或返厂进行检查和处理。

**【释义】**

本条规定：由于冲击监视装置记录等原因，不能确定运输、装卸过程中冲击加速度是否符合产品技术要求时，应通知制造厂，与制造厂共同进行分析，确定内部检查方案并最终得出检查分析结论。本条关系到变压器是否能确保安全运行，应强制执行。

**4.5.5** 进行器身检查时必须符合以下规定：

**1** 凡雨、雪天，风力达 4 级以上，相对湿度 75% 以上的天气，不得进行器身检查。

**2** 在没有排氮前，任何人不得进入油箱。当油箱内的含氧量未达到 18% 以上时，人员不得进入。

**3** 在内检过程中，必须向箱体内持续补充露点低于 -40℃ 的干燥空气，以保持含氧量不得低于 18%，相对湿度不应大于 20%；补充干燥空气的速率，应符合产品技术文件要求。

**【释义】**

本条为确保变压器的安装质量和工作人员的安全、健康而列为强制性条文。

**4.9.1** 绝缘油必须按现行国家标准《电气装置安装工程 电气设备交接试验标准》GB 50150 的规定试验合格后，方可注入变压器、电抗器中。

**【释义】**

为了确保变压器油的质量而作此条规定。绝缘油的试验项目及标准，应符合下表的规定。

| 序号 | 项 目 | 标 准 | 说 明 |
|---|---|---|---|
| 1 | 外状 | 透明，无杂质或悬浮物 | 外观目视 |
| 2 | 水溶性酸（pH 值） | >5.4 | 按《运行中的变压器油、汽轮机油水溶性酸测定法（比色法）》GB/T 7598 中的有关要求进行试验 |
| 3 | 酸值，mgKOH/g | ≤0.03 | 按《运行中的变压器油、汽轮机油水溶性酸测定法（BTB法）》GB/T 7599 中的有关要求进行试验 |

| 序号 | 项　目 | 标　准 | | | 说　明 |
|---|---|---|---|---|---|
| 4 | 闪点（闭口）<br>（℃） | 不低于 | DB-10 | DB-25　DB-45 | 按《石油产品闪点测定法（闭口杯法）》GB 261 中的有关要求 |
| | | | 140 | 140　　135 | |
| 5 | 水分（mg/L） | 500kV：≤10<br>220～30kV：≤15<br>110kV 及以下电压等级：≤20 | | | 按《运行中的变压器油水分含量测定法（库仑法）》GB/T 7600 或《运行中的变压器油水分含量测定法（气相色谱法）》GB/T 7601 中的有关要求进行试验 |
| 6 | 界面张力<br>（25℃）<br>（mN/m） | ≥35 | | | 按《石油产品油对水界面张力测定法（圆环法）》GB/T 8541 中的有关要求 |
| 7 | 介质损耗因数<br>tanδ（%） | 90℃<br>注入电气设备前≤0.5<br>注入电气设备前≤0.7 | | | 按《液体绝缘材料工频相对介质常数、介质损耗因数和体积电阻率的测量》GB/T 5654 中的有关要求进行试验 |
| 8 | 击穿电压 | 500kV：≥60kV<br>330kV：≥50kV<br>60～2200kV：≥40kV<br>35kV 及以下电压等级：≥35kV | | | 1. 按《绝缘油　击穿电压测定法》GB/T 507 或《电力系统油质试验方法　绝缘油介质强度测定法》DL/T 429.9 中的有关要求进行试验；<br>2. 油样应取自被试设备；<br>3. 该指标为平板电极测定值，其他电极可按《运行中的变压器油质量标准》GB/T 7595 及《绝缘油　冲击穿电压测定法》GB/T 507 中的有关要求进行试验；<br>4. 注入设备的新油均不应低于本标准 |
| 9 | 体积电阻率<br>（25℃）<br>（Ω·m） | ≥6×10¹⁰ | | | 按《液体绝缘材料工频相对介质常数、介质损耗因数和体积电阻率的测量》GB/T 5654 或《绝缘油体积电阻率测定法》DL/T 421 中的有关要求进行试验 |
| 10 | 油中含气量<br>（体积分数） | 330～500kV：≤1 | | | 按《绝缘油中含气量测定　真空压差法》DL/T 423 或《绝缘油中含气量的测定方法（二氧化碳洗脱法）》DL/T 450 中的有关要求进行试验 |
| 11 | 油泥与沉淀物<br>（%）<br>（质量分数） | ≤0.02 | | | 按《石油产品和添加剂机械杂质测定法（重量法）》GB/T 511 中的有关要求进行试验 |
| 12 | 有种溶解气体组分含量色谱分析 | 见标准的有关章节 | | | 按《绝缘油中溶解气体组分含量的气相色谱测定法》GB/T 17623、《变压器油中溶解气体分析和判断导则》GB/T 7252 及《变压器油中溶解气体分析和判断导则》DL/T 722 中的有关要求进行试验 |

**4.9.2 不同牌号的绝缘油或同牌号的新油与运行过的油混合使用前，必须做混油试验。**

**【释义】**

为了确保变压器油的质量，将本条列为强制性条文。本条根据"电力用油运行指标和方法研究"中有关混油问题而制订。主要是对国家标准《电力用油（变压器油、汽轮机油）取样方法》GB 7597 的制订过程的全面分析和研究。这些内容解决了混油中各单位所提的问题，并对混油有一个全面了解，以便在现场掌握。现将有关内容摘录于下供有关单位参考：在正常情况下，混油应要求满足以下五点：

1 最好使用同一牌号的油品，以保证原来运行油的质量和明确的牌号特点。我国变压器油的牌号按凝固点分为 10 号（凝固点－10℃）、25 号（－25℃）和 45 号（－45℃）三种，一般是根据设备种类和使用环境温度条件选用的。混油选用同一牌号，就保证了其运行特性基本不变，且维持设备技术档案中用油的统一性。

2 被混油双方都添加了同一种抗氧化剂，或一方不含抗氧化剂，或双方都不含。因为油中添加剂种类不同混合后会有可能发生化学变化而产生杂质，所以要予以注意。只要油的牌号和添加剂相同，则属于相容性油品，可以任何比例混合使用。国产变压器油皆用 2.6－二叔丁基对甲酚作抗氧化剂，所以只要未加其他添加剂，即无此问题。

3 被混油双方油质都应良好，各项特性指标应满足运行油质量标准。如果补充油是新油，则应符合该新油的质量标准。这样混合后的油品质量可以更好地得到保证，一般不会低于原来运行油。

4 如果被混的运行油有一项或多项指标接近运行油质量标准允许极限值，尤其是酸值、水溶性酸（pH 值）等反映油品老化的指标已接近上限时，则混油必须慎重对待。此时必须进行试验室试验以确定混合油的特性是否仍是合乎要求的。

5 如运行油质已有一项与数项指标不合格，则应考虑如何处理问题，不允许利用混油手段来提高运行油质量。

**4.9.6 在抽真空时，必须将不能承受真空下机械强度的附件与油箱隔离；对允许抽同样真空度的部件，应同时抽真空；真空泵或真空机组应有防止突然停止或因误操作而引起真空泵油倒灌的措施。**

**【释义】**

本条规定是为了确保变压器的安装质量，在抽真空时的操作及对真空泵或真空机组工作的要求。

**4.12.1 变压器、电抗器在试运行前，应进行全面检查，确认其符合运行条件时，方可投入试运行。检查项目应包括以下内容和要求：**

**3 事故排油设施应完好，消防设施齐全。**

**5 变压器本体应两点接地。中性点接地引出后，应有两根接地引线与主接地网的不同干线连接，其规格应满足设计要求。**

**6 铁芯和夹件的接地引出套管、套管的末屏接地应符合产品技术文件的要求；电流互感器备用二次线圈端子应短接接地；套管顶部结构的接触及密封应符合产品技术文件的要求。**

**【释义】**

本条规定了变压器、电抗器投入试运行前应检查的项目：

3、5、6 款是为了保证变压器能安全投入运行，不发生损坏变压器的事故。

变压器、电抗器试运行，是指其开始带电后，并带一定的负荷（即系统当时可能提供的最大负荷）连续运行 24h。

变压器、电抗器在试运行期间应带额定负荷，但变电站的变压器初投入时，一般都无带额定负荷的条件，一般只能带一定负荷，即系统当时可能提供的最大负荷。连续运行 24h 后，即可认为试运行结束。

**4.12.2 变压器、电抗器试运行时应按下列规定项目进行检查：**

**1 中性点接地系统的变压器，在进行冲击合闸时，其中性点必须接地。**

【释义】

本条规定：

1 中性点接地的变压器，在进行冲击合闸时，中性点必须接地。在以往工程中由于中性点未接地而进行冲击合闸，造成变压器损坏，因此将该项作为强制性条文。

2 为了避免发电机承受冲击电流，以从高压侧冲击合闸为宜。变压器中如三绕组 500/220/35～60kV 的中压侧过电压较高，也不强行非从高压侧冲击合闸，故规定冲击合闸时宜由高压侧投入，进行 5 次冲击试验是原规范规定，经代表讨论确定的，并已执行多年；当发电机与变压器间无操作断开点时，可以不作全电压冲击合闸。

对此问题，有的认为所有变压器均应从高压侧作五次全电压冲击合闸，以考核变压器是否能经受得住冲击，因曾有过冲击时变压器被损坏的情况；另外多数单位认为，发电机变压器单元接线的变压器，不需要从高压侧进行五次全电压冲击合闸试验，因为这种单元结线一般都是大型发电机组，运行中无变压器高压侧空载合闸的运行方式，而变压器与发电机之间为封闭母线连接，无操作断开点，为了进行冲击合闸试验，须对分相封闭母线进行几次拆装，将浪费机组投产前的宝贵时间。变压器冲击合闸，主要是考验冲击合闸时变压器产生的励磁涌流对继电保护的影响，并不是为了考核变压器的绝缘性能。经多次会议讨论后规定可不作全电压冲击合闸试验。

3 由于变压器、电抗器第一次全电压带电后必须对各部进行检查，如：声音是否正常、各连接处有无放电等异常情况，故规定第一次受电后持续时间应不少于 10min。

**5.3.1 互感器安装时应进行下列检查**

**5 气体绝缘的互感器应检查气体压力或密度符合产品技术文件的要求，密封检查合格后方可对互感器充 SF₆ 气体至额定压力，静置 24h 后进行 SF₆ 气体含水量测量并合格。气体密度表、继电器必须经核对性检查合格。**

【释义】

气体绝缘的互感器安装的要求，是制造厂规定的现场安装方法，必须严格执行才能保证互感器安全投入运行。

**5.3.6 互感器的下列各部位应可靠接地：**

**1 分级绝缘的电压互感器，其一次绕组的接地引出端子；电容式电压互感器的接地应符合产品技术文件的要求。**

**2 电容型绝缘的电流互感器，其一次绕组末屏的引出端子、铁芯引出接地端子。**

**3 互感器的外壳。**

**4** 电流互感器的备用二次绕组端子应先短路后接地。

**5** 倒装式电流互感器二次绕组的金属导管。

**6** 应保证工作接地点有两根与主接地网不同地点连接的接地引下线。

【释义】

本条为确保互感器安全投入运行，对各种型式不同的互感器应接地之处都作了规定。

1 对电容式电压互感器，制造厂根据不同的情况有些特殊规定，故应按产品技术文件要求进行接地。

2 110kV 及以上的电流互感器当为"U"型线圈时，为了提高其主绝缘强度，采用电容型结构，即在一次线圈绝缘中放置一定数量的同心同筒形电容屏，使绝缘中的电场强度分布较为均匀，其最内层电容屏与芯线连接，而最外层电容屏制造厂往往通过绝缘小套管引出，所以安装后应予以可靠接地，避免在带电后，外屏有较高的悬浮电位而放电，以往曾发生过末屏未接地而带电后放电的情况。

## 20.《电气装置安装工程　母线装置施工及验收规范》GB 50149—2010

**3.5.7** 耐张线夹压接前应对每种规格的导线取试件两件进行试压，并应在试压合格后再施工。

【释义】

为了确保母线施工质量，要求在正式进行液压前应进行试压，同时对耐张线夹连接的导线取样数量作了规定，以检验液压工器具及钢模等是否良好，压接后的导线握着力是否满足要求，接触是否良好。软导线的压接质量直接关系着设备带电后能否安全可靠运行，而正式压接前，进行试压尤为重要。

## 21.《电气装置安装工程　电气设备交接试验标准》GB 50150—2006

**3.0.1** 容量 6000kW 及以上的同步发电机及调相机的试验项目，应包括下列内容：

**1** 测量定子绕组的绝缘电阻和吸收比或极化指数；

**4** 定子绕组交流耐压试验；

**5** 测量转子绕组的绝缘电阻；

**18** 测量相序。

【释义】

本条规定了同步发电机及调相机的试验项目。

1 本条是根据现行国家标准《旋转电机绝缘电阻测试标准》GB/T 20160—2006 的具体要求制定的，规定旋转电机应当测量极化指数，对 B 级以上绝缘电机的最小推荐值是 2.0。测量定子绕组的绝缘电阻和吸收比或极化指数，应符合下列规定：

（1）各相绝缘电阻的不平衡系数不应大于 2；

（2）吸收比：对沥青浸胶及烘卷云母绝缘不应小于 1.3；对环氧粉云母绝缘不应小于 1.6；对于容量 20MW 及以上机组应测量极化指数，极化指数不应小于 2.0。

注：1. 进行交流耐压试验前，电机绕组的绝缘应满足本条的要求；

2. 测量水内冷发电机定子绕组绝缘电阻，应在消除剩水影响的情况下进行；

3. 对于汇水管死接地的电机应在无水情况下进行，对汇水管非死接地的电机，应分别测量绕组且汇水管绝缘电阻，绕组绝缘电阻测量时应采用屏蔽法消除水的影响。测量结果应符合制造厂的规定。

4. 交流耐压试验合格的电机，当其绝缘电阻折算至运行温度后（环氧粉云母绝缘的电机在常温下）不低于其额定电压 $1M\Omega/kV$ 时，可不经干燥投入运行，但在投运前不应再拆开端盖进行内部作业。

4　关于转子绕组交流耐压试验，沿用原规范的标准，对隐极式转子绕组可用 2500V 兆欧表测量绝缘电阻来代替。近年来发电机无刷励磁方式已采用较多，这些电机的转子绕组往往和整流装置连接在一起，当欲测量转子绕组的绝缘（或耐压）时，应遵守制造厂的规定，不要因此而损坏电子元件。

转子绕组交流耐压试验所采用的电压，应符合表 3.6.5 的规定。现场组装的水轮发电机定子绕组工艺过程中的绝缘交流耐压试验，应按现行国家标准《水轮发电机组安装技术规范》GB/T 8564 的有关规定进行。水内冷电机在遇水情况下进行试验，水质应合格；氢冷电机必须在充氢前或排氢后且含氢量在 3% 以下时进行试验，严禁在置换氢过程中进行。大容量发电机交流耐压试验，当工频交流耐压试验设备不能满足要求时，可采用谐振耐压代替。

表 3.6.5　定子绕组交流耐压试验电压

| 容量（kW） | 额定电压（V） | 试验电压（V） |
| --- | --- | --- |
| 10000 以下 | 36 以上 | $(1000+2U_n)\times0.8$ |
| 10000 及以上 | 24000 以下 | $(1000+2U_n)\times0.8$ |
| 10000 及以上 | 24000 及以上 | 与厂家协商 |

注：$U_n$ 为发电机额定电压

5　测量转子绕组的绝缘电阻，应符合下列规定：

（1）转子绕组的绝缘电阻值不宜低于 $0.5M\Omega$；

（2）水内冷转子绕组使用 500V 及以下兆欧表或其他仪器测量，绝缘电阻值不应低于 $5000\Omega$；

（3）当发电机定子绕组绝缘电阻已符合起动要求，而转子绕组的绝缘电阻值不低于 $2000\Omega$ 时，可允许投入运行；

（4）在电机额定转速时超速试验前、后测量转子绕组的绝缘电阻；

（5）测量绝缘电阻时采用兆欧表的电压等级：当转子绕组额定电压为 200V 以上，采用 2500V 兆欧表；200V 及以下，采用 1000V 兆欧表。

18　测量发电机的相序，必须与电网相序一致。

4.0.1　直流电机的试验项目，应包括下列内容：

1　测量励磁绕组和电枢的绝缘电阻；

8　检查电机绕组的极性及其连接的正确性；

9　测量并调整电机电刷，使其处在磁场中性位置。

【释义】

本条规定了直流电机的试验项目。

　　1　测量励磁绕组和电枢的绝缘电阻值，不应低于 0.5MΩ；

　　8　检查电机绕组的极性及其连接，应正确；

　　9　调整电机电刷的中性位置，应正确，使之满足良好换向要求。

**6.0.1　交流电动机的试验项目，应包括下列内容：**

**　　1　测量绕组的绝缘电阻和吸收比。**

**【释义】**

　　电动机绝缘多为 B 级绝缘，参照不同绝缘结构的发电机其吸收比不同的要求，规定电动机的吸收比不应低于 1.2。对于容量为 500kW 以下，转速为 1500r/min 以下的电动机，在 1030℃时测得的吸收比大于 1.2 即可。凡吸收比小于 1.2 的电动机，都先干燥后再进行交流耐压试验。高压电动机通三相 380V 的交流电进行干燥是很方便的。因为大多数是由于绝缘表面受潮，干燥时间短。有的电动机本身有电热装置，所以电动机的吸收比不低于 1.2 是能达到的。收集了一些关于新安装电动机的资料，并将测得的绝缘电阻值和吸收比汇总列于表 1 中。从表 1 中可以看出，新安装电动机的吸收比都可以达到 1.2 的标准。

表 1　电动机的绝缘电阻值和吸收比测量记录

| 电机型号 | 额定工作电压（kV） | 容量（kW） | 绝缘电阻（M） | | | 测试时温度（℃） |
|---|---|---|---|---|---|---|
| | | | R60s | R15s | R60s/R15s | |
| YL | 6 | 1000 | 2500 | 1500 | 1.66 | 5 |
| JSL | 6 | 550 | 670 | 450 | 1.48 | 4 |
| JK | 6 | 350 | 1100 | 9000 | 1.22 | 4 |
| JSL | 6 | 360 | 3400 | 1900 | 1.78 | 4 |
| JS | 6 | 300 | 1900 | 860 | 2.2 | 18 |
| JS | 6 | 1600 | 4000 | 1800 | 2.22 | 16 |
| JS | 6 | 2500 | 5000 | 2500 | 2.0 | 25 |
| JSQ | 6 | 550 | 3100 | 1400 | 2.21 | 12 |
| JSQ | 6 | 475 | 1500 | 500 | 3.0 | 12 |
| JS | 6 | 850 | 4000 | 1500 | 2.66 | 11 |

　　1　测量绕组的绝缘电阻和吸收比，应符合下列规定：

　　（1）额定电压为 1000V 以下，常温下绝缘电阻值不应低于不应低于 0.5MΩ；额定电压为 1000V 及以上，折算至运行温度时的绝缘电阻值，定子绕组不应低于 1MΩ/kV，转子绕组不应低于 0.5MΩ/kV。绝缘电阻温度换算可按本标准附录 B 的规定进行；

　　（2）1000V 及以上的电动机应测量吸收比。吸收比不应低于 1.2，中性点可拆开的应分相测量。

　　注：1　进行交流耐压试验前，电机绕组的绝缘应满足本条的要求；

　　**2** 交流耐压试验合格的电机，当其绝缘电阻折算至运行温度后（环氧粉云母绝缘的电机在常温下）不低于其额定电压 1MΩ/kV 时，可不经干燥投入运行，但在投运前不应再拆开端盖进行内部作业。

**7.0.1** 电力变压器的试验项目，应包括下列内容：

　　**2** 测量绕组连同套管的直流电阻；

　　**3** 检查所有分接头的电压比；

　　**4** 检查变压器的三相接线组别和单相变压器引出线的极性；

　　**8** 测量绕组连同套管的绝缘电阻、吸收比或极化指数。

**【释义】**

　　本条规定了电力变压器的试验项目。

　　**2** 测量绕组连同套管的直流电阻条款中，考虑部分变压器的特殊结构，由于变压器设计原因导致的直流电阻不平衡率超差说明原因后不作为质量问题。修改了直流电阻温度换算公式，便于现场使用。测量绕组连同套管的直流电阻，应符合下列规定：

　　（1）测量应在各分接头的所有位置上进行；

　　（2）1600kV·A 及以下容量等级三相变压器，各相测得值的相互差值应小于平均值的 4%。线间测得值的相互差值应小于平均值的 2%；1600kV·A 以上三相变压器，各相测得值的相互差值应小于平均值的 2%，线间测得值的相互差值应小于平均值的 1%；

　　**3** 本条规定了绕组电压等级在 220kV 及以上的变压器变压比误差标准。目前在变压器常用接线组别的变压测试中，电压表法一般均被变压比电桥测试仪所代替，它使用方便，且能较正确地测出变压比误差，对综合判断故障及早发现问题有利。另本条文只规定了 220kV 及以上电压等级的变压器变压比误差要求，是考虑它们在电力系统中的重要性以及施工单位对这些设备的测试能力。按照调研资料分析，变压器出厂后曾发现分接头有接错现象，为此对 220kV 以下等级的变压器，只要施工单位具有变压比误差测试仪器也可进行测试，以便及早发现可能存在的隐患。对于 220kV 及以上电力变压器在额定分接头位置比误差标准是参照《电力变压器》GB 1094—85 表 4 中有关标准制定的。

　　检查所有分接头的电压比，与制造厂铭牌数据相比应无明显差别，且应符合电压比的规律，电压等级在 220kV 及以上的电力变压器，其电压比的允许误差在额定分接头位置时为±0.5%。

　　注："无明显差别"可按如下考虑：

　　1 电压等级在 35kV 以下，电压比小于 3 的变压器电压比允许偏差为±1%；

　　2 其他所有变压器额定分接下电压比允许偏差为±0.5%；

　　3 其他分接的电压比应在变压器阻抗电压值（%）的 1/10 以内，但不得超过±1%。

　　**4** 检查变压器接线组别和极性必须与设计要求相符，主要是指与工程设计的电气主接线相符。目的是为了避免在变压器订货或发货中以及安装接线等工作中造成失误。检查变压器的三相接线组别和单相变压器引出线的极性，必须与设计要求及铭牌上的标记和外壳上的符号相符。

　　**8** 测量绕组连同套管的绝缘电阻、吸收比或极化指数，应符合下列规定：

　　（1）绝缘电阻值不低于产品出厂试验值的 70%。

　　（2）当测量温度与产品出厂试验时的温度不符合时，可按表 7.0.9 换算到同一温度时的数值进行比较。

**表 7.0.9　油浸式电力变压器绝缘电阻的温度换算系数**

| 温度差 K | 5 | 10 | 15 | 20 | 25 | 30 | 35 | 40 | 45 | 50 | 55 | 60 |
|---|---|---|---|---|---|---|---|---|---|---|---|---|
| 换算系数 A | 1.2 | 1.5 | 1.8 | 2.3 | 2.8 | 3.4 | 4.1 | 5.1 | 6.2 | 7.5 | 9.2 | 11.2 |

注：1　表中 K 为实测温度减去 20℃ 的绝对值。

2　测量温度以上层油温为准。

当测量绝缘电阻的温度差不是表中所列数值时，其换算系数 A 可用线性插入法确定，也可按下述公式计算：

$$A = 1.5^{k/10} \tag{7.0.9-1}$$

校正到 20℃ 时的绝缘电阻值可用下述公式计算：

当实测温度为 20℃ 以上时：

$$R_{20} = AR_t \tag{7.0.9-2}$$

当实测温度为 20℃ 以下时：

$$R_{20} = R_t/A \tag{7.0.9-3}$$

式中　$R_{20}$——校正到 20℃ 时的绝缘电阻值（MΩ）；

　　　$R_t$——在测量温度下的绝缘电阻值（MΩ）。

（3）变压器电压等级为 35kV 及以上且容量在 4000kV·A 及以上时，由测量吸收比。吸收比与产品出厂值相比应无明显差别，在常温下应不小于 1.3；当 R60s 大于 3000MΩ 时，吸收比可不作考核要求。

（4）变压器电压等级为 220kV 及以上且容量为 120MV·A 及以上时，宜用 5000V 兆欧表测量极化指数。测得值与产品出厂值相比应无明显差别，在常温下不小于 1.3；当 R60s 大于 1000MΩ 时，极化指数可不作考核要求。

不少单位反映 220kV 及以上大容量变压器的吸收比达不到 1.3。而现行的变压器国标中也无此统一标准。调研后认为，220kV 及以上的大容量变压器绝缘电阻高，泄漏电流小，绝缘材料和变压器油的极化缓慢，时间常数可达 3min 以上，因而 R60s/R15s 就不能准确地说明问题，为此本条中引入了"极化指数"的测量方法，即 R10min/R1min，以适应此类变压器的吸收特性，实际测试中要获得准确的数值，还应注意测试仪器、测试温度和湿度等的影响。"变压器电压等级为 35kV 及以上且容量在 4000kV·A 及以上时，应测量吸收比"，是参照现行国家标准《35kV 级三相油浸电力变压器技术参数和要求》GB 6451.2—86 的规定修订的。

**8.0.1**　电抗器及消弧线圈的试验项目，应包括下列内容：

　　2 测量绕组连同套管的绝缘电阻、吸收比或极化指数。

**【释义】**

同 7.0.1 条释义 8 有关内容。

**9.0.1**　互感器的试验项目，应包括下列内容：

　　1　测量绕组的绝缘电阻；

　　7　检查接线组别和极性；

**8 误差测量。**

【释义】

1 合格的互感器绝缘电阻均大于 1000MΩ，预防性试验也规定绝缘电阻限值为 1000MΩ，此次修订统一了绝缘电阻限值要求。测量绕组的绝缘电阻，应符合下列规定：

（1）测量一次绕组对二次绕组及外壳、各二次绕组间及其对外壳的绝缘电阻；绝缘电阻值不宜低于 1000MΩ；

（2）测量电流互感器一次绕组段间的绝缘电阻，绝缘电阻值不宜低于 1000MΩ，但由于结构原因而无法测量时可不进行；

（3）测量电容式电流互感器的末屏及电压互感器接地端（N）对外壳（地）的绝缘电阻，绝缘电阻值不宜小于 1000MΩ。若末屏对地绝缘电阻小于 1000MΩ 时，应测量其 $\tan\delta$；

（4）绝缘电阻测量应使用 2500V 兆欧表。

7 极性检查可以和误差试验一并进行。检查互感器的接线组别和极性，必须符合设计要求，并应与铭牌和标志相符。

8 互感器误差测量应符合下列规定：

（1）关口计量涉及电能的贸易结算，对关口计量用的互感器或互感器计量绕组的误差检测必须由政府授权的机构（实验室）进行，这也是国家相关法规文件所规定的。

（2）对于非关口计量用互感器或互感器计量绕组进行误差检测的主要目的是用于内部考核，包括对设备、线路的参数（如线损）的测量；同时，误差试验也可发现互感器是否有绝缘等其他缺陷。

**12.0.1 真空断路器的试验项目，应包括下列内容：**

**2 测量每相导电回路的电阻；**

**3 交流耐压试验。**

【释义】

2 每相导电回路的电阻值测量，宜采用电流不小于 100A 的直流压降法。测试结果应符合产品技术条件的规定。

3 应在断路器合闸及分闸状态下进行交流耐压试验。当在合闸状态下进行时，试验电压应符合表 10.0.5 的规定。

表 10.0.5 真空断路器的交流耐压试验标准

| 额定电压（kV） | 最高工作电压（kV） | 1min 工频耐受电压（kV）峰值 | | | |
|:---:|:---:|:---:|:---:|:---:|:---:|
| | | 相对地 | 相间 | 断路器断口 | 隔离断口 |
| 3 | 3.6 | 25 | 25 | 25 | 27 |
| 6 | 7.2 | 32 | 32 | 32 | 36 |
| 10 | 12 | 42 | 42 | 42 | 49 |
| 35 | 40.5 | 95 | 95 | 95 | 118 |

续表

| 额定电压<br>（kV） | 最高工作电压<br>（kV） | 1min 工频耐受电压（kV）峰值 | | | |
|---|---|---|---|---|---|
| | | 相对地 | 相间 | 断路器断口 | 隔离断口 |
| 66 | 72.5 | 155 | 155 | 155 | 197 |
| 110 | 126 | 200 | 200 | 200 | 225 |
| | | 230 | 230 | 230 | 265 |
| 220 | 252 | 360 | 360 | 360 | 415 |
| | | 395 | 395 | 395 | 460 |
| 330 | 363 | 480 | 480 | 520 | 520 |
| | | 510 | 510 | 580 | 580 |
| 500 | 550 | 630 | 630 | 790 | 790 |
| | | 680 | 680 | 790 | 790 |
| | | 740 | 740 | 790 | 790 |

注：1　本表数据引自《高压开关设备的共用订货技术导则》DL/T 593。

　　2　设备无特殊规定时，来用最高级试验电压。

当在分闸状态下进行时，真空灭弧室断口间的试验电压应按产品技术条件的规定，试验中不应发生贯穿性放电。真空断路器断口之间的交流耐压试验，实际上是判断真空灭弧室的真空度是否符合要求的一种监视方法。因此，真空灭弧室在现场存放时间过长时应定期按制造厂的技术条件规定进行交流耐压试验。至于对真空灭弧室的真空度的直接测试方法和所使用的仪器，有待进一步研究与完善。

**13.0.1　六氟化硫（SF$_6$）断路器试验项目，应包括下列内容：**

**2　测量每相导电回路的电阻；**

**12　测量断路器内 SF$_6$ 气体的含水量；**

**13　密封性试验。**

【释义】

近年来，六氟化硫断路器已在 35～500kV 各电压等级系统中广泛使用，其中也有不少进口设备，因此有必要增加这部分的交接试验的项目和标准。本章主要参照和采用了下列一些资料：

2　测量断路器的绝缘电阻值：整体绝缘电阻值测量，应参照制造厂的规定。

12　测量六氟化硫气体含水量（20℃的体积分数），应符合下列规定：

（1）与灭弧室相同的气室，应小于 150μL/L；

（2）不与灭弧室相同的气室，应小于 250μL/L；

（3）SF$_6$ 气体含水量的测量应在断路器充气 48h 后进行。

13　密封性试验可采用下列方法进行：

（1）采用灵敏度不低于 $1 \times 10^{-6}$（体积比）的检漏仪对断路器各密封部位、管道接头等处进行检测时，检漏仪不应报警；

（2）必要时可采用局部包扎法进行气体泄漏测量，以 24h 的漏气量换算每一个气室年漏气率不应大于 1%；

（3）泄漏值的测量应在断路器充气 24h 后进行。

**14.0.1** 六氟化硫封闭式组合电器的试验项目，应包括下列内容：

**1** 测量主回路的导电电阻；

**2** 主回路的交流耐压试验；

**3** 密封性试验；

**4** 测量六氟化硫气体含水量。

【释义】

本条规定的试验项目是参照国家标准《72.5kV 及以上气体绝缘金属封闭开关设备》GB 7674—1997 的"9 安装后的现场试验"的规定项目而制定的。

1 测量主回路的导电电阻值，宜采用电流不小于 100A 的直流压降法。测试结果，不应超过产品技术条件规定值的 1.2 倍。

2 主回路的交流耐压试验程序和方法，应按产品技术条件或国家现行标准《气体绝缘金属封闭电器现场耐压试验导则》DL/T 555 的有关规定进行，试验电压值为出厂试验电压的 80%。

3 密封性试验可采用下列方法进行：

（1）采用灵敏度不低于 $1×10^{-6}$（体积比）的检漏仪对各气室密封部位、管道接头等处进行检测时，检漏仪不应报警；

（2）必要时可采用局部包扎法进行气体泄漏测量，以 24h 的漏气量换算每一个气室年漏气率不应大于 1%；

（3）泄漏值的测量应在封闭式组合电器充气 24h 后进行。

4 测量六氟化硫气体含水量（20℃的体积分数），应符合下列规定：

（1）有电弧分解的隔室，应小于 $150μL/L$；

（2）无电弧分解的隔室，应小于 $250μL/L$；

（3）气体含水量的测量应在封闭式组合电器充气 48h 后进行。

**18.0.1** 电力电缆线路的试验项目，应包括下列内容：

**1** 测量绝缘电阻；

**5** 检查电缆线路两端的相位。

【释义】

1 测量金属屏蔽层电阻和导体电阻比是为了给以后的预防性试验提供参考值。测量各电缆导体对地或对金属屏蔽层间和各导体间的绝缘电阻，应符合下列规定：

（1）耐压试验前后，绝缘电阻测量应无明显变化；

（2）橡塑电缆外护套、内衬层的绝缘电阻不应低于 $0.5MΩ/km$；

（3）测量绝缘用兆欧表的额定电压，宜采用如下等级：

① 0.6/1kV 电缆用 1000V 兆欧表；

② 0.6/1kV 以上电缆用 2500V 兆欧表；6/6kV 及以上电缆也可用 5000V 兆欧表；

③ 橡塑电缆外护套、内衬层的测量用 500V 兆欧表。

5 检查电缆线路的两端相位应一致，并与电网相位相符合。

**21.0.1** 金属氧化物避雷器的试验项目，应包括下列内容：

**1　测量金属氧化物避雷器及基座绝缘电阻。**

**【释义】**

有关金属氧化物避雷器的试验项目和标准是参照现行国家标准《交流无间隙金属氧化物避雷器》GB 11032 和电力行业标准《现场绝缘试验实施导则－避雷器试验》DL474 而制定的。本条综合了我国各地区经验，规定了金属氧化物避雷器测量用兆欧表的电压及绝缘电阻值的要求，便于执行。

1　金属氧化物避雷器绝缘电阻测量，应符合下列规定：

（1）35kV 及以下电压：用 2500V 兆欧表，绝缘电阻不小于 2500MΩ；

（2）35kV 及以下电压：用 2500V 兆欧表，绝缘电阻不小于 1000MΩ；

（3）低压（1kV 以下）：用 500V 兆欧表，绝缘电阻不小于 2MΩ。基座绝缘电阻不低于 5MΩ。

**25. 0. 1　1kV 以上架空电力线路的试验项目，应包括下列内容：**

**1　测量绝缘子和线路的绝缘电阻；**

**3　检查相位。**

**【释义】**

1　本条明确绝缘子的试验按本标准第 17 章的规定进行。线路的绝缘电阻能否有条件测定要视具体条件而定，例如在平行线路的另一条已充电时可不测；又如 500kV 线路有的因感应电压较高，测量绝缘电阻也有困难。因此对一些特殊情况难于一一包括进去，且绝缘电阻值的分散性大，因此本条只规定要求测量并记录线路的绝缘电阻值。测量绝缘子和线路的绝缘电阻，应符合下列规定：

（1）绝缘于绝缘电阻的试验应按本标准第 17 章的规定进行。

（2）测量并记录线路的绝缘电阻值。

3　本条对需测试的工频参数的依据作了规定。检查各相两侧的相位应一致。

**26. 0. 1　电气设备和防雷设施的接地装置的试验项目应包括下列内容：**

**2 接地阻抗。**

**【释义】**

接地阻抗首先应符合设计要求，当设计未明确规定时，本条对各种接地系统的接地阻抗作了规定，这些规定主要是依照《电力设备预防性试验规程》DL/T 596—1996 制定的。接地阻抗值应符合设计要求，当设计没有规定时应符合表 26. 0. 3 的要求。试验方法可参照国家现行标准《接地装置工频特性参数测试导则》DL 475 的规定，试验时必须排除与接地网连接的架空地线、电缆的影响。

表 26. 0. 3　接地阻抗规定值

| 接地网类型 | 要　求 |
|---|---|
| 有效接地系统 | $Z \leqslant 2000/I$ 或 $Z \leqslant 0.5\Omega$（当 $I > 4000A$ 时）<br>式中　$I$——经接地装置流入地中的短路电流（A）；<br>　　　$Z$——考虑季节变化的最大接地阻抗（Ω）。<br>　　注：当接地阻抗不符合以上要求时，可通过技术经济比较增大接地阻抗，但不得大于 5Ω，同时应结合地面电位测量对接地装置综合分析，为防止转移电位引起的危害，应采取隔离措施 |

续表

| 接地网类型 | 要　求 |
|---|---|
| 非有效接地系统 | 1. 当接地网与1kV及以下电压等级设备共用接地时，接地阻抗 $Z{\leqslant}120/I$；<br>2. 当接地网仅用于1kV及以上设备时，$Z{\leqslant}250/I$；<br>3. 上述两种情况下，接地阻抗不得大于10Ω。 |
| 1kV以下电力设备 | 使用同一接地装置的所有这类电力设备，当总容量≥100kV·A时，接地阻抗不宜大于4Ω；如总容量<100kV·A时，则接地阻抗允许大于4Ω，但不大于10Ω。 |
| 独立微波站 | 接地阻抗不宜大于5Ω |
| 独立避雷针 | 接地阻抗不宜大于10Ω。<br>注：当与接地网连在一起时可不单独测量 |
| 发电厂烟囱附近吸风机及该处装设的集中接地装置 | 接地阻抗不宜大于10Ω。<br>注：当与接地网连在一起时可不单独测量 |
| 独立燃油、易爆气体储罐及其管道 | 接地阻抗不宜大于30Ω（无独立避雷针保护的露天储罐不应超过10Ω） |
| 露天配电装置的集中接地装置及独立避雷针（线） | 接地阻抗不宜大于10Ω |
| 有架空地线的线路杆塔 | 当杆塔高度在40m以下时，按下列要求，当杆塔高度≥40m时，则取下列值的50％；但当土壤电阻率大于2000Ω·m时，接地阻抗难以达到15Ω时，可放宽至20Ω。<br>土壤电阻率≤500Ω·m时，接地阻抗10Ω；<br>土壤电阻率500～1000Ω·m时，接地阻抗20Ω；<br>土壤电阻率1000～2000Ω·m时，接地阻抗25Ω；<br>土壤电阻率>2000Ω·m时，接地阻抗30Ω |
| 与架空线直接连接的旋转电机进线段上避雷器 | 接地阻抗不宜大于3Ω |
| 无架空接地线的线路杆塔 | 1. 非有效接地系统的钢筋混凝土杆、金属杆：接地阻抗不宜大于30Ω；<br>2. 中性点不接地的低压电力网线路的钢筋混凝土杆、金属杆：接地阻抗不宜大于50Ω；<br>3. 低压进户线绝缘子铁脚的接地阻抗：接地阻抗不宜大于50Ω |

注：扩建接地网应在与原接地网连接后进行测试。

## 22.《电气装置安装工程　电缆线路施工及验收规范》GB 50168—2006

**4.2.9　金属电缆支架全长均应有良好的接地。**

**【释义】**

为避免电缆发生故障时危及人身安全，电缆支架（包括桥架）均应良好接地，较长时还应根据设计进行多点接地。

**5.2.6　直埋电缆在直线段每隔50～100m处、电缆接头处、转弯处、进入建筑物等处，应设置明显的方位标志或标桩。**

【释义】

本条规定了直埋电缆方位标志的设置要求，以便于电缆检修时查找和防止外来机械损伤。

**7.0.1** 对易受外部影响着火的电缆密集场所或可能着火蔓延而酿成严重事故的电缆线路，必须按设计要求的防火阻燃措施施工。

【释义】

电缆火灾不但直接烧损了大量电缆和设备，而且停电修复的时间很长，严重影响工农业生产和人民生活用电，直接和间接造成的损失都很大。因此电缆的防火及阻燃显得越来越重要。造成电缆火灾事故的原因不外乎外部火灾引燃电缆和电缆本身事故造成电缆着火。因此除保证电缆敷设和电缆附件安装质量外，在施工中应按照设计做好防止外部因素引起电缆着火和电缆着火后防止延燃的措施。

## 23.《电气装置安装工程　接地装置施工及验收规范》GB 50169—2006

**3.1.1** 电气装置的下列金属部分，均应接地或接零：

    **1** 电机、变压器、电器、携带式或移动式用电器具等的金属底座和外壳；

    **2** 电气设备的传动装置；

    **3** 屋内外配电装置的金属或钢筋混凝土构架以及靠近带电部分的金属遮拦和金属门；

    **4** 配电、控制、保护用的屏（柜、箱）及操作台等的金属框架和底座；

    **5** 交、直流电力电缆的接头盒、终端头和膨胀器的金属外壳和可触及的电缆金属护层和穿线的钢管。穿线的钢管之间或钢管和电器设备之间有金属软管过渡的，应保证金属软管段接地畅通；

    **6** 电缆桥架、支架和井架；

    **7** 装有避雷线的电力线路杆塔；

    **8** 装在配电线路杆上的电力设备；

    **9** 在非沥青地面的居民区内，不接地、消弧线圈接地和高电阻接地系统中无避雷线的架空电力线路的金属杆塔和钢筋混凝土杆塔；

    **10** 承载电气设备的构架和金属外壳；

    **11** 发电机中性点柜外壳、发电机出线柜、封闭母线的外壳及其他裸露的金属部分；

    **12** 气体绝缘全封闭组合电器（GIS）的外壳接地端子和箱式变电站的金属箱体；

    **13** 电热设备的金属外壳；

    **14** 铠装控制电缆的金属护层；

    **15** 互感器的二次绕组。

【释义】

本条规定了哪些电气装置应接地或接零。在原规范基础上充实了部分设备和内容，如本条第5款增加了"穿线的钢管之间或钢管和电器设备之间有金属软管过渡的，应保证金属软管段接地畅通"。近年来对施工工艺质量要求的提高，采用金属软管作为电缆保护管的过渡连接较多，金属软管本身不允许作为接地连接用，特提出"应保证金属软管段接地畅通"即必须采用其他方式作为接地连接。要求使用软管接头和金属软管封闭电缆应接地，可以保证工艺美观和电缆安全；为保证穿线的钢管和金属软管全线良好接地，需要金属软管段两端的软管接头之间保证良好的电气连接，第 10 款原规范为电除尘器的构架，现改为"承载电气设备的构架和金属外壳"。修改后使类似电除尘这样的架构全部包含进去。第 14 款系原规范条文，控制电缆的金属护层根据国家标准《工业与民用电力装置的接地设计规范》GBJ 65 和 1985 年版《苏联电气装置安装法规》规定而修订自要求控制电缆的铠装层、屏蔽层和接地芯线均应接地，目的是为了保障控制电缆两端连接的电气设备及人身安全。增加了第 15 款"互感器的二次绕组"。当二次绕组在二次回路中被使用时，回路接线中会有接地点，当二次绕组在二次回路中被作为备用时，可能就被忽视，但是只要互感器一次侧投运，无论二次绕组是否被使用，从安全而言，都必须接地。

**3.1.3** 需要接地的直流系统的接地装置应符合下列要求：

**1** 能与地构成闭合回路且经常流过电流的接地线应沿绝缘垫板敷设，不得与金属管道、建筑物和设备的构件有金属的连接；

**3** 直流电力回路专用的中性线和直流两线制正极的接地体、接地线不得与自然接地体有金属连接；当无绝缘隔离装置时，相互间的距离不应小于 1m。

**【释义】**

本条与原规范相同，当直流流经在土壤中的接地体时，由于土壤中发生电解作用，可使接地体的接地电阻值增加，同时又可使接地体及附近地下建筑物和金属管道等发生电腐蚀而造成严重的损坏。本条第 3 款根据日本的技术标准和原东德接地规范的接地体以及接地线的规定，直流电力回路专用的中性线和直流双线制正极如无绝缘装置，相互间的距离不得小于 1m，采用外引接地时，外引接地体的中心与配电装置接地网的距离，根据我国水电厂的试验不宜过大，否则由于引线本身的电阻压降会使外引接地体利用程度大大降低。

注：考虑高压直流输电已自成系统，直配电力网将有专用规范，本条只适用于一般直流系统。

**3.1.4** 接地线不应作其他用途。

**【释义】**

本条与原规范相同，规定接地线一般不应作其他用途，如电缆架构或电缆钢管不应作电焊机零线，以免损伤电缆金属护层。

**3.2.4** 人工接地网的敷设应符合以下规定：

**1** 人工接地网的外缘应闭合，外缘各角应做成圆弧形，圆弧的半径不宜小于均压带间距的一半；

**2** 接地网内应敷设水平均压带，按等间距或不等间距布置；

**3** 35kV 及以上变电站接地网边缘经常有人出入的走道处，应铺设碎石、沥青路面或在地下装设 2 条与接地网相连的均压带。

**【释义】**

为了系统故障时，确保人身的安全，条文中所列的敷设人工接地网的 3 点要求参照了电力行业标准《交流电气装置的接地》DL/T 621 的有关条款，以保证均压以及跨步电压和接触电压满足设计和运行要求。虽然这些是设计上应考虑的，本规范中作出这些规定，要求参与建设的各方在施工与验收中给予应有的重视。

**3.2.5** 除临时接地装置外，接地装置应采用热镀锌钢材，水平敷设的可采用圆钢和扁钢，垂直敷设的可采用角钢和钢管。腐蚀比较严重地区的接地装置，应适当加大截面，或采用阴极保护等措施。不得采用铝导体作为接地体或接地线。当采用扁铜带、铜绞线、铜棒、铜包钢、铜包钢绞线、钢镀铜、铅包铜等材料作接地装置时，其连接应符合本规范的规定。

**【释义】**

我国钢接地体普遍受到了腐蚀和锈蚀，钢接地体（线）耐受腐蚀能力差，钢接地体（线）规格偏小。钢材镀锌后能将耐腐蚀性能提高 1 倍左右，在我国已取得很好的防腐效果和运行经验，兼顾节约有色金属和接地装置防腐蚀需要，目前我国接地装置已普遍采用热镀锌钢材，已成为最基本的要求。目前铜质材料的采用有逐渐增多的趋势，铜质材料的选用需要因地制宜，还要做好技术经济比较论证工作。裸铝导体埋入地下较易腐蚀，强度低、使用寿命较钢材短且价格比钢材贵，规定不得采用铝导体作为接地体或接地线。

**3.2.9** 不得利用蛇皮管、管道保温层的金属外皮或金属网、低压照明网络的导线铅皮以及电缆金属护层作接地线。蛇皮管两端应采用自固接头或软管接头，且两端应采用软铜线连接。

**【释义】**

蛇皮管、管道保温层的金属外皮或金属网、低压照明网络的导线铅皮以及电缆金属护层等，它们的强度差又易腐蚀，作接地线很不可靠。本条明确规定不可作为接地线，并对用蛇皮管作保护管时，蛇皮管两端的接地做法，也作了规定，目的是保证连接可靠。增加部分是为了强调金属软管两侧的两个软管接头间保持良好的电气连接的必要性。

**3.3.1** 接地体顶面埋设深度应符合设计规定。当无规定时，不应小于 0.6m。角钢、钢管、铜棒、铜管等接地体应垂直配置。除接地体外，接地体引出线的垂直部分和接地装置连接（焊接）部位外侧 100mm 范围内应做防腐处理；在做防腐处理前，表面必须除锈并去掉焊接处残留的焊药。

**【释义】**

一般在地表下 0.15~0.5m 处，是处于土壤干湿交界的地方，接地导体易受腐蚀，因此规定埋深不应小于 0.6m，并规定了接地网的引出线在通过地表下 0.6m 引至地面外的一段需做防腐处理，以延长使用寿命。接地体引出线的垂直部分和接地装置连接（焊接）部位也容易受腐蚀，比如热镀锌钢材焊接时将破坏热镀锌防腐，因此连接（焊接）部位外侧 100mm 范围内应做防腐处理。

**3.3.3** 接地线应采取防止发生机械损伤和化学腐蚀的措施。在与公路、铁路或管道等交叉及其他可能使接地线遭受损伤处，均应用钢管或角钢等加以保护。接地线在穿过墙壁、楼板和地坪处应加装钢管或其他坚固的保护套，有化学腐蚀的部位还应采取防腐措施。热镀锌钢材焊接时将破坏热镀锌防腐，应在焊痕外 100mm 内做防腐处理。

**【释义】**

为防止接地线发生机械损伤和化学腐蚀，本条规定经运行经验证明是必要的和可行的。

**3.3.4** 接地干线应在不同的两点及以上与接地网相连接。自然接地体应在不同的两点及以上与接地干线或接地网相连接。

【释义】

本条规定是在不同的两点及以上与接地网相连接，目的是为了确保接地的可靠性。

**3.3.5** 每个电气装置的接地应以单独的接地线与接地汇流排或接地干线相连接，严禁在一个接地线中串接几个需要接地的电气装置。重要设备和设备构架应有两根与主地网不同地点连接的接地引下线，且每根接地引下线均应符合热稳定及机械强度的要求，连接引线应便于定期进行检查测试。

【释义】

如接地线串联使用，则当一处接地线断开时，造成了后面串接设备接地点均不接地。所以规定禁止串接。近年来，我国电网重要设备和设备构架与主接地装置的连接存在的主要问题，一是只有单根连接线，一旦发生问题，设备将会失地运行；二是接地引下线热容量不够，一旦有接地短路故障便会熔断，亦致使设备失地运行，导致恶性事故。因此规定重要设备和设备构架应有两根与主接地装置不同地点连接的接地引下线，且每根接地引下线均应符合热稳定及机械强度的要求。由于接地引下线的重要性，连接引线要明显、直接和可靠，且便于定期进行检查测试和检查，应符合电力行业标准《交流电气装置的接地》DL/T 621 的规定。具体地讲，如截面（还应考虑防腐）不够应加大，并应首先加大易发生故障设备的接地引下线截面和条数。

**3.3.11** 当电缆穿过零序电流互感器时，电缆头的接地线应通过零序电流互感器后接地；由电缆头至穿过零序电流互感器的一段电缆金属护层和接地线应对地绝缘。

【释义】

本条的目的是为了零序保护能正确动作。

**3.3.12** 发电厂、变电所电气装置下列部位应专门敷设接地线直接与接地体或接地母线连接：

 **1** 发电机机座或外壳、出线柜，中性点柜的金属底座和外壳，封闭母线的外壳；

 **2** 高压配电装置的金属外壳；

 **3** 110kV 及以上钢筋混凝土构件支座上电气设备金属外壳；

 **4** 直接接地或经消弧线圈接地的变压器、旋转电机的中性点；

 **5** 高压并联电抗器中性点所接消弧线圈、接地电抗器、电阻器等的接地端子；

 **6** GIS 接地端子；

 **7** 避雷器、避雷针、避雷线等接地端子。

【释义】

采用单独接地线连接以保证接地的可靠性。在发电厂、变电所电气装置应专门敷设单独接地线直接与接地体或接地母线连接的设备方面，本条文较原规范进行了拓展，增加了6项内容。

**3.3.13** 避雷器应用最短的接地线与主接地网连接。

【释义】

连接线短。在雷击时电感量减小，能迅速散流。

**3.3.14** 全封闭组合电器的外壳应按制造厂规定接地；法兰片间应采用跨接线连接，并应保证良好的电气通路。

【释义】

全封闭组合电器外壳受电磁场的作用产生感应电势，能危及人身安全，应有可靠的接地。

**3.3.15** 高压配电间隔和静止补偿装置的栅栏门铰链处应用软铜线连接，以保持良好接地。

【释义】

本条规定是为了牢固可靠地接地，避免有悬浮电位产生电火花危及人身安全。

**3.3.16** 高频感应电热装置的屏蔽网、滤波器、电源装置的金属屏蔽外壳，高频回路中外露导体和电气设备的所有屏蔽部分和与其连接的金属管道均应接地，并宜与接地干线连接。与高频滤波器相连的射频电缆应全程伴随 $100mm^2$ 以上的铜质接地线。

【释义】

本条根据国家标准《电热设备电力装置设计规范》的有关规定制定。增加了与高频滤波器相连的射频电缆应全程伴随 $100mm^2$ 以上的铜质接地线的规定，是根据原国电公司所编"防止电力生产重大事故的二十五项重点要求"制定的。

**3.3.19** 保护屏应装有接地端子，并用截面不小于 $4mm^2$ 的多股铜线和接地网直接连通。装设静态保护的保护屏，应装设连接控制电缆屏蔽层的专用接地铜排，各盘的专用接地铜排互相连接成环，与控制室的屏蔽接地网连接。用截面不小于 $100mm^2$ 的绝缘导线或电缆将屏蔽电网与一次接地网直接相连。

【释义】

近年来静态保护已在发电厂及变电所广泛采用，由于保护的重要性，微机保护等相关弱电盘柜的接地越来越重要，设立单独的回流排及单独的接地线引往主接地网，是保证微机保护等相关弱电盘柜可靠接地的有效措施。为防止电磁干扰，每面保护盘都应有良好的接地，且各盘都应装设连接控制电缆屏蔽层的专用接地铜排．各盘的铜排互相连接成环，多点与控制室的屏蔽地网连接，用截面不小于 $100mm^2$ 的绝缘导线或电缆将屏蔽电网与一次接地网直接相连，目的是：①尽可能使控制室屏蔽地网和一次接地网之间接地电阻比较小，各盘的接地铜排上电位接近于地电位；②连接时使用绝缘导线或电缆，免除其他杂散电势窜入。

**3.4.1** 接地体（线）的连接应采用焊接，焊接必须牢固无虚焊。接至电气设备上的接地线，应用镀锌螺栓连接；有色金属接地线不能采用焊接时，可用螺栓连接、压接、热剂焊（放热焊接）方式连接。用螺栓连接时应设防松螺帽或防松垫片，螺栓连接处的接触面应按现行国家标准《电气装置安装工程　母线装置施工及验收规范》GB 50149 的规定处理。不同材料接地体间的连接应进行处理。

【释义】

接地线的连接应保证接触可靠。接于电机、电器外壳以及可移动的金属构架等上面的接地线应以镀锌螺栓可靠连接。

**3.4.2** 接地体（线）的焊接应采用搭接焊，其搭接长度必须符合下列规定：

　1　扁钢为其宽度的 **2** 倍（且至少 **3** 个棱边焊接）；

**2** 圆钢为其直径的 **6** 倍；

**3** 圆钢与扁钢连接时，其长度为圆钢直径的 **6** 倍；

**4** 扁钢与钢管、扁钢与角钢焊接时，为了连接可靠，除应在其接触部位两侧进行焊接外，并应焊以由钢带弯成的弧形（或直角形）卡子或直接由钢带本身弯成弧形（或直角形）与钢管（或角钢）焊接。

**【释义】**

对接地体（线）搭接焊的搭接长度作出要求，以保证良好地焊接质量。

**3.4.3** 接地体（线）为铜与铜或铜与钢的连接工艺采用热剂焊（放热焊接）时，其熔接接头必须符合下列规定：

**1** 被连接的导体必须完全包在接头里；

**2** 要保证连接部位的金属完全熔化，连接牢固；

**3** 热剂焊（放热焊接）接头的表面应平滑；

**4** 热剂焊（放热焊接）的接头应无贯穿性的气孔。

**【释义】**

3.4.3 鉴于铜材的使用越来越频繁，钢材的连接方式（热剂焊）的使用也越来越普及，故在本条文及其他条文中加入相关内容。本条文对热剂焊（放热焊接）工艺的熔接头提出工艺要求.

**3.4.8** 发电厂、变电站 GIS 的接地线及其连接应符合以下要求：

**1** GIS 基座上的每一根接地母线，应采用分设其两端的接地线与发电厂或变电站的接地装置连接。接地线应与 GIS 区域环形接地母线连接。接地母线较长时，其中部应另加接地线，并连接至接地网；

**2** 接地线与 GIS 接地母线应采用螺栓连接方式；

**3** 当 GIS 露天布置或装设在室内与土壤直接接触的地面上时，其接地开关、氧化锌避雷器的专用接地端子与 GIS 接地母线的连接处，宜装设集中接地装置；

**4** GIS 室内应敷设环形接地母线，室内各种设备需接地的部位应以最短路径与环形接地母线连接。GIS 置于室内楼板上时，其基座下的钢筋混凝土地板中的钢筋应焊接成网，并和环形接地母线连接。

**【释义】**

制定本条的目的是为了保证 GIS 设备就近以最短的电气距离接地，GIS 重要设备（接地开关、氧化锌避雷器）接地良好，GIS 接地母线与主接地装置连接良好以及电气接触良好。

**3.5.1** 避雷针（线、带、网）的接地除应符合本章上述有关规定外，尚应遵守下列规定：

**1** 避雷针（带）与引下线之间的连接应采用焊接或热剂焊（放热焊接）；

**2** 避雷针（带）的引下线及接地装置使用的紧固件均应使用镀锌制品。当采用没有镀锌的地脚螺栓时应采取防腐措施；

**3** 建筑物上的防雷设施采用多根引下线时，应在各引下线距地面 **1.5～1.8m** 处设置断接卡，断接卡应加保护措施；

**4** 装有避雷针的金属筒体，当其厚度不小于 **4mm** 时，可作避雷针的引下线。筒体底

部应至少有 **2** 处与接地体对称连接；

  **5** 独立避雷针及其接地装置与道路或建筑物的出入口等的距离应大于 **3m**。当小于 **3m** 时，应采取均压措施或铺设卵石或沥青地面；

  **6** 独立避雷针（线）应设置独立的集中接地装置。当有困难时，该接地装置可与接地网连接，但避雷针与主接地网的地下连接点至 **35kV** 及以下设备与主接地网的地下连接点，沿接地体的长度不得小于 **15m**;

  **7** 独立避雷针的接地装置与接地网的地中距离不应小于 **3m**;

  **8** 发电厂、变电站配电装置的架构或屋顶上的避雷针（含悬挂避雷线的构架）应在其附近装设集中接地装置，并与主接地网连接。

【释义】

  **1** 焊接或热焊剂（放热焊接）为了安全，设置断接卡便于测量接地电阻及检查引下线的连接情况，断接卡加保护为防止意外断开。

  **2** 目前镀锌制品使用较为普遍，为确保接地装置长期运行可靠，强调了提高材料防腐能力的要求，均应使用镀锌制品，至于地脚螺栓，现在还没有统一规格，无镀锌成品供应，故应采取防腐措施。

  **4** 4mm 金属筒体不会被雷电流烧穿，故可不另敷接地线。

  **5~8** 是参照《电力设备过电压保护设计技术规程》和国家标准《工业与民用电力装置的接地设计规范》GBJ 65 制定的。雷击避雷针时，避雷针接地点的高电位向外传播 15m 后，在一般情况下衰减到不足以危及 35kV 及以下设备的绝缘；集中接地装置是为了加强雷电流散流作用，降低对地电压而敷设的附加接地装置。

**3.5.2** 建筑物上的避雷针或防雷金属网应和建筑物顶部的其他金属物体连接成一个整体。

【释义】

  本条要求是防止静电感应的危害。

**3.5.3** 装有避雷针和避雷线的构架上的照明灯电源线，必须采用直埋于土壤中的带金属护层的电缆或穿入金属管的导线。电缆的金属护层或金属管必须接地，埋入土壤中的长度应在 **10m** 以上，方可与配电装置的接地网相连或与电源线、低压配电装置相连接。

【释义】

  构架上避雷针（线）雷时，危及人身和设备安全。但将电缆的金属护层或穿金属管的导线在地中埋置长度大于 10m 时，可将雷击时的高电位衰减到不危险的程度。

**3.5.5** 避雷针（网、带）及其接地装置，应采取自下而上的施工程序。首先安装集中接地装置，后安装引下线，最后安装接闪器。

【释义】

  避雷针（网、带）及其接地装置施工中存在地上防雷装置已安装完，而地下接地装置还未施工的情况。为保证人身、设备及建筑物的安全，规定应采取自下而上的施工程序。

**3.6.1** 携带式电气设备应用专用芯线接地，严禁利用其他用电设备的零线接地；零线和接地线应分别与接地装置相连接。

**【释义】**

因携带式电气设备经常移动，导线绝缘易损坏或导线折断，危及人身安全。因此要求应有专用芯线接地，严禁利用其他设备的零线接地，以防零线断开后造成设备没有接地。

**3.6.2** 携带式电气设备的接地线应采用软铜绞线，其截面不小于 $1.5mm^2$。

**【释义】**

携带式电气设备的接地线应考虑接地方便且不易折断，为了安全可靠，要求采用截面不小于 $1.5mm^2$ 的软铜绞线。该截面是保证安全需要的最低要求，具体截面应根据相导线选择。

**3.7.10** 接地线与杆塔的连接应接触良好可靠，并应便于打开测量接地电阻。

**【释义】**

接地线与杆塔的连接，既要考虑施工又要考虑运行维护，所以应同时考虑接触良好可靠和便于测量接地电阻。

**3.7.11** 架空线路杆塔的每一腿都应与接地体引下线连接，通过多点接地以保证可靠性。

**【释义】**

因为在室外，尤其是耕地、水田、山区等易受外力破坏的地方，经常发生接地引下线被破坏等情况，所以要求架空线路杆塔的每一腿都与接地体引下线连接，通过多点接地以保证可靠性。

**3.8.3** 位于发电厂、变电站或开关站的通信站的接地装置应至少用 2 根规格不小 $40mm \times 4mm$ 的镀锌扁钢与厂、站的接地网均压相连。

**【释义】**

本条的目的是使发电厂、变电站或开关站的通信站的接地装置与厂、站的接地网更好地连接。

**3.8.8** 连接两个变电站之间的导引电缆的屏蔽层必须在离变电站接地网边沿 $50 \sim 100m$ 处可靠接地，以大地为通路，实施屏蔽层的两点接地。一般可在进变电站前的最后一个工井处实施导引电缆的屏蔽层接地。接地极的接地电阻 $R \leqslant 4\Omega$。

**【释义】**

本条的目的是将连接两个变电站之间的导引电缆的屏蔽层在沿途的雷电、工频或杂散感应电流有效泄放入地。

**3.8.9** 屏蔽电源电缆、屏蔽通信电缆和金属管道引入室内前应水平直埋 10m 以上，埋深应大于 0.6m，电缆屏蔽层和铁管两端接地，并在入口处接入接地装置。如不能埋入地中，至少应在金属管道室外部分沿长度均匀分布在两处接地，接地电阻应小于 $10\Omega$；在高土壤电阻率地区，每处的接地电阻不应大于 $30\Omega$，且应适当增加接地处数。

**【释义】**

本条的目的是将引入通信机房室内屏蔽电源电缆、屏蔽通信电缆和金属管道沿途的雷电、工频或杂散感应电流有效泄放人地，阻止将上述感应电流引入机房。

**3.8.10** 微波塔上同轴馈线金属外皮的上端及下端应分别就近与铁塔连接，在机房入口处与接地装置再连接一次；馈线较长时应在中间加一个与塔身的连接点；室外馈线桥始末两端均应和接地装置连接。

【释义】

本条的目的是将微波塔上同轴馈线金属外皮上沿线的雷电感应电流有效泄放入地，阻止将雷电感应电流引入机房。

**3.8.11** 微波塔上的航标灯电源线应选用金属外皮电缆或将导线穿入金属管，金属外皮或金属管至少应在上下两端与塔身金属结构连接，进机房前应水平直埋 10m 以上，埋深应大于 0.6m。

【释义】

本条的目的是保证微波塔上航标灯电源线沿线雷电感应电流有效泄放入地，阻止将雷电感应电流引入机房。

**3.9.1** 110kV 及以上中性点有效接地系统单芯电缆的电缆终端金属护层，应通过接地刀闸直接与变电站接地装置连接。

【释义】

规定了对 110kV 及以上中性点有效接地系统单芯电缆的电缆终端金属护层的接地要求。

**3.9.4** 110kV 以下三芯电缆的电缆终端金属护层应直接与变电站接地装置连接。

【释义】

规定了对 110kV 以下三芯电缆的电缆终端金属护层的接地要求。

**3.10.2** 配电变压器等电气装置安装在由其供电的建筑物内的配电装置室时，其接地装置应与建筑物基础钢筋等相连。

【释义】

规定了对建筑物内配电装置室的配电变压器等电气装置的接地要求。

**3.10.3** 引入配电装置室的每条架空线路安装的避雷器的接地线，应与配电装置室的接地装置连接，但在入地处应敷设集中接地装置。

【释义】

规定了对配电装置室每条架空线路安装的避雷器的接地要求。

**3.11.3** 接地装置的安装应符合以下要求：

　　**1** 接地极的型式、埋入深度及接地电阻值应符合设计要求；

　　**2** 穿过墙、地面、楼板等处应有足够坚固的机械保护措施；

　　**3** 接地装置的材质及结构应考虑腐蚀而引起的损伤。必要时采取措施，防止产生电腐蚀。

【释义】

规定了对建筑物接地装置安装的接地极的型式、埋入深度及接地电阻值、机械和防腐保护措施要求。

24.《电气装置安装工程 旋转电机施工及验收规范》GB 50170—2006

**2.1.3** 采用条型底座的电机应有 2 个及以上明显的接地点。

【释义】

按照设计要求，发电机的底座和外壳应当接地，对大型电机及条型底座的电机，为提高接地的可靠性和便于检查，规定了应有 2 个及以上明显接地点的要求。

**2.3.12** 电机的引线及出线的安装应符合下列要求：

**1** 引线及出线的接触面良好、清洁、无油垢，镀银层不应锉磨；

**2** 引线及出线的连接应使用力矩扳手紧固，当采用钢质螺栓时，连接后不得构成闭合磁路；

**3** 大型发电机的引线及出线连接后，应做相关试验检查，按制造厂的规定进行绝缘包扎处理。

【释义】

引线及出线的接触面必须良好，以保证接触面的质量，但有的产品未满足此要求，故条文中予以规定，以引起重视。此外，引线及出线接头的接触电阻，还取决于接触面是否清洁、螺栓是否紧固以及接触面的材料，接触面镀银层锉磨后。将对接头质量产生不良影响，故作了明确规定。根据国内大型汽轮发电机运行事故统计资料。有的发电机由于定子引线及出线绝缘包扎不良而发生过对地及相间短路事故。本条第 3 款还对电机引线及出线的绝缘包扎的技术要求作了明确规定。

**25.《电气装置安装工程 盘、柜及二次回路接线施工及验收规范》GB 50171—2012**

**4.0.6** 成套柜的安装应符合下列规定：

**1** 机械闭锁、电气闭锁应动作准确、可靠。

【释义】

成套柜设置机械闭锁及电气闭锁是为了确保设备、系统运行操作安全和运行、维护人员的人身安全，要求其动作应准确、可靠。

**4.0.8** 手车式柜的安装应符合下列规定：

**1** 机械闭锁、电气闭锁应动作准确、可靠。

【释义】

手车式柜设置机械闭锁及电气闭锁是为了确保设备、系统运行操作安全和运行、维护人员的人身安全，要求其动作应准确、可靠。

**7.0.2** 成套柜的接地母线应与主接地网连接可靠。

【释义】

成套柜内的接地母线铜排是柜内接地刀闸及二次控制和保护系统的重要接地汇流排，为保证人身安全和设备安全，应与主接地网直接可靠连接，并且接地引线应符合热稳定的要求。此接地装置的安全作用，是盘、柜本体及基础型钢接地不能替代的，直接涉及人身安全和设备安全。

**26.《电气装置安装工程 蓄电池施工及验收规范》GB 50172—2012**

**3.0.7** 蓄电池室应采用防爆型灯具、通风电机，室内照明线应采用穿管暗敷，室内不得装设开关和插座。

【释义】

本条规定为确保人身安全和设备安全。蓄电池充、放电和运行时，会有少量的氢气逸出，开关插座在操作过程中有可能产生电火花而引发氢气爆炸。为了防止氢气发生爆炸对人身安全和设备安全造成危害，规定室内不得装设开关、插座，并应采用防爆型电器。

## 27. 《电气装置安装工程　低压电器施工及验收规范》GB 50254—2014

**3.0.16　需要接地的电器金属外壳、框架必须可靠接地。**

**【释义】**

当电气设备故障致使其金属外壳、框架带电时，极易造成人身电击事故，因此电器的金属外壳、框架的接地必须可靠，不应利用安装螺栓作接地，因为可靠接地应符合永久连续的基本原则，接地端子或螺栓应专用。

**9.0.2　三相四线系统安装熔断器时，必须安装在相线上，中性线（N 线）、保护中性线（PEN 线）严禁安装熔断器。**

**【释义】**

若中性线（N 线）或保护中性线（PEN）上安装了熔断器，一旦发生断路，当三相负荷不平衡时，会使中性点产生偏移，使三相电压不对称，甚至烧毁设备。

## 28. 《电气装置安装工程　电力变流设备施工及验收规范》GB 50255—2014

**4.0.4　变流柜和控制柜除设计采用绝缘安装外，其外露金属部分必须可靠接地，接地方式、接地线应符合设计要求，接地标识应明显。转动式门板与已接地的框架之间应有可靠的电气连接。**

**【释义】**

此条是在综合考虑各行业、各类型变流设备的不同要求后制订的。变流柜和控制柜的柜体采用接地或对地绝缘安装是由工程设计选择的，其中绝缘安装主要在有色冶金等行业的大功率电解整流设备中采用，这是由于大功率电解直流系统的泄漏电流较大，若柜体采取接地法安装，当直流电压碰壳时将产生强大电弧可能危及人身或设备安全。为保证人身安全和设备安全，变流柜和控制柜除设计采用绝缘安装外，其外露金属部分必须可靠接地，且应与主接地网直接连接，接地引线应符合热稳定的要求。本条因直接涉及人身安全和设备运行安全。

## 29. 《电气装置安装工程　起重机电气装置施工及验收规范》GB 50256—2014

**3.0.9　起重机非带电金属部分的接地应符合下列规定：**

**2　司机室与起重机本体用螺栓连接时，必须进行电气跨接；其跨接点不应少于两处。**

**【释义】**

本条规定是确保司机室与起重机本体有可靠的电气通路，以保证起重机操作人员的生命安全。

**4.0.1　滑触线的布置应符合设计要求；当设计无要求时，应符合下列规定：**

**3　裸露式滑触线在靠近走梯、过道等行人可触及的部分，必须设有遮拦保护。**

**【释义】**

滑触线的布置时，应考虑运行及维护的方便和安全。遮拦保护是防止滑触线裸露引起触电。本款为了保证行人和施工人员的生命安全而制定的。

**6.0.4　制动装置的安装应符合下列规定：**

　　**1　制动装置的动作必须迅速、准确、可靠。**

【释义】

　　制动装置动作是否迅速、准确、可靠，它关系到起重机运行和施工人员的生命安全。

**6.0.9　起重荷载限制器的调试应符合下列规定：**

　　**1　起重荷载限制器综合误差，严禁大于8%。**

　　**2　当载荷达到额定起重量的90%时，必须发出提示性报警信号。**

　　**3　当载荷达到额定起重量的110%时，必须自动切断起升机构电动机的电源，并应发出禁止性报警信号。**

【释义】

　　有的起重机装设有起重量限制器，为保证其工作安全可靠，对在调试中的载荷将达到或超过起重量，必须设置提示的报警信号和自动断电装置。

## 30.《电气装置安装工程　爆炸和火灾危险环境电气装置施工及验收规范》GB 50257—2014

**5.1.3　爆炸危险环境内采用的低压电缆和绝缘导线，其额定电压必须高于线路的工作电压，且不得低于500V，绝缘导线必须敷设于钢管内。电气工作中性线绝缘层的额定电压，必须与相线电压相同，并必须在同一护套或钢管内敷设。**

【释义】

　　本条是为了为保证人民生命财产安全而作此规定，避免因线路的绝缘不良产生电火花而引起爆炸事故。

**5.1.7　架空线路严禁跨越爆炸性危险环境；架空线路与爆炸性危险环境的水平距离，不应小于杆塔高度的1.5倍。**

【释义】

　　本条为保证人民生命财产的安全而作此规定，因气体或蒸气爆炸性混合物易随风向扩散，所以为防止架空线路正常运行或事故情况下产生的电火花、电弧等引起爆炸事故的发生。

**5.2.1　电缆线路在爆炸危险环境内，必须在相应的防爆接线盒或分线盒内连接或分路。**

【释义】

　　在爆炸危险环境内设置电缆中间接头，是事故的隐患。现行国家标准《爆炸危险环境电力装置设计规范》GB 50058规定："在1区内电缆线路严禁有中间接头，在2区内不应有中间接头"；但在其条文说明中说明，"若将该接头置于符合相应区域等级的防爆类型的接头盒中时，则是符合要求的"。日本1985年版《最新工厂用电气设备防爆指南》第三篇第3.3.4条第6款规定："电缆与电缆之间的连接，最好极力避免，但是不得已进行连接时可采用隔爆型或增安型防爆结构的连接箱来连接电缆"。苏联的《电气装置安装规范》1985年版第7.3.111条规定："在任何级别的爆炸危险区内，禁止装设电缆盒和分线盒，无冒火花危险的电路例外"。根据以上所述，要求施工人员必须做到周密的安排，按电缆的长度，把电缆的中间接头安排在爆炸危险区域之外，并将敷设好的电缆切实加以保护，杜绝产生中间接头的可能性。本条是为保证人民生命财产安全而作此规定。

**5.4.2 本质安全电路关联电路的施工，应符合下列规定：**

**1 本质安全电路与非本质安全电路不得共用同一电缆或钢管；本质安全电路或关联电路，严禁与其他电路共用同一条电缆或钢管。**

【释义】

本条第1款主要是为了避免本质安全电路之间、本质安全电路与其关联电路之间、本质安全电路与其他电路之间发生混触而破坏本质安全电气设备和本质安全电路的防爆性能。本条第1款直接涉及本质安全电气设备和本质安全电路的安全运行。

**7.1.1 在爆炸危险环境的电气设备的金属外壳、金属构架、安装在已接地的金属结构上的设备、金属配线管及其配件、电缆保护管、电缆的金属护套等非带电的裸露金属部分，均应接地。**

【释义】

根据现行国家标准《爆炸危险环境电力装置设计规范》GB 50058 的有关规定进行修订，按不同危险区域及不同的电气设备，对其接地线的设置，加以区别对待。特别注意，在爆炸危险环境内的所有电气设备的金属外壳，无论是否安装在已接地的金属结构上都应接地。本条是为保证人民生命财产安全而作此规定。

**7.2.2 引入爆炸危险环境的金属管道、配线的钢管、电缆的铠装及金属外壳，必须在危险区域的进口处接地。**

【释义】

本条是为了保证人民生命财产安全，防止高电位引入爆炸危险环境产生电气火花引起爆炸事故而制订的。

## 31.《建筑电气工程施工质量验收规范》GB 50303—2002

**3.1.7 接地（PE）或接零（PEN）支线必须单独与接地（PE）或接零（PEN）干线相连接，不得串联连接。**

【释义】

电气设备或导管等可接近裸露导体的接地（PE）或接零（PEN）可靠是防止电击伤害的主要手段。关于干线与支线的区别如图1所示。

从上图可知，干线是在施工设计时，依据整个单位工程使用寿命和功能来布置选择

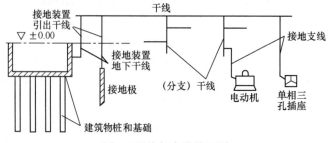

图1　干线与支线的区别

的，它的连接通常具有不可拆卸性，如熔焊连接，只有在整个供电系统进行技术改造时，干线包括分支干线才有能更动敷设位置和相互连接处的位置，所以说干线本身始终处于良好的电气导通状态。而支线是指由干线引向某个电气设备、器具（如电动机、单相三孔插座等）以及其他需接地或接零单独个的接地线，通常用可拆卸的螺栓连接；这些设备、器具及其他需接地或接零的单独个体，在使用中往往由于维修、更换等种种原因需临时或永久的拆除，若他们的接地支线彼此间是相互串联连接，只要拆除中间一件，则与干线相连方向相反的另一侧所有电气设备、器具及其他需接地或接零的单独个体全部失去电击保护，这显然不允许，要严禁发生的，所以支线不能串联连接。

**3.1.8** 高压的电气设备和布线系统及继电保护系统的交接试验，必须符合现行国家标准《电气装置安装工程 电气设备交接试验标准》GB 50150 的规定。

【释义】

在建筑电气工程中，高压的电气设备和布线系统及继电保护系统是电网电力供应的高压终端，在投入运行前必须做交接试验，试验标准统一按现行国家标准《电气装置安装工程 电气设备交接试验标准》GB 50150 执行。

**4.1.3** 变压器中性点应与接地装置引出干线直接连接，接地装置的接地电阻值必须符合设计要求。

【释义】

变压器的中性点即变压器低压侧三相四线输出的中性点（N 端子）。为了用电安全，建筑电气设计选用中性点（N）接地的系统，并规定与其相连的接地装置接地电阻最大值，施工后实测值不允许超过规定值。由接地装置引出的干线，以最近距离直接与变压器中性点（N 端子）可靠连接，以确保低压供电系统可靠、安全地运行。

**7.1.1** 电动机、电加热器及电动执行机构的可接近裸露导体必须接地（PE）或接零（PEN）。

【释义】

建筑电气工程中采用何种低压配电系统，是由设计选定的，但可接近的裸露导体（即原规范中的非带电金属部分）必须接地或接零，以确保设备及人身使用安全。

**8.1.3** 柴油发电机馈电线路连接后，两端的相序必须与原供电系统的相序一致。

【释义】

核相是两个电源向同一供电系统供电的必经手续，虽然不会出现与原供电系统并列运行的情况，但相序一致才能确保原所接各相序的用电设备的性能和安全。

**9.1.4** 不间断电源输出端的中性线（N 极），必须与由接地装置直接引来的接地干线相连接，做重复接地。

【释义】

不间断电源输出端的中性线（N 极）通过接地装置引入干线做重复接地，有利于遏制中心点漂移，使三相电压均衡度提高。同时，当引向不间断电源供电侧的中性线意外断开时，可确保不间断电源输出端不会引起电压升高而损坏由其供电的重要用电设备，以保证整幢建筑物的安全使用。

**11.1.1** 绝缘子的底座、套管的法兰、保护网（罩）及母线支架等可接近裸露导体应接地

（PE）或接零（PEN）可靠。不应作为接地（PE）或接零（PEN）的接续导体。

【释义】

母线是供电主干线，凡与其相关的可接近的裸露导体要接地或接零的理由主要是：发生漏电可导入接地装置，确保接触电压不危及人身安全，同时也给具有保护或讯号的控制回路发出正确讯号提供可能。为防止接地或接零支线线间的串联连接，所以规定不能作为接地或接零的中间导体。

**12.1.1** 金属电缆桥架及其支架和引入或引出的金属电缆导管必须接地（PE）或接零（PEN）可靠，且必须符合下列规定：

**1** 金属电缆桥架及其支架全长应不少于2处与接地（PE）或接零（PE）干线相连接；

**2** 非镀锌电缆桥架间连接板的两端跨接铜芯接地线，接地线最小允许截面积不小于4mm²；

**3** 镀锌电缆桥架间连接板的两端不跨接接地线，但连接板两端不少于2个有防松螺帽或防松垫圈的连接固定螺栓。

【释义】

建筑电气工程中的电缆桥架均为钢制产品，较少采用在工业工程中为了防腐蚀而使用的非金属桥架或铝合金桥架。所以其接地或接零至为重要，目的是为了保证供电干线电路的使用安全。有的施工设计时在桥架内底部，全线敷设一支铜或镀锌扁钢制成的保护地线（PE），且与桥架每段有数个电气连通点，则桥架的接地或接零保护十分可靠，因而验收时可不做本条2、3款的检查。

**13.1.1** 金属电缆支架、电缆导管必须接地（PE）或接零（PEN）可靠。

【释义】

本条是根据电气装置的可接近的裸露导体（旧称非带电金属部分）均应接地或接零这一原则提出的，目的是保护人身安全和供电安全，如整个建筑物要求等电位联结，更毋庸置疑，要接地或接零。

**14.1.2** 金属导管严禁对口熔焊连接；镀锌和壁厚小于等于2mm的钢导管不得套管熔焊连接。

【释义】

镀锌管不能熔焊连接的理由如14.1.1所述，考虑到技术原因，钢导管不得采用熔焊对口连接，技术上熔焊会产生烧穿，内部结瘤，使穿线缆时损坏绝缘层，埋入混凝土中会渗入浆水导致导管堵塞，这种现象是不容许发生的；若使用高素质焊工，采用气体保护焊方法，进行焊口破坏性抽检，在建筑电气配管来说没这个必要，不仅施工工序烦琐，使施工效率低下，在经济上也是不合算的。现在已有不少薄壁钢导管的连接工艺标准问世，如螺纹连接、紧定连接、卡套连接等，技术上既可行，经济上又价廉，只要依据具体情况选用不同连接方法，薄壁钢导管的连接工艺问题是可以解决的。这条规定仅是不允许安全风险太大的熔焊连接工艺的应用。如果紧定连接、卡套连接等的工艺标准经鉴定，镀锌钢导管的连接处可不跨接接地线，且各种状况下的试验数据齐全，足以证明这种连接工艺的接地导通可靠持久，则连接处不跨接接地线的理由成立。条文中的薄壁钢导管是指壁厚小于等于 2mm 的钢导管；壁厚大于 2mm 的称为厚壁钢导管。

**15.1.1** 三相或单相的交流单芯电缆，不得单独穿于钢导管内。

**【释义】**

本条是为了防止产生涡流效应必须遵守的规定。

**19.1.2** 花灯吊钩圆钢直径不应小于灯具挂销直径，且不应小于 **6mm**。大型花灯的固定及悬吊装置，应按灯具重量的 **2** 倍做过载试验。

**【释义】**

固定灯具的吊钩与灯具一致，是等强度概念。若直径小于 6mm，吊钩易受意外拉力而变直、发生灯具坠落现象，故规定此下限。大型灯具的固定及悬吊装置由施工设计经计算后出图预埋安装，为检验其牢固程度是否符合图纸要求，故应做过载试验，同样是为了使用安全。

**19.1.6** 当灯具距地面高度小于 **2.4m** 时，灯具的可接近裸露导体必须接地（**PE**）或接零（**PEN**）可靠，并应有专用接地螺栓，且有标识。

**【释义】**

据统计，人站立时平均伸臂范围最高处约可达 2.4m 高度，也即是可能碰到可接近的裸露导体的高限，故而当灯具安装高度距地面小于 2.4m 时，其可接近的裸露导体必须接地或接零，以确保人身安全。

**21.1.3** 建筑物景观照明灯具安装应符合下列规定：

**1** 每套灯具的导电部分对地绝缘电阻值大于 **2MΩ**；

**2** 在人行道等人员来往密集场所安装的落地式灯具，无围栏防护，安装高度距地面 **2.5m** 以上；

**3** 金属构架和灯具的可接近裸露导体及金属软管的接地（**PE**）或接零（**PEN**）可靠，且有标识。

**【释义】**

随着城市美化，建筑物立面反射灯应用众多，有的由于位置关系，灯架安装在人员来往密集的场所或易被人接触的位置，因而要有严格的防灼伤和防触电的措施。

**22.1.2** 插座接线应符合下列规定：

**1** 单相两孔插座，面对插座的右孔或上孔与相线连接，左孔或下孔与零线连接；单相三孔插座，面对插座的右孔与相线连接，左孔与零线连接；

**2** 单相三孔、三相四孔及三相五孔插座的接地（**PE**）或接零（**PEN**）线接在上孔。插座的接地端子不与零线端子连接。同一场所的三相插座，接线的相序一致；

**3** 接地（**PE**）或接零（**PEN**）线在插座间不串联连接。

**【释义】**

为了统一接线位置，确保用电安全，尤其三相五线制在建筑电气工程中较普遍地得到推广应用，零线和保护地线不能混同，除在变压器中性点可互连外，其余各处均不能相互连通，在插座的接线位置要严格区分，否则有可能导致线路工作不正常和危及人身安全。

**24.1.2** 测试接地装置的接地电阻值必须符合设计要求。

**【释义】**

由于建筑物性质不同，建筑物内的建筑设备种类不同，对地装置的设置和接地电阻值的要求也不同，所以施工设计要给出接地电阻值数据，施工结束要检测。检测结果必须符合要求，若不符合应由原设计单位提出措施，进行完善后再经检测，直至符合要求为止。

## 32. 《铝母线焊接工程施工及验收规范》GB 50586—2010

**1.0.3** 从事铝母线焊接的焊工必须持有焊工考核合格证，才能上岗操作。

【释义】

铝母线焊接除铝的焊接特殊性外，由于焊接接头形式，常规探伤方法很难区分构造成像与焊缝内在焊接缺陷。为此，提出对焊工责任性和操作技能水平的教育培训与考核是谋求保证焊接质量的一条重要也是行之有效的技术措施。如不按此规定，无法保证焊接质量，达不到正常的载流量，留下发生生产事故的隐患，伤害操作人员的人身安全，且还会造成供配电能源消耗加大。

**4.1.2** 铝板（带）剪切断面应无裂痕。

【释义】

切断面有裂纹是焊缝产生气孔的重要原因，会产生不合格焊缝，增加内电阻，造成铝板发热，加大了能源消耗潜在因素。

**7.2.3** 焊缝金属表面焊波应均匀，不得有裂纹、烧穿、弧坑、针状气孔、缩孔等缺陷。

【释义】

铝母线工作时，由于内阻和电解槽工作时散发的大量热，铝母线有一定的工作温度，铝又有很明显的热裂纹倾向，焊接裂纹是不允许存在的。如存在焊接裂纹，将会产生焊缝断裂，发生安全事故。

**8.2.4** 短路通电检查的试验电流达到设定额定工作电流 2h 后，铝母线的导电性应符合下列规定：

**1** 铝母线的电压降应符合下列规定：

单台解槽的停槽电压降应符合设计要求，电压降允许偏差为 5mV。

立柱母线压接面两侧各距 50mm 间的电压降为 12mV。

立柱短路接口的压接面两侧各距 50mm 间的电压降为 20mV。

**2** 铝母线焊接接头的电压降在电流密度为 $0.3A/mm^2$ 时，焊接接头焊缝中心线两侧各距 50mm 间的电压降为 1.5mV。

【释义】

短路通电检查初始阶段，各路铝母线的内阻不会一致，通过的电量有很大差别。同时也极不稳定。因为热胀冷缩和其他原因，随时都可能改变内阻关系，只有达到设计规定的额定工作电流 2h 后才会逐步地稳定下来，所以规定 2h 后才检测铝母线焊接安装工程的导电性能。短路通电检查时各种接口电压是随其输送的电流量成正比，而各路输送电流量不会像理论上呈均匀态势，所以必须按该接口实际电流密度做换算比较。本条规定的导电性能指标是保证铝电解工程正常运行的基本条件；如达不到此条件，将增大生产时电流消耗，产生高温，破坏正常生产环境，影响操作人员健康，且加大能源消耗。

## 33.《1kV 及以下配线工程施工与验收规范》GB 50575—2010

**3.0.9** 配线工程中非带电的金属部分的保护接地必须符合设计要求。

**【释义】**

由于配线工程中非带电的金属部分的保护接地与供电系统的形式、电压高低和特殊功能要求有关，所以工程设计文件对此要有明确的说明。本规范条文中有关保护接地的描述是指在设计文件要求后的施工作业的技术规定。

**3.0.13** 配线工程的电线线芯截面面积不得低于设计值，进场时应对其导体电阻值进行见证取样送检。

**【释义】**

选用符合标准的电线并对其电阻值进行验证，检验是否满足设计的要求，这是符合国家节能减排政策，可降低在使用中的能量损耗，提高安全运行的可靠性。

**4.5.4** 线槽的敷设应符合下列规定：

**6** 金属线槽应接地可靠，且不得作为其他设备接地的接续导体，线槽全长不应少于 2 处与接地保护干线相连接。全长大于 30m 时，应每隔 20m～30m 增加与接地保护干线的连接点；线槽的起始端和终点端均应可靠接地。

**【释义】**

本条第 6 款对线槽敷设和接地作出了具体的规定，采用等电位接地的方法，是考虑到如线缆漏电会造成金属线槽带电，目的是保证金属线槽使用和人身安全。

**5.1.2** 电线接头应设置在盒（箱）或器具内，严禁设置在导管和线槽内，专用接线盒的设置位置应便于检修。

**【释义】**

电线接头设在管内既不利于穿线，而且接头又是日后运行中易发生故障的隐患部位，设在内部既不易检查也不易处理，在线槽内发生故障会蔓延到其他回路，为安全起见，在二者内敷设的电线均不应有接头。专用接线盒可设置在吊顶内的检修孔附近或井道内或设备房内等便于检修的位置。

**5.1.6** 配线工程施工后，必须进行回路的绝缘检查，绝缘电阻值应符合现行国家标准《电气装置安装工程 电气设备交接试验标准》GB 50150 的有关规定，并应做好记录。

**【释义】**

是对配线工程最终绝缘质量的检查规定，也是判断工程能否投入运行和安全运行的必备条件，要做好记录，以利查验复核和明确责任。

**5.2.3** 三相或单相的交流单芯线，不得单独穿于钢导管内。

**【释义】**

是保持同一交流回路的合成磁场基本为零，减少磁滞涡流损耗和避免产生故障而作的技术规定。

**5.5.1** 塑料护套线应明敷，严禁直接敷设在建筑物顶棚内、墙体内、抹灰层内、保温层内或装饰面内。

【释义】

规定护套线敷设部位，不得直接敷设在建筑物顶棚内、墙体内、抹灰层内、保温层内或装饰面内，以防在这些建筑体内钉入钉子、膨胀螺栓或其他物件而损坏在其面层内敷设的护套线，这有可能会造成护套线绝缘损坏而触电。故规定只能沿建筑物表面明敷，直敷指的是无保护管、槽的敷设。

## 34. 《建筑物防雷工程施工与质量验收规范》GB 50601—2010

**3.2.3** 除设计要求外，兼做引下线的承力钢结构构件、混凝土梁、柱内钢筋与钢筋的连接，应采用土建施工的绑扎法或螺丝扣的机械连接，严禁热加工连接。

【释义】

承力建筑钢结构构件（含构件内的钢筋）采用焊接连接时可能会降低建筑物结构的负荷能力。《建筑物防雷设计规范》GB 50057—2010 第 4.3.5 条条文说明认为"在交叉点采用金属绑线绑扎在一起……建筑物具有许许多多钢筋和连接点，它们保证将全部雷电流经过许多次再分流流人大量的并联放电路径"，因此，绑扎可以保证雷电流的泄放。《建筑电气工程施工质量验收规范》GB 50303—2002 中第 3.1.2 条要求"除设计要求外，承力建筑钢结构构造上，不得采用熔焊连接……；且严禁热加工开孔"。

**5.1.1** 主控项目应符合下列规定：

3 建筑物外的引下线敷设在人员可停留或经过的区域时，应采用下列一种或多种方法，防止接触电压和旁侧闪络电压对人员造成伤害：

> 1）外露引下线在高 2.7m 以下部分应穿不小于 3mm 厚的交联聚乙烯管，交联聚乙烯管应能耐受 100kV 冲击电压（1.2/50μ 波形）。
>
> 2）应设立阻止人员进入的护栏或警示牌。护栏与引下线水平距离不应小于 3m。

6 引下线安装与易燃材料的墙壁或墙体保温层间距应大于 0.1m。

【释义】

本条第 3 款因引下线明敷可能会因接触电压时，旁侧闪络电压造成人员伤亡。本条第 6 款的要求引自现行国家标准《电气装置安装工程 接地装置施工及验收规范》GB 50169—2006 中第 3.5.3 条。在现行国家标准《雷电防护》GB/T 21714.3—2008 中第 D.5.1 条中要求："如果条件允许，外部 LPS 的所有部件（接闪器和引下线）至少应远离危险区域 1m。如果条件不允许，距危险区 0.5m 区域内经过的导线应连续，应进行牢固焊接或压接"。此处危险区域指爆炸和火灾危险场所，对第一类防雷建筑物，当建筑物太高或其他原因难以装设独立接闪器时，可按现行国家标准《建筑物防雷设计规范》GB 50057 的规定在建筑物上架设接闪网或网和针的混合 LPS。此时 LPS 的所有导线应电气贯通，防止产生危险的电火花，这种情况下可不受 1m 的限制。

**6.1.1** 主控项目应符合下列规定：

1 建筑物顶部和外墙上的接闪器必须与建筑物栏杆、旗杆、吊车梁、管道、设备、太阳能热水器、门窗、幕墙支架等外露的金属物进行等电位连接。

【释义】

本条第 1 款要求建筑物顶部和外墙上的接闪器与外露的大尺寸金属物进行等电位连接。

这在现行的国家标准《建筑电气工程施工质量验收规范》GB 50303—2002 第 26.1.1 条中被列为主控项目,在现行国家标准《建筑物防雷设计规范》GB 50057 中也有相关要求。

## 35.《建筑电气照明装置施工与验收规范》GB 50617—2010

**3.0.6** 在砌体和混凝土结构上严禁使用木楔、尼龙塞或塑料塞安装固定电气照明装置。

**【释义】**

本条是为确保电气照明设备的固定牢固、可靠,并延长使用寿命而制定的。电气照明装置的安装可使用膨胀螺栓来固定(膨胀螺栓包括金属膨胀螺栓和塑料膨胀螺栓)。

**4.1.12** Ⅰ类灯具的不带电的外露可导电部分必须与保护接地线(PE)可靠连接,且应有标识。

**【释义】**

Ⅰ类灯具的防触电保护不仅依靠基本绝缘,而且还包括基本的附加措施,即把不带电的外露可导电分连接到固定的保护接地线(PE)上,使不带电的外露可导电部分在基本绝缘失效时不致带电。因此这类灯具必须与保护接地线可靠连接,以防触电事故的发生。

**4.1.15** 质量大于 10kg 的灯具,其固定装置应按 5 倍灯具重量的恒定均布载荷全数作强度试验,历时 15min,固定装置的部件应无明显变形。

**【释义】**

灯具的固定装置是由施工单位在场安装的,其安装形式应符合建筑物的结构特点。为了防止由安装不可靠或意外因素,发生灯具坠落现象而造成人身伤亡事故,灯具固定装置安装完成、灯具安装前要求在现场做恒定均布荷载强度试验,试验的目的是检验安装质量。灯具所提供的吊环、连接件等附件强度应由灯具制造商在工厂进行过载试验。根据灯具制造标准《灯具第 1 部分:一般要求与试验》GB 7000.1—2007 中第 4.14.1 条的规定,对所有的悬挂灯具应将 4 倍灯具重量的恒定均布载荷以灯具正常的受载方向加在灯具上,历时 1h。试验终了时,悬挂装置(灯具本身)的部件应无明显变形。因此当在灯具上加载 4 倍灯具重量的载荷时,灯具的固定装置(施工单位现场安装的)须承受 5 倍灯具重量的载荷。通过抗拉拔力试验而知,灯具的固定装置(采用金属型钢现场加工,用 $\phi8$ 的圆钢作马鞍形灯具吊钩)若用 2 枚 M8 的金属膨胀栓可靠地后锚固在混凝土楼板中,抗拉拔力可达 10kN 以上且拉拔力取决于金属膨胀螺栓的规格大小和安装可靠程度;灯具的固定装置若焊接到混凝土楼板的预埋铁板上,抗拉拔力可达到 22kN 以上且抗拉拔力取决于装置材料自身的强度。因此对于质量小于 10kg 的灯具,其固定装置由于材料自身的强度,无论采用后锚固或在预埋铁板上焊接固定,只要安装是可靠的,均可承受 5 倍灯具重量的载荷。质量大于 10kg 的灯具,其固定装置应该采在预埋铁板上焊接或后锚固(金属螺栓或金属膨胀螺栓)等方式安装,不应采用塑料膨胀螺栓等方式安装,但无论采用哪种安装方法,均应符合建筑物的结构特点且按照本条文要求全数做强度试验,以确保安全。

**4.3.3** 建筑物景观照明灯具安装应符合下列规定:

　　**1** 在人行道等人员来往密集场所安装的灯具,无围栏防护时灯具底部距地面高度所在 2.5m 以上;

　　**2** 灯具及其金属构架和金属保护管与保护接地线(PE)应连接可靠,且有标识;

**3** 灯具的节能分级应符合设计要求。

**【释义】**

随着城市的美化，建筑物景观照明具的应用日益普及。因工程需要，有些灯架安装在人员来往密集场所或易被人接触的位置，因而要有严格的防灼伤和防触电措施。为执行国家节能政策，景观照明应设置深夜减光控制装置，节能分级要符合设计要求。

**5.1.2** 插座的接线应符合下列规定：

**1** 单相两孔插座，面对插座，右孔或上孔应与相线连接，左孔或下孔与中性线连接；单相三孔插座，面对插座，右孔应与相线连接，左孔应与中性线连接；

**2** 单相三孔、三相四孔及三相五孔插座的保护接地线（PE）必须接在上孔。插座的保护接地端子不应与中性线端子连接。同一场所的三相五孔插座，接线的相序应一致；

**3** 保护接地线（PE）在插座间不得串联连接。

**【释义】**

统一接线的规定，目的是为了用电安全，特别是三相供电系统中，中性线（N）和保护接地线（PE）不能混同，应严格区分，否则可能导致线路不能正常工作和危及人身安全。规定保护接地（PE）在插座间不得串联连接，相线与中性线不得利用插座本体的接线端子转接供电，分别是为了确保保护接地的可靠性和供电可靠性。转接供电是指剥去电线端部绝缘层，将几根电线绞接后插入接线端子，依靠接线端子对后续用电设备供电。这种工艺有时因电线绞接不可靠或接线端子螺栓压接不紧密而松动、接触不良，造成后续用电设备断电甚至失火。

**7.2.1** 当有照度和功率密度测试要求时，应在无外界光源的情况下，测量并记录被检测区域内的平均照度和功率密度值，每种功能区域检测不少于 **2** 处。

**1** 照度值不得小于设计值；

**2** 功率密度值应符合现行国家标准《建筑照明设计标准》GB 50034 的规定或设计要求。

**【释义】**

本条的制定是为了贯彻《建筑节能工程施工质量验收规范》，进行平均照度和功率密度值检测，应重点对公共建筑和建筑的公共部分的照明进行检测。考虑到部分住宅项目中住户的个性化使用情况偏差较大，一般不建议以住宅内的测试结果作为判断的依据。有些场所为了加强装饰效果，安装了枝形花灯、壁灯、艺术吊灯等装饰性灯具，这种场所可以增加照明安装功率，增加的数值按实际采用的装饰性灯具总功率的 $50\%$ 计算 $LPD$ 值。这是考虑到装饰性灯具的利用系数较低，所以假定它有一半左右的光通量起到提高作业面照度的效果。照度测试要求在无外界光源的情况下进行，一般可以在夜间或在白天测试区域有遮挡时进行。本条中功能区域是指使用用途、照明设置标准相同的区域，如教学楼的多个教室，只需检测 2 个教室即可。

36.《电气装置安装工程 串联电容器补偿装置施工及验收规范》GB 51049—2014

**3.0.11** 设备吊装严禁在雨雪天气、六级及以上大风中进行。

【释义】

　　由于设备吊装过程直接涉及人身、设备的安全，为确保安全，禁止在恶劣天气情况下的吊装作业。

**4.4.5**　球头与球窝必须完全接触后方可安装和调整斜拉绝缘子；在斜拉绝缘子安装和调整时，吊绳必须始终处于受力状态，缆风绳必须临时固定并设专人监护；调整完毕后方可松下缆风绳及吊绳。

【释义】

　　本条规定了安装和调整斜拉绝缘子时的施工顺序及注意事项，此施工过程涉及人身安全，必须严格执行。

# 第 二 篇

## 弱 电

# 1.《工业电视系统工程设计规范》GB 50115—2009

**4.2.11** 设置在爆炸危险区域的摄像机及其配套设备，必须采用与爆炸危险介质相适应的防爆产品。

**【释义】**

本条是对爆炸危险区域的摄像机及其配套设备，采用防爆产品作出的规定。防爆摄像机及其配套设备应能够承受爆炸性气体环境、爆炸性粉尘环境的爆炸压力，同时能够阻止内部爆炸性气体产生的火向外壳周围爆炸性气体环境传播，避免在爆炸危险区域发生爆炸或产生次生灾害；还应符合与本区域周围环境内化学的、机械的、高温的、寒冷的以及风沙等不同环境对设备的防护要求。采用与爆炸危险介质相适应的防爆产品，包括设备的整体防爆等级（如危险区域等级和爆炸性混合物的级别、组别配置，设备防爆结构的选型等）都应与爆炸危险介质相适应。工程设计时，在生产过程中出现或可能出现爆炸和火灾危险区域内的摄像机及其配套设备防爆结构的选型等，应按现行国家标准《爆炸环境电力装置设计规范》GB 50058 的有关规定执行；如煤矿井下等特殊环境的摄像机及其配套设备防爆结构的选型等，应满足其所处环境的防护要求，按现行国家有关标准的规定执行。摄像机及其配套设备包括云台、防护罩、解码器和现场控制箱，以及室外防护罩需配套的遮阳罩、风扇、雨刷、加热器等。

由于生产需要，工业企业难免有爆炸危险场所存在，由于存在易燃易爆性气体、蒸气、液体、可燃性粉尘或者可燃性纤维等危险物，这些场所可能引起火灾或爆炸危险。如金属企业（镁、钛、铝粉等）；煤炭企业（活性炭、煤尘等）；合成材料企业（塑料、染料粉尘等）；轻纺企业（棉尘、麻尘、纸尘、木尘等）；化纤企业（聚酯粉尘、聚丙烯粉尘等）等。爆炸是指物质从一种状态，经过物理变化或化学变化，突然变成另一种状态并放出巨大的能量，而产生的光和热或机械功。物理爆炸是由于液体变成蒸气或气体迅速膨胀，压力急速增加，并大大超过容器的极限压力而发生的爆炸，如蒸气锅炉、液化气钢瓶等的爆炸。化学爆炸是因物质本身起化学反应，产生大量气体和高温而发生的爆炸。如可燃气体、液体蒸气和粉尘与空气混合物的爆炸，炸药的爆炸等，能发生化学爆炸的粉尘有铝粉、铁粉、聚乙烯塑料、淀粉、烟煤及木粉等。可燃气体和粉尘与空气混合物的爆炸属于此类化学爆炸。如容器中装有可燃气体或液体，在发生物理爆炸的同时往往伴随着化学爆炸，这种爆炸称为"二次爆炸"。

爆炸性物质分为三类：Ⅰ类，矿井甲烷；Ⅱ类，爆炸性气体混合物（含蒸气、薄雾）；Ⅲ类，爆炸性粉尘（纤维或飞絮物）。

爆炸性气体环境用电气设备分为：Ⅰ类，煤矿井下用电气设备；Ⅱ类，除煤矿外的其他爆炸性气体环境用电气设备；Ⅱ类隔爆型"d"和本质安全型"i"，电气设备又分为ⅡA、ⅡB和ⅡC类。

可燃性粉尘环境用电气设备分为：A、B型尘密设备，A、B型防尘设备。

根据现行国家标准《爆炸性气体环境用电气设备》GB 3836 的规定，在爆炸性气体环境防爆电气设备的防爆标志由防爆结构型式-设备类别-气体组别-温度组别组成。如：防爆标志 ExdⅠ，表示电气设备为Ⅰ类隔爆型；防爆标志 ExdⅡBT3，表示电气设备为Ⅱ类隔爆型，气体组别为 B 组，温度组别为 T3。以此类推。

现将防爆标志中防爆结构型式作如下表述：

（1）隔爆型"d"是指把能点燃爆炸性混合物的部件封闭在一个外壳内，该外壳能承受内部爆炸性混合物的爆炸压力并阻止和周围的爆炸性混合物传爆的电气设备。防爆型式标志 Exd。该类设备适用于 1、2 区场所。在煤矿井下使用的矿用隔爆型电气设备，其防爆型式标志为 ExdⅠ。

（2）增安型"e"是一种对在正常运行条件下，不会产生点燃爆炸性混合物的火花或危险温度，并在结构上采取措施提高其安全程度，以避免在正常和规定过载条件下出现点燃现象的电气设备。防爆型式标志 Exe。该类设备主要适用于 2 区场所。部分类型用于 1 区，如具有合适保护装置的增安型低压异步电动机、接线盒等。

（3）本质安全型"i"是指在正常运行或在标准试验条件下所产生的火花或热效应均不能点燃爆炸性混合物的电气设备。防爆型式标志 Exia/Exib。"ia"等级电气设备是正常工作和施加一个故障以及任意组合的两个故障条件下，均不能引起点燃的本质安全型电气设备；"ib"等级电气设备是正常工作和施加一个故障条件下，不能引起点燃的本质安全型电气设备。本质安全型是从限制电路中的能量入手，通过可靠的控制电路参数将潜在的火花能量降低到规定的可点燃气体混合物能量以下，导线及元件表面发热温度限制在规定的气体混合物的点燃温度之下。该类设备仅适用于弱电设备，适用于 0、1、2 区（Exia）或 1、2 区（Exib）。在煤矿井下使用的矿用本质安全型设备，其防爆型式标志为 ExiaI 或 ExibI。

（4）正压型"p"是一种通过保持设备外壳内部保护气体的压力高于周围爆炸性环境压力的措施来达到安全的电气设备。正压设备利用不同的方法实现其安全保护，一种方法是在系统内部保护静态正压，另一种方法是保持持续的空气或惰性气体流动，以限制可燃性混合物进入外壳内部。两种方法都需要在设备启动前用保护气体对外壳进行冲洗，带走设备内部非正压状态时进入外壳内的可燃性气体，防止在外壳内形成可燃性混合物。防爆型式标志 Exp。该类设备适用于 1、2 区场所。

（5）充油型"o"是将整个设备或设备的部件浸在油内（保护液），使之不能点燃油面以上或外壳外面的爆炸性气体环境。防爆型式标志 Exo。该类设备适用于 1 区或 2 区危险场所。

（6）充砂型"q"是一种在外壳内充填砂粒或其他规定特性的粉末材料，使之在规定的使用条件下，壳内产生的电弧或高温均不能点燃周围爆炸性气体环境的电气设备。该防爆型式将可点燃爆炸性气体环境的导电部件固定且完全埋入充砂材料中，从而阻止了火花、电弧和危险温度的传播，使之不能点燃外部爆炸性气体环境。防爆型式标志 Exq。该类设备适用于 1、2 区场所。

（7）浇封型"m"是将可能产生引起爆炸性混合物爆炸的火花、电弧或危险温度部分的电气部件，浇封在浇封剂（复合物）中，使它不能点燃周围爆炸性混合物。采用浇封措施，可防止电气元件短路、固化电气绝缘，避免了电路上的火花以及电弧和危险温度等引燃源的产生，防止了爆炸性混合物的侵入，控制正常和故障状况下的表面温度。防爆型式标志 Exm。该类设备适用于 1、2 区场所。

（8）无火花型"n"电气设备在正常运行时（指设备在电气和机械上符合设计规范并在制造厂规定的范围内使用，不可能产生火花、电弧和危险温度），不能够点燃周围的爆炸性气体环境，也不大可能发生引起点燃的故障。防爆型式标志 Exn。该类设备适用于 2 区场所。

（9）特殊型防爆电气设备"s"采用标准和专用标准未包括的防爆型式时，经防爆检验单位认可，作为特殊型电气设备。防爆型式标志 Exs。

**4.3.4 爆炸危险区域的监视目标需设置辅助照明时，必须采用与爆炸危险介质相适应的防爆灯具。**

**【释义】**

本条是对爆炸危险区域采用防爆灯具作出的规定。防爆灯具应能够承受爆炸性气体环境、爆炸性粉尘环境的爆炸压力，同时能够阻止内部爆炸性气体产生的火向外壳周围爆炸性气体环境传播，避免在爆炸危险区域发生爆炸或产生次生灾害；还要符合与本区域周围环境内化学的、机械的、高温的、寒冷的以及风沙等不同环境对设备的防护要求。采用与爆炸危险介质相适应的防爆灯具，包括灯具的整体防爆等级（如危险区域等级和爆炸性混合物的级别、组别配置，灯具防爆结构的选型等）等都应与爆炸危险介质相适应。工程设计时，在生产过程中出现或可能出现爆炸和火灾危险区域内的防爆灯具防爆结构的选型等，按现行国家标准《爆炸环境电力装置设计规范》GB 50058 的有关规定执行；煤矿井下等特殊环境的防爆灯具防爆结构的选型等，应满足其所处环境的防护要求，按现行国家有关标准的规定执行。

## 2.《电子信息系统机房设计规范》GB 50174—2008

**6.3.2 电子信息系统机房的耐火等级不应低于二级。**

**【释义】**

电子信息系统机房内的设备和系统属于贵重和重要物品，一旦发生火灾，将给国家和企业造成重大的经济损失和社会影响。因此，严格控制电子信息系统机房的耐火等级十分重要。

**6.3.3 当 A 级或 B 级电子信息系统机房位于其他建筑物内时，在主机房与其他部位之间应设置耐火极限不低于 2h 的隔墙，隔墙上的门应采用甲级防火门。**

**【释义】**

考虑 A 级或 B 级电子信息系统机房的重要性，当与其他功能用房合建时，应提高机房与其他部位相邻隔墙的耐火时间，以防止火灾蔓延。当测试机房、监控中心等辅助区与主机房相邻时，隔墙应将这些部分包括在内。

**8.3.4 电子信息系统机房内所有设备的金属外壳、各类金属管道、金属线槽、建筑物金属结构等必须进行等电位联结并接地。**

**【释义】**

等电位联结是静电防护的必要措施，是接地构造的重要环节，对于机房环境的静电净化和人员设备的防护至关重要，在电子信息系统机房内不应存在对地绝缘的孤立导体。

**13.2.1 采用管网式洁净气体灭火系统或高压细水雾灭火系统的主机房，应同时设置两种**

**火灾探测器，且火灾报警系统应与灭火系统联动。**

**【释义】**

主机房是电子信息系统的核心，在确定消防措施时，应同时保证人员和设备的安全，避免灭火系统误动作造成损失。只有当两种火灾探测器同时发出报警后，才能确认为真正的灭火信号。两种火灾探测器可采用感烟和感温、感烟和离子或感烟和光电探测器的组合，也可采用两种不同灵敏度的感烟探测器。对于含有可燃物的技术夹层（吊顶内和活动地板下），也应同时设置两种火灾探测器。

对于空气高速流动的主机房，由于烟雾被气流稀释，致使一般感烟探测器的灵敏度降低；此外，烟雾可导致电子信息设备损坏，如能及早发现火灾，可减少设备损失，因此主机房宜采用吸气式烟雾探测火灾报警系统作为感烟探测器。

**13.3.1 凡设置洁净气体灭火系统的主机房，应配置专用空气呼吸器或氧气呼吸器。**

**【释义】**

气体灭火的机理是降低火灾现场的氧气含量，这对在室内工作的人员不利，本条是为了防止在灭火剂释放时有人来不及疏散以及防止营救人员窒息而规定的。

### 3.《综合布线系统工程设计规范》GB 50311—2007

**7.0.9 当电缆从建筑物外面进入建筑物时，应选用适配的信号线路浪涌保护器，信号线路浪涌保护器应符合设计要求。**

**【释义】**

建筑物电缆进线处位于雷电防护区分界面，因此需要选用适配的信号线路浪涌保护器，其设计要求同时应满足现行《建筑物电子信息系统防雷技术规范》。

### 4.《智能建筑设计标准》GB 50314—2015

**4.6.6 总建筑面积大于 20000㎡ 的公共建筑或建筑高度超过 100m 的建筑所设置的应急响应系统，必须配置与上一级应急响应系统信息互联的通信接口。**

**【释义】**

本条与国家工程建设标准《安全防范工程技术规范》GB 50348—2004 中的强制性条文第 3.13.1 条相对应。

《安全防范工程技术规范》GB 50348—2004 第 3.13.1 条："监控中心应设置为禁区，应有保证自身安全的防护措施和进行内外联络的通讯手段，并应设置紧急报警装置和留有向上一级接处警中心报警的通信接口。"

由于总建筑面积大于 20000m² 的公共建筑，人员密集、社会影响面大、公共灾害受威胁突出；建筑高度超过 100m 的超高层建筑，在紧急状态下不便人流及时疏散，因此，为适应建筑物公共安全的实际需求现状和强化管理措施落实，有效防范威胁民生的恶性突发事件对人们生命财产造成重大危害和巨大经济损失，本条以第 4.6.5 条为基础提出规定：总建筑面积大于 20000m² 的公共建筑或建筑高度超过 100m 的建筑所设置的应急响应系统，必须配置与建筑物相应属地的上一级应急响应体系机构的信息互联通信接口，确保该建筑内所设置的应急响应系统实时、完整、准确地与上一级应急响应系统全局性可靠地对接，提升当危及建筑内人员生命遇到重大风险时及时预警发布和有序引导疏散的应急抵御能力，由此避免重大人员伤害或缓解危及生命祸害、减少经济损失，同时，使建筑物属地的与国家和地方应急指挥体系相配套的地震检测机构、防灾救灾指挥中心监测到的自然灾害、重大安全事故、公共卫生事件、社会安全事件、其他各类重大、突发事件的预报及预期警示信息，通过城市应急响应体系信息通信网络可靠地下达，起到启动处置预案更迅速的响应保障。

**4.7.6 机房工程紧急广播系统备用电源的连续供电时间，必须与消防疏散指示标志照明备用电源的连续供电时间一致。**

**【释义】**

紧急广播系统是建筑物中最基本的紧急疏散设施之一，是建筑物中各类安全信息指令发布和传播最直接、最广泛、最有效的重要技术方式之一。为了确保紧急广播系统在大规模、超高层的建筑中可靠运行，本条提出了强化安全性能的规定。对该类建筑与公共安全相配套的紧急广播系统（包括与火灾自动报警系统相配套的应急广播系统），要求其备用电源的连续供电时间必须与消防疏散指示标志照明备用电源的连续供电时间一致，有效地健全建筑公共安全系统的配套设施，提高建筑物自身抵御灾害的能力。

## 5.《厅堂扩声系统设计规范》GB 50371—2006

**3.1.7 扩声系统对服务区以外有人区域不应造成环境噪声污染。**

**【释义】**

本条的目的在于强化设计者的环保意识，使得扩声系统对服务区外不造成环境噪声的污染。

**3.3.2 扬声器系统，必须有可靠的安全保障措施，不产生机械噪声。当涉及承重结构改动或增加荷载时，必须由原结构设计单位或具备相应资质的设计单位核查有关原始资料，对既有建筑结构的安全性进行核验、确认。**

**【释义】**

基于安全保障的要求，扬声器系统的安装在设计时就必须考虑。扬声器系统是指扬声器声道数和每一声道中扬声器数量。一般扬声器会被吊装或壁挂安装在厅堂内，由于其重量比较重，如果发生坠落情况会造成严重后果。当扬声器系统的承重结构改动或荷载增加时，如果设计单位不对既有建筑结构的荷载重新进行计算、核验和确认，当扬声器系统安装后，其安全性肯定无从保证。

## 6.《通信管道与通道工程设计规范》GB 50373—2006

**3.0.3 通信管道与通道应避免与燃气管道、高压电力电缆在道路同侧建设，不可避免时，通信管道、通道与其他地下管线及建筑物间的最小净距，应符合表3.0.3的规定。**

表 3.0.3 通信管道、通道和其他地下管线及建筑物间的最小净距表

| 其他地下管线及建筑物名称 | 平行净距（m） | 交叉净距（m） |
|---|---|---|
| 已有建筑物 | 2.0 | — |
| 规划建筑物红线 | 1.5 | — |

| 其他地下管线及建筑物名称 | | 平行净距（m） | 交叉净距（m） |
|---|---|---|---|
| 给水管 | $d \leqslant 300mm$ | 0.5 | 0.15 |
| | $300mm < d \leqslant 500mm$ | 1.0 | |
| | $d > 500mm$ | 1.5 | |
| 污水、排水管 | | 1.0 | 0.15 |
| 热力管 | | 1.0 | 0.25 |
| 燃气管 | 压力≤300kPa（压力≤3kg/cm²） | 1.0 | 0.3 |
| | 300kPa＜压力≤800kPa<br>（3kg/cm²＜压力≤8kg/cm²） | 2.0 | |
| 电力电缆 | 35kV 以下 | 0.5 | 0.5 |
| | ≥35kV | 2.0 | |
| 高压铁塔基础边 | ＞35kV | 2.50 | — |
| 通信电缆（或通信管道） | | 0.5 | 0.25 |
| 通信电杆、照明杆 | | 0.5 | — |
| 绿化 | 乔木 | 1.5 | — |
| | 灌木 | 1.0 | — |
| 道路边石边缘 | | 1.0 | — |
| 铁路钢轨（或坡脚） | | 2.0 | — |
| 沟渠（基础底） | | — | 0.5 |
| 涵洞（基础底） | | — | 0.25 |
| 电车轨底 | | — | 1.0 |
| 铁路轨底 | | — | 1.5 |

注：1. 主干排水管后铺设时，其施工沟边与管道间的平行净距不宜小于 1.5m。

2. 当管道在排水管下部穿越时，交叉净距不宜小于 0.4m，通信管道应作包封处理。包封长度自排水管道两侧各长 2m。

3. 在交越处 2m 范围内，燃气管不应做接合装置和附属设备；如上述情况不能避免时，通信管道应做包封处理。

4. 如电力电缆加保护管时，交叉净距可减至 0.15m。

【释义】

在表 3.0.3 中列的最小净距，是指管道外壁间最小距离，是为保证最经济、方便的施工维护条件及设备安全可靠的需要。它与当地的土质条件、通信管道和其他管线的埋设深度、施工先后等有关。表中所列的数字是按土质较好时的要求，如果土质不好，还应视具体情况需要适当加宽间距。如果由于条件限制达不到规定数值，需要采取必要的防护措施。管道与通道位置的确定应取得城建相关部门的同意。

**6.0.1** 通信管道的埋设深度（管顶至路面）不应低于表 **6.0.1** 的要求。当达不到要求时，应采用混凝土包封或钢管保护。

表 6.0.1　路面至管顶的最小深度表（m）

| 类别 | 人行道下 | 车行道下 | 与电车轨道交越<br>（从轨道底部算起） | 与铁道交越<br>（从轨道底部算起） |
|---|---|---|---|---|
| 水泥管、塑料管 | 0.7 | 0.8 | 1.0 | 1.5 |
| 钢管 | 0.5 | 0.6 | 0.8 | 1.2 |

【释义】

表 6.0.1 管道埋设的最低深度要求，是考虑到管道的荷载和经济性而定的，由于城市道路及其相关专业施工机械化作业，使已有通信管道被破坏。为了加强管道的安全和可靠，在实际管道设计时，应根据管群组合情况增加埋设深度，城区建设管孔数较少的应埋到 1～1.2m。通信管道与其他管线交越、埋深相互间有冲突，且迁移有困难时，可考虑减少管道所占断面高度（如立铺改为卧铺等），或改变管道埋深。必要时，增加或降低埋深要求，但相应要采取必要的保护措施（如混凝土包封、加混凝土盖板等），且管道顶部距路面不得小于 0.5m。

**6.0.3**　当遇到下列情况时，通信管道埋设应作相应的调整或进行特殊设计：

**1.** 城市规划对今后道路扩建、改建后路面高程有变动时。

**2.** 与其他地下管线交越时的间距不符合表 3.0.3 的规定时。

**3.** 地下水位高度与冻土层深度对管道有影响时。

【释义】

管道埋设深度不足时的特殊设计：

（1）管道设计要考虑在道路改建可能性引起的路面高程变动时，不致影响管道的最小埋深要求。此外，人孔埋深调整，一般可在人孔口圈下部加垫砖砌体，以适应路面高程的变化。

（2）管道尽可能避免铺设在冻土层以及可能发生翻浆的土层内。在地下水位高的地区，宜埋浅一些。

## 7. 《入侵报警系统工程设计规范》GB 50394—2007

**3.0.3**　入侵报警系统中使用的设备必须符合国家法律法规和现行强制性标准的要求，并经法定机构检验或认证合格。

【释义】

随着入侵报警系统的广泛应用，新技术、新产品层出不穷。由于利益驱动，产品质量鱼目混珠，因此，在进行工程设计时，入侵报警系统所选用的设备、器材必须符合国家有关技术标准和安全标准，并经过国家法定检测机构或认证机构检验/认证合格。

**5.2.2**　入侵报警系统不得有漏报警。

【释义】

建立入侵报警系统的目的就是防盗窃、防抢劫，如在发生盗窃、抢劫时，出现不报警，无法向外求援，而导致人员的伤害和财产的损失，因此，正常工作的入侵报警系统不允许出现漏报警现象。

**5.2.3** 入侵报警功能设计应符合下列规定：

**1** 紧急报警装置应设置为不可撤防状态，应有防误触发措施，被触发后应自锁。

**2** 当下列任何情况发生时，报警控制设备应发出声、光报警信息，报警信息应能保持到手动复位，报警信号应无丢失：

1）在设防状态下，当探测器探测到有入侵发生或触动紧急报警装置时，报警控制设备应显示出报警发生的区域或地址；

2）在设防状态下，当多路探测器同时报警（含紧急报警装置报警）时，报警控制设备应依次显示出报警发生的区域或地址。

3）报警发生后，系统应能手动复位，不应自动复位。

4）在撤防状态下，系统不应对探测器的报警状态作出响应。

【释义】

"紧急报警装置应设置为不可撤防状态"就是要求紧急报警装置要采用 24h 设防。入侵报警系统可采用自动设防功能，但不应采用自动撤防方式，特别是在发生报警后，不得采用自动撤防方式，应采用手动复位，以保证值班人员及时对警情进行处理。报警控制设备在报警发生后，警号发出声响的时间一般设定为固定的，当超过这一时间，警号就停止鸣响，此时若系统未手动复位或撤防，在以下任一情况下，建议要求警号再次发出警告：

一是报警防区再次发生入侵时；

二是警号停止鸣响时间超过 30s。

**5.2.4** 防破坏及故障报警功能设计应符合下列规定：

当下列任何情况发生时，报警控制设备上应发出声、光报警信息，报警信息应能保持到手动复位，报警信号应无丢失：

**1** 在设防或撤防状态下，当入侵探测器机壳被打开时。

**2** 在设防或撤防状态下，当报警控制器机盖被打开时。

**3** 在有线传输系统中，当报警信号传输线被断路、短路时。

**4** 在有线传输系统中，当探测器电源线被切断时。

**5** 当报警控制器主电源/备用电源发生故障时。

**6** 在利用公共网络传输报警信号的系统中，当网络传输发生故障或信息连续阻塞超过 30s 时。

【释义】

入侵报警系统的设备保护再严密，系统如不具备检测传输线路断路、短路和故障的报警功能，系统也将是摆设。

探测器、传输设备箱（包括分线箱）、报警控制设备或控制箱如不具备防拆报警功能，将导致探测器、传输、控制设备起不到应有的探测、传输、控制作用。在很多工程中，经常出现设备的防拆开关不连接，或入侵探测器的报警信号与防拆报警信号连接到一个防区，在撤防状态下，系统对探测器的防拆信号不响应，这种设计或安装是不符合探测器防拆保护要求的。因此，为保证系统使用的有效性，对于可设防/撤防防区设备的防拆装置，即探测器、传输设备箱（包括分线箱）、报警控制设备或控制箱等的防拆报警要设为独立防区，且 24h 设防。

**9.0.1　系统安全性设计除应符合现行国家标准《安全防范工程技术规范》GB 50348 的相关规定外，尚应符合下列规定：**

**3　系统供电暂时中断，恢复供电后，系统应不需设置即能恢复原有工作状态。**

【释义】

本款要求系统的报警控制设备具备各种信息的记忆功能，如停电前的状态为设防状态，当重新供电时，系统要自动恢复设防状态。

## 8.《视频安防监控系统工程设计规范》GB 50395—2007

**3.0.3　视频安防监控系统中使用的设备必须符合国家法律法规和现行强制性标准的要求，并经法定机构检验或认证合格。**

【释义】

本条说明了选定视频安防监控系统的设备、材料的重要原则，是强制性条款。为保证视频安防监控系统工作的可靠和稳定，其设备和材料要经过法定机构的检测或认证，使其性能满足有关规范和使用要求。这是确保系统设备使用效果的重要措施之一。

**5.0.4　系统控制功能应符合下列规定：**

**3　矩阵切换和数字视频网络虚拟交换/切换模式的系统应具有系统信息存储功能，在供电中断或关机后，对所有编程信息和时间信息均应保持。**

【释义】

本条强调了该系统具有系统信息存储功能的重要性，因其可以实现在系统恢复之后进行数据追溯、排查故障等功能，并明确了需要保持的所有编程信息和时间信息。视频存储能力（包括存储容量，记录/回放带宽等）和检索能力应能满足管理要求，检索能力是指对记录图像信息能够以适宜的速度查询到目标信息的能力。

**5.0.5　监视图像信息和声音信息应具有原始完整性。**

【释义】

本条强调了视频图像质量的严格原始完整性，保证后端显示与现场实际情况的一致性。

图像的原始完整性，是图像的重要指标。如果在图像采集、传输、处理、记录和显示任何一个环节出现不完整的问题，例如在数字视频系统中，技术上极有可能通过改变某些图像数据，明明是黑的，却改为了红的，明明有个人在现场，在显示图像上却看不到这个人，破坏图像的有效性而失去观察和取证的意义。

**5.0.7　图像记录功能应符合下列规定：**

**3. 系统记录的图像信息应包含图像编号/地址、记录时的时间和日期。**

【释义】

主要作用是通过视频记录下相关监控位置的图像编号、地址、时间和日期等，为以后进行图像信息数据的追溯提供有效的证据。视频监控系统是通过设在监视地点的摄像头等视频采集设备对现场进行拍摄监控，然后通过传输网络将采集到的视频信号传送到监控中心，再对这些图像信息进行记录和存储。

## 9.《出入口控制系统工程设计规范》GB 50396—2007

**3.0.3** 出入口控制系统中使用的设备必须符合国家法律法规和现行强制性标准的要求，并经法定机构检验或认证合格。

【释义】

　　本条说明了选定出入口控制系统的设备、材料的重要原则，是强制性条款。为保证出入口控制系统工作的可靠和稳定，其设备和材料要经过法定机构的检测或认证，使其性能满足有关规范和使用要求。这是确保系统设备使用效果的重要措施之一。

**5.1.7** 软件及信息保存应符合下列规定：

　　**3** 当供电不正常、断电时，系统的密钥（钥匙）信息及各记录信息不得丢失。

【释义】

　　本条强调了系统密钥（钥匙）信息及各记录信息的重要性，因这些信息对于系统的安全及正常运行都至关重要，故必须能够保存不得丢失。

**6.0.2** 设备的设置应符合下列规定：

　　**2** 采用非编码信号控制和/或驱动执行部分的管理与控制设备，必须设置于该出入口的对应受控区、同级别受控区或高级别受控区内。

【释义】

　　在出入口控制系统中，应特别注意受控区域及其级别，以及现场设备安装位置和连接线缆的防护措施等因素对安全的影响。

　　出入口控制等技防系统在某种意义上来说，好比设置了一个技术迷宫，它增加了非法入侵者的作案难度，延迟了作案时间，并能提早报警以便及时处警。但在实际应用中，非法入侵者在初步了解技防系统后，并不直接去解开迷宫通路，而是寻找系统的薄弱点进行攻击从而达到犯罪目的。在出入口控制系统中，执行部分的输入线缆及其连接端，就是一个易于被攻击的薄弱点。为此在本标准中对出入口控制系统特别提出了"受控区"等概念和对执行部分输入电缆的端接与防护要求，以便指导系统设计、施工安装、检测验收工作。

**7.0.4** 执行部分的输入电缆在该出入口的对应受控区、同级别受控区或高级别受控区外的部分，应封闭保护，其保护结构的抗拉伸、抗弯折强度应不低于镀锌钢管。

【释义】

　　强调在出入口控制系统中，应特别注意受控区域及其级别，以及连接至现场设备安装位置的连接线缆、保护钢管的防护措施等因素对安全可靠性的影响，以防止管线遭到破坏而起不到有效的监控作用。

**9.0.1** 系统安全性设计除应符合现行国家标准《安全防范工程技术规范》GB 50348 的有关规定外，还应符合下列规定：

　　**2** 系统必须满足紧急逃生时人员疏散的相关要求。当通向疏散通道方向为防护面时，系统必须与火灾报警系统及其他紧急疏散系统联动，当发生火警或需紧急疏散时，人员不使用钥匙应能迅速安全通过。

【释义】

　　本款是考虑到消防时的应急疏散的要求，当接到火灾报警系统联动信号后，安全防范系统的出入口自动解禁打开，使人员能够迅速安全通过。再次强调"Safety"优先于"Security"的原则。

## 10. 《电子工程防静电设计规范》GB 50611—2010

**9.0.4** 离子化静电消除器的设计选择应符合下列规定：

**2** 易燃、易爆环境应选用自感应式静电消除器、高频高压型静电消除器，以及具有防爆通风型结构的离子化静电消除器。

**4** 选用同位素静电消除器时，应按现行国家标准《电离辐射防护与辐射源安全基本标准》GB 18871 的有关规定进行防护设计，并应符合对射线屏蔽、人体防护的要求。

【释义】

本条规定了离子化静电消除器设计选择应符合的规定。其中第 2 款和第 4 款因涉及人身安全及环保等要求，规定为强制性条款。

参考国外有关标准，推荐下列不同布置形式的离子化静电消除器适宜使用的场所（表3）。

**表 3　离子化静电消除器适宜使用场所**

| 场所<br>型式 | 房间系统 | 层流罩 | 工作台面 | 压缩空气出口 |
|---|---|---|---|---|
| 同位素放射型 | 禁用 | 棒式 | 台顶 | 可用 |
| 交流型 | 网格 | 网格/棒式/台式 | 台顶/顶棚 | 可用 |
| 稳定直流型 | 网格/细棒 | 棒式 | 台顶/顶棚 | 可用 |
| 脉冲直流型 | 发射体/棒 | 棒式 | 慎用 | 不用 |

## 11. 《会议电视会场系统工程设计规范》GB 50635—2010

**3.1.8** 会议电视会场的各种吊装设备和吊装件必须有可靠的安全保障措施。

【释义】

本条规定了会场内的各种吊装设备（如吊装投影机、扬声器、灯具等）和固定安装件必须牢固、可靠，备有安全保障措施。

**3.4.3** 光源、灯具的设计应符合下列规定：

**6** 灯具的外壳应可靠接地。

**7** 灯具及其附件应采取防坠落措施。

**8** 当灯具需要使用悬吊装置时，其悬吊装置的安全系数不应小于 9。

【释义】

本条说明如下：

6 本款为确保灯具使用安全。

7 本款为避免参会人员砸伤遭到意外伤害。

8 本款为对灯具使用的悬吊装置规定了安全保障措施，其安全系数是参照现行行业标准《电视演播室灯光系统设计规范》GY 5045 的相关规定确定的。

**3.4.4 调光、控制系统的设计应符合下列规定：**

**5 调光设备的金属外壳应可靠接地。**

**6 灯光电缆必须采用阻燃型铜芯电缆。**

【释义】

本条说明如下：

5 本款为确保灯光设备使用安全。

6 本款为确保电缆使用安全。

## 12.《电子会议系统工程设计规范》GB 50799—2012

**3.0.8 会议讨论系统和会议同声传译系统必须具备火灾自动报警联动功能。**

【释义】

会议系统控制主机提供火灾自动报警联动触发接口，一旦消防中心有联动信号发送过来，系统立即自动终止会议，同时会议讨论系统的会议单元及翻译单元显示报警提示，并自动切换到报警信号，让与会人员通过耳机、会议单元扬声器或会场扩声系统聆听紧急广播；或者立即自动终止会议，同时会议讨论系统的会议单元及翻译单元显示报警提示，让与会人员通过会场扩声系统聆听紧急广播。

在会议进行中，出现消防报警时，如果没有立即终止会议，可能产生严重的安全问题，比如与会人员不能及时撤离现场，因此本条作为强制性条款，必须严格执行。如会议正在进行同声传译，此时翻译员在相对封闭的同声传译室里使用由两个贴耳式耳机组成的头戴耳机来聆听会议，代表通常也是通过耳机来聆听会议，翻译员和代表难以听到会场紧急广播，如果没有消防报警联动功能，后果更为严重。

**7.4.2 扬声器系统的选择应符合下列要求：**

**2 扬声器系统必须采取安全保障措施，且不应产生机械噪声。**

**3 扬声器系统承重结构改动或荷载增加时，必须由原结构设计单位或具备相应资质的设计单位核查有关原始资料，并应对既有建筑结构的安全性核验、确认。**

【释义】

扬声器系统是指扬声器声道数和每一声道中扬声器数量。一般扬声器会被吊装或壁挂安装在会场内，由于其重量比较重，如果发生坠落情况会造成严重后果。当扬声器系统的承重结构改动或荷载增加时，如果设计单位不对既有建筑结构的荷载重新进行计算、核验和确认，扬声器系统安装后，其安全性肯定无从保证。

## 13.《电子工程环境保护设计规范》GB 50814—2013

**3.4.19 废水处理的水泵及泵房的设计，除应符合现行国家标准《室外排水设计规范》GB 50014 的有关规定外，还应符合下列规定：**

**4 废水收集池出水泵的供电，应按二级负荷设计。**

【释义】

本条是关于泵房设计的规定。

4 废水收集池一般位于地下，而且有效容积较小，一旦废水提升泵供电出现问题，一方面地下泵房有被淹掉的危险，同时工厂可能被逼停产，造成重大的经济损失；另一方面废水一旦外溢，也会对周边环境造成污染，造成重大环境污染事故，因此对用电负荷提出要求。

**3.7.15 废水处理站中央控制系统应采用双回路供电系统。**

【释义】

为了提高控制系统的供电可靠性，要求控制室内的电源箱应为双回路供电。

**4.2.6 排风系统的供电应符合下列要求：**

**2 事故排风及有毒有害排风系统的风机必须设置应急电源。**

【释义】

本条是关于排风系统风机的供电符合用电负荷等级的规定。

2 本款之所以规定"事故排风及有毒有害排风系统的风机必须设置应急电源"，是因为该系统风机一旦停电，有毒、有害废气将得不到及时排除，并可能会扩散至工作场所，对工作人员造成伤害。

## 14.《民用闭路监视电视系统工程技术规范》GB 50198—2011

**3.4.6 每路存储的图像分辨率必须不低于 352×288，每路存储的时间必须不少于 7×24h。**

【释义】

本条作为强制性条文主要是考虑安防系统的核心需求。存储容量的估算可根据不同等级监视部位的监视图像分辨率、移动侦测录像、设防和非设防时间等综合因素来决定。存储图像的数据分辨率指的是最低要达到的分辨率。如果达不到这个最低分辨率，视频监控的场景范围、监控场景中目标的辨识会带来许多问题，严重情况下将会影响到对场景的正确分析判断。视频安防系统的一个核心需求是能事后一段时间内（至少一周内）查找到原始录像，如果存储时间过短，不利于事故现场回放与追踪调查，一般选择不得低于 7×24h。不同行业可以依据各自要求和实际情况采用更高的图像分辨率，配置更长的监控图像存储时间。经过复核后的报警图像应按相应的报警处置规范做长期保存。

**3.4.10 监控（分）中心的显示设备的分辨率必须不低于系统对采集规定的分辨率。**

【释义】

本条作为强制性条文主要是考虑安防系统的核心需求。系统的核心需求是能清晰显示出原始的图像。为了达到这个目标，系统要完成视频信号的采集、编码、传输、解码和显示五个环节。如显示设备的分辨率低于采集分辨率，即使在采集、编码、传输和解码等环节做得很好，在显示设备上显示的图像质量也会达不到应有的效果，会影响到分析判断的正确性。

## 15.《建筑物电子信息系统防雷技术规范》GB 50343—2012

**5.1.2 需要保护的电子信息系统必须采取等电位连接与接地保护措施。**

【释义】

建筑物上装设的外部防雷装置，能将雷击电流安全泄放入地，保护了建筑物不被雷电直接击坏。但不能保护建筑物内的电气、电子信息系统设备被雷电冲击过电压、雷电感应产生的瞬态过电压击坏。为了避免电子信息设备之间及设备内部出现危险的电位差，采用等电位连接降低其电位差是十分有效的防范措施。接地是分流和泄放直接雷击电流和雷电电磁脉冲能量最有效的手段之一。

为了确保电子信息系统的正常工作及工作人员的人身安全、抑制电磁干扰，建筑物内电子信息系统必须采取等电位连接与接地保护措施。

**5.2.5 防雷接地与交流工作接地、直流工作接地、安全保护接地共用一组接地装置时，接地装置的接地电阻值必须按接入设备中要求的最小值确定。**

**【释义】**

防雷接地：指建筑物防直击雷系统接闪装置、引下线的接地（装置）；内部系统的电源线路、信号线路（包括天馈线路）SPD接地。

交流工作接地：指供电系统中电力变压器低压侧三相绕组中性点的接地。

直流工作接地：指电子信息设备信号接地、逻辑接地，又称功能性接地。

安全保护接地：指配电线路防电击（PE线）接地、电气和电子设备金属外壳接地、屏蔽接地、防静电接地等。

这些接地在一栋建筑物中应共用一组接地装置，在钢筋混凝土结构的建筑物中通常是采用基础钢筋网（自然接地极）作为共用接地装置。

《雷电防护》GB/T 21714—2008第3部分中规定"将雷电流（高频特性）分散入地时，为使任何潜在的过电压降到最小，接地装置的形状和尺寸很重要。一般来说，建议采用较小的接地电阻（如果可能，低频测量时小于10Ω）"。

我国电力部门《交流电气装置》DL/T 621规定"低压系统由单独的低压电源供电时，其电源接地点接地装置的接地电阻不宜超过4Ω"。

**5.4.2 电子信息系统设备由TN交流配电系统供电时，从建筑物内总配电柜（箱）开始引出的配电线路必须采用TN-S系统的接地方式。**

**【释义】**

根据《低压电气装置第4-44部分：安全防护电压骚扰和电磁骚扰防护》GB/T 16895.10—2010/IEC 60364-4-44：2007第444.4.3.1条"装有或可能装有大量信息技术设备的现有的建筑物内，建议不宜采用TN-C系统。装有或可能装有大量信息技术设备的新建的建筑物内不应采用TN-C系统。"第444.4.3.2条"由公共低压电网供电且装有或可能装有大量信息技术设备的现有建筑物内，在装置的电源进线点之后宜采用TN-S系统。在新建的建筑物内，在装置的电源进线点之后应采用TN-S系统。"

在TN-S系统中中性线电流仅在专用的中性导体（N）中流动，而在TN-C系统中，中性线电流将通过信号电缆中的屏蔽或参考地导体、外露可导电部分和装置外可导电部分（例如建筑物的金属构件）流动。

对于敏感电子信息系统的每栋建筑物，因TN-C系统在全系统内N线和PE线是合一的，存在不安全因素，一般不宜采用。当220/380V低压交流电源为TN-C系统时，应在入户总配电箱处将N线重复接地一次，在总配电箱之后采用TN-S系统，N线不能再次接地，以避免工频50Hz基波及其谐波的干扰。设置有UPS电源时，在负荷侧起点将中性点或中性线做一次接地，其后就不能再接地了。

**7.3.3 检验不合格的项目不得交付使用。**

**【释义】**

防雷施工是按照防雷设计和规范要求进行的，对雷电防护作了周密的考虑和计算，哪怕有一个小部位施工质量不合格，都将会形成隐患，遭受严重损失。因此规定本条作为强制性条款，必须执行。凡是检验不合格项目，应提交施工单位进行整改，直到满足验收为止。

# 16. 《安全防范工程技术规范》GB 50348—2004

**3.1.4 安全防范系统中使用的设备必须符合国家法规和现行相关标准的要求，并经检验或认证合格。**

**【释义】**

我国加入 WTO 以后，国家对符合 WTO/TBT 五项正当目标的产品推行强制性认证制度，大多数安防产品列在其中。因此，本规范规定，安全防范系统使用的设备，必须符合国家现行相关标准和法规的要求，属于强制性认证的产品必须经认证机构认证合格，不属于强制性认证的产品也应经相关检验机构检验合格。

**3.13.1 监控中心应设置为禁区，应有保证自身安全的防护措施和进行内外联络的通讯手段，并应设置紧急报警装置和留有向上一级接处警中心报警的通信接口。**

**【释义】**

安全防范系统的监控中心，是系统的神经中枢和指挥中心，除了监控中心有自身的安全防范要求外，还应有内外联络的通讯措施，应设置紧急报警装置并留有向上一级接处警中心报警的通信接口，旨在为安保值班人员创造一个安全、舒适、方便的工作环境。

**4.1.4 高风险对象的风险等级与防护级别的确定应符合下列规定：**

**1** 文物保护单位、博物馆风险等级和防护级别的划分按照《文物系统博物馆风险等级和防护级别的规定》GA27 执行。

**2** 银行营业场所风险等级和防护级别的划分按照《银行营业场所风险等级和防护级别的规定》GA38 执行。

**3** 重要物资储存库风险等级和防护级别的划分根据国家的法律、法规和公安部与相关行政主管部门共同制定的规章，并按第 4.1.1 条的原则进行确定。

**4** 民用机场风险等级和防护级别遵照中华人民共和国民用航空总局和公安部的有关管理规章，根据国内各民用机场的性质、规模、功能进行确定，并符合表 4.1.4-1 的规定。

表 4.1.4-1 民用机场风险等级与防护级别

| 风险等级 | 机 场 | 防护级别 |
|---|---|---|
| 一级 | 国家规定的中国对外开放一类口岸的国际机场及安防要求特殊的机场 | 一级 |
| 二级 | 除定为一级风险以外的其他省会城市国际机场 | 二级或二级以上 |
| 三级 | 其他机场 | 三级或三级以上 |

**5** 铁路车站的风险等级和防护级别遵照中华人民共和国铁道部和公安部的有关管理规章，根据国内各铁路车站的性质、规模、功能进行确定，并符合表 4.1.4-2 的规定。

表 4.1.4-2 铁路车站风险等级与防护级别

| 风险等级 | 铁路车站 | 防护级别 |
|---|---|---|
| 一级 | 特大型旅客车站、既有客货运特等站及安防要求特殊的车站 | 一级 |
| 二级 | 大型旅客车站、既有客货运一等站、特等编组站、特等货运站 | 二级 |
| 三级 | 中型旅客车站（最高聚集人数不少于 600 人）、<br>既有客货运二等站、一等编组站、一等货运站 | 三级 |

注：表中铁路车站以外的其他车站防护级别可为三级。

【释义】

本条规定了各类高风险对象的风险等级与防护级别的划分依据及原则。

**4.2.4** 周界的防护应符合下列规定：

**2** 陈列室、库房、文物修复室等应设立室外或室内周界防护系统。

【释义】

按照纵深防护原则，周界包括了建筑物外监视区的边界线、建筑物内不同防护区之间的边界线和警戒线。例如监视区与防护区、防护区与禁区、不同等级防护区之间的区域边界线。

2 陈列室、库房和文物修复室等均为文物保护单位或博物馆的重点保护场所，因此必须设置周界防护系统加强安全。

**4.2.5** 监视区应设置视频安防监控装置。

【释义】

视频安防监控装置作为监视的重要手段，在防护级别为一级的文物保护单位和博物馆的监视区必须设置。

**4.2.6** 出入口的防护应符合下列规定：

**2** 仅供内部工作人员使用的出入口应安装出入口控制装置。

【释义】

2 仅供内部工作人员使用的出入口内部为工作区域，因此需要设置出入口控制装置以防止无关人员进入。

**4.2.7** 当有文物卸运交接区时，其防护应符合下列规定：

**1** 文物卸运交接区应为禁区。

**2** 文物卸运交接区应安装摄像机和周界防护装置。

【释义】

文物卸运交接区允许不是单独专用区域。但凡是作为文物卸运交接区使用的，则必需按照文物卸运交接区的安全要求进行设计。

1 文物卸运交接区是文物停放、卸运、点交的重要区域，各单位人员交叉、人车物交错、文物逗留时间较长，是事故多发的高风险部位，必须设计为禁区。

2 文物卸运交接区是事故多发的高风险部位，因此必须对其加强安全防护。

**4.2.8** 文物通道的防护应符合下列规定：

**1** 文物通道的出入口应安装出入口控制装置、紧急报警按钮和对讲装置。

**2** 文物通道内应安装摄像机，对文物可能通过的地方都应能够跟踪摄像，不留盲区。

【释义】

文物通道中文物处于动态状况，安全控制相对薄弱，防护措施必须有所加强。

**1** 明确了文物通道的出入口需要安装的控制和报警设备。

**2** 在动态状况中对于文物使用跟踪摄像是必要的，有利于监控中心管理人员实时掌握现场情况、及时采取必要的措施。

**4.2.9** 文物库房的防护应符合下列规定：

**1** 文物库房应设为禁区。

**3** 库房内必须配置不同探测原理的探测装置。

**4** 库房内通道和重要部位应安装摄像机，保证 24h 内可以随时实施监视。

**5** 出入口必须安装与安全管理系统联动或集成的出入口控制装置，并能区别正常情况与被劫持情况。

【释义】

文物库房的防护要求。

**1** 文物库房作为文物保护单位的重要场所，必须设置为禁区。

**3** 报警探测装置是用来探测入侵者的设备，根据不同的地点和环境装设不同探测原理（如红外光、超声波、声音或双技术复合型等）的探测器来有效地防止各种入侵盗窃行为。

**4** 在通道和重要部位安装摄像机作为监视的一种有效手段，能够有效提高监控区域的安全性。

**5** 为防止被劫持等情况出现，因此出入口控制装置必须能够与安全管理系统联动且其自身也应该具有区分正常情况与被劫持情况的功能。

**4.2.10** 展厅的防护应符合下列规定：

**1** 展厅内应配置不同探测原理的探测装置。

**2** 珍贵文物展柜应安装报警装置，并设置实体防护。

**3** 应设置以视频图像复核为主、现场声音复核为辅的报警信息复核系统。视频图像应能清晰反映监视区域内人员的活动情况，声音复核装置应能清晰地探测现场的话音以及走动、撬、挖、凿、锯等动作发出的声音。

【释义】

**1** 同 4.2.9 第 1 款。

**2** 明确应加强珍贵文物展柜的基础防护且能够及时报警。

**3** 报警信息复核系统必须以视频图像和现场声音相结合，这样才能保证报警信息复核系统的准确性。

**4.2.11** 监控中心除应符合本规范第 3.13 节的规定外，尚应符合下列规定：

**2** 应对重要防护部位进行 24h 报警实时录音、录像。

**4** 应设置防盗安全门，防盗安全门上应安装出入口控制装置。室外通道应安装摄像机。

**5　应安装防盗窗。**

【释义】

监控中心是安全防范系统的核心部位，是接警、处警的指挥中心，必须设为禁区。

2　重要防护部位应全天进行监控报警并实时进行录音和录像，能够有效提高监控区域的安全性。重要防护部位主要包括通道、出入口、设备间等位置。

4　监控中心作为安全防范系统的核心部位，必须做好防盗防窃工作。

5　监控中心作为安全防范系统的核心部位，设置防盗窗是必需的。

**4.2.15　文物通道的防护应符合下列规定：**

**1　文物通道的出入口门体至少应安装机械防盗锁。**

**2　文物通道内应安装摄像机，对文物通过的地方都能跟踪摄像。**

【释义】

二级防护安防工程可以采用出入口控制装置或非电子的身份识别装置。

1　出入口门体上设置机械防盗锁是最基本的要求；

2　因文物的贵重，文物通道内设置的摄像机要对文物的运输过程进行跟踪摄像是必要的。

**4.2.16　文物库房的防护应符合下列规定：**

**2　库房墙体为建筑物外墙时，应配置防撬、挖、凿等动作的探测装置。**

【释义】

2　靠外墙设置时库房的防盗保护应加强，如设置电动式振动探测器等探测装置来防止破坏墙体的盗窃行为。

**4.2.17　展厅的防护应符合下列规定：**

**1　应符合第4.2.10条第1、2款的规定。**

**2　应设置现场声音复核为主、视频图像复核为辅的报警信息复核系统，并满足第4.2.10条第3款的性能要求。**

【释义】

1　应符合第4.2.10条第1、2款条文说明的规定。

2　报警信息复核系统必须以视频图像和现场声音相结合，这样才能保证报警信息复核系统的准确性。

**4.2.18　监控中心（控制室）除应符合本规范3.13节的规定外，尚应符合下列规定：**

**3　应安装防盗安全门、防盗窗。**

【释义】

二级防护安防工程监控中心也不应与其他控制中心（室）共用一室（消防除外）。

3　监控中心（控制室）作为安全防范系统的核心部位，设置防盗门窗是最基本的安全措施。

**4.2.21　文物卸运交接区应符合第4.2.7条第1、2款的规定。**

【释义】

应符合第4.2.7条第1、2款条文说明的规定。

**4.2.23** 文物库房的防护应符合下列规定：

**1** 应符合第 **4.2.9** 条第 **1** 款的规定。

**2** 应符合第 **4.2.16** 条第 **2** 款的规定。

**3** 库房应配置组装式文物保险库或防盗保险柜。

**4** 总库门应安装防盗安全门。

【释义】

1 应符合第 4.2.9 条第 1 款条文说明的规定。

2 应符合第 4.2.16 条第 2 款条文说明的规定。

3 与一、二级防护系统相比，技防措施可不考虑。

4 与一、二级防护系统相比，只需采取物防措施即可。

**4.2.24** 展厅的防护应符合下列规定：

**1** 采取入侵探测系统与实体防护装置复合方式进行布防。

**2** 应符合第 **4.2.10** 条第 **1、2** 款的规定。

**3** 应设置声音复核的报警信息复核系统，并满足第 **4.2.10** 条第 **3** 款的性能要求。

【释义】

三级防护安防工程在外围整体防范能力较低的情况下，展厅、重点防护目标与重要防护部位的局部防范能力应该采用物防或者技防措施加强。

**4.2.25** 监控中心（值班室）除应符合本规范 **3.13** 节的规定外，尚应符合下列规定：

**3** 应安装防盗安全门、防盗窗和防盗锁。

【释义】

3 与一、二级防护系统相比，技防措施可不考虑。

**4.2.27** 入侵报警系统的设计除应符合本规范 **3.4.2** 条的规定外，尚应符合下列规定：

**1** 入侵探测器盲区边缘与防护目标间的距离不得小于 **5m**。

**2** 入侵探测器启动摄像机或照相机的同时，应联动应急照明。

**4** 应配备不低于 **8h** 的备用电源，系统断电时应能保存以往的运行数据。

【释义】

1 入侵探测器盲区边缘如与防护目标距离太近则无法对目标进行全面的保护，故本条对其距离进行了说明。

2 本条是为了在夜晚照明关闭的情况下保证摄像机或照相机的显示画面及进行后续监视的必要手段。

4 配备备用电源是本系统能够安全、可靠运行的有效保障。

**4.2.28** 视频安防监控系统的设计除应符合本规范 **3.4.3** 条的规定外，尚应符合下列规定：

**5** 重要部位在正常的工作照明条件下，监视图像质量不应低于现行国家标准《民用闭路监视电视系统工程技术规范》GB 50198—2011 中表 5.4.1-1 和表 5.4.3-1 规定的 4 级，回放图像质量不应低于表 5.4.1-1 和表 5.4.3-1 规定的 3 级，或至少能辨别人的面部特征。

表 5.4.1-1 五级损伤制评分分级

| 图像质量损伤的主观评价 | 评分分级 |
|---|---|
| 图像上不觉察有损伤或干扰存在 | 5 |
| 图像上稍有可察觉的损伤或干扰，但并不令人讨厌 | 4 |
| 图像上有明显的损伤或干扰，令人感到讨厌 | 3 |
| 图像上有损伤或干扰较严重，令人相当讨厌 | 2 |
| 图像上损伤或干扰极严重，不能观看 | 1 |

表 5.4.3-1 五级损伤标准

| 图像质量损伤的主观评价 | 评分分级 |
|---|---|
| 不觉察 | 5 |
| 可觉察，但不讨厌 | 4 |
| 稍有讨厌 | 3 |
| 讨厌 | 2 |
| 非常讨厌 | 1 |

【释义】

本条规定的监视图像质量与现行《民用闭路监视电视系统工程技术规范》一致，并补充了回放图像质量的要求。

**4.2.32** 安全管理系统的设计除应符合本规范 3.4.1 条的规定外，尚应符合下列规定：

3 主机必须具备运行情况、报警信息和统计报表的打印功能。

【释义】

本条强调系统主机所应具备的运行情况、报警信息和统计报表等打印功能，应严格执行。

**4.3.5** 高度风险区防护设计应符合下列规定：

1 各业务区（运钞交接区除外）应采取实体防护措施。

2 各业务区（运钞交接区除外）应安装紧急报警装置。

　1）存款业务区应有 2 路以上的独立防区，每路串接的紧急报警装置不应超过 4 个。

　2）营业场所门外（或门内）的墙上应安装声光报警装置。

　3）监控中心（监控室）应具备有线、无线 2 种报警方式。

3 各业务区（运钞交接区除外）应安装入侵报警系统。

　1）应能准确探测、报告区域内门、窗、通道及要害部位的入侵事件。

　2）现金业务库区应安装 2 种以上探测原理的探测器。

4 各业务区应安装视频安防监控系统。

　1）应能实时监视银行交易或操作的全过程，回放图像应能清晰显示区域内人员的活动情况。

　2）存款业务区的回放图像应是实时图像，应能清晰地显示柜员操作及客户脸部特征。

　3）运钞交接区的回放图像应是实时图像，应能清晰显示整个区域内人员的活动情况。

4）出入口的回放图像应能清晰辨别进出人员的体貌特征。

5）现金业务库清点室的回放图像应是实时图像，应能清晰显示复点、打捆等操作的过程。

5 各业务区应安装出入口控制系统和声音/图像复核装置。

1）存款业务区与外界相通的出入口应安装联动互锁门。

2）现金业务库守库室、监控中心出入口应安装可视/对讲装置。

3）在发生入侵报警时，应能进行声音/图像复核。

4）声音复核装置应能清晰地探测现场的话音和撬、挖、凿、锯等动作发出的声音。

5）对现金柜台的声音复核应能清晰辨别柜员与客户对话的内容。

7 监控中心应设置安全管理系统。

1）安全管理系统应安装在有防护措施和人员值班的监控中心（监控室）内。

2）应能利用计算机实现对各子系统的统一控制与管理。

3）当安全管理系统发生故障时，不应影响各子系统的独立运行。

4）有分控功能的，分控中心应设在有安全管理措施的区域内。对具备远程监控功能的分控中心应实施可靠的安全防护。

【释义】

高度风险区防护设计要求。

1 实体防护措施作为安全防护的基本措施，在一定程度上能够有效抵御抢劫等突发事件。

2 紧急报警装置十分重要，主要用于银行营业场所发生抢劫或突发事件时的快速反应，除运钞交接区因一般设在公共区域不宜安装外，其余高度风险区或个别中度风险区均应根据实际需要安装一定数量的紧急报警装置。

1）现金柜台附近安装的紧急报警装置在与报警控制装置连接时，为提高可靠性，应至少占用2路以上的独立防区。大型营业场所紧急报警装置数量较多，尤其是现金柜台，这时可允许适当串接，但为防止降低系统运行的可靠性，同一防区回路上串接的数量不应多于4个。

2）此处"营业场所门"是指营业场所对公众开放、供公众通行的正门。启动声光报警装置的方式可以设计成由专用紧急报警装置直接触发或由报警控制装置进行触发。

3）有线报警可以采用市话线、专线传输。无线报警可以采用无线报警系统、通讯机、移动电话等方式。

3 入侵报警一般宜采用有线方式，但也可以采用无线方式。

1）门、窗、通道及要害部位均为入侵的主要部位，因此对这些部位必须能够准确探测和报警。

2）现金业务库区因其重要性和特殊性，应重点防范，需安装2种以上探测原理的探测器，以提高可靠性。

4 各业务区安装的摄像机品种、数量应根据现场实际需要选用。

1）视频安防监控系统除实时显示重点部位的图像供值班警卫人员监视外，更重要的是能将重点部位的有效图像记录下来，在需要时能重现现场图像，供研究分析。因此回放图像的质量是非常重要的。监视图像质量好，记录回放的图像质量不一定好，因此，本款强调回放图像的质量要求。

2）对现金柜台作业面及客户脸部特征的录像即柜员制录像，应以前者为主，兼顾后者。客户的图像主要应从入口处、柜台外部作业面安装的摄像机所取得的图像来提取。设计时要注意摄像机安装位置和选用焦距适当的镜头。视场范围内照度偏低时，应加装灯具，提高照度。

3）宜做到没有盲区。设计时要注意摄像机安装位置和选用焦距适当的镜头。视场范围内照度偏低时，应加装灯具，提高照度。

4）摄像机安装位置要注意避开逆光，视窗要适当，以保证回放图像能清晰辨别进出营业场所人员的体貌特征。

5）此处设置回放实时录像是为了提高现金业务的安全管理，当发生相关违规、违法等事件时也能作为相关凭证。

5　各业务区安装的出入口控制系统和声音/图像复核装置品种、数量应根据现场实际需要选用。

1）本条是为了防止犯罪分子尾随作案。

2）本条是为了让房间内的监视人员能够实时掌握室外的情况，防止胁迫闯入。

3）应根据现场实际情况选择声音或图像复核装置，对于重要部位宜采用两者相结合的方式。

4）本条明确声音复核的标准，必须严格执行否则该装置将形同虚设。

5）从柜员与客户对话的内容可以判断现场是否有潜在的危险以采取相应的措施。

7　应符合第 3.3.2 条的规定。

**4.3.13　高度风险区防护设计应符合下列规定：**

**1　应符合第 4.3.5 条第 1 款的规定。**

**2　应符合第 4.3.5 条第 2 款及其第 1、2 项的规定。**

**3　应符合第 4.3.5 条第 3 款及其第 1 项的规定。**

**4　应符合第 4.3.5 条第 4 款的规定。**

【释义】

应符合一级防护工程中相关条款的条文说明的规定。

**4.3.18　应安装报警装置，对撬窃事件进行探测报警。**

【释义】

存有现金的自动柜员机、（ATM）、现金存款机（CDS）、现金存取款机（CRS）等机具设备内含有大量现金，因此必须对盗窃事件进行报警。

**4.3.19　应安装摄像机，在客户交易时进行监视、录像，回放图像应能清晰辨别客户面部特征，但不应看到客户操作的密码。**

【释义】

本条是为了在需要时能重现现场图像，供研究分析。操作密码涉嫌个人隐私，故不得对其进行监视和录像。

**4.3.20** 对使用以上设备组成的自助银行应增加以下防护措施：

**1** 应安装入侵报警装置，对装填现金操作区发生的入侵事件进行探测。离行式自助银行应具备入侵报警联动功能。

**2** 应安装视频安防监控装置，对装填现金操作区进行监视、录像，回放图像应能清晰显示人员的活动情况。

**3** 应安装视频安防监控装置，对进入自助银行的人员进行监视、录像，回放图像应能清晰显示人员的体貌特征，但不应看到客户操作的密码。应安装声音复核、记录及语音对讲装置。

**4** 应安装出入口控制设备，对装填现金操作区出入口实施控制。

【释义】

1 装填现金操作区为抢劫事件高发区，因此必须能够对入侵事件进行探测报警。

2 监视应尽可能做到没有盲区，录像是为了在需要时能重现现场图像，供研究分析。

3 本条是为了在需要时能重现现场图像，供研究分析。操作密码涉嫌个人隐私，故不得对其进行监视和录像。声音复核作为图像监视的辅助复核装置，语音对讲是为了意外事件发生时求助使用。

4 装填现金操作区作为重点防护部位，必须设置严格的权限管理，不相关人员不得入内。

**4.3.21** 紧急报警子系统应符合下列规定：

**1** 高度风险区触发报警时，应采用"一级报警模式"，同时启动现场声光报警装置。报警声级，室内不小于 **80dB（A）**；室外不小于 **100dB（A）**。

**4** 紧急报警防区应设置为不可撤防模式。

【释义】

紧急报警子系统要求。

1 "一级报警模式"是指按下紧急报警按钮后，第一时间的报警响应在营业场所所在地区的公安"110"接处警服务中心。

4 本条是为了提高紧急报警防区的安全性，防止误操作。

**4.3.23** 视频安防监控系统的设计除应符合本规范 3.4.3 条的规定外，尚应符合下列规定：

**4** 重要部位在正常的工作照明条件下，监视图像质量不应低于现行国家标准《民用闭路监视电视系统工程技术规范》GB 50198—2011 中表 5.4.1-1 和表 5.4.3-1 规定的 **4** 级，回放图像质量不应低于 5.4.1-1 和表 5.4.3-1 规定规定的 **3** 级，或至少能辨别人的面部特征。采用数字记录设备录像时，高度风险区每路记录速度应为 **25 帧/s**。音频、视频应能同步记录和回放；其他风险区每路记录速度不应小于 **6 帧/s**。

【释义】

视频安防监控系统的设计要求。

4 高风险区中的客户取款区的柜员制录像主要是对现金交易过程录像，需采用 25 帧/s 的记录速度。其他风险区录像是针对环境监控，只要保证每秒有数帧清晰图像，就可以为侦察破案提供线索，因此记录速度仅要求 6 帧/s 以上。

**4.3.24** 出入口控制系统的设计除应符合本规范 3.4.4 条的规定外，尚应符合下列规定：

**2** 设置的控制点及控制措施须确保在发生火警紧急情况下不能妨碍逃生行为，并应开放紧急通道。

【释义】

可通过火灾自动报警系统联动出入口控制系统将相应的通道控制点打开。

**4.3.27** 系统供电应设置不间断电源，其容量应适应运行环境和安全管理的要求，并应至少能支持系统运行 0.5h 以上。

【释义】

为防止意外事件发生导致系统断电，因此必须设置不间断电源，其容量还需考虑一定的备用量。

**4.4.6** 安全防范工程选用的设备器材应满足使用环境的要求；当达不到要求时，应采取相应的防护措施。

【释义】

重要物资储存库所处环境一般较为恶劣，工程设计时应充分考虑环境的因素，尤其是室外安装的设备器材，一般应考虑防水、防潮、防尘、抗冻、防晒及防破坏等防护措施。

**4.4.7** 安全防范工程设计时，前端设备应尽可能设置于爆炸危险区域外；当前端设备必须安装在爆炸危险区域内时，应选用与爆炸危险介质相适应的防爆产品。

【释义】

部分重要物资储存库储存的是危险品物资，工程设计时应严格按照国家现行有关技术标准，明确爆炸危险区域的范围、防爆等级，电气设备选型应满足防爆要求。

**4.4.28** 监控中心的设计除应符合本规范 3.13 节的规定外，尚应符合下列规定：

**1** 一、二级防护安全防范工程的监控中心应为专用工作间，并应安装防盗安全门和紧急报警装置，与当地公安机关接处警中心应有通讯接口。

【释义】

专用工作间能够防止其他不相关人员的进入，提高监控中心的安全性，其作为盗窃、犯罪等事件的高发地，必须应有防盗和报警措施和与上级接处警中心联网的通讯接口。

**4.5.6** 民用机场安检区应设置防爆安检系统，包括 X 射线安全检查设备、金属探测门、手持金属探测器、爆炸物检测仪、防爆装置及其他附属设备；应设置视频安防监控系统和紧急报警装置。视频安防监控系统应能对进行安检的旅客、行李、证件及检查过程进行监视记录，应能迅速检索单人的全部资料。

【释义】

安检区作为重要的人员密集场所以及保证飞机安全飞行的前哨战，保障人员安全和排除潜在危险是首要工作，防爆安检系统应能检查出各种类型的爆炸物。视频安防监控系统应做到全覆盖，并能清晰显示旅客的活动情况。

**4.5.7** 民用机场航站楼的旅客迎送大厅、售票处、值机柜台、行李传送装置区、旅客候机隔离区、重要出入通道及其他特殊需要的部位，应设置视频安防监控系统，进行实时监控，及时记录。

【释义】

本条所指出的部位均为犯罪分子作案前必经之路，因此对这些区域加强监视有利于及时发现作案分子的动向，录像可以做到重现现场图像有利于案件侦破，监控图像应能清晰显示旅客的活动情况。

**4.5.8** 旅客候机隔离厅（室）与非控制区相通的门、通道等部位及其他重要通道、要害部位的出入口，应设置出入口控制装置。

【释义】

本条是为了防止旅客误闯入不相关的重要区域。

**4.5.9** 机场控制区、飞行区应按照国家现行标准《民用航空运输机场安防设施建设标准》**MH 7003** 的要求实施全封闭管理。在封闭区边界应设置围栏、围墙和周界防护系统。飞行区及其出入口，应设置视频安防监控装置、出入口控制装置和防冲撞路障。

【释义】

在封闭区边界设置围栏、围墙和周界防护系统是为了防止不相关的人员进入，与《民用航空运输机场安防设施建设标准》MH 7003 实施全封闭管理的要求一致。设置视频安防监控装置是为了实时监视飞行区内的飞机和人员的状态，保证飞机的安全飞行。设置出入口控制装置是为了防止不相关的人员进入。

**4.5.13** 应符合第 **4.5.6～4.5.8** 条的规定。

【释义】

应符合第 4.5.6～4.5.8 条文说明的规定。

**4.5.14** 飞行区的出入口应设置出入口控制装置及防冲撞路障。

【释义】

本条是按二级防护工程设置要求。飞行区的出入口应设置物防和技防措施。

**4.5.19** 应符合第 **4.5.6** 条的规定。

【释义】

应符合第 4.5.6 条文说明的规定。

**4.5.20** 应符合第 **4.5.7** 条的规定，摄像机数量可根据现场情况，适当减少。

【释义】

本条是按三级防护工程设置要求。与一级防护工程相比，对于监视的要求适当降低。

**4.5.21** 应符合第 **4.5.8** 条、第 **4.5.14** 条的规定。

【释义】

应符合第 4.5.8 条和第 4.5.14 条文说明的规定。

**4.5.28** 视频图像记录应采用数字录像设备。

【释义】

数字录像设备相对传统模拟录像设备的存储时间更长，因此本条明确需采用数字录像设备。

**4.5.31** 监控中心的设计除应符合本规范 **3.13** 节的规定外，尚应符合下列规定：

   **1** 应设置防盗安全门与紧急报警装置。

【释义】

监控中心作为整个系统的核心，做好防盗及报警措施是必需的。

**4.6.6** 铁路车站的旅客进站广厅、行包房应设置防爆安检系统。旅客进站广厅应设置 X 射线安全检查设备、手持金属探测器、爆炸物检测仪、防爆装置及附属设备；行包房应设置 X 射线安全检查设备。

【释义】

旅客进站广厅和行包房作为重要的人员密集场所以及保证火车安全运行的前哨战，保障人员安全和排除潜在危险是首要工作。防爆安检系统应能检查出各种类型的爆炸物。

**4.6.7** 铁路车站的旅客进站广厅、旅客候车区、站台、站前广场、进出站口、站内通道、进出站交通要道、客技站及其他有安防监控需要的场所和部位，应设置视频安防监控系统。

【释义】

本条所指出的部位均为犯罪分子作案高发区，因此对这些区域加强监视有利于及时发现作案分子的动向，录像可以做到重现现场图像有利于案件侦破，监控图像应能清晰显示旅客的活动情况。

**4.6.9** 铁路车站要害部位，车站内储存易燃、易爆、剧毒、放射性物品的仓库，供水设施等重点场所和部位，应分别或综合设置周界防护系统、入侵报警系统（含紧急报警装置）、视频安防监控系统。

【释义】

本条所指出的部位均为和人身安全有关的重要场所，一旦被犯罪分子占领则会造成巨大的危险，因此本条规定需通过各种技防措施对其进行保护。

**4.6.10** 铁路车站的售票场所（含机房、票据库、进款室）、行包房、货场、货运营业厅（室）、编组场，应分别或综合设置入侵报警系统（含紧急报警装置）、视频安防监控系统。

【释义】

本条是对铁路车站的重要场所设置安防系统系统的要求。

**4.6.11** 监控中心应独立设置。

【释义】

监控中心的设计应符合本规范第 3.13 节中各条文的规定。

**4.6.13** 铁路车站的旅客进站广厅、行包房应设置 X 射线安全检查设备。

【释义】

本条是按二级防护工程设置要求。对铁路车站的旅客进站要求，同 4.6.6 条文说明。

**4.6.15** 铁路车站的旅客进站广厅、旅客候车区、站台、站前广场、进出站口、站内通道、进出站交通要道，应设置视频安防监控系统。

【释义】

本条是按二级防护工程设置要求。对铁路车站各场所设置的视频监控系统的要求，同 4.6.7 条文说明。

**4.6.18** 铁路车站要害部位应分别或综合设置周界防护系统、入侵报警系统（含紧急报警装置)、视频安防监控系统。

【释义】

本条是按二级防护工程设置要求。对铁路车站各要害部位设置的安防系统的要求,同4.6.9 条文说明。

**4.6.20** 应符合第 4.6.10 条的规定。

【释义】

应符合第 4.6.10 条文说明的规定。

**4.6.23** 应符合第 4.6.13 条的规定。

【释义】

应符合第 4.6.13 条文说明的规定。

**4.6.25** 铁路车站的旅客进站广厅、旅客候车区、站台、站前广场、进出站口、站内通道,应设置视频安防监控系统(根据现场情况摄像机数量可适当减少)。

【释义】

本条是按三级防护工程设置要求。与一、二级防护工程相比,对视频安防监控系统地设置要求进一步降低。

**4.6.27** 铁路车站售票场所(含机房、票据库、进款室)应设置视频安防监控系统。

【释义】

本条是按三级防护工程设置要求。与一、二级防护工程相比,对必须设置视频安防监控系统的部位有所减少。对周界防护系统、入侵报警系统(含紧急报警装置)不做要求。

**5.2.8** (住宅小区基本型安防工程)监控中心的设计应符合下列规定:

**4** 应留有与接处警中心联网的接口。

**5** 应配置可靠的通信工具,发生警情时,能及时向接处警中心报警。

【释义】

4 本条是为了提高紧急报警防区的安全性,防止误操作。

5 通信工具可以是有线通信工具或无线通信工具。有线通信是指市网电话或报警联网专线;无线通信是指小区内无线对讲机或无线移动通信手机。

**5.2.13** (住宅小区提高型安防工程)监控中心的设计应符合下列规定:

**3** 应符合第 5.2.8 条第 4、5 款的规定。

【释义】

应符合第 5.2.8 条第 4、5 款条文说明的规定。

**5.2.18** (住宅小区先进型安防工程)监控中心的设计应符合下列规定:

**3** 应符合第 5.2.8 条第 4、5 款的规定。

【释义】

应符合第 5.2.8 条第 4、5 款条文说明的规定。

**6.3.1** 工程施工应按正式设计文件和施工图纸进行,不得随意更改。若确需局部调整和变更的,须填写"更改审核单"(见表 6.3.1),或监理单位提供的更改单,经批准后方可施工。

表 6.3.1　更改审核单　　　　　　　　　　　　　　　编号：

| 工程名称： | | | |
|---|---|---|---|
| 更改内容 | 更改原因 | 原为 | 更改为 |
| | | | |
| | | | |
| | | | |

| 申请单位（人）： | 日期： | 分发单位 | |
|---|---|---|---|
| 申请单位（人）： | 日期： | | |
| 批准会签 | 设计施工单位： 日期： | | |
| | 建设监理单位： 日期： | | |
| 更改实施日期： | | | |

【释义】

　　工程建设的各方应在更改审核单上签字盖章并经建设单位同意后方可施工。

**6.3.2**　施工中应做好隐蔽工程的随工验收。管线敷设时，建设单位或监理单位应会同设计、施工单位对管线敷设质量进行随工验收，并填写"隐蔽工程随工验收单"（见表 6.3.2）或监理单位提供的隐蔽工程随工验收单。

表 6.3.2　隐蔽工程随工验收单

| 工程名称： | | | | | |
|---|---|---|---|---|---|
| 建设单位/总包单位 | | 设计施工单位 | | 监理单位 | |
| | | | | | |
| | 序号 | 检查内容 | 检查结果 | | |
| | | | 安装质量 | 部位 | 图号 |
| 隐蔽工程内容 | 1 | | | | |
| | 2 | | | | |
| | 3 | | | | |
| | 4 | | | | |
| | 5 | | | | |
| | 6 | | | | |
| 验收意见 | | | | | |

| 建设单位/总包单位 | 设计施工单位 | 监理单位 |
|---|---|---|
| 验收人： | 验收人： | 验收人： |
| 日期： | 日期： | 日期： |
| 签章： | 签章： | 签章： |

注：1. 检查内容包括：（序号1）管道排列、走向、弯曲处理、固定方式；（序号2）管道搭铁、接地；（序号3）管口安装护圈标识；（序号4）接线盒及桥梁加盖；（序号5）线缆对管道及线间绝缘电阻；（序号6）线缆接头处理等。

　　　2. 检查结果的安装质量栏内，按检查内容序号，合格的打"√"，基本合格的打"△"，不合格的打"×"，并注明对应的楼层（部位）、图号。

**【释义】**

由于隐蔽工程在土建完成后很难再进行修改，因此对其进行随工验收是十分必要的，能够及时发现问题并加以改正。在进行随工验收时，应仔细核对图纸和管材清单，并对现场已安装的管线进行外观及安装质量的检查并做好记录。

**7.1.2 安全防范工程的检验应由法定检验机构实施。**

**【释义】**

由于安全防范工程事关人员及财产的安全，因此检验工作至关重要，必须由正规的法定机构来实施才能避免工程的粗制滥造、偷工减料等不满足工程质量的情况出现。

**7.1.9 对系统中主要设备的检验，应采用简单随机抽样法进行抽样；抽样率不应低于20％且不应少于3台；设备少于3台时应100％检验。**

**【释义】**

采用随机抽样法进行抽样时，抽出的样机所需检验的项目如受检验条件制约，无法进行检验，可重新进行抽样。但应以相应的可实施的替代检验项目进行检验。

检验中，如有不合格项并进行了复测，在检验报告中应注明进行复测的内容及结果。

**8.2.1 安全防范工程验收应符合下列条件：**

**1 工程初步设计论证通过，并按照正式设计文件施工。**工程必须经初步设计论证通过，并根据论证意见提出的问题和要求，由设计、施工单位和建设单位共同签署设计整改落实意见。工程经初步设计论证通过后，必须完成正式设计，并按正式设计文件施工。

**2 工程经试运行达到设计、使用要求并为建设单位认可，出具系统试运行报告。**

1）工程调试开通后应试运行一个月，并按表8.2.1的要求做好试运行记录。

2）建设单位根据试运行记录写出系统试运行报告。其内容包括：试运行起讫日期；试运行过程是否正常；故障（含误报警、漏报警）产生的日期、次数、原因和排除状况；系统功能是否符合设计要求以及综合评述等。

3）试运行期间，设计、施工单位应配合建设单位建立系统值勤、操作和维护管理制度。

**3 进行技术培训。**根据工程合同有关条款，设计、施工单位必须对有关人员进行操作技术培训，使系统主要使用人员能独立操作。培训内容应征得建设单位同意，并提供系统其相关设备操作和日常维护的说明、方法等技术资料。

**4 符合竣工要求，出具竣工报告。**

1）工程项目按设计任务书的规定内容全部建成，经试运行达到设计使用要求，并为建设单位认可，视为竣工。少数非主要项目未按规定全部建成，由建设单位与设计、施工单位协商，对遗留问题有明确的处理方案，经试运行基本达到设计使用要求并为建设单位认可后，也可视为竣工。

2）工程竣工后，由设计、施工单位写出工程竣工报告。其内容包括：工程概况；对照设计文件安装的主要设备；依据设计任务书或工程合同所完成的工程质量自我评估；维修服务条款以及竣工核算报告等。

表8.2.1　系统试运行记录

| 工程名称 | | 工程级别 | |
|---|---|---|---|
| 建设（使用）单位 | | | |
| 设计、施工单位 | | | |
| 日期时间 | 试运行内容 | 试运行情况 | 备注 | 值班人 |
| | | | | |
| | | | | |
| | | | | |
| | | | | |
| | | | | |
| | | | | |

注：1. 系统试运行情况栏中，正常打"√"，并每天不少于填写一次；不正常的在备注栏内及时扼要说明情况（包括修复日期）。

2. 系统有报警部分的，报警试验每天进行一次。出现误报警、漏报警的，在试运行情况和备注栏内如实填写。

【释义】

本规范规定，对安全防范工程尤其是一、二级安全防范工程进行验收前，必须具备从工程初步设计方案论证通过，直至设计、施工单位向工程验收机构提交全套验收图纸资料的七个方面的验收条件。其基本目的是遵循"工程质量，责任重于泰山"的方针，体现"质量是做出来的，不是验出来的"思想。只有严格规范工程建设的全程质量控制，才能确保工程质量，使验收工作达到"质量把关"的目的，并能顺利、有效地进行。

**8.3.4　验收结论与整改应符合下列规定：**

1　验收判据。

1）施工验收判据：按表8.3.1的要求及其提供的合格率计算公式打分。按表6.3.2的要求对隐蔽工程质量进行复核、评估。

2）技术验收判据：按表8.3.2的要求及其提供的合格率计算公式打分。

3）资料审查判据：按表8.3.3的要求及其提供的合格率计算公式打分。

2　验收结论。

1）验收通过：根据验收判据所列内容与要求，验收结果优良，即按表8.3.1要求，工程施工质量检查结果 $K_s \geqslant 0.8$；按表8.3.2要求，技术质量验收结果 $K_j \geqslant 0.8$；按表8.3.3要求，资料审查结果 $K_z \geqslant 0.8$ 的，判定为验收通过。

2）验收基本通过：根据验收判据所列内容与要求，验收结果及格，即 $K_s$、$K_j$、$K_z$ 均 $\geqslant 0.6$，但达不到本条第2款第1项的要求，判定为验收基本通过。验收中出现个别项目达不到设计要求，但不影响使用的，也可判为基本通过。

3）验收不通过：工程存在重大缺陷、质量明显达不到设计任务书或工程合同要求，包括工程检验重要功能指标不合格，按验收判据所列的内容与要求，$K_s$、$K_j$、$K_z$ 中出现一项 $< 0.6$ 的，或者凡重要项目（见表8.3.2中序号栏右上角打 * 的）

检查结果只要出现一项不合格的，均判为验收不通过。

4）工程验收委员会（验收小组）应将验收通过、验收基本通过或验收不通过的验收结论填写于验收结论汇总表（表8.3.4），并对验收中存在的主要问题，提出建议与要求（表8.3.1、表8.3.2、表8.3.3作为表8.3.4的附表）。

3　整改。

1）验收不通过的工程不得正式交付使用。设计、施工单位必须根据验收结论提出的问题，抓紧落实整改后方可再提交验收；工程复验时，对原不通过部分的抽样比例按本规范第7.1.12条的规定执行。

2）验收通过或基本通过的工程，设计、施工单位应根据验收结论提出的建议与要求，提出书面整改措施，并经建设单位认可签署意见。

表8.3.1　施工质量抽查验收

| 工程名称： | | | 设计、施工单位： | | | | |
|---|---|---|---|---|---|---|---|
| 项目 | | 要求 | 方法 | 检查结果 | | | 抽查百分数 |
| | | | | 合格 | 基本合格 | 不合格 | |
| 前端设备 | 1. 安装位置（方向） | 合理、有效 | 现场抽查观察 | | | | 抽查 |
| | 2. 安装质量（工艺） | 牢固、整治、美观、规范 | 现场抽查观察 | | | | |
| | 3. 线缆连接 | 视频电缆一线到位，接插件可靠，电源线与信号线、控制线分开，走向顺直，无扭绞 | 复核、抽查或对照图纸 | | | | |
| | 4. 通电 | 工作正常 | 现场通电检查 | | | | 100% |
| 设备安装质量 | 控制设备 | | | | | | |
| | 5. 机架、操作台 | 安装平稳、合理、便于维护 | 现场观察 | | | | 抽查 |
| | 6. 控制设备安装 | 操作方便、安全 | 现场观察 | | | | |
| | 7. 开关、按钮 | 灵活、方便、安全 | 现场观察、询问 | | | | |
| | 8. 机架、设备接地 | 接地规范、安全 | 现场观察、询问 | | | | |
| | 9. 接地电阻 | 符合本规范第3.9.3条相关要求 | 对照检验报告或对照第6.3.6条 | | | | |
| | 10. 雷电防护措施 | 符合本规范第3.9.5条相关要求 | 核对检验报告，现场观察 | | | | |
| | 11. 机架电缆线扎及标识 | 整齐，有明显编号、标识并牢靠 | 现场检查 | | | | 抽查 |
| | 12. 电源引入线缆标识 | 引入线端标识清晰、牢靠 | 现场检查 | | | | 抽查 |
| | 13. 通电 | 工作正常 | 现场通电检查 | | | | 100% |

续表

| 工程名称： | | | 设计、施工单位： | | | | |
|---|---|---|---|---|---|---|---|
| 项目 | | 要求 | 方法 | 检查结果 | | | 抽查百分数 |
| | | | | 合格 | 基本合格 | 不合格 | |
| 设备安装质量 | 管线敷设质量 | **14.** 明敷管线 | 牢固美观、与室内装饰协调，抗干扰 | 现场观察、询问 | | | 抽查1～2处 |
| | | **15.** 接线盒、线缆接头 | 垂直与水平交叉处有分线盒，线缆安装固定、规范 | 现场观察、询问 | | | 抽查1～2处 |
| | | **16.** 隐蔽工程随工验收复核 | 有隐蔽工程随工验收单并验收合格 | 复核表 6.3.2 | | | |
| | | 如无隐蔽工程随工验收单，在本栏内简要说明 | | | | | |
| | 检查结果 $K_s$ （合格率）统计 | | | 施工质量验收结论： | | | |
| 施工验收组（人员）签名： | | | | | 验收日期： | | |

注：1. 在检查结果栏选符合实际情况的空格内打"√"，并作为统计数。

2. 检查结果统计 $K_s$（合格率）＝（合格数＋基本合格数×0.6）/项目检查数（项目检查数如无要求或实际缺项未检查的不计在内）。

3. 验收结论：$K_s$（合格率）≥0.8 判为通过；$0.8 > K_s ≥ 0.6$ 判为基本通过；$K_s < 0.6$ 判为不通过，必要时作简要说明

表 8.3.2 技 术 验 收

| 工程名称 | | 检查项目 | 设计施工单位 | | | |
|---|---|---|---|---|---|---|
| 序号 | | | 检查要求与方法 | 检查结果 | | |
| | | | | 合格 | 基本合格 | 不合格 |
| 基本要求 | 1 * | 系统主要技术性能 | 第 8.3.2 条第 2 款 | | | |
| | 2 | 设备配置 | 第 8.3.2 条第 3 款 | | | |
| | 3 | 主要技防产品，设备的质量保证 | 第 8.3.2 条第 4 款 | | | |
| | 4 | 备用供电 | 第 8.3.2 条第 5 款 | | | |
| | 5 | 重要防护目标的安全防范效果 | 第 8.3.2 条第 6 款 | | | |
| | 6 | 系统集成功能 | 第 8.3.2 条第 7 款 | | | |
| 报警 | 7 | 误、漏报警，防护范围与防拆保护抽查 | 第 8.3.2 条第 8 款 | | | |
| | 8 * | 系统布防、撤防，旁路、报警显示 | 第 8.3.2 条第 8 款 | | | |
| | 9 | 联动功能 | 第 8.3.2 条第 8 款 | | | |
| | 10 | 直接或间接联网功能，联网紧急报警响应时间 | 第 8.3.2 条第 8 款 | | | |

续表

| 工程名称 | | | 设计施工单位 | | | |
|---|---|---|---|---|---|---|
| 序号 | | 检查项目 | 检查要求与方法 | 检 查 结 果 | | |
| | | | | 合格 | 基本合格 | 不合格 |
| 视频安防监控 | 11 | 主要技术指标 | 第8.3.2条第9款 | | | |
| | 12 * | 监视与回放图像质量 | 第8.3.2条第9款 | | | |
| | 13 | 操作与控制 | 第8.3.2条第9款 | | | |
| | 14 | 字符标识 | 第8.3.2条第9款 | | | |
| | 15 | 电梯厢监控 | 第8.3.2条第9款 | | | |
| 出入口控制 | 16 | 系统功能与信息存储 | 第8.3.2条第10款 | | | |
| | 17 | 控制与报警 | 第8.3.2条第10款 | | | |
| | 18 | 联网报警与控制 | 第8.3.2条第10款 | | | |
| 访客对讲（可视） | 19 | 系统功能 | 第8.3.2条第11款 | | | |
| | 20 | 通话质量 | 第8.3.2条第11款 | | | |
| | 21 | 图像质量 | 第8.3.2条第11款 | | | |
| 电子巡查 | 22 | 数据显示、归档、查询、打印 | 第8.3.2条第12款 | | | |
| | 23 | 即时报警 | 第8.3.2条第12款 | | | |
| 停车库（场） | 24 | 紧急报警装置 | 第8.3.2条第13款 | | | |
| | 25 | 电视监视 | 第8.3.2条第13款 | | | |
| | 26 | 管理系统工作状况 | 第8.3.2条第13款 | | | |
| 监控中心 | 27 | 通信联络 | 第8.3.2条第14款 | | | |
| | 28 | 自身防范与防火措施 | 第8.3.2条第14款 | | | |
| 检查结果 $K_J$（合格率）： | | | 技术验收结论： | | | |
| 技术验收组（人员）签名： | | | 验收日期： | | | |

注：1. 在检查结果栏选符合实际情况的空格内打"√"，并作为统计数。

　　2. 检查结果统计 $K_j$（合格率）＝（合格数＋基本合格数×0.6）/项目检查数（项目检查数如无要求或实际缺项未检查的，不计在内）。

　　3. 验收结论：$K_j$（合格率）≥0.8判为通过；0.8＞$K_j$≥0.6判为基本通过；$K_j$＜0.6判为不通过。

　　4. 序号右下角打"＊"的为重点项目，检查结果只要有一项不合格的，即判为不通过。

表 8.3.3　资　料　审　查

| 工程名称 | | | | | | | | |
|---|---|---|---|---|---|---|---|---|
| 序号 | | 审查内容 | 审查情况 | | | | | |
| | | | 完整性 | | | 准确性 | | |
| | | | 合格 | 基本合格 | 不合格 | 合格 | 基本合格 | 不合格 |
| 1 | | 设计任务书 | | | | | | |
| 2 | | 合同（或协议书） | | | | | | |
| 3 | | 初步设计论证意见（含评审委员会、小组人员名单） | | | | | | |

续表

| 工程名称 | | 审查情况 | | | | | |
|---|---|---|---|---|---|---|---|
| 序号 | 审查内容 | 完整性 | | | 准确性 | | |
| | | 合格 | 基本合格 | 不合格 | 合格 | 基本合格 | 不合格 |
| 4 | 通过初步设计论证的整改落实意见 | | | | | | |
| 5 | 正式设计文件和相关图纸 | | | | | | |
| 6 | 系统试运行报告 | | | | | | |
| 7 | 工程竣工报告 | | | | | | |
| 8 | 系统使用说明书（含操作说明及日常简单维护说明） | | | | | | |
| 9 | 售后服务条款 | | | | | | |
| 10 | 工程初验报告（含隐蔽工程随工验收单） | | | | | | |
| 11 | 工程竣工核算报告 | | | | | | |
| 12 | 工程检验报告 | | | | | | |
| 13 | 图纸绘制规范要求 | 合格 | 基本合格 | | 不合格 | | |
| 审查结果 $K_z$（合格率）统计 | | | | 审查结论 | | | |
| 审查组（人员）签名： | | | | | 日期： | | |

注：1. 审查情况栏分别根据完整、准确和规范要求，选择符合实际情况的空格内打"√"，并作为统计数。

2. 对三级安全防范工程，序号第3、4、12项内容可简化或活力，序号第7、10项内容可简化。

3. 检查结果统计 $K_z$（合格率）＝（合格数＋基本合格数×0.6）/项目审查数（项目审查数如不要求的，不计在内）。

4. 审查结论：$K_z$（合格率）≥0.8判为通过；0.8＞$K_z$≥0.6判为基本通过；$K_j$＜0.6判为不通过。

表 8.3.4　验收结论汇总表

| 工程名称： | | 设计、施工单位： | |
|---|---|---|---|
| 施工验收结论 | | 验收人签名：　　　年　月　日 | |
| 技术验收结论 | | 验收人签名：　　　年　月　日 | |
| 资料审查结论 | | 审查人签名：　　　年　月　日 | |
| 工程验收结论 | | 验收委员会（小组）主任、副主任（组长、副组长）签名： | |

建议与要求：

年　月　日

注：1. 本汇总表应附表 8.3.1～表 8.3.3 及出席验收会与验收机构人员名单（签名）。

2. 验收（审查）结论一律填写"通过"或"基本通过"或"不通过"。

【释义】

本条是对验收结论与整改的要求。

1 本款按验收内容的三个部分，分别对施工验收、技术验收、资料审查给出了合格率的计算公式，作为判定依据与方法。这些公式为工程验收由定性化到定量化，提供了基本依据，有利于验收工作的客观、公正。

2 验收结论是工程验收的结果。验收结论应明确并体现客观、公正、准确的原则。无论是验收通过、基本通过还是不通过，验收人员均可独立根据验收判据（合格率计算公式）通过打分来确定验收结论。对工程验收注重量化，力求克服随意性，是保证验收工作"客观、公正、准确"的基础。

3 本款规定，验收不通过的工程不得正式交付使用，应根据验收结论提出的问题抓紧整改，整改后方可再提交验收；验收通过或基本通过的工程，设计、施工单位应根据验收结论所提出的建议与要求，提出书面整改措施并经建设单位认可。这样做，强调了整改和工程的完善，体现了"验收是手段，保证工程质量才是目的"的验收宗旨。

## 17.《红外线同声传译系统工程技术规范》GB 50524—2010

**3.1.5 红外线同声传译系统必须具备消防报警联动功能。**

【释义】

红外线同声传译系统，是利用红外线进行声音信号的传输，把发言者的原声和译音语言传送给接收单元的声音处理系统。其控制主机具备消防报警联动功能，一旦消防中心有联动信号发送过来，系统立即自动终止会议，同时会议讨论系统的会议单元及翻译单元显示报警提示，并自动切换到报警信号，让与会人员通过耳机、会议单元扬声器或会场扩声系统聆听紧急广播；或者立即自动终止会议，同时会议讨论系统的会议单元及翻译单元显示报警提示，让与会人员通过会场扩声系统聆听紧急广播。红外线同声传译系统中，翻译员在相对封闭的同声传译室里使用由两个贴耳式耳机组成的头戴耳机来聆听会议，代表通常也是通过耳机（头戴耳机、听诊式耳机或耳挂式耳机）来聆听会议，出现消防报警时，如果没有立即终止会议，或与会人员不能立刻听到报警信息不能及时撤离现场，会造成很严重的人身安全后果。

**3.3.1 红外发射主机应符合下列规定：**

**6 必须具备消防报警联动触发接口。**

【释义】

红外发射主机是将音频信号调制到系统规定的载波上，并发射出去的装置。红外发射主机具备火灾自动报警联动触发接口，其作用同 3.1.5 条释义。

## 18.《公共广播系统工程技术规范》GB 50526—2010

**3.2.5 紧急广播系统的应备功能除应符合本规范 3.2.1 条的规定外，尚应符合下列规定：**

**1 当公共广播系统有多种用途时，紧急广播应具有最高级别的优先权。公共广播系统应能在手动或警报信号触发的 10s 内，向相关广播区播放警示信号（含警笛）、警报语声文件或实时指挥语声。**

**2  以现场环境噪声为基准，紧急广播的信噪比应等于或大于 12dB。**

**【释义】**

本条规定是就紧急广播系统对第 3.2.1 条的补充，且与《应急声系统》GB/T 16851—1997 的相关条款相容。

1  10s 包括接通电源及系统初始化所需要的时间。如果系统接通电源及初始化所需要的时间超过 10s，则相应设备必须支持 24h 待机，才可能满足要求。

2  应估算突发公共事件发生时现场环境的噪声水平，以确定紧急广播的应备声压级。由于环境的差异，在符合本条（以及表 3.3.1）规定的前提下，同一个系统（甚至同一个广播区）内，不同区域的紧急广播声压级可以不同。例如一个覆盖相当长通道的广播分区，其出入口附近人流密集，所以出入口附近的紧急广播声压级理应大于通道其他区域的声压级。

**3.5.6  火灾隐患地区使用的紧急广播传输线路及其线槽（或线管）应采用阻燃材料。**

**【释义】**

用于火灾隐患区的紧急广播设备，应能在火灾初发阶段播出紧急广播，且不应由于材料助燃而扩大灾害。

**3.5.7  具有室外传输线路（除光缆外）的公共广播系统应有防雷设施。公共广播系统的防雷和接地应符合现行国家标准《建筑物电子信息系统防雷技术规范》GB 50343 的有关规定。**

**【释义】**

室外导电传输线可能引雷，导致雷击，所以相关线路应有防雷设施，如在入室的广播线上设置信号浪涌保护器（SPD），以防止雷电沿线路引入，造成系统设备和人身事故。

**3.6.7  用于火灾隐患区的紧急广播扬声器应符合下列规定：**

**1  广播扬声器应使用阻燃材料，或具有阻燃后罩结构。**

**【释义】**

用于火灾隐患区的紧急广播设备，应能在火灾初发阶段播出紧急广播，且不应由于助燃而扩大灾患。发生火灾时，自动喷淋系统将会启动，广播扬声器依靠自身的外壳防护，在短期喷淋条件下应能工作。

**4.2.4  除用电力载波方式传输的公共广播线路外，其他公共广播线路均严禁与电力线路共管或共槽。**

**【释义】**

由于定压式公共广播线路额定传输电压达 100V（或以上），有些工程技术人员误认为属"强电"线路，可与 220V 电力线共管共槽。这种误解会导致严重的安全事故，必须严令禁止。

**4.2.5  公共广播传输线路的绝缘电压等级必须与其额定传输电压相容；线路接头不应裸露；电位不等的接头必须分别进行绝缘处理。**

**【释义】**

公共广播功率传输线路的绝缘和接头处理不当，容易引起跳火，形成火灾隐患，必须严加防范。

## 19. 《城镇建设智能卡系统工程技术规范》GB 50918—2013

**3.2.4** 城镇建设智能卡系统使用的智能卡芯片，应在非挥发性存储器的安全数据区中写入经授权确认的安全认证识别码，且安全认证识别码应不可改写。

【释义】

城镇建设智能卡系统使用的智能卡芯片安全性方面必须加以重视，在芯片存储区中的安全数据区写入安全认证识别码，实现对每一个芯片的安全管理，并且要求写入的信息不可擦写，保证每一款芯片都有唯一的安全认证识别码。带有安全认证识别码的CPU卡已应用于城市综合交通（含公交、轨道、出租车、轮渡）、供水、燃气、供热、风景园林、数字社区、建筑及居住区门禁系统、停车场管理、建筑材料、各类电子证书等40多个领域，涵盖了老百姓日常生活的各个层面。目前，全国已有北京、上海、大连、西安、合肥、银川、昆山、江阴等40多个城市依照《建设事业非接触式CPU卡芯片技术要求》CJ/T 306开展CPU卡系统相关工作，成功发行CPU卡超过1亿多张，为人民生活提供了极大的便利。CPU卡在城市中的发展已经直接关系到人民财产、日常出行，以及节约型社会建设等方面。

**3.2.5** 城镇建设智能卡系统应支持读取安全认证识别码指令。

【释义】

智能卡芯片操作系统的主要功能是控制智能卡和外界的信息交换，管理智能卡内的存储器，并在卡片内部完成各种命令的处理。智能卡芯片中写入安全认证识别码，芯片操作系统个应具有支持读取安全认证识别码的指令，保证安全信息真实、有效。

## 20. 《天线工程技术规范》GB 50922—2013

**3.0.6** 在进行天线控制设备调试的接线操作前，应将前一级相应的电源开关分闸断电，严禁带电作业。

【释义】

天线控制设备由多级模块组成，每一级模块均与前一级模块存在对应的逻辑控制关系，并且在驱动模块中往往有高压电，如果在进行接线操作时，未能切断前一级的电源，进行带电作业，轻则引起设备的烧毁损坏，重则会对操作人员的人身安全造成重大危害。

**3.0.8** 高空作业时安装人员必须佩戴安全保护用品。

【释义】

在高空安装天线时，需要在多个支撑构件之间进行操作，因空间有限，可能致使操作人员无法维持正常姿势而产生物体撞击、磕碰、高空坠落等人身伤害事故。例如，在福建某天线工程的施工过程中，有一个现场工作人员未佩戴安全带和安全帽，在向后移动的过程中，从15m高的天线转台上坠落，并且头部着地，虽然经过手术后脱离生命危险，但是落下终身残疾，给个人和家庭的生活带来极大的痛苦。为此施工人员必须佩戴安全防护用品。

**3.0.9** 高空作业必须搭建确保安装人员安全作业的安装平台。

**【释义】**

为了满足性能要求，天线一般架设在高处，有的大型天线可高达上百米，同时由于天线结构的限制，施工人员在高空作业时没有站立倚靠的物体，悬空操作存在非常大的安全隐患，从施工安全角度考虑是不可取的，因此必须搭建辅助安装平台，便于施工人员接近天线结构进行操作，同时平台应有足够的空间、强度和防护栏，足以支撑施工人员进行工作。

**3.0.10** 雨天和雪天进行作业时，应采取防滑、防寒和防冻措施。

**【释义】**

在雨、雪特殊气候环境下，天线结构表面会变得湿滑，转动机构可能会产生异常，人体的感觉会变得迟钝，当施工人员接近或离开天线时，可能会发生滑落、撞击、冻伤等意外伤害，因此必须采取相应的预防措施减少安全事故的发生。

## 21.《网络互联调度系统工程技术规范》GB 50953—2014

**4.1.5** 网络互联调度系统的设备、部件和材料选择应符合下列要求：

　　**5** 系统设备应满足防潮、防雷等技术要求。

**【释义】**

由于系统无线电台设备需要在室外架设天线，以及移动式和便携式系统常在野外露天作业，系统必须要满足防潮和防雷技术要求。雷雨多发季节，空气湿度大，容易导致设备元器件绝缘功能下降，导致漏电。系统设备的防雷接地设计和浪涌保护器都是为了避免雷电对于工作人员生命健康安全造成伤害。因而，系统设备应符合国家标准《防潮包装》GB/T 5048 和《建筑物电子信息系统防雷技术规范》GB 50343 的有关规定。

**5.3.2** 核心网元设备的安装应符合下列规定：

　　**3** 安装核心网元设备的过程中，不应触动核心网元设备内的板卡，不应随意松动内部线缆，应进行强弱电分离，应有漏电保护装置。

**【释义】**

在安装核心网元设备过程中，严禁各项违规操作，避免设备无法正常工作。对于移动式和便携式系统，一旦发生漏电和触电行为，将对操作人员和工作人员的生命安全及设备造成极大危害。

**5.7.1** 系统调试应符合下列要求：

　　**5** 网络互联调度系统在调试过程中，大功率短波、超短波设备天线的放置位置应远离工作人员。

**【释义】**

系统在架设无线设备时，工作人员需要经常使用大功率短波和超短波通信设备，会连续受到辐射或间断受到辐射，而对工作人员造成不同程度的生命健康和安全伤害。大功率短波超短波通信设备工作时各工作人员所处环境和区域的辐射安全要求应符合现行国家标准《微波和超短波通信设备辐射安全要求》GB 12638 的有关规定，从而使工作人员在辐射强度限值范围内得到安全保障。

## 22.《建筑塔式起重机安全监控系统应用技术规程》JGJ 332—2014

**3.1.1** 塔机安全监控系统应具有对塔机的起重量、起重力矩、起升高度、幅度、回转角度、运行行程信息进行实时监视和数据存储功能。当塔机有运行危险趋势时，塔机控制回路电源应能自动切断。

【释义】

本条规定了安全监控系统最基本的功能要求。起重量、起重力矩、起升高度、幅度、回转角度和运行行程（对有大车运行功能的塔机）是塔机最核心的工作参数，显示方式在本规程第 3.2.1 条中有明确要求。即系统显示装置应符合下列规定：（1）系统应能以图形、图表或文字的方式显示塔机当前主要工作参数及与塔机额定能力比对信息，工作参数应至少包括：起重量、起重力矩、起升高度、幅度、回转角度、运行行程、倍率；（2）系统显示的文字表达应采用简体中文；（3）显示信息应在各向光照等条件下清晰可辨，不耀眼刺目；在超出塔机额定能力范围时，应能切断继续往危险方向运行的控制回路电源，限制司机危险操作；各工作参数的存储在本规程第 3.2.2 条有明确要求，为塔机的维护保养提供数据支撑或在发生事故后进行回溯。即 3.2.2 系统内置存储装置应符合下列规定：（1）存储能力至少应存储最近 $1.6 \times 10^4$ 个工作循环信息及对应的起止工作时刻信息；（2）在电源关闭或供电中断之后，其内部的所有信息均应被保留且不能被破坏；（3）信息下载不应影响存储装置内信息的完整性。

**3.1.2** 在既有塔机升级加装安全监控系统时，严禁损伤塔机受力结构。

【释义】

在既有塔机升级加装安全监控系统时，要求不得有对塔机结构进行焊接或切割作业的行为，以防止可能改变塔机结构力的传递或内力的分配而影响结构承载安全。

**3.1.3** 在既有塔机升级加装安全监控系统时，不得改变塔机原有安全装置及电气控制系统的功能和性能。

【释义】

在既有塔机升级加装安全监控系统时，在将安全控制信号接入塔机电气控制系统后，不得拆除原有的各安全保护装置并应保证其有效，同时不得改变或调整原调速和操作、控制方式，以防止可能给塔机带来附加的安全隐患。

## 23.《自动化仪表工程施工及验收规范》GB 50093—2013

**3.5.10** 质量验收不合格时，应及时处理，经处理后的工程应按下列规定进行验收：

    **3** 返修后仍不能满足安全使用要求，严禁验收。

【释义】

当分项工程质量不符合本规范时，经过返工后检验合格，可作为合格验收；经过返修后满足安全使用要求时，按照返修方案和协商文件进行验收；对于工程存在严重的缺陷，经返修后仍不能满足安全使用要求的，严禁验收，并对其作了强制性规定。

**5.1.3** 在设备或管道上安装取源部件的开孔和焊接工作，必须在设备或管道的防腐、衬里和压力试验前进行。

【释义】

当设备和管道防腐、衬里完毕后，在其上开孔及焊接取源部件，必然会破坏防腐或衬里层。在压力试验后再开孔或焊接必然将铁屑、焊渣溅落设备或管道内，焊缝也可能不合格，可能产生的缺陷将会直接影响工程安全运行。

**6.1.14 核辐射式仪表安装前应编制具体的安装方案，安装中的安全防护措施应符合国家现行有关放射性同位素工作卫生防护标准的规定。在安装现场应有明显的警戒标识。**

【释义】

核辐射式仪表的安装特别要注意安全防护工作，因此要求编制具体的安装方案，包括对运输、安装人员、特殊工具、方法的要求和采取相应的防护措施，防护要求符合现行国家标准《电离辐射防护与辐射源安全基本标准》GB 18871。

**6.5.1 节流件的安装应符合下列要求：**

**3 流件必须在管道吹洗后安装。**

【释义】

本条是关于节流件安装的规定。

3 本款是强制性条款，为防止节流件在管道吹洗过程中受到损伤，节流件必须在管道吹洗后安装。

**7.1.6 当线路周围环境温度超过 65℃ 时，应采取隔热措施。当线路附近有火源时，应采取防火措施。**

【释义】

为保证线路在运行过程中的安全，避免因环境影响而损坏线路所作的规定。橡皮和塑料绝缘电缆的有关产品标准中规定当电缆长期工作温度超过 65℃ 时，应采用隔热措施。

**7.1.15 测量电缆电线的绝缘电阻时，必须将已连接上的仪表设备及部件断开。**

【释义】

测量电缆电线的绝缘电阻时，将已连接上的仪表设备及部件断开，是防止在测量绝缘电阻时仪表及部件受到损伤。

**8.1.4 仪表管道埋地敷设时，必须经试压合格和防腐处理后再埋入。直接埋地的管道连接时必须采用焊接，并应在穿过道路、沟道及进出地面处设置保护套管。**

【释义】

埋地管道若未经试压检验，当发生渗漏缺陷时不易被发现。试压记录中应描述埋地部分管道的连接方式。在穿过道路、沟道处埋设保护套管便于仪表管道检修维护。进出地面处加保护套管可减弱其周围回填土沉降等不利因素引起对仪表管道的破坏。

**8.2.8 低温管及合金管下料切断后，必须移植原有标识。薄壁管、低温管及钛管，严禁使用钢印做标识。**

【释义】

在施工中，为防止低温及合金管道因材质或检验状态标识缺失而发生材料用错现象，必须保证每一件低温管子或合金管子上均有正确且明显的标识，以供使用者或检查者随时核实。薄壁管、低温管及钛管在使用钢印作标记时，易造成材料变形或裂纹，降低管子局部强度，易造成泄漏。

**8.6.2** 当仪表管道引入安装在有爆炸和火灾危险、有毒、有害及有腐蚀性物质环境的仪表盘、柜、箱时，其管道引入孔处应密封。

**【释义】**

引入孔处应采取密封及隔离措施，是为了防止爆炸和火灾危险环境的危险气体进入盘柜箱内部，防止环境中的腐蚀性气体或其他有害性物质进入盘柜箱内部，产生危险和造成仪表故障。也应对仪表管路在盘柜箱穿板处进行可靠密封和隔离。有防爆要求的，应符合有关设计文件和防爆规范的规定。

**8.7.8** 测量和输送易燃易爆、有毒、有害介质的仪表管道，必须进行管道压力试验和泄漏性试验。

**【释义】**

依据现行国家标准《工业金属管道工程施工规范》GB 50235—2010中第8.6.6条第1款的规定。测量和输送易燃易爆、有毒有害介质的仪表管道，如因施工质量缺陷导致泄漏，可能会引起较严重的环境污染事件或人身伤害或中毒事件，故必须进行管道压力试验或泄漏性试验以确保在投入使用前验证其严密性。

**8.7.10** 当采用气体压力试验时，试验温度严禁接近管道材料的脆性转变温度。

**【释义】**

依据现行国家标准《工业金属管道工程施工规范》GB 50235—2010中第8.6.1条第2款、《压力管道规范工业管道第5部分：检验与试验》GB/T 20801.5—2006第9.1.4条的规定，对低温环境下气体试验时的温度作了规定，应预防压力试验时的管道材料因低温脆性转变而发生危及人身或设备安全的事件。

**9.1.7** 脱脂合格的仪表、控制阀、管子和其他管道组成件应封闭保存，并应加设标识；安装时严禁被油污染。

**【释义】**

合格的脱脂件应该密闭保存，并做好标识，防止安装过程中二次污染，在投入使用中产生危险。

**10.1.2** 安装在爆炸危险环境的仪表、仪表线路、电气设备及材料，其规格型号必须符合设计文件的规定。防爆设备必须有铭牌和防爆标识，并应在铭牌上标明国家授权的机构颁发的防爆合格证编号。

**【释义】**

强调了对用在防爆工程上的仪表、电气设备和材料的质量要求，是仪表安装工程质量的基本保证，不符合防爆质量要求的仪表在使用过程中易发生爆炸或火灾等安全事故。

**10.1.5** 当电缆桥架或电缆沟道通过不同等级的爆炸危险区域的分隔间壁时，在分隔间壁处必须做充填密封。

**【释义】**

本条是关于隔离密封的规定。其目的是使爆炸性混合物或火焰隔离断开，以防止其扩散到其他部分或其他区域。

**10.1.6** 安装在爆炸危险区域的电缆导管应符合下列要求：

    **2**    当电缆导管穿过不同等级爆炸危险区域的分隔间壁时，分界处电缆导管和电缆之间、电缆导管和分隔间壁之间应做充填密封。

【释义】

    本条释义同 10.1.5 条。

**10.1.7**    本质安全型仪表的安装和线路敷设，除应符合本规范第 **10.1.2** 条、**10.1.5** 条和 **10.1.6** 条第二款的规定外，还应符合下列要求：

    **12**    本质安全型仪表及本质安全关联设备，必须有国家授权的机构颁发的产品防爆合格证，其型号、规格的替代，必须经原设计单位确认。

    **13**    本质安全电路的分支接线应设在增安型防爆接线箱（盒）内。

【释义】

    在操作和运行的过程中，本质安全和非本质安全电路系统的导电部分互相接触，会造成能量混触，为了避免这种现象的发生，本条在第 1、4、5、6、7 款中作了规定。

    本条第 12 款强调了本质安全型仪表及其关联设备的质量要求，型号规格的替代必须经原设计单位确认。

    本条第 13 款规定了本质安全电路的分支接线应设在增安型防爆接线箱（盒）内。

**10.1.8**    当对爆炸危险区域的线路进行连接时，必须在设计文件规定采用的防爆接线箱内接线。接线必须牢固可靠、接地良好，并应有防松和防拔脱装置。

【释义】

    本条规定了爆炸危险区域的线路连接，确保线路的连接点不会在爆炸危险区域产生电火花而发生爆炸或火灾事故。

**10.1.9**    用于火灾危险环境的装有仪表及电气设备的箱、盒等，应采用金属或阻燃材料制品，电缆和电缆桥架应采用阻燃材料制品。

【释义】

    金属制品和阻燃制品不会着火燃烧，防止火灾损毁仪表、电缆、电线。

**10.2.1**    供电电压高于 **36V** 的现场仪表外壳，仪表盘、柜、箱、支架、底座等正常不带电的金属部分，均应做保护接地。

【释义】

    当供电电压高于 36V 时，属于危险电压。用电仪表的外壳、仪表盘、柜、箱、盒、支架、底座等正常不带电的金属部分，由于意外情况有可能带危险电压，导致对人身和设备产生危险，所以应做保护接地。

**12.1.5**    仪表工程在系统投用前应进行回路试验。

【释义】

    回路试验是对仪表性能、仪表管道和仪表线路连接正确性的全面试验，其目的在于对仪表和控制系统的设计质量、设备材料质量和安装质量进行全面的检查，确认仪表工程质量符合生产运行使用要求。

**12.1.10**    设计文件规定禁油和脱脂的仪表在校准和试验时，必须按其规定进行。

【释义】

    禁油和脱脂的仪表在校准和试验时，对校准仪器仪表和仪表设备按安全防护和产品说明要求，以及设计文件规定进行脱脂。

## 24.《智能建筑工程质量验收规范》GB 50339—2013

**12.0.2** 当紧急广播系统具有火灾应急广播功能时，应检查传输线缆、槽盒和导管的防火保护措施。

**【释义】**

为保证火灾发生初期火灾应急广播系统的线路不被破坏，能够正常向相关防火分区播放警示信号（含警笛）、警报语声文件或实时指挥语声，协助人员逃生制定本条文。否则，火灾发生时，火灾应急广播系统的线路烧毁，不能利用火灾应急广播有效疏导人流，直接危及火灾现场人员生命。

国家标准《公共广播系统工程技术规范》GB 50526—2010 中第 3.5.6 条和《智能建筑工程施工规范》GB 50606—2010 第 9.2.1 条第 3 款均为强制性条款，对火灾应急广播系统传输线缆、槽盒和导管的选材及施工作出规定，本规范强调的是其检验。

在施工验收过程中，为保证火灾应急广播系统传输线路可靠、安全，该传输线路需要采取防火保护措施。防火保护措施包括传输线路中线缆、槽盒和导管的选材及安装等。

火灾应急广播系统传输线路需要满足火灾前期连续工作的要求，验收时重点检查下列内容：

1 明敷时（包括敷设在吊顶内）需要穿金属导管或金属槽盒，并在金属管或金属槽盒上涂防火涂料进行保护；

2 暗敷时，需要穿导管，并且敷设在不燃烧体结构内且保护层厚度不小于 30mm；

3 当采用阻燃或耐火电缆时，敷设在电缆井、电缆沟内时，可以不采取防火保护措施。

**22.0.4** 智能建筑的接地系统必须保证建筑内各智能化系统的正常运行和人身、设备安全。

**【释义】**

为了防止由于雷电、静电和电源接地故障等原因导致建筑智能化系统的操作维护人员电击伤亡以及设备损坏，故作此强制性规定。建筑智能化系统工程中有大量安装在室外的设备（如安全技术防范系统的室外报警设备和摄像机、有线电视系统的天线、信息导引系统的室外终端设备、时钟系统的室外子钟等等，还有机房中的主机设备如网络交换机等）需可靠地与接地系统连接，保证雷击、静电和电源接地故障产生的危害不影响人身安全及智能化设备的运行。

智能化系统电子设备的接地系统，一般可分为功能性接地、直流接地、保护性接地和防雷接地，接地系统的设置直接影响到智能化系统的正常运行和人身安全。当接地系统采用共用接地方式时，其接地电阻应采用接地系统中要求最小的接地电阻值。

检测建筑智能化系统工程中的接地装置、接地线、接地电阻和等电位联结符合设计的要求，并检测电涌保护器、屏蔽设施、静电防护设施、智能化系统设备及线路可靠接地。接地电阻值除另有规定外，电子设备接地电阻值不应大于 $4\Omega$，接地系统共用接地电阻不应大于 $1\Omega$。当电子设备接地与防雷接地系统分开时，两接地装置的距离不应小于 10m。

25.《电子信息系统机房施工及质量验收规范》GB 50462—2008

**3.1.5** 对改建、扩建工程的施工，需改变原建筑结构时，应进行鉴定和安全评价，结果必须得到原设计单位或具有相应设计资质单位的确认。

【释义】

本条款主要指改建、扩建工程而言。工程中会发生拆墙、打洞、楼板开口等可能改变原建筑结构的施工，这些必须由原建筑设计单位或相应资质的设计单位核查有关原始资料，在对原建筑结构进行必要的核验后确定施工方案。严禁建设单位和施工单位随意更改。该条必须强制执行。

**5.2.2** 正常状态下外露的不带电的金属物必须与建筑物等电位网连接。

【释义】

在正常状态下外露的不带电的金属物是指：吊顶的金属结构、隔断墙的金属框架、金属活动地板、金属门窗、设备设施金属外壳等。与建筑的等电位网连接，可将产生的静电和外壳的漏电立即引入地下，防止人员触电和静电的伤害，保证设备的安全。

**12.7.3** 电磁屏蔽室屏蔽效能的检测应由国家认可的机构进行；检测的方法和技术指标应符合现行国家标准《电磁屏蔽室屏蔽效能测量方法》GB/T 12190 的有关规定或国家相关部门制定的检测标准。

【释义】

电磁屏蔽性能指标是电磁屏蔽室最关键的性能指标，用不同的检测仪器、检测方法，其检测结果大不相同。所以，为保证其检测的正确性和公正性，必须由国家认定的权威机构进行检测，该条款必须强制执行。

26.《智能建筑工程施工规范》GB 50606—2010

**4.1.1** 电力线缆和信号线缆严禁在同一线管内敷设。

【释义】

本条包含两层含义，一是电力线路与信号线路可能造成短接形成回路，会危及人员或设备安全；二是电力线路可能会对信号线路造成电磁干扰，使得系统不能正常运行。所以为保障人员以及系统的安全，避免电力线路的电磁场对信号线路的干扰，以保障信号线路正常工作。

**8.2.5** 扬声器系统的安装应符合下列规定：

**10** 用于火灾隐患区的扬声器应由阻燃材料制成或采用阻燃后罩；广播扬声器在短期喷淋的条件下应能正常工作。

【释义】

扬声器系统是会议系统中非常重要的组成，一个会议系统工程的优劣很大程度上取决于最终声音播放的效果，扬声器设备的安装在一定程度上决定了该项工程的建设目标能否实现，因此，本条很详细地对扬声器安装的各种情况作出了具体规定。

用于火灾隐患区的紧急广播设备，应能在火灾初发阶段播出紧急广播，且不应由于助燃而扩大灾患。发生火灾时,自动喷淋系统将会启动,广播扬声器依靠自身的外壳防护,在短期喷淋条件下应能工作。

**9.2.1** 桥架、管线敷设除应执行本规范第 **4** 章的规定外,尚应符合下列要求:

**3** 当广播系统具备消防应急广播功能时,应采用阻燃线槽、阻燃线管和阻燃线缆敷设。

【释义】

本条对桥架、管线敷设作了具体要求。

3 本款是为了保证发生火灾时设备和人员的安全而作出的规定。

**9.3.1** 主控项目应符合下列规定:

**2** 当广播系统具有紧急广播功能时,其紧急广播应由消防分机控制,并应具有最高优先权;在火灾和突发事故发生时,应能强制切换为紧急广播并以最大音量播出。系统应能在手动或警报信号触发的 **10s** 内,向相关广播区播放警示信号(含警笛)、警报语声文件或实时指挥语声。以现场环境噪声为基准,紧急广播的信噪比不应小于 **15dB** 。

【释义】

为保证发生火灾时设备、人员的安全而规定。规定与现行国家标准《应急声系统》GB/T 16851 的相关条款相容,10s 包括接通电源及系统初始化所需要的时间。如果系统接通电源及初始化所需要的时间超过 10s,则相应设备必须 24h 待机。应估算突发公共事件发生时现场环境的噪声水平,以确定紧急广播的应有的声压级。

## 27.《住宅区和住宅建筑内光纤到户通信设施工程施工及验收规范》GB 50847—2012

**1.0.3** 新建住宅区和住宅建筑内的地下通信管道、配线管网、电信间、设备间等通信设施应与住宅建筑同步施工、同时验收。

【释义】

通信设施作为住宅建筑的基础设施,工程建设由电信业务经营者与住宅建设方共同承建。为了保障通信设施工程质量,由住宅建设方承担的工程建设部分在施工、验收阶段应与住宅工程建设同步实施,以避免多次施工对建筑和住户造成的影响。

## 28.《数字集群通信工程设计暂行规定》YD/T 5034—2005

**12.4.1** 数字集群移动交换中心和基站的防雷接地设计应按 **YD 5098—2005**《通信局(站)防雷与接地工程设计规范》的有关规定执行。

【释义】

集群数字系统的接地应采用联合接地方式。基站的工频接地电阻一般控制在 $10\Omega$ 之内,接地网的等效半径应在 10m 左右。当基站的土壤电阻率大于 $1000\Omega \cdot m$ 时,可不对建站的工频接地电阻予以限制,但要求其地网的等效半径应大于等于 20m,可在接地网四角加以 20～30m 辐射型接地体。进入机房的通信线路和电力线路是以引入雷电流的主要途径,因此要求各类缆线应采用地下入站方式,并根据规定采取必要的保护措施。

# 29. 《通信线路工程设计规范》GB 51158—2015

**6.4.8** 架空线路与其他设施接近或交越时，其间隔距离应符合下列规定。

**1.** 杆路与其他设施的最小水平净距，应符合表6.4.8-1的规定。

表6.4.8-1 杆路与其他设施的最小水平净距表

| 其他设施名称 | 最小水平净距（m） | 备注 |
|---|---|---|
| 消火栓 | 1.0 | 指消火栓与电杆距离 |
| 地下管、缆线 | 0.5～1.0 | 包括通信管、缆线与电杆间的距离 |
| 火车铁轨 | 地面杆高的4/3倍 | — |
| 人行道边石 | 0.5 | — |
| 地面上已有其他杆路 | 地面杆高的4/3倍 | 以较长杆高为基准。其中，对500～750kV输电线路不小于10m，对于750kV以上输电线路不小于13m |
| 市区树木 | 0.5 | 缆线到树干的水平距离 |
| 郊区树木 | 2.0 | 缆线到树干的水平距离 |
| 房屋建筑 | 2.0 | 缆线到房屋建筑的水平距离 |

注：在地域狭窄地段，拟建架空光缆与已有架空线路平行敷设时，若间距不能满足以上要求，可以杆路共享或改用其他方式戴设光缆线路，并应满足隔距要求。

**2.** 架空光（电）缆在各种情况下架设的高度，不应小于表6.4.8-2的规定。

表6.4.8-2 架空光（电）缆架设高度表

| 名 称 | 与线路方向平行时 | | 与线路方向交越时 | |
|---|---|---|---|---|
| | 架设高度（m） | 备注 | 架设高度（m） | 备注 |
| 市内街道 | 4.5 | 最低缆线到地面 | 5.5 | 最低缆线到地面 |
| 市内里弄（胡同） | 4.0 | 最低缆线到地面 | 5.0 | 最低缆线到地面 |
| 铁路 | 3.0 | 最低缆线到地面 | 7.5 | 最低缆线到轨面 |
| 公路 | 3.0 | 最低缆线到地面 | 5.5 | 最低缆线到路面 |
| 土路 | 3.0 | 最低缆线到地面 | 5.0 | 最低缆线到路面 |
| 房屋建筑物 | — | | 0.6 | 最低缆线到屋脊 |
| | | | 1.5 | 最低缆线到房屋平顶 |
| 河流 | — | | 1.0 | 最低缆线到最高水位时的船桅顶 |
| 市区树木 | — | | 1.5 | 最低缆线到树枝的垂直距离 |
| 郊区树木 | — | | 1.5 | 最低缆线到树枝的垂直距离 |
| 其他通信导线 | — | | 0.6 | 一方最低缆线到另一方最高线条 |

**3.** 架空光（电）缆交越其他电气设施的最小垂直净距，不应小于表6.4.8-3的规定。

表 6.4.8-3　架空光（电）缆交越其他电气设施的最小垂直净距表

| 其他电气设备名称 | 最小垂直净距（m） | | 备　　注 |
|---|---|---|---|
| | 架空电力线路有防雷保护设备 | 架空电力线路无防雷保护设施 | |
| 10kV 以下电力线 | 2.0 | 4.0 | 最高缆线到电力线条 |
| 35～110kV 电力线（含 110kV） | 3.0 | 5.0 | 最高缆线到电力线条 |
| 110～220kV 电力线（含 220kV） | 4.0 | 6.0 | 最高缆线到电力线条 |
| 220～330kV 电力线（含 330kV） | 5.0 | — | 最高缆线到电力线条 |
| 330～500kV 电力线（含 500kV） | 8.5 | — | 最高缆线到电力线条 |
| 500～750kV 电力线（含 750kV） | 12.0 | — | 最高缆线到电力线条 |
| 750～1000kV 电力线（含 1000kV） | 18.0 | — | 最高缆线到电力线条 |
| 供电线接户线（注 1） | 0.6 | | — |
| 霓虹灯及其铁架 | 1.6 | | — |
| 电气铁道及电车滑接线（注 2） | 1.25 | | — |

注：1. 供电线为被覆线时，光（电）缆也可以在供电线上方交越。

2. 光（电）缆必须在上方交越时，跨越档两侧电杆及吊线应安装做加强保护装置。

3. 通信线应架设在电力线路的下方位置，应架设在电车滑接线和接触网的上方位置。

【释义】

架空光缆与地面上其他设施同样占用公共空间，保证两者之间的安全隔距至关重要，工程建设和运行维护实践中诸多纠纷、生产事故均缘于此。保持足够的隔距，可减少或避免通信杆路本身发生事故时影响交通安全和引起触电危险，也可减少或避免其邻近设施的可能干扰与危害，以充分保障人身安全和线路完好。故本条为强制性条文，应严格执行。

**7.4.12** 架空电缆线路与其他设施接近或交越时，其间隔距离应符合本规范第 6.4.8 条的有关规定。

【释义】

架空电缆线路与其它设施的安全隔距与光缆的要求相同，保证电缆与其他设施之间的安全隔距至关重要，是避免诸多安全事故、纠纷的基础。本条为强制性条文，故工程中应严格执行本条要求。

**8.3.1** 年平均雷暴日数大于 20 的地区及有雷击历史的地段，光（电）缆线路应采取防雷措施。

【释义】

本条为强制性条文，必须严格执行。光（电）缆遭受雷击，可能导致人身伤亡事故或设备损毁；雷击火灾可能引燃邻近设施和林木，造成重大安全隐患。实践证明，采取防雷措施的地段极少遭受雷击，根据雷暴日数大于 20 再采取防雷措施的方法行之有效。

依据工程经验，下列地点可能是雷害事件发生概率比较高的地点：

（1）10m 深处的土壤电阻率 $\rho_{10}$ 发生突变的地方；

（2）在石山与水田、河流的交界处，矿藏边界处，进山森林的边界处，某些地质断层地带；

（3）面对广阔水面的山岳向阳坡或迎风坡；

（4）较高或孤立的山顶；

（5）以往曾屡次发生雷害的地点；

（6）孤立杆塔及拉线，高耸建筑物及其接地保护装置附近。

光（电）缆路由选择时应有意识地避免上述地点。

**8.3.5** 在局（站）内或交接箱处线路终端时，光（电）缆内的金属构件必须做防雷接地。

【释义】

本条为强制性条文，必须严格执行。在光（电）缆终端时进行防雷接地可以有效避免雷电击坏设备，破坏传输系统的正常运行或危及维护人员的安全。因此金属构件终端接地是安全生产的重要保障之一。

## 30.《电子会议系统工程施工与质量验收规范》GB 51043—2014

**4.4.1** 安全操作应符合下列要求：

**8** 各种电动机械设备，必须有可靠安全接地，传动部分必有防护罩。

**9** 电动工具必须设置单独防触电剩余电流保护开关。

【释义】

8 本条款涉及对各种电动机械设和传动部分的有效保障人身、设备安全措施即设备必须可靠安全接地、传动部分必须加装防护罩，工程实施全过程务必予以执行到位，以求保障系统可靠、安全、正常运行和人身，设备的安全，消除安全隐患。

9 本条款为强制性条款，为确保电子会议系统工程安全施工及运维中系统可靠、安全、正常运行，有效降低因常用电动工具未单独设置防触电剩余电流保护开关所造成的人身、财产损失，消除安全隐患。

**5.2.2** 导管的敷设应符合下列规定：

**3** 线缆布放后，敷设在竖井内和穿越不同防火分区墙体与楼板的穿管管路孔洞及线缆的空隙处必须进行防火封堵。

【释义】

线缆在电缆井、管道井应进行竖向防火封堵，同样穿越防火分区墙体、楼板处穿管管路孔洞、缝隙用防火材料进行横向防火封堵封堵。建筑物内的竖向管井如果未分隔将形成强烈的烟囱效应，从而导致烟火沿竖向管井向建筑物的其他楼层蔓延，因此进行防火封堵是非常必要的。

**6.6.2** 音箱的安装应符合下列规定：

**2** 音箱在建筑结构上的固定安装必须检查建筑结构的承重能力，并征得原建筑设计单位的同意后方可施工

【释义】

本条是音箱安装要求，如果建筑结构的承重不足以承受音箱的重量，音箱就会坠落，必然要造成人身伤害及财产损失，因此为确保人身及财产的安全，就必须要求施工单位检查建筑结构的承重能力，经原建筑设计单位确认后进行施工。

## 31.《防静电工程施工与质量验收规范》GB 50944—2013

**3.0.7** 防静电工程施工不得损害建筑物的结构安全。

【释义】

防静电工程施工通常在土建施工完成以后，特别是改建扩建工程施工中。防静电工程施工专业性较强，施工单位现场管理与施工技术人员大多不配置结构专业人员，因此，为保证建筑物的结构安全，严禁在开门、打洞、防静电地坪基层和接地系统的连接等施工中破坏建筑物的结构。

**12.1.3** 施工环境应符合下列要求：

**1** 施工场地严禁易燃易爆物进入。

【释义】

对本条款说明如下：

1 静电消除器在调试过程中，它的高压电极对空气放电，会产生明亮的电火花，容易引燃物质，为排除隐患，应禁止易燃易爆物进入施工场地。

**12.1.4** 易燃易爆的场所应选用防爆型静电消除装置。

【释义】

普通的静电消除器，由于其裸露的高压电极对空气放电而产生的电火花可引燃易燃易爆物质，极不安全，因此必须选用防爆型静电消除器，确保易燃易爆工作场所的安全性。

**12.1.5** 放射性静电消除装置的放射物质必须存放在专用的铅罐内，并有专人负责保管。

【释义】

本条的规定主要出于安全性考虑。铅罐是屏蔽有源型放射性射线的最佳容器，将有源型放射性物质密封在铅罐内，以免射线对环境及人身造成伤害。

**13.2.4** 涉及人身安全的防静电接地必须采取软接地措施。

【释义】

防静电接地有两种方式：一种是直接接地，指的是导电性连接；另一种是间接接地，指的是对地有一定要求的电阻性连接，软接地是间接接地的一种形式。使用软连接是指工作环境有 220V 电源时，通过一个限流电阻（比如 1MΩ 的电阻）再连接到大地电极，使 220V 电源触碰到人体也可以限制流过人体的电流不超过 5mA 安全值，达到保护人身安全的目的。

## 32.《扩声系统工程施工规范》GB 50949—2013

**3.6.3 当涉及承重结构改动或增加荷载时，必须核查有关原始资料，对既有建筑结构的安全性和荷载进行核验。**

【释义】

在实际中，扩声系统设计往往滞后于建筑设计。对于建筑设计已定局才开始扩声系统的设计，或者改动原设计方案，更换主扬声器系统的型号及增加数量等，这种情况无论是在新建的项目中还是在改建和扩建的项目中都是经常遇到的事情。由于剧院、多用途厅堂和体育场馆用的主扬声器系统其体积和重量要比其他场合的扬声器系统大得多，因此，基于安全的要求，在扩声工程施工过程中，但凡涉及承重结构改动或增加荷载时，施工单位必须核查有关原始资料，对既有建筑结构的安全性和荷载进行核验。当核验后，不能满足安装要求时，必须提交原结构设计单位进行重新设计。这是一条强制性规定。扩声工程施工单位必须严格执行。

**3.6.5 扬声器系统安装时，必须对安装装置和安装装置的固定点进行核查。对于主扬声器系统，必须附加独立的柔性防坠落安全保障措施，其承重能力不得低于主扬声器系统自身重量的2倍。**

【释义】

本条规定主要是针对主扬声器系统的安装提出的。剧场和体育场馆的主扬声器系统的重量和体积都比较大，特别是可升降的线阵列扬声器系统有的重达五百多公斤，在剧场声桥内安装的全频扬声器一般都有上百公斤的重量。而且体育场馆的主扬声器系统通常都是吊挂在罩棚或顶棚的钢结构架上，下面就是观众席区或比赛场地；剧场和多用途厅堂声桥内的主扬声器系统，其下面就是舞台区或观众席区。因此，基于安全的要求，主扬声器系统的安装系统必须安全、可靠，必须有防坠落的安全保障措施。

主扬声器系统的安装系统包括安装装置和固定安装装置的方式，这两个方面的设计都必须做到安全、可靠。在安装之前，施工单位应对安装位置和安装、固定点的安全可靠性及安装和检修条件等进行检查，以上几方面都必须符合设计要求。

主扬声器系统的安装方式大多是采用吊装方式。基于安全的要求，吊装声桥内的扬声器时，应采用镀锌钢丝绳或镀锌铁链作吊装材料；吊装可升降的线阵列扬声器系统时，应采用钢索柔性吊挂。要特别强调的是，主扬声器系统安装牢固后，必须有相对独立的、柔性的、防坠落安全保障措施。

## 33.《通信线路工程验收规范》YD 5121—2010

**4.1.1 挖掘沟（坑）施工时，如发现有埋藏物，特别是文物、古墓等必须立即停止施工，并负责保护好现场，与有关部门联系，在未得到妥善解决之前，施工单位严禁在该地段内继续施工。**

【释义】

本条款为国家文物保护法有关规定内容，必须严格执行。

**4.1.2 电杆洞深应符合表4.1.2规定，洞深允许偏差不大于50mm。**

表 4.1.2　架空光（电）缆电杆洞洞深标准

| 电杆类别 | 分类　洞深(m) 杆长（m） | 普通土 | 硬土 | 水田、湿地 | 石质 |
|---|---|---|---|---|---|
| 水泥电杆 | 6 | 1.2 | 1 | 1.3 | 0.8 |
| | 6.5 | 1.2 | 1 | 1.3 | 0.8 |
| | 7 | 1.3 | 1.2 | 1.4 | 1 |
| | 7.5 | 1.3 | 1.2 | 1.4 | 1 |
| | 8 | 1.5 | 1.4 | 1.6 | 1.2 |
| | 9 | 1.6 | 1.5 | 1.7 | 1.4 |
| | 10 | 1.7 | 1.6 | 1.7 | 1.6 |
| | 11 | 1.8 | 1.8 | 1.9 | 1.8 |
| | 12 | 2.1 | 2 | 2.2 | 2 |
| 木质电杆 | 6 | 1.2 | 1 | 1.3 | 0.8 |
| | 6.5 | 1.3 | 1.1 | 1.4 | 0.8 |
| | 7 | 1.4 | 1.2 | 1.5 | 0.9 |
| | 7.5 | 1.5 | 1.3 | 1.6 | 0.9 |
| | 8 | 1.5 | 1.3 | 1.6 | 1 |
| | 9 | 1.6 | 1.4 | 1.7 | 1.1 |
| | 10 | 1.7 | 1.5 | 1.8 | 1.1 |
| | 11 | 1.7 | 1.6 | 1.8 | 1.2 |
| | 12 | 1.8 | 1.6 | 2 | 1.2 |

注：1.12m 以上的特种电杆的洞深应按设计文件规定实施；

　　2. 本表适用于中、轻负荷区新建的通信线路。重负荷区的杆洞洞深应按本表规定值增加 100～200mm 。

　　1）坡上的洞深应符合图 4.1.2 要求。

　　2）杆洞深度应以永久性地面为计算起点。

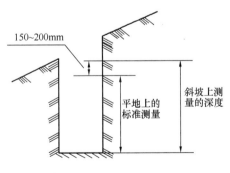

图 4.1.2　斜坡上的杆洞

【释义】

　　本条款是电杆洞深的规定，涉及电杆埋深标准，列表规定了洞深与杆长、土质类别的相关要求。如果埋深不够标准深度，则影响架空杆路自身强度和抗外力强度，导致安全事故发生和设备毁坏。

**4.1.3** 各种拉绕地锚坑深应符合表4.1.3的规定，允许偏差应小于50mm。

表4.1.3　拉线地锚坑深

| 坑深(m)<br>土质分类<br>拉线程式（m） | 普通土 | 硬土 | 水田、湿地 | 石质 |
|---|---|---|---|---|
| 7/2.2 | 1.3 | 1.2 | 1.4 | 1.0 |
| 7/2.6 | 1.4 | 1.3 | 1.5 | 1.1 |
| 7/3.0 | 1.5 | 1.4 | 1.6 | 1.2 |
| 2×7/2.2 | 1.6 | 1.5 | 1.7 | 1.3 |
| 2×7/2.6 | 1.8 | 1.7 | 1.9 | 1.4 |
| 2×7/3.0 | 1.9 | 1.8 | 2.0 | 1.5 |
| V型 上2下1×7/3.0 | 2.1 | 2 | 2.3 | 1.7 |

【释义】

　　本条款为拉线地锚坑深的规定，坑深与拉线程式、土质类别相关要求标准，地锚坑深是拉线坑拉强度最重要的前提，满足地锚埋深以保证拉线张力和安全系数，不够标准埋深的地锚可在大作用力下拔出，导致安全事故。

**4.1.5** 对光（电）缆沟、硅芯管沟的要求

　　**4** 硅芯管道埋深应符合表4.1.5的要求。

表4.1.5　硅芯管道埋深要求

| 序号 | 铺设地段及土质 | 上层管道至路面埋深（m） |
|---|---|---|
| 1 | 普通土、硬土 | ≥1.0 |
| 2 | 半石质（砂砾土、风化石等） | ≥0.8 |
| 3 | 全石质、流砂 | ≥0.6 |
| 4 | 市郊、村镇 | ≥1.0 |
| 5 | 市区街道 | ≥0.8 |
| 6 | 穿越铁路（距路基面）、公路（距路面基底） | ≥1.0 |
| 7 | 高等级公路中央分隔带 | ≥0.8 |
| 8 | 沟、渠、水塘 | ≥1.0 |
| 9 | 河流 | 同水底光缆埋深要求 |

　　注：1. 人工开槽的石质沟和公（铁）路石质边沟的埋深可减为0.4m，并采用水泥砂浆封沟。硬路肩可减为0.6m。

　　　　2. 管道沟沟底宽度通常应大于管群排列宽度每侧100mm。

　　　　3. 高速公路中央分隔带或路间开挖管道沟，硅芯管道的埋深及管群排列宽度，应考虑到路方安装防撞栏立柱时对硅芯管的影响。

　　　　4. 硅芯管道在进入人（手）孔之前应下沉，曲率半径应满足要求，不得陡坡进入人（手）孔。

【释义】

　　第4款条款规定了硅芯管在不同地段及土质的埋深标准，以保证其抵抗压力及一般动

土挖掘时的硅芯管道安全。

**4.1.6** 直埋光（电）缆埋深标准应符合表 4.1.6 的要求。

表 4.1.6 直埋光（电）缆埋深标准

| 敷设地段或土质 | | 埋深（m） | 备注 |
|---|---|---|---|
| 普通土 | | ≥1.2 | |
| 半石质、砂砾土、风化石 | | ≥1.0 | 从沟底加垫 100mm 细土或沙土，此时光缆的埋深可相应减少 |
| 全石质 | | ≥0.8 | |
| 流砂 | | ≥0.8 | |
| 市郊、村镇 | | ≥1.2 | |
| 市区人行道 | | ≥1.0 | |
| 公路边沟 | 石质（坚石、软石） | 边沟设计深度以下 0.4 | 边沟设计深度为公路或城建管理部门要求的深度 |
| | 其他土质 | 边沟设计深度以下 0.8 | |
| 公路路肩 | | ≥0.8 | |
| 穿越铁路、公路 | | ≥1.2 | 距路基面或距路面基底 |
| 沟、渠、水塘 | | ≥1.2 | |
| 农田排水沟（沟深 1m 以内） | | ≥0.8 | |
| 河流 | | | 应满足水底光（电）缆要求 |

**【释义】**

本条款规定了直埋光（电）缆在不同土质地段的埋深标准，以保证其安全。

**4.1.7** 水底光（电）缆埋深标准应符合表 4.1.7 的要求。

表 4.1.7 水底光（电）缆埋深标准

| 河床情况 | 埋深要求（m） |
|---|---|
| 岸滩部分 | 1.2 |
| 水深小于 8m（年最低水位）的水域：河床不稳定，土质松软 | 1.5 |
| 河床稳定、硬土 | 1.2 |
| 水深大于 8m（年最低水位）的水域 | 自然掩埋 |
| 有疏浚规划的区域 | 在规划深度以下 1m |
| 冲刷严重、极不稳定的区域 | 在变化幅度以下 |
| 石质和风化石河床 | >0.5 |

**【释义】**

本条款规定了水底光（电）缆在不同河底土质地段的埋深标准，以保证其安全。

**5.8.3** 架空通信线路建筑物的最小垂直净距、架空通信线路交越其他电气设施的最小垂直净距、架空通信线路与其他设施的空距与隔距见附录 C 要求。

表 C.0.2  架空光（电）缆线路与其他建筑设施间距标准

| 其他设施名称 | 最小水平净距（m） | 备注 |
|---|---|---|
| 消火栓 | 1.0 | 指消火栓与电杆距离 |
| 地下管、缆线 | 0.5～1.0 | 包括通信管、缆线与电杆间的距离 |
| 火车铁轨 | 地面杆高的 4/3 | |
| 人行道边石 | 0.5 | |
| 地面上已有其他杆路 | 其他杆高的 4/3 | 以较长杆高为基准 |
| 市区树木 | 0.5 | 缆线到树干的水平距离 |
| 郊区树木 | 2.0 | 缆线到树干的水平距离 |
| 房屋建筑 | 2.0 | 缆线到房屋建筑的水平距离 |

注：在地域狭窄地段，拟建架空光缆与已有架空线路平行敷设时，若间距不能满足以上要求，可以杆路共享或改用其他方式敷设光缆线路，并满足隔距要求。

表 C.0.4  架空通信线路交越其他电气设施的最小垂直净距

| 其他电气设施名称 | 最小垂直净距（m） | | 备注 |
|---|---|---|---|
| | 架空电力线路有防雷保护设备 | 架空电力线路无防雷保护设备 | |
| 1kV 以下电力线 | 1.25 | 1.25 | |
| 1～10kV 以下电力线（含 10kV） | 2.0 | 4.0 | |
| 35～110kV 电力线（含 110kV） | 3.0 | 5.0 | 最高线条到供电线条 |
| 大于 154～220kV 以下电力线 | 4.0 | 6.0 | |
| 供电线接户线（带绝缘层） | 0.6 | | |
| 霓虹灯及其铁架、电力变压器 | 1.6 | | |
| 电车滑接线 | 1.25 | | 最低线条到供电线条 |

注：1. 供电线为被覆线时，光（电）缆也可以在供电线上方交越。

2. 光（电）缆必须在上方交越时，跨越档两侧电杆及吊线安装应做加强保护装置。

3. 通信线应架设在电力线路的下方位置，应架设在电车滑接线的上方位置。

4. 当发现通信线路不能同时满足与电力线垂直净距和距地面高度要求时，必须变更为在电力线交越处做终端采用地下通过方式，以保证人身及设备安全。

【释义】

本条款及附录 C 规定了架空通信线路与建筑物的最小垂直净距、架空通信线路交越其他电气设施的最小垂直净距、架空通信线路与其他设施的空距与隔距的标准，以保证架空通信线路和其他设施相互安全。

**6.2.2** 直埋光（电）缆与其他建筑设施平行或交越时的最小净距应符合附录 C 的要求。

表 C.0.1  直埋光（电）缆与其他建筑设施间的最小净距标准　　　单位：m

| 名称 | 平行时 | 交越时 |
|---|---|---|
| 通信管道边线（不包括人手孔） | 0.75 | 0.25 |
| 非同沟的直埋通信光、电缆 | 0.5 | 0.25 |

续表

| 名称 | 平行时 | 交越时 |
|---|---|---|
| 直埋式电力电缆（35kV 以下） | 0.5 | 0.5 |
| 直埋式电力电缆（35kV 及以上） | 2.0 | 0.5 |
| 给水管（管径小于 30cm） | 0.5 | 0.5 |
| 给水管（管径 30～50cm） | 1.0 | 0.5 |
| 给水管（管径大于 50cm） | 1.5 | 0.5 |
| 高压油管、天然气管 | 10.0 | 0.5 |
| 热力、排水管 | 1.0 | 0.5 |
| 燃气管（压力小于 300kPa） | 1.0 | 0.5 |
| 燃气管（压力 300～1600kPa） | 2.0 | 0.5 |
| 排水沟 | 0.8 | 0.5 |
| 房屋建筑红线或基础 | 1.0 | |
| 树木（市内、村镇大树、果树、行道树） | 0.75 | |
| 树木（市外大树） | 2.0 | |
| 水井、坟墓 | 3.0 | |
| 粪坑、积肥池、沼气池、氨水池等 | 3.0 | |
| 架空杆路及拉线 | 1.5 | |

注：1. 采用钢管保护时，与水管、煤气管、石油管交越时的净距可降为 0.15m；

2. 大树指直径 300mm 及以上的树木。对于孤立大树，还应考虑防雷要求；

3. 穿越埋深与光（电）缆相近的各种地下管线时，光（电）缆宜在管线下方通过；

4. 净距达不到上表要求时，应采取保护措施。

【释义】

本条款及附录C规定了直埋光（电）缆与其他建筑设施平行或交越时的最小净距标准，以保证直埋光（电）缆的安全。

**7.6.1 光（电）缆线路与强电线路平行、交越或与地下电气设备平行、交越时，其间隔距离应符合设计要求。**

【释义】

本条款强调了光（电）缆线路与强电线路平行、交越或与地下电气设备平行、交越时的间隔距离注意事项，以防止光（电）缆接触强电发生安全事故或电磁感应的不良后果。

**7.6.2 光（电）缆线路的防强电措施应符合设计要求。**

【释义】

本条款强调了光（电）缆线路的防强电措施必须注意的规定要求。

**7.6.3 光（电）缆线路进入交接设备时，可与交接设备共用一条地线，其接地电阻值应满足设计要求。**

【释义】

本条款强调了光（电）缆线路使用地线及其接地电阻的相关规定，以保证光（电）缆的安全及防止电磁干扰。

**7.6.4** 若强电线路对光（电）缆线路的感应纵电动势以及对电缆和含铜芯线的光缆线路干扰影响超过允许值时，应按设计要求，采取防护等措施。

【释义】

本条款强调规定了强电对光（电）缆线路的感应产生不良影响的注意事项，以保证光（电）缆安全及通信质量。

**7.7.1** 光（电）缆线路在郊区、空旷地区或强雷击区敷设时，应根据设计规定采取防雷措施。

【释义】

本条款强调了光（电）缆线路防雷的注意事项，对光（电）缆安全很重要。

**7.7.2** 在雷害特别严重的郊外、空旷地区敷设架空光（电）缆时，应装设架空地线。

【释义】

本条款规定了在雷害特别严重的地段的防雷措施，以保证其安全。

**7.7.3** 在雷击区的架空光（电）缆的分线设备及用户终端应有保安装置。

【释义】

本条款规定了雷击区光（电）缆在终端保安装置标准，以防雷击导致通信设备损坏蔓延事故。

**7.7.4** 郊区、空旷地区埋式光（电）缆线路与孤立大树的净距及光（电）缆与接地体根部的净距应符合设计要求。

【释义】

本条款强调光（电）缆线路与孤立大树的净距及其光（电）缆与接地体根部的净距注意事项，以防雷击保护光（电）缆安全。

**7.7.5** 光（电）缆防雷保护接地装置的接地电阻应符合设计要求。

【释义】

本条款强调防雷接地电阻注意事项，保护光（电）缆的安全。

**7.7.6** 在雷暴严重地区，应按照设计要求的规格程式和安装位置在相应段落安装防雷排流线。防雷排流线应位于光（电）缆上方 300mm 处，接头处应连接牢固。

【释义】

本条款强调了雷暴严重地区关于防雷排流线的规定标准，以保护光（电）缆的安全。

# 第 三 篇

# 消　　防

## 1.《建筑设计防火规范》GB 50016—2014

**3.3.8** 变、配电站不应设置在甲、乙类厂房内或贴邻，且不应设置在爆炸性气体、粉尘环境的危险区域内。供甲、乙类厂房专用的 **10kV** 及以下的变、配电站，当采用无门、窗、洞口的防火墙分隔时，可一面贴邻，并应符合现行国家标准《爆炸危险环境电力装置设计规范》**GB 50058** 等标准的规定。

乙类厂房的配电站确需在防火墙上开窗时，应采用甲级防火窗。

**【释义】**

本条规定了变、配电站与甲、乙类厂房之间的防火分隔要求。

（1）运行中的变压器存在燃烧或爆裂的可能，易导致相邻的甲、乙类厂房发生更大的次生灾害，故需考虑采用独立的建筑并在相互间保持足够的防火间距。如果生产上确有需要，可以设置一个专为甲类或乙类厂房服务的 10kV 及 10kV 以下的变电站、配电站，在厂房的一面外墙贴邻建造，并用无门窗洞口的防火墙隔开。条文中的"专用"，是指该变电站、配电站仅向与其贴邻的厂房供电，而不向其他厂房供电。

对于乙类厂房的配电站，如氨压缩机房的配电站，为观察设备、仪表运转情况而需要设观察窗时，允许在配电站的防火墙上设置采用不燃材料制作并且不能开启的防火窗。

（2）除执行本条的规定外，其他防爆、防火要求，见本规范第 3.6 节、第 9、10 章和现行国家标准《爆炸危险环境电力装置设计规范》GB 50058 的相关规定。

**5.4.12** 燃油或燃气锅炉、油浸变压器、充有可燃油的高压电容器和多油开关等，宜设置在建筑外的专用房间内；确需贴邻民用建筑布置时，应采用防火墙与所贴邻的建筑分隔，且不应贴邻人员密集场所，该专用房间的耐火等级不应低于二级；确需布置在民用建筑内时，不应布置在人员密集场所的上一层、下一层或贴邻，并应符合下列规定：

**2** 锅炉房、变压器室的疏散门均应直通室外或安全出口。

**3** 锅炉房、变压器室等与其他部位之间应采用耐火极限不低于 **2.00h** 的防火隔墙和 **1.50h** 的不燃性楼板分隔。在隔墙和楼板上不应开设洞口，确需在隔墙上设置门、窗时，应采用甲级防火门、窗。

**5** 变压器室之间、变压器室与配电室之间，应设置耐火极限不低于 **2.00h** 的防火隔墙。

**6** 油浸变压器、多油开关室、高压电容器室，应设置防止油品流散的设施。油浸变压器下面应设置能储存变压器全部油量的事故储油设施。

**7** 应设置火灾报警装置。

**8** 应设置与锅炉、变压器、电容器和多油开关等的容量及建筑规模相适应的灭火设施，当建筑内其他部位设置自动喷水灭火系统时，应设置自动喷水灭火系统。

**9** 锅炉的容量应符合现行国家标准《锅炉房设计规范》**GB 50041** 的规定。油浸变压器的总容量不应大于 **1260kV·A**，单台容量不应大于 **630kV·A**。

**【释义】**

本条规定了民用燃油、燃气锅炉房，油浸变压器室，充有可燃油的高压电容器，多油开关等房间的建筑平面布置、隔墙和设置消防设施等要求。

本条中的"人员密集场所",既包括我国《消防法》定义的人员密集场所,也包括会议厅等人员密集的场所。

本条中第 2 款的"直通室外",是指疏散门不经过其他用途的房间或空间直接开向室外或疏散门靠近室外出口,只经过一条距离较短的疏散走道直接到达室外。

充有可燃油的高压电容器、多油开关等,具有较大的火灾危险性,但干式或其他无可燃液体的变压器火灾危险性小,不易发生爆炸,故本条文未作限制。但干式变压器工作时易升温,温度升高易着火,故应在专用房间内做好室内通风排烟,并应有可靠的降温散热措施。

燃油、燃气锅炉房、油浸变压器室,充有可燃油的高压电容器、多油开关等受条件限制不得不布置在其他建筑内时,需采取相应的防火安全措施。锅炉具有爆炸危险,不允许设置在居住建筑和公共建筑中人员密集场所的上面、下面或相邻。

油浸变压器由于存有大量可燃油品,发生故障产生电弧时,将使变压器内的绝缘油迅速发生热分解,析出氢气、甲烷、乙烯等可燃气体,压力骤增,造成外壳爆裂而大量喷油,或者析出的可燃气体与空气混合形成爆炸性混合物,在电弧或火花的作用下极易引起燃烧爆炸。变压器爆裂后,火势将随高温变压器油的流淌而蔓延,容易形成大范围的火灾。

本条第 8 款规定了锅炉、变压器、电容器和多油开关等房间设置灭火设施的要求,对于容量大、规模大的多层建筑以及高层建筑,需设置自动灭火系统。对于按照规范要求设置自动喷水灭火系统的建筑,建筑内设置的燃油、燃气锅炉房等房间也要相应地设置自动喷水灭火系统。对于未设置自动喷水灭火系统的建筑,可以设置推车式 ABC 干粉灭火器或气体灭火器,如规模较大,则可设置水喷雾、细水雾或气体灭火系统等。

本条第 9 款规定了变压器的安装容量的限制要求。

**5.4.13** 布置在民用建筑内的柴油发电机房应符合下列规定:

**2** 不应布置在人员密集场所的上一层、下一层或贴邻。

**3** 应采用耐火极限不低于 2.00h 的防火隔墙和 1.50h 的不燃性楼板与其他部位分隔,门应采用甲级防火门。

**4** 机房内设置储油间时,其总储存量不应大于 1m³,储油间应采用耐火极限不低于 3.00h 的防火隔墙与发电机间分隔;确需在防火隔墙上开门时,应设置甲级防火门。

**5** 应设置火灾报警装置。

**6** 应设置与柴油发电机容量和建筑规模相适应的灭火设施,当建筑内其他部位设置自动喷水灭火系统时,机房内应设置自动喷水灭火系统。

**【释义】**

柴油发电机是建筑内的备用电源,柴油发电机房需要具有较高的防火性能,使之能在应急情况下保证发电。同时,柴油发电机本身及其储油设施也具有一定的火灾危险性。因此,应将柴油发电机房与其他部位进行良好的防火分隔,还要设置必要的灭火和报警设施。对于柴油发电机房内的灭火设施,应根据发电机组的大小、数量、用途等实际情况确定,有关灭火设施选型参见第 5.4.12 条的说明。

柴油储油间和室外储油罐的进出油路管道的防火设计应符合本规范第 5.4.14 条、第

5.4.15 条的规定。由于部分柴油的闪点可能低于 60℃，因此，需要设置在建筑内的柴油设备或柴油储罐，柴油的闪点不应低于 60℃。

**5.4.15** 设置在建筑内的锅炉、柴油发电机，其燃料供给管道应符合下列规定：

**1** 在进入建筑物前和设备间内的管道上均应设置自动和手动切断阀；

**2** 储油间的油箱应密闭且应设置通向室外的通气管，通气管应设置带阻火器的呼吸阀，油箱的下部应设置防止油品流散的设施。

**【释义】**

建筑内的可燃液体、可燃气体发生火灾时应首先切断其燃料供给，才能有效防止火势扩大，控制油品流散和可燃气体扩散。

**5.5.23** 建筑高度大于 **100m** 的公共建筑，应设置避难层（间）。避难层（间）应符合下列规定：

**7** 应设置消防专线电话和应急广播。

**【释义】**

建筑高度大于 100m 的建筑，使用人员多、竖向疏散距离长，因而人员的疏散时间长。建筑专业需根据规范要求设置避难层或避难间，根据目前国内主战举高消防车——50m 高云梯车的操作要求，规定从首层到第一个避难层之间的高度不应大于 50m，以便火灾时不能经楼梯疏散而要停留在避难层的人员可采用云梯车救援下来。根据普通人爬楼梯的体力消耗情况，结合各种机电设备及管道等的布置和使用管理要求，将两个避难层之间的高度确定为不大于 50m 较为适宜。本条第 7 款的规定是为了便于避难间里人员避难需要和保证其避难安全及内外联系，故须设置消防专线电话和应急广播。

**5.5.24** 高层病房楼应在二层及以上的病房楼层和洁净手术部设置避难间。避难间应符合下列规定：

**4** 应设置消防专线电话和消防应急广播。

**【释义】**

本条规定是为了满足高层病房楼和手术室中难以在火灾时及时疏散的人员的避难需要和保证其避难安全。本条是参考美国、英国等国对医疗建筑避难区域或使用轮椅等行动不便人员避难的规定，结合我国相关实际情况确定的。

每个护理单元的床位数一般是 40 床～60 床，建筑面积为 1200m² ～1500m²，按 3 人间病房、疏散着火房间和相邻房间的患者共 9 人，每个床位按 2m² 计算，共需要 18m²，加上消防员和医护人员、家属所占用面积，规定避难间面积不小于 25m²。

避难间可以利用平时使用的房间，如每层的监护室，也可以利用电梯前室。病房楼按最少 3 部病床梯对面布置，其电梯前室面积一般为 24～30m²。但合用前室不适合用作避难间，以防止病床影响人员通过楼梯疏散。

本条第 4 款的规定是为了便于避难间里人员避难需要和保证其避难安全及内外联系，故须设置消防专线电话和应急广播。

**6.2.7** 附设在建筑内的消防控制室、灭火设备室、消防水泵房和通风空气调节机房、变配电室等，应采用耐火极限不低于 **2.00h** 的防火隔墙和 **1.50h** 的楼板与其他部位分隔。

设置在丁、戊类厂房内的通风机房，应采用耐火极限不低于 **1.00h** 的防火隔墙和

0.50h 的楼板与其他部位分隔。

通风、空气调节机房和变配电室开向建筑内的门应采用甲级防火门，消防控制室和其他设备房开向建筑内的门应采用乙级防火门。

【释义】

本条规定了建筑内设置的消防控制室、消防设备房等重要设备房的防火分隔和防火门级别要求。设置在其他建筑内的消防控制室、变配电室、固定灭火系统的设备室等要保证该建筑发生火灾时，不会受到火灾的威胁，确保消防设施正常工作。

**8.1.7** 设置火灾自动报警系统和需要联动控制的消防设备的建筑（群）应设置消防控制室。消防控制室的设置应符合下列规定：

**1** 单独建造的消防控制室，其耐火等级不应低于二级；

**3** 不应设置在电磁场干扰较强及其他可能影响消防控制设备正常工作的房间附近；

**4** 疏散门应直通室外或安全出口。

【释义】

消防控制室是建筑物内防火、灭火设施的显示、控制中心，必须确保控制室具有足够的防火性能，设置的位置能便于安全进出。

对于自动消防设施设置较多的建筑，设置消防控制室可以方便采用集中控制方式管理、监视和控制建筑内自动消防设施的运行状况，确保建筑消防设施的可靠运行。消防控制室的疏散门设置说明，见本规范第 8.1.6 条的条文说明。有关消防控制室内应具备的显示、控制和远程监控功能，在国家标准《消防控制室通用技术要求》GB 25506 中有详细规定，有关消防控制室内相关消防控制设备的构成和功能、电源要求、联动控制功能等的要求，在国家标准《火灾自动报警系统设计规范》GB 50116 中也有详细规定，设计应符合这些标准的相应要求。

**8.1.8** 消防水泵房和消防控制室应采取防水淹的技术措施。

【释义】

本条是根据近年来一些重特大火灾事故的教训确定的。在实际火灾中，有不少消防水泵房和消防控制室因被淹或进水而无法使用，严重影响自动消防设施的灭火、控火效果，影响灭火救援行动。因此，既要通过合理确定这些房间的布置楼层和位置，也要采取门槛、排水 措施等方法防止灭火或自动喷水等灭火设施动作后的水积聚而致消防控制设备或消防水泵、消防电源与配电装置等被淹。

**8.3.7** 下列场所应设置自动灭火系统，并宜采用水喷雾灭火系统：

**1** 单台容量在 40MV·A 及以上的厂矿企业油浸变压器，单台容量在 90MV·A 及以上的电厂油浸变压器，单台容量在 125MV·A 及以上的独立变电站油浸变压器；

**3** 充可燃油并设置在高层民用建筑内的高压电容器和多油开关室。

注：设置在室内的油浸变压器、充可燃油的高压电容器和多油开关室，可采用细水雾灭火系统。

【释义】

水喷雾灭火系统喷出的水滴粒径一般在 1mm 以下，喷出的水雾能吸收大量的热量，具有良好的降温作用，同时水在热作用下会迅速变成水蒸气，并包裹保护对象，起到部分窒息灭火的作用。水喷雾灭火系统对于重质油品具有良好的灭火效果。

变压器油的闪点一般都在 120℃以上，适用采用水喷雾灭火系统保护。对于缺水或严寒、寒冷地区、无法采用水喷雾灭火系统的电力变压器和设置在室内的电力变压器，以及充可燃油的高压电容器和多油开关，可以采用二氧化碳等气体灭火系统。另外，对于变压器，目前还有一些有效的其他灭火系统可以采用，如自动喷水—泡沫联用系统、细水雾灭火系统等。

**8.3.9** 下列场所应设置自动灭火系统，并宜采用气体灭火系统：

**1** 国家、省级或人口超过 100 万的城市广播电视发射塔内的微波机房、分米波机房、米波机房、变配电室和不间断电源（UPS）室；

**2** 国际电信局、大区中心、省中心和一万路以上的地区中心内的长途程控交换机房、控制室和信令转接点室；

**3** 两万线以上的市话汇接局和六万门以上的市话端局内的程控交换机房、控制室和信令转接点室；

**4** 中央及省级公安、防灾和网局级及以上的电力等调度指挥中心内的通信机房和控制室；

**5** A、B 级电子信息系统机房内的主机房和基本工作间的已记录磁（纸）介质库；

**6** 中央和省级广播电视中心内建筑面积不小于 120m² 的音像制品库房；

**7** 国家、省级或藏书量超过 100 万册的图书馆内的特藏库；中央和省级档案馆内的珍藏库和非纸质档案库；大、中型博物馆内的珍品库房级纸绢质文物的陈列室；

**8** 其他特殊重要设备室。

注：1 本条第 1、4、5、8 款规定的部位，可采用细水雾灭火系统。

2 当有备用主机和备用已记录磁（纸）介质，且设置在不同建筑内或同一建筑内的不同防火分区内时，本条第 5 款规定的部位可采用预作用自动喷水灭火系统。

**【释义】**

本条规定的气体灭火系统主要包括高低压二氧化碳、七氟丙烷、三氟甲烷、氮气、IG541、IG55 等灭火系统。气体灭火剂不导电、一般不造成二次污染，是扑救电子设备、精密仪器设备、贵重仪器和档案图书等纸质、绢质或磁介质材料信息载体的良好灭火剂。气体灭火系统在密闭的空间里有良好的灭火效果，但系统投资较高，故本规范只要求在一些重要的机房、贵重设备室、珍藏室、档案库内设置。

（1）电子信息系统机房的主机房，按照现行国家标准《电子信息系统机房设计规范》GB 50174 的规定确定。根据《电子信息系统机房设计规范》GB 50174—2008 的规定，A、B 级电子信息系统机房的分级为：电子信息系统运行中断将造成重大的经济损失或公共场所秩序严重混乱的机房为 A 级机房，电子信息系统运行中断将造成较大的经济损失或公共场所秩序混乱的机房为 B 级机房。图书馆的特藏库，按照国家现行标准《图书馆建筑设计规范》JGJ 38 的规定确定。档案馆的珍藏库，按照国家现行标准《档案馆建筑设计规范》JGJ 25 的规定确定。大、中型博物馆按照国家现行标准《博物馆建筑设计规范》JGJ 66 的规定确定。

（2）特殊重要设备，主要指设置在重要部位和场所中，发生火灾后将严重影响生产和生活的关键设备。如化工厂中的中央控制室和单台容量 300MW 机组及以上容量的发电厂的电子设备间、控制室、计算机房及继电器室等。高层民用建筑内火灾危险性大，发生火灾后对生产、生活产生严重影响的配电室等，也属于特殊重要设备室。

（3）从近几年二氧化碳灭火系统的使用情况看，该系统应设置在不经常有人停留的场所。

**8.4.1** 下列建筑或场所应设置火灾自动报警系统：

**1** 任一层建筑面积大于 1500m² 或总建筑面积大于 3000m² 的制鞋、制衣、玩具、电子等类似用途的厂房；

**2** 每座占地面积大于 1000m² 的棉、毛、丝、麻、化纤及其制品的仓库，占地面积大于 500m² 或总建筑面积大于 1000m² 的卷烟仓库；

**3** 任一层建筑面积大于 1500m² 或总建筑面积大于 3000m² 的商店、展览、财贸金融、客运和货运等类似用途的建筑，总建筑面积大于 500m² 的地下或半地下商店；

**4** 图书或文物的珍藏库，每座藏书超过 50 万册的图书馆，重要的档案馆；

**5** 地市级及以上广播电视建筑、邮政建筑、电信建筑，城市或区域性电力、交通和防灾等指挥调度建筑；

**6** 特等、甲等剧场，座位数超过 1500 个的其他等级的剧场或电影院，座位数超过 2000 个的会堂或礼堂，座位数超过 3000 个的体育馆；

**7** 大、中型幼儿园的儿童用房等场所，老年人建筑，任一层建筑面积大于 1500m² 或总建筑面积大于 3000m² 的疗养院的病房楼、旅馆建筑和其他儿童活动场所，不少于 200 床位的医院门诊楼、病房楼和手术部等；

**8** 歌舞娱乐放映游艺场所；

**9** 净高大于 2.6m 且可燃物较多的技术夹层，净高大于 0.8m 且有可燃物的闷顶或吊顶内；

**10** 大、中型电子计算机房及控制室、记录介质库，特殊贵重或火灾危险性大的机器、仪表、仪器设备室、贵重物品库房，设置气体灭火系统的房间；

**11** 二类高层公共建筑内建筑面积大于 50m² 的可燃物品库房和建筑面积大于 500m² 的营业厅；

**12** 其他一类高层公共建筑；

**13** 设置机械排烟、防烟系统、雨淋或预作用自动喷水灭火系统、固定消防水泡灭火系统等需与火灾自动报警系统连锁动作的场所或部位。

**【释义】**

火灾自动报警系统能起到早期发现和通报火警信息，及时通知人员进行疏散、灭火的作用，应用广泛。本条规定的设置范围，主要为同一时间停留人数较多，发生火灾容易造成人员伤亡需及时疏散的场所或建筑；可燃物较多，火灾蔓延迅速，扑救困难的场所或建筑；以及不易及时发现火灾且性质重要的场所或建筑。该规定是对国内火灾自动报警系统工程实践经验的总结，并考虑了我国经济发展水平。本条所规定的场所，如未明确具体部位的，除个别火灾危险性小的部位，如卫生间、泳池、水泵房等外，需要在该建筑内全部设置火灾自动报警系统。

**1** 制鞋、制衣、玩具、电子等类似火灾危险性的厂房主要考虑了该类建筑面积大、同一时间内人员密度较大、可燃物多。

2 商店和展览建筑中的营业、展览厅和娱乐场所等场所，为人员较密集、可燃物较多、容易发生火灾，需要早报警、早疏散、早扑救的场所。

4 重要的档案馆，主要指国家现行标准《档案馆设计规范》JGJ 25 规定的国家档案馆。其他专业档案馆，可视具体情况比照本规定确定。

5 对于地市级以下的电力、交通和防灾调度指挥、广播电视、电信和邮政建筑，可视建筑的规模、高度和重要性等具体情况确定。

6 剧场和电影院的级别，按国家现行标准《剧场建筑设计规范》JGJ 57 和《电影院建筑设计规范》JGJ 58 确定。

10 根据现行国家标准《电子信息系统机房设计规范》GB 5017—2008 的规定，电子信息系统的主机房为主要用于电子信息处理、存储、交换和传输设备的安装和运行的建筑空间，包括服务器机房、网络机房、存储机房等功能区域。

13 建筑中有需要与火灾自动报警系统联动的设施主要有：机械排烟系统、机械防烟系统、水幕系统、雨淋系统、预作用系统、水喷雾灭火系统、气体灭火系统、防火卷帘、常开防火门、自动排烟窗等。

**8.4.3** 建筑内可能散发可燃气体、可燃蒸气的场所应设置可燃报警装置。

【释义】

本条规定应设置可燃气体探测报警装置的场所，包括工业生产、储存，公共建筑中可能散发可燃蒸气或气体，并存在爆炸危险的场所与部位，也包括丙、丁类厂房、仓库中存储或使用燃气加工的部位，以及公共建筑中的燃气锅炉房等场所，不包括住宅建筑内的厨房。

**10.1.1** 下列建筑物、储罐（区）和堆场的消防用电应按一级负荷供电：

1 建筑高度大于 50m 的乙、丙类厂房和丙类仓库；

2 一类高层民用建筑。

【释义】

消防用电的可靠性是保证建筑消防设施可靠运行的基本保证。本条根据建筑扑救难度和建筑的功能及其重要性以及建筑发生火灾后可能的危害与损失、消防设施的用电情况，确定了建筑中的消防用电设备要求按一级负荷进行供电的建筑范围。本规范中的"消防用电"包括消防控制室照明、消防水泵、消防电梯、防烟排烟设备、火灾探测与报警系统、自动灭火系统或装置、疏散照明、疏散指示标志和电动的防火门窗、卷帘、阀门等设施、设备在正常和应急情况下的用电。

**10.1.2** 下列建筑物、储罐（区）和堆场的消防用电应按二级负荷供电：

1 室外消防用水量大于 35L/s 的厂房（仓库）；

2 室外消防用水量大于 35L/s 的可燃材料堆场、可燃气体罐（区）和甲、乙类液体储罐（区）；

3 粮食仓库及粮食筒仓；

4 二类高层民用建筑；

5 座位数超过 1500 个的电影院、剧场，座位数超过 3000 个的体育馆，任一层建筑面积大于 3000m² 的商店和展览建筑，省（市）级及以上的广播电视、电信和财贸金融建筑，室外消防用水量大于 25L/s 的其他公共建筑。

**【释义】**

本条规定了需按二级负荷要求对消防用电设备供电的建筑物类型范围，有关说明参见第 10.1.1 条的条文说明。

**10.1.5** 建筑内消防应急照明和灯光疏散指示标志的备用电源的连续供电时间应符合下列规定：

**1** 建筑高度大于 100m 的民用建筑，不应小于 1.5h；

**2** 医疗建筑、老年人建筑、总建筑面积大于 100000m² 公共建筑，不应小于 1.0h；

**3** 其他建筑，不应少于 0.5h。

**【释义】**

疏散照明和疏散指示标志是保证建筑中人员疏散安全的重要保障条件，应急备用照明主要用于建筑中消防控制室、重要控制室等一些特别重要岗位的照明。在火灾时，在一定时间内持续保障这些照明，是十分必要和重要的。

本规范中的"消防应急照明"是指火灾时的疏散照明和备用照明。对于疏散照明备用电源的连续供电时间，试验和火灾证明，单、多层建筑和部分高层建筑着火时，人员一般能在 10min 以内疏散完毕。本条规定的连续供电时间，考虑了一定安全系数以及实际人员疏散状况和个别人员疏散困难等情况。对于建筑高度大于 100m 的民用建筑、医院等场所和大型公共建筑等，由于疏散人员体质弱、人员较多或疏散距离较长等，会出现疏散时间较长的情况，故对这些场所的连续供电时间要求有所提高。

为保证应急照明和疏散指示标志用电的安全可靠，设计要尽可能采用集中供电方式。应急备用电源无论采用何种方式，均需在主电源断电后能立即自动投入，并保持持续供电，功率能满足所有应急用电照明和疏散指示标志在设计供电时间内连续供电的要求。

**10.1.6** 消防用电设备应采用专用的供电回路，当建筑内的生产、生活用电被切断时，应仍能保证消防用电。

备用消防电源的供电时间和容量，应满足该建筑火灾延续时间内各消防用电设备的要求。

**【释义】**

本条旨在保证消防用电设备供电的可靠性。实践中，尽管电源可靠，但如果消防设备的配电线路不可靠，仍不能保证消防用电设备供电可靠性，因此要求消防用电设备采用专用的供电回路，确保生产、生活用电被切断时，仍能保证消防供电。

如果生产、生活用电与消防用电的配电线路采用同一回路，火灾时，可能因电气线路短路或切断生产、生活用电，导致消防用电设备不能运行，因此，消防用电设备均应采用专用的供电回路。同时，消防电源宜直接取自建筑内设置的配电室的母线或低压电缆进线，且低压配电系统主接线方案应合理，以保证当切断生产、生活电源时，消防电源不受影响。

对于建筑的低压配电系统主接线方案，目前在国内建筑电气工程中采用的设计方案有不分组设计和分组设计两种。对于不分组方案，常见消防负荷采用专用母线段，但消防负荷与非消防负荷共用同一进线断路器或消防负荷与非消防负荷共用同一进线断路器和同一低压母线段。这种方案主接线简单、造价较低，但这种方案使消防负荷受非消防负荷故障的影响较大；对于分组设计方案，消防供电电源是从建筑的变电站低压侧封闭母线处将消防电源分出，形成各自独立的系统，这种方案主接线相对复杂，造价较高，但这种方案使消防负荷受非消防负荷故障的影响较小。图11给出了几种接线方案的示意做法。

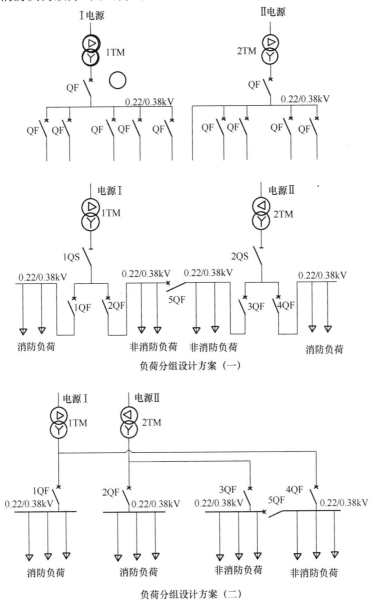

图11　消防用电设备电源在变压器低压出线端设置单独主断路器示意

　　当采用柴油发电机作为消防设备的备用电源时，要尽量设计独立的供电回路，使电源能直接与消防用电设备连接，参见图12。

　　本条规定的"供电回路"，是指从低压总配电室或分配电室至消防设备或消防设备室

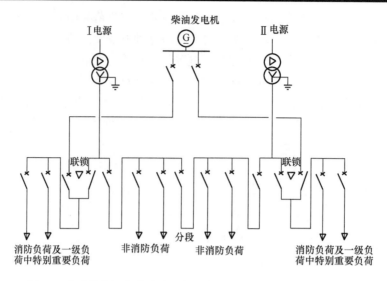

图 12　柴油发电机作为消防设备的备用电源的配电系统分组方案

（如消防水泵房、消防控制室、消防电梯机房等）最末级配电箱的配电线路。

对于消防设备的备用电源，通常有三种：①独立于工作电源的市电回路；②柴油发电机；③应急供电电源（EPS）。这些备用电源的供电时间和容量，均要求满足各消防用电设备设计持续运行时间最长者的要求。

**10.1.8　消防控制室、消防水泵房、防烟和排烟风机房的消防用电设备及消防电梯等的供电，应在其配电线路的最末一级配电箱处设置自动切换装置。**

【释义】

本条要求是保证消防用电供电可靠性的一项重要措施。

本条规定的最末一级配电箱：对于消防控制室、消防水泵房、防烟和排烟风机房的消防用电设备及消防电梯等，为上述消防设备或消防设备室处的最末级配电箱；对于其他消防设备用电，如消防应急照明和疏散指示标志等，为这些用电设备所在防火分区的配电箱。

**10.1.10　消防配电线路应满足火灾时连续供电的需求，其敷设应符合下列规定：**

**1　明敷时（包括敷设在吊顶内），应穿金属导管或采用封闭式金属槽盒保护，金属导管或封闭式金属槽盒应采取防火保护措施；当采用阻燃或耐火电缆并敷设在电缆井、沟内时，可不穿金属导管或采用封闭式金属槽盒保护；当采用矿物绝缘类不燃性电缆时，可直接明敷；**

**2　暗敷时，应穿管并应敷设在不燃性结构内且保护层厚度不应小于30mm。**

【释义】

消防配电线路的敷设是否安全，直接关系到消防用电设备在火灾时能否正常运行，因此，本条对消防配电线路的敷设提出了强制性要求。

工程中，电气线路的敷设方式主要有明敷和暗敷两种方式。对于明敷方式，由于线路暴露在外，火灾时容易受火焰或高温的作用而损毁，因此，规范要求线路明敷时要穿金属导管或金属线槽并采取保护措施。保护措施一般可采取包覆防火材料或涂刷防火涂料。

对于阻燃或耐火电缆，由于其具有较好的阻燃和耐火性能，故当敷设在电缆井、沟内时，可不穿金属导管或封闭式金属槽盒。"阻燃电缆"和"耐火电缆"为符合国家现行标准《阻燃及耐火电缆：塑料绝缘阻燃及耐火电缆分级和要求》GA 306.1~2 的电缆。

矿物绝缘类不燃性电缆由铜芯、矿物质绝缘材料、铜等金属护套组成，除具有良好的导电性能、机械物理性能、耐火性外，还具有良好的不燃性，这种电缆在火灾条件下不仅能够保证火灾延续时间内的消防供电，还不会延燃、不产生烟雾，故规范允许这类电缆可以直接明敷。

暗敷设时，配电线路穿金属导管并敷设在保护层厚度达到 30mm 以上的结构内，是考虑到这种敷设方式比较安全、经济，且试验表明，这种敷设能保证线路在火灾中继续供电，故规范对暗敷时的厚度作出相关规定。

**10.2.1** 架空电力线与甲、乙类厂房（仓库），可燃材料堆垛，甲、乙、丙类液体储罐，液化石油气储罐，可燃、助燃气体储罐的最近水平距离应符合表 10.2.1 的规定。

**35kV 及以上架空电力线与单罐容积大于 200m³ 或总容积大于 1000m³ 液化石油气储罐（区）的最近水平距离不应小于 40m。**

表 10.2.1　架空电力线与甲、乙类厂房（仓库）、可燃材料堆垛等的最近水平距离（m）

| 名　称 | 架空电力线 |
|---|---|
| 甲、乙类厂房（仓库），可燃材料堆垛，甲、乙、丙类液体储罐，液化石油气储罐，可燃、助燃气体储罐 | 电杆（塔）高度的 1.5 倍 |
| 直埋地下的甲、乙类液体储罐和可燃气体储罐 | 电杆（塔）高度的 0.75 倍 |
| 丙类液体储罐 | 电杆（塔）高度的 1.2 倍 |
| 直埋地下的丙类液体储罐 | 电杆（塔）高度的 0.6 倍 |

**【释义】**

本条规定的甲、乙类厂房，甲、乙类仓库，可燃材料堆垛，甲、乙、丙类液体储罐，液化石油气储罐和可燃、助燃气体储罐，均为容易引发火灾且难以扑救的场所和建筑。本条确定的这些场所或建筑与电力架空线的最近水平距离，主要考虑了架空电力线在倒杆断线时的危害范围。

据调查，架空电力线倒杆断线现象多发生在刮大风特别是刮台风时。据 21 起倒杆、断线事故统计，倒杆后偏移距离在 1m 以内的 6 起，2~4m 的 4 起，半杆高的 4 起，一杆高的 4 起，1.5 倍杆高的 2 起，2 倍杆高的 1 起。对于采用塔架方式架设电线时，由于顶部用于稳定部分较高，该杆高可按最高一路调设线路的吊杆距地高度计算。

储存丙类液体的储罐，液体的闪点不低于 60℃，在常温下挥发可燃蒸气少，蒸气扩散达到燃烧爆炸范围的可能性更小。对此，可按不少于 1.2 倍电杆（塔）高的距离确定。

对于容积大的液化石油气单罐，实践证明，保持与高压架空电力线 1.5 倍杆（塔）高的水平距离，难以保障安全。因此，本条规定 35kV 以上的高压电力架空线与单罐容积大于 200m³ 液化石油气储罐或总容积大于 1000m³ 的液化石油气储罐区的最小水平间距，当根据表 10.2.1 的规定按电杆或电塔高度的 1.5 倍计算后，距离小于 40m 时，仍需要按照 40m 确定。

对于地下直埋的储罐，无论储存的可燃液体或可燃气体的物性如何，均因这种储存方式有较高的安全性、不易大面积散发可燃蒸气或气体，该储罐与架空电力线路的距离可在相应规定距离的基础上减小一半。

**10.2.4** 开关、插座和照明灯具靠近可燃物时，应采取隔热、散热等防火措施。

卤钨灯和额定功率不小于 **100W** 的白炽灯、卤钨灯、高压钠灯、金属卤化物灯、荧光高压汞灯（包括电杆镇流器）等，不应直接安装在可燃物体上或采取其他防火措施。

**【释义】**

本条规定主要为预防和减少因照明器表面的高温部位靠近可燃物所引发的火灾。卤钨灯（包括碘钨灯和溴钨灯）的石英玻璃表面温度很高，如 1000W 的灯管温度高达 500～800℃，很容易烤燃与其靠近的纸、布、木构件等可燃物。吸顶灯、槽灯、嵌入式灯等采用功率不小于 100W 的白炽灯泡的照明灯具和不小于 60W 的白炽灯、卤钨灯、荧光高压汞灯、高压钠灯、金属卤灯光源等灯具，使用时间较长时，引入线及灯泡的温度会上升，甚至到 100℃ 以上。本条规定旨在防止高温灯泡引燃可燃物，而要求采用瓷管、石棉、玻璃丝等不燃烧材料将这些灯具的引入线与可燃物隔开。根据试验，不同功率的白炽灯的表面温度及其烤燃可燃物的时间、温度，见表 19。

**表 19　白炽灯泡将可燃物烤至着火的时间、温度**

| 灯泡功率（W） | 摆放形式 | 可燃物 | 烤至着火的时间（min） | 烤至着火的温度（℃） | 备注 |
|---|---|---|---|---|---|
| 75 | 卧式 | 稻草 | 2 | 360～367 | 埋入 |
| 100 | 卧式 | 稻草 | 12 | 342～360 | 紧贴 |
| 100 | 垂式 | 稻草 | 50 | 炭化 | 紧贴 |
| 100 | 卧式 | 稻草 | 2 | 360 | 埋入 |
| 100 | 垂式 | 棉絮被套 | 13 | 360～367 | 紧贴 |
| 100 | 卧式 | 乱纸 | 8 | 333～360 | 埋入 |
| 200 | 卧式 | 稻草 | 8 | 367 | 紧贴 |
| 200 | 卧式 | 乱稻草 | 4 | 342 | 紧贴 |
| 200 | 卧式 | 稻草 | 1 | 360 | 埋入 |
| 200 | 垂式 | 玉米秸 | 15 | 365 | 埋入 |
| 200 | 垂式 | 纸张 | 12 | 333 | 紧贴 |
| 200 | 垂式 | 多层报纸 | 125 | 333～360 | 紧贴 |
| 200 | 垂式 | 松木箱 | 57 | 398 | 紧贴 |
| 200 | 垂式 | 棉被 | 5 | 367 | 紧贴 |

**10.3.1** 除建筑高度小于 27m 的住宅建筑外，民用建筑、厂房和丙类仓库的下列部位应设置疏散照明：

　　**1** 封闭楼梯间、防烟楼梯间及其前室、消防电梯间的前室或合用前室、避难走道、避难层（间）；

　　**2** 观众厅、展览厅、多功能厅和建筑面积大于 200m² 的营业厅、餐厅、演播室等人员密集的场所；

    **3** 建筑面积大于 100m² 的地下或半地下公共活动场所；

    **4** 公共建筑内的疏散走道；

    **5** 人员密集的厂房内的生产场所及疏散走道。

**【释义】**

    设置疏散照明可以使人们在正常照明电源被切断后，仍能以较快的速度逃生，是保证和有效引导人员疏散的设施。本条规定了建筑内应设置疏散照明的部位，这些部位主要为人员安全疏散必须经过的重要节点部位和建筑内人员相对集中、人员疏散时易出现拥堵情况的场所。

    对于本规范未明确规定的场所或部位，设计师应根据实际情况，从有利于人员安全疏散需要出发考虑设置疏散照明，如生产车间、仓库、重要办公楼中的会议室等。

**10.3.2** 建筑内疏散照明的地面最近水平照度应符合下列规定：

    **1** 对于疏散走大道，不应小于 1.0lx；

    **2** 对于人员密集场所、避难层（间），不应低于 3.0lx；对于病房楼或手术部的避难层，不应低于 10.0lx；

    **3** 对于楼梯间、前室或合用前室、避难走道，不应低于 5.0lx。

**【释义】**

    本条规定的区域均为疏散过程中的重要过渡区或视作室内的安全区，适当提高疏散应急照明的照度值，可以大大提高人员的疏散速度和安全疏散条件，有效地减少人员伤亡。

    本条规定设置消防疏散照明场所的照度值，考虑了我国各类建筑中暴露出来的一些影响人员疏散的问题，参考了美国、英国等国家的相关标准，但仍较这些国家的标准要求低。因此，有条件的，要尽量增加该照明的照度，从而提高疏散的安全性。

**10.3.3** 消防控制室、消防水泵房、自备发电机房、配电室、防排烟机房以及发生火灾时仍需正常工作的消防设备房应设置备用照明，其作业面的最低照度不应低于正常照明的照度。

**【释义】**

    消防控制室、消防水泵房、自备发电机房等是要在建筑发生火灾时继续保持正常工作的部位，故消防应急照明的照度值仍应保证正常照明的照度要求。这些场所一般照明标准值参见现行国家标准《建筑照明设计标准》GB 50034 的有关规定。

**12.5.1** 一、二类隧道的消防用电应按一级负荷要求供电；三类隧道的消防用电应按二级负荷要求供电。

**【释义】**

    消防用电的可靠性是保证消防设施可靠运行的基本保证。本条根据不同隧道火灾的扑救难度和发生火灾后可能的危害与损失、消防设施的用电情况，确定了隧道中消防用电的供电负荷要求。

**12.5.4** 隧道内严禁设置可燃气体管道；电缆线槽应与其他管道分开敷设。当设置 10kV及以上的高压电缆时，应采用耐火极限不低于 2.00h 的防火分隔体与其他区域分隔。

## 【释义】

本条规定目的在于控制隧道内的灾害源，降低火灾危险，防止隧道着火时因高压线路、燃气管线等加剧火势的发展而影响安全疏散与抢险救援等行动。考虑到城市空间资源紧张，少数情况下不可避免存在高压电缆敷设需搭载隧道穿越江、河、湖泊等的情况，要求采取一定防火措施后允许借道敷设，以保障输电线路和隧道的安全。

## 2.《汽车库、修车库、停车场设计防火规范》GB 50067—2014

**5.1.3** 室内无车道且无人员停留的机械式汽车库，应符合下列规定：

**2** 汽车库内应设置火灾自动报警系统和自动喷水灭火系统，自动喷水灭火系统应选用快速响应喷头。

## 【释义】

由于室内无车道且无人员停留的机械式汽车库是一种特殊的汽车库形式，由于人员不能进入里面，与普通汽车库有所不同。不仅车辆疏散难度很大，而且灭火难度也很大，有必要设置火灾自动报警系统及消防设施设置，来保证此类汽车库的安全性。

**5.3.1** 电梯井、管道井、电缆井和楼梯间应分别独立设置。管道井、电缆井的井壁应采用不燃材料，且耐火极限不应低于1.00h；电梯井的井壁应采用不燃材料，且耐火极限不应低于2.00h。

## 【释义】

建筑物内的各种竖向管井是火灾蔓延的途径之一。为了防止火势向上蔓延，要求电梯井、管道井、电缆井以及楼梯间应各自独立分开设置。为防止火灾时竖向管井烧毁并扩大灾情，规定了管道井井壁耐火极限不低于1.00h。电梯井井壁耐火极限不低于2.00h的不燃性结构。建筑内的竖向管井在没有采取防火措施的情况下将形成强烈的烟囱效应，而烟囱放应是火灾时火势扩大蔓延的重要因素。如果电梯井、管道井及电缆井未分开设置且未达到一定的耐火极限，一旦发生火灾，将导致烟火沿竖向井道向其他楼层蔓延。

**5.3.2** 电缆井、管道井应在每层楼板处采用不燃材料或防火封墙材料进行分隔，且分隔后的耐火极限不应低于楼板的耐火极限，井壁上的检查门应采用丙级防火门。

## 【释义】

电缆井、管道井应做竖向防火分隔，在每层楼板处用相当于楼板耐火极限的不燃烧材料封堵。建筑物内的竖向管井如果未分隔将形成强烈的烟囱效应，从而导致烟火沿竖向管井向建筑物的其他楼层蔓延，因此保证各类竖井的构造要求是非常必要的。

**9.0.7** 除敞开式汽车库、屋面停车场外，下列汽车库、修车库应设置火灾自动报警系统：

**1** Ⅰ类汽车库、修车库；

**2** Ⅱ类地下、半地下汽车库、修车库；

**3** Ⅱ类高层汽车库、修车库；

**4** 机械式汽车库；

**5** 采用汽车专用升降机作汽车疏散出口的汽车库。

## 【释义】

本条规定了应设置火灾自动报警系统的汽车库、修车库。此次修订明确了屋面停车场可不设置火灾自动报警系统。同时，对条文的表述方式也作了调整。根据对国内 14 个城市汽车库进行的调查，目前较大型的汽车库都安装了火灾自动报警设施。但由于汽车库内通风不良，又受车辆尾气的影响，不少安装了烟感报警的设备经常发生故障。因此，在汽车库安装何种自动报警设备应根据汽车库的通风条件和自动报警设施的工作条件而定。由于汽车库、修车库人员少，起火不易发现，所以一旦发生火灾极可能导致重大财产损失，为早期发现和通报火灾，并及时采取有效措施控制和扑救火灾，大、中型及地下汽车库等设置火灾自动报警系统是十分必要的。

3.《自动喷水灭火系统设计规范》GB 50084—2001（2005 年修订版）

**6.2.7** 连接报警阀进出口的控制阀应采用信号阀。当不采用信号阀时，控制阀应设锁定阀位的锁具。

【释义】

为防止误操作，本条对报警间进出口设置的控制阀，规定应采用信号阀或配置能够锁定阀板位置的锁具。

**6.5.1** 每个报警阀组控制的最不利点喷头处，应设末端试水装置，其他防火分区、楼层均应设直径为 **25mm** 的试水阀。末端试水装置和试水阀应便于操作，且应有足够排水能力的排水设施。

【释义】

提出了设置末端试水装置的规定。为了检验系统的可靠性，测试系统能否在开放一只喷头的最不利条件下可靠报警并正常启动，要求在每个报警阀的供水最不利点处设置末端试水装置。末端试水装置测试的内容，包括水流指示器、报警阀、压力开关、水力警铃的动作是否正常，配水管道是否畅通，以及最不利点处的喷头工作压力等。其他的防火分区与楼层，则要求在供水最不利点处装设直径 25mm 的试水阀，以便在必要时连接末端试水装置。

4.《人民防空工程设计防火规范》GB 50098—2009

**3.1.10** 柴油发电机房和燃油或燃气锅炉房的设置除应符合现行国家标准《建筑设计防火规范》GB 50016 的有关规定外，尚应符合下列规定：

　　**2** 柴油发电机房与电站控制室之间的密闭观察窗除应符合密闭要求外，还应达到甲级防火窗的性能；

　　**3** 柴油发电机房与电站控制室之间的连接通道处，应设置一道具有甲级防火门耐火性能的门，并应常闭；

　　**4** 储油间的设置应符合本规范第 **4.2.4** 条的规定。

【释义】

柴油发电机和锅炉的燃料是柴油、重油、燃气等，在采取相应的防火措施，并设置火灾自动报警系统和自动灭火装置后是可以在人防工程内使用的。储油间储油量，燃油锅炉房不应大于 $1.00m^3$，柴油发电机房不应大于 8h 的需要量，其规定是指平时的储油量；战时根据战时的规定确定储油量，不受平时规定的限制。

1 使用燃油、燃气的设备房间有一定的火灾危险性,故需要独立划分防火分区;

2 柴油发电机房与电站控制室属于两个不同的防火分区,故密闭观察窗应达到甲级防火窗的性能,并应符合人防工程密闭的要求;

3 柴油发电机房与电站控制室之间连接通道处的连通门是用于不同防火分区之间分隔用的,除了防护上需要设置密闭门外,需要设置一道甲级防火门,如采用密闭门代替,则其中一道密闭门应达到甲级防火门的性能,由于该门仅操作人员使用,对该门的开启和关闭是熟悉的,故可以采用具有防火功能的密闭门;也可增加设置一道甲级防火门。

**4.4.2** 防火门的设置应符合下列规定:

**5** 常开的防火门应具有信号反馈的功能。

【释义】

要求常开的防火门具有信号反馈功能,是为了使消防值班人员能知道常开防火门的开启情况。

**8.1.2** 消防控制室、消防水泵、消防电梯、防烟风机、排烟风机等消防用电设备应采用两路电源或两回路供电线路供电,并应在最末一级配电箱处自动切换。

当采用柴油发电机组作备用电源时,应设置自动启动装置,并能在 30s 内供电。

【释义】

本条对消防设备的两路电源的切换方式、切换点及自备发电设备的启动方式作了规定。这是消防设备工作的性质决定的,只有在末级配电盘(箱)上自动切换,才能保证消防用电设备可靠的电源由于一般自动转换开关和自启动的时间基本上均能满足消防的需要,故对切换和启动时间未作具体规定。

**8.1.5** 消防用电设备的配电线路应符合下列规定:

**1** 当采用暗敷设时,应穿在金属管中,并应敷设在不燃烧体结构内,且保护层厚度不应小于 30mm;

**2** 当采用明敷设时,应敷设在金属管或封闭式金属线槽内,并应采取防火保护措施。

【释义】

为了保证消防用电设备正常工作,本条对消防用电设备配电线路的敷设方式和部位作了具体的规定。

**8.1.6** 消防用电设备、消防配电柜、消防控制箱等应设置有明显标志。

【释义】

由于消防用电设备都是在火灾时才启用,在紧急情况下进行操作,如没有明显的标志,往往会延误操作,故作此规定。

**8.2.6** 消防疏散照明和消防备用照明在工作电源断电后,应能自动投合备用电源。

【释义】

消防疏散照明和消防备用照明关系到人员安全疏散和人身安全,不允许间断。因此规定工程内的消防疏散照明和消防备用照明,当其工作电源断电后,应能自动投合。

## 5.《火灾自动报警系统设计规范》GB 50116—2013

**3.1.6** 系统总线上应设置总线短路隔离器,每只总线短路隔离器保护的火灾探测器、手动火灾报警按钮和模块等消防设备的总数不应超过 **32** 点；总线穿越防火分区时，应在穿越处设置总线短路隔离器。

**【释义】**

本条规定了总线上设置短路隔离器的要求，规定每个短路隔离器保护的现场部件的数量不应超过 32 点，是考虑一旦某个现场部件出现故障，短路隔离器在对故障部件进行隔离时，可以最大限度地保障系统的整体功能不受故障部件的影响。本条是保证火灾自动报警系统整体运行稳定性的基本技术要求，短路隔离器是最大限度地保证系统整体功能不受故障部件影响的关键。

**3.1.7** 高度超过 **100m** 的建筑中，除消防控制室内设置的控制器外，每台控制器直接控制的火灾探测器、手动报警按钮和模块等设备不应跨越避难层。

**【释义】**

对于高度超过 100m 的建筑，为便于火灾条件下消防联动控制的操作，防止受控设备的误动作，在现场设置的火灾报警控制器应分区控制，所连接的火灾探测器、手动报警按钮和模块等设备不应跨越火灾控制器所在区域的避难层。本条根据高度超过 100m 的建筑火灾扑救和人员疏散难度较大的现实情况，对设置的消防设施运行的可靠性提出了更高的要求。由于报警和联动总线线路没有使用耐火线的要求，如果控制器直接控制的火灾探测器、手动报警按钮和模块等设备跨越避难层，一旦发生火灾，将因线路烧断而无法报警和联动。

**3.4.1** 具有消防联动功能的火灾自动报警系统的保护对象中应设置消防控制室。

**【释义】**

本条规定了设置消防控制室的理由与条件。本条是在现行国家标准《建筑设计防火规范》GB 50016 规定的基础上，对消防控制室的设置条件进行了明确的细化的规定。建筑消防系统的显示、控制等日常管理及火灾状态下应急指挥，以及建筑与城市远程控制中心的对接等均需要在此完成，是重要的设备用房。

**3.4.4** 消防控制室应有相应的竣工图纸、各分系统控制逻辑关系说明、设备使用说明书、系统操作规程、应急预案、值班制度、维护保养制度及值班记录等文件资料。

**【释义】**

消防控制室应有相应的竣工图纸、各分系统控制逻辑关系说明、设备使用说明书、系统操作规程、应急预案、值班制度、维护保养制度及值班记录等资料，以便于在日常巡查和管理过程中或在火灾条件下采取应急措施提供相应的参考资料。本条要求消防控制室应有的资料，是消防管理人员对自动报警系统日常管理所依据的基础资料，特别是应急处置的重要依据。

**3.4.6** 消防控制室内严禁穿过与消防设施无关的电气线路及管路。

**【释义】**

本条是保障消防设施运行稳定性和可靠性的基本要求。根据消防控制室的功能要求，火灾自动报警系统、自动灭火系统防排烟等系统的信号传输线、控制线路等均必须进入消防控制室。控制室内（包括吊顶上、地板下）的线路管道已经很多，大型工程更多，为保证消防控制设备安全运行，便于检查维修，其他与消防设施无关的电气线路和管网不得穿过消防控制室，以免互相干扰造成混乱或事故。

**4.1.1** 消防联动控制器应能按规定的控制逻辑向各相关的受控设备发出联动控制信号，并接受相关设备的联动反馈信号。

【释义】

本条是对消防联动控制器的基本技术要求。通常在火灾报警后经逻辑确认（或人工确认），联动控制器应在3s内按设定的控制逻辑准确发出联动控制信号给相应的消防设备，当消防设备动作后将动作信号反馈给消防控制室并显示。消防联动控制器是消防联动控制系统的核心设备，消防联动控制器按设定的控制逻辑向各相关受控设备发出准确的联动控制信号，控制现场受控设备按预定的要求动作，是完成消防联动控制的基本功能要求；同时为了保证消防管理人员及时了解现场受控设备的动作情况，受控设备的动作反馈信号应反馈给消防联动控制器。

**4.1.3** 各受控设备接口的特性参数应与消防联动控制器发出的联动控制信号相匹配。

【释义】

消防联动控制器与各个受控设备之间的接口参数应能够兼容和匹配，保证系统兼容性和可靠性。一般情况下，消防联动控制系统设备和现场受控设备的生产厂家不同，各自设备对外接口的特性参数不同，在工程的设计、设备选型等环节细化要求消防联动控制系统设备和现场受控设备接口的特性参数互相匹配，是保证在应急情况下，建筑消防设施的协同、有效动作的基本技术要求。

**4.1.4** 消防水泵、防烟和排烟风机的控制设备，除应采用联动控制方式外，还应在消防控制室设置手动直接控制装置。

【释义】

消防水泵、防烟和排烟风机等消防设备的手动直接控制应通过火灾报警控制器（联动型）或消防联动控制器的手动控制盘实现，盘上的启停按钮应与消防水泵、防烟和排烟风机的控制箱（柜）直接用控制线或控制电缆连接。消防水泵、防烟和排烟风机，是在应急情况下实施初起火灾扑救、保障人员疏散的重要消防设备。考虑到消防联动控制器在联动控制时序失效等极端情况下，可能出现不能按预定要求有效启动上述消防设备的情况，本条要求冗余采用直接手动控制方式对此类设备进行直接控制，该要求是重要消防设备有效动作的重要保障。

**4.1.6** 需要火灾自动报警系统联动控制的消防设备，其联动触发信号应采用两个独立的报警触发装置报警信号的"与"逻辑组合。

【释义】

为了保证自动消防设备的可靠启动，其联动触发信号应采用两个独立的报警触发装置报警信号的"与"逻辑组合。任何一种探测器对火灾的探测都有局限性，对于可靠性要求较高的气体、泡沫等自动灭火设备、设施，仅采用单一探测形式探测器的报警信号作为该类设备、设施启动的联动触发信号，不能保证这类设备、设施的可靠启动，从而带来不必要的损失，因此，要求该类设备的联动触发信号必须是两个及以上不同探测形式的报警触发装置报警信号的"与"逻辑组合。本条是保证自动消防设备（设施）的可靠启动的基本技术要求。设置在建筑中的火灾探测器和手动火灾报警按钮等报警触发装置，可能受产品质量、使用环境及人为损坏等原因而产生误动作，单一的探测器或手动报警按钮的报警信号作为自动消防设备（设施）动作的联动触发信号，有可能会由于个别现场设备的误报警而导致自动消防设备（设施）误动作。在工程实践过程中，上述情况时有发生，因此，为防止气体、泡沫灭火系统出现误喷，本条强制性要求采用两个报警触发装置报警信号的"与"逻辑组合作为自动消防设备、设施的联动触发信号。

**4.8.1** 火灾自动报警系统应设置火灾声光报警器，并应在确认火灾后启动建筑内的所有火灾声光报警器。

【释义】

火灾自动报警系统均应设置火灾声光警报器，并在发生火灾时发出警报，其主要目的是在发生火灾时对人员发出警报，警示人员及时疏散。发生火灾时，火灾自动报警系统能够及时准确地发出警报，对发生火灾时，火灾自动报警系统能够及时准确地发出警报，对保障人员的安全具有至关重要的作用。

**4.8.4** 火灾声报警器设置带有语音提示功能时，应同时设置语音同步器。

【释义】

为避免临近区域出现火灾语音提示声音不一致的现象，带有语音提示的火灾声警报器应同时设置语音同步器。在火灾发生时，及时、清楚地对建筑内的人员传递火灾信息是火灾自动报警系统的重要功能。当火灾声警报器设置语音提示功能时，设置语音同步器是保证火灾警报信息准确传递的基本技术要求。

**4.8.5** 同一建筑内设置多个火灾声报警器时，火灾自动报警系统应能同时启动和停止所有火灾声报警器工作。

【释义】

为保证建筑内人员对火灾报警响应的一致性，有利于人员疏散，建筑内设置的所有火灾声警报器应能同时启动和停止。建筑内设置多个火灾声警报器时，同时启动同时停止，可以保证火灾警报信息传递的一致性以及人员相应的一致性，同时也便于消防应急广播等指导人员疏散信息向人员传递的有效性。要求对建筑内设置的多个火灾声警报器同时启动和停止，是保证火灾警报信息有效传递的基本技术要求。

**4.8.7** 集中报警系统和控制中心报警系统应设置消防应急广播。

【释义】

采用集中报警系统和控制中心报警系统的保护对象多为高层建筑或大型民用建筑，这些建筑内人员集中又较多，火灾时影响面大，为了便于火灾时统一指挥人员有效疏散，要求在集中报警系统和控制中心报警系统中设置消防应急广播。对于高层建筑或大型民用建筑这些人员密集场所，多年的灭火救援实践表明，在应急情况下，消防应急广播播放的疏散导引的信息可以有效地指导建筑内的人员有序疏散。为了提高这些复杂建筑在火灾等应急情况下的人员疏散能力，减少人员伤害。

**4.8.12** 消防应急广播与普通广播或背景音乐广播合用时，应具有强制切入消防应急广播的功能。

【释义】

火灾时，将日常广播或背景音乐系统扩音机强制转入火灾事故广播状态的控制切换方式一般有两种：

（1）消防应急广播系统仅利用日常广播或背景音乐系统的扬声器和馈电线路，而消防应急广播系统的扩音机等装置是专用的。当火灾发生时，在消防控制室切换输出线路，使消防应急广播系统按照规定播放应急广播。

（2）消防应急广播系统全部利用日常广播或背景音乐系统的扩音机、馈电线路和扬声器等装置，在消防控制室只设紧急播送装置，当发生火灾时可遥控日常广播或背景音乐系统紧急开启，强制投入消防应急广播。

以上两种控制方式，都应该注意使扬声器不管处于关闭还是播放状态时，都应能紧急开启消防应急广播。特别应注意在扬声器设有开关或音量调节器的日常广播或背景音乐系统中的应急广播方式，应将扬声器用继电器强制切换到消防应急广播线路上，且合用广播的各设备应符合消防产品 CCCF 认证的要求。

在客房内设有床头控制柜音乐广播时，不论床头控制柜内扬声器在火灾时处于何种工作状态（开、关），都应能紧急切换到消防应急广播线路上，播放应急广播。由于日常工作需要，很多建筑设置了普通广播或背景音乐广播，为了节约建筑成本，可以在设置消防应急广播时共享相关资源，但是在应急状态时，广播系统必须能够无条件的切换至消防应急广播状态，这是保证消防应急广播信息有效传递的基本技术要求。

**6.5.2** 每个报警区域内应均匀设置火灾报警器，其声压级不应小于 60dB；在环境噪声大于 60dB 的场所，其声压等级应高于背景噪声 15dB。

**【释义】**

本条规定了建筑中设置的火灾警报器的声压等级要求。这样便于在各个报警区域内都能听到警报信号声，以满足告知所有人员发生火灾的要求。本条是保证火灾警报信息有效传递的基本技术要求。

**6.7.1** 消防专用电话网络应为独立的消防通信系统。

**【释义】**

本条是保证消防通信指挥系统运行有效性和可靠性的基本技术要求。消防专用电话线路的可靠性，关系到火灾时消防通信指挥系统是否畅通，故本条规定消防专用电话网络应为独立的消防通信系统，就是说不能利用一般电话线路或综合布线网络（PDS 系统）代替消防专用电话线路，消防专用电话网络应独立布线。

**6.7.5** 消防控制室、消防值班室或企业消防站等处，应设置可直接报警的外接电话。

**【释义】**

消防控制室、消防值班室或企业消防站等处是消防作业的主要场所，应设置可直接报警的外线电话。本条是为了保证消防管理人员及时向消防部队传递灭火救援信息，缩短灭火救援时间。

**6.8.2** 模块严禁设置在配电（控制）柜（箱）内。

**【释义】**

由于模块工作电压通常为 24V，不应与其他电压等级的设备混装，因此本条规定严禁将模块设置在配电（控制）柜（箱）内。不同电压等级的模块一旦混装，将可能相互产生影响，导致系统不能可靠动作。

**6.8.3** 本报警区域内的模块不应控制其他报警区域的设备。

**【释义】**

本报警区域的模块只能控制本报警区域的消防设备，不应控制其他报警区域的消防设备，以免本报警区域发生火灾后影响其他区域受控设备的动作。本报警区域的模块一旦同时控制其他区域的消防设备，不仅可能对其他区域造成不必要的损失，同时也将影响本区域的防、灭火效果，是必须避免的。

**10.1.1  火灾自动报警系统应设置交流电源和蓄电池备用电源。**

**【释义】**

本条规定了火灾自动报警系统的电源要求，蓄电池备用电源主要用于停电条件下保证火灾自动报警系统的正常工作。本条是保证火灾自动报警系统稳定运行的基本技术要求。

**11.2.2  火灾自动报警系统的供电线路、消防联动控制线路应采用耐火铜芯电线电缆，报警总线、消防应急广播和消防专用电话等传输线路应采用阻燃或阻燃耐火电线电缆。**

**【释义】**

由于火灾自动报警系统的供电线路、消防联动控制线路需要在火灾时继续工作，应具有相应的耐火性能，因此这里规定此类线路应采用耐火类铜芯绝缘导线或电缆。对于其他传输线等要求采用阻燃型或阻燃耐火电线电缆，以避免其在火灾中发生延燃。本条是保证火灾自动报警系统运行稳定性和可靠性，及对其他建筑消防设施联动控制可靠性的基本技术要求。

**11.2.5  不同电压等级的线缆不应穿入同一根保护管内，当合用同一线槽时，线槽内应有隔板分隔。**

**【释义】**

不同电压等级的线缆如果合用线槽应进行隔板分隔。本条是保证火灾自动报警系统运行稳定性和可靠性，及对其他建筑消防设施联动控制可靠性的基本技术要求。

**12.1.11  隧道内设置的消防设备的防护等级不应低于 IP65。**

**【释义】**

本条是保证隧道场所设置的消防设备运行稳定性的基本技术要求。隧道内的工作环境比较复杂，如温度、湿度、粉尘、汽车尾气、射流风机产生的高速气流、照明、四季天气变换等因素均会影响隧道内设置的消防设备的稳定运行。为避免温度、粉尘及汽车尾气等因素对消防设备运行稳定性的影响，对消防设备的保护等级提出相应的要求。

**12.2.3  采用光栅光纤感温火灾探测器保护外浮顶油罐时，两个相邻光栅间距离不应大于 3m。**

**【释义】**

本条规定光栅光纤感温火灾探测器保护外浮顶油罐时的设置要求。本条是保证光栅光纤感温火灾探测器在外浮顶油罐场所应用时，对初期火灾探测的及时性和准确性的基本技术要求。

## 6. 《泡沫灭火系统设计规范》GB 50151—2010

**6.1.2  全淹没系统或固定式局部应用系统应设置火灾自动报警系统，并应符合下列规定：**

**1** 全淹没系统应同时具备自动、手动和应急机械手动启动功能；

**2** 自动控制的固定式局部应用系统应同时具备手动和应急机械手动启动功能；手动控制的固定式局部应用系统尚应具备应急机械手动启动功能；

**3** 消防控制中心（室）和保护区应设置声光报警装置。

【释义】

为了对所保护的场所进行有效监控，尽快启动灭火系统，规定全淹没系统或固定式局部应用系统的保护场所，设置火灾自动报警系统。

1 为确保系统的可靠启动，规定同时设有自动、手动、应急机械手动启动三种方式。应急机械手动启动主要是针对电动控制阀门、被压控制阀门等而言的。这类阀门通常设置手动快开机构或带手动阀门的旁路。

2 对于较为重要的固定式局部应用系统保护的场所，如 LNG 集液池，一般都设计成自动系统。对于设置火灾报警手动控制的固定式局部应用系统，如果设有电动控制阀门、液压控制阀门等，也需要设置应急启动装置。

3 本款规定是为了在火灾发生后立即通过声和光两种信号向防护区内工作人员报警，提示他们立即撤离，同时使控制中心人员采取相应措施。

**8.1.5** 泡沫消防泵站内应设置水池（罐）水位指示装置。泡沫消防泵站应设置与本单位消防站消防保卫部门直接联络的通讯设备。

【释义】

本条是为保证系统可靠运行。设置水位指示装置是为了及时观察水位。设置直通电话是保障发生火灾后，消防泵站的值班人员能及时与本单位消防队、消防保卫部门、消防控制室等取得联系。

## 7.《固定消防炮灭火系统设计规范》GB 50338—2003

**5.6.1** 当消防泵出口管径大于 300mm 时，不应采用单一手动启闭功能的阀门。阀门应有明显的启闭标志，远控阀门应具有快速启闭功能，且密封可靠。

【释义】

当消防管道上的阀门口径较大，仅靠一个人的力量难以开启或关闭阀门时，不宜选用仅能手动的阀门。因为一旦发生火灾，消防泵要及时启动，如果消防泵启动起来后，泵的出口管道上的阀门不能及时开启，那么，一方面影响出水，拖延扑救时间；另一方面易损坏消防泵，所以在这种情况下宜采用电动或液动且具有手动启闭功能的阀门。阀门应有明显的启闭标志，否则一旦失火，灭火人员的心情必然紧张，容易发生误操作。远控炮系统的阀门应具有远距离控制功能，且启闭快速。密封可靠。

**5.6.2** 常开或常闭的阀门应设锁定装置，控制阀和需要启闭的阀门应设启闭指示器。参与远控炮系统联动控制的控制阀，其启闭信号应传至系统控制室。

【释义】

所有的阀门均应保证在任何开度下都能正常工作，因此，设置锁定装置和指示装置是必要的；消防炮系统远程控制的控制阀的启闭信号应传送至系统控制室，使得值班人员能够掌握联动控制状况。

**5.7.3** 室外消防炮塔应设有防止雷击的避雷装置、防护栏杆和保护水幕；保护水幕的总流量不应小于 **6L/s**。

【释义】

室外安装的消防炮塔一般离火场较近，且易受到自然灾害的影响，为了便于操作使用，保证人员安全，应设置避雷装置和防护栏杆，以减少火灾和雷击等对炮塔本身及安装在炮塔上的设备的损害，同时还需设置自身保护的水幕装置。

**6.1.4** 系统配电线路应采用经阻燃处理的电线、电缆。

【释义】

系统配电线路的电源线、控制线等，除要求规格合适和连接可靠外，还要考虑发生火灾时系统配电线路的安全，本条规定是采用阻燃电线、电缆。

**6.2.4** 工作消防泵组发生故障停机时，备用消防泵组应能自动投入运行。

【释义】

根据《建筑设计防火规范》及国家其他有关标准、规范的规定，消防炮系统应设置备用泵组，备用泵组的设置是系统的可靠性进一步提高。为了是消防炮系统能迅速地喷射灭火剂，扑灭火灾，备用泵组的自投功能是必不可少的，它既能保证系统工作的可靠性，又能缩短启泵时间。

## 8.《干粉灭火系统设计规范》GB 50347—2004

**7.0.7** 当系统管道设置在有爆炸危险场所时，管网等金属件应设防静电接地，防静电接地设计应符合国家现行有关标准规定。

【释义】

有爆炸危险的场所，为防止爆炸，应消除金属导体上的静电，消除静电最有效的方法就是接地。有关标准规定，接地线应连接可靠，接地电阻小于 $100\Omega$。

## 9.《气体灭火系统设计规范》GB 50370—2005

**3.3.7** 在通讯机房和电子计算机房等防护区，设计喷放时间不应大于 **8s**；在其他防护区，设计喷放时间不应大于 **10s**。

【释义】

一般来说，采用卤代烷气体灭火的地方都是比较重要的场所，迅速扑灭火灾，减少火灾造成的损失，具有重要意义。因此，卤代烷灭火都规定灭初期火灾，这也正能发挥卤代烷灭火迅速的特点；否则，就会造成卤代烷灭火的困难。对于固体表面火灾，火灾预燃时间长了才实行灭火，有发展成深位火灾的危险。显然是很不利于卤代烷灭火的；对于液体、气体火灾，火灾预燃时间长了，有可能酿成爆炸的危险，卤代烷灭火可能要从灭火设计浓度改换为惰化设计浓度。由此可见，采用卤代烷灭初期火灾，缩短灭火剂的喷放时间是非常重要的。故国际标准及国外一些工业发达国家的标准，都将卤代烷的喷放时间规定不应大于10s。

另外，七氟丙烷遇热时比卤代烷1301的分解产物要多出很多，其中主要成分是 HF，它对人体是有伤害的；与空气的水蒸气结合形成氢氟酸，还会造成对精密设备的侵蚀损害。根据美国 Fessisa 的试验报告，缩短卤代烷在火场的喷放时间，从 10s 缩短为 5s，分解产物减少将近一半。

为有效防止灭火时 HF 对通讯机房，电子计算机房等防护区的损害，宜将七氟丙烷的喷放时间从一般的 10s 缩短一些，故本条中规定为 8s。这样的喷放时间经试验论证，一般是可以做到的，在一些工业发达国家里也是被提倡的。当然，这会增加系统设计和产品设计上的难度，尤其是对于那些离储瓶间远的防护区和组合分配系统中的个别防护区，它们的难度会大一些。故本规范采用了 5.6MPa 的增压（等级）条件供选用。

**5.0.2　管网灭火系统应设自动控制、手动控制和机械应急操作三种启动方式。预制灭火系统应设自动控制和手动控制两种启动方式。**

**【释义】**

采用自动控制启动方式时，根据人员安全撤离防护区的需要，应有不大于 30s 的可控延迟喷射；对于平时无人工作的防护区，可设置为无延迟的喷射。自动控制装置应在接到两个独立的火灾信号后才能启动。手动控制装置和手动与自动转换装置应设在防护区疏散出口的门外便于操作的地方，安装高度为中心点距地面 1.5m。机械应急操作装置应设在储瓶间内或防护区疏散出口门外便于操作的地方。

**5.0.4　灭火设计浓度或实际使用浓度大于无毒性反应浓度（NOAEL 浓度）的防护区和采用热气溶胶预制灭火系统的防护区，应设手动与自动控制的转换装置。当人员进入防护区时，应能将灭火系统转换为手动控制方式；当人员离开时，应能恢复为自动控制方式。防护区内外应设手动、自动控制状态的显示装置。**

**【释义】**

本条是基于人身安全考虑，以便人员在进出防护区时对灭火系统进行操作。

**5.0.8　气体灭火系统的电源，应符合国家现行有关消防技术标准的规定；采用气动力源时，应保证系统操作和控制需要的压力和气量。**

**【释义】**

气体灭火系统的电源应是消防电源，以保证联动气体灭火系统的可靠性；气动力源应能保证系统操作和控制需要的压力和气量，否则气体灭火系统不能可靠动作。

**6.0.4　灭火后的防护区应通风换气，地下防护区和无窗或设固定窗扇的地上防护区，应设置机械排风装置，排风口宜设在防护区的下部并应直通室外。通信机房、电子计算机房等场所的通风换气次数应不少于每小时 5 次。**

**【释义】**

灭火后，防护区应及时进行通风换气，换气次数可根据防护区性质考虑，根据通信机房、计算机机房等场所的特性，本条规定了其每小时最少的换气次数。

**6.0.6　经过有爆炸危险和变电、配电场所的管网，以及布设在以上场所的金属箱体等，应设防静电接地。**

**【释义】**

本条规定管网和金属箱体要设防静电接地，是为了防止静电产生火花而引发事故。

# 10.《消防通信指挥系统设计规范》GB 50313—2013

**4.1.1** 消防通信指挥系统应具有下列基本功能：

**1** 责任辖区和跨区域灭火救援调度指挥；

**2** 火场及其他灾害事故现场指挥通信；

**3** 通信指挥信息管理；

**5** 城市消防通信指挥系统应能集中接收和处理责任辖区火灾及以抢救人员生命为主的危险化学品泄漏、道路交通事故、地震及其次生灾害、建筑坍塌、重大安全生产事故、空难、爆炸及恐怖事件和群众遇险事件等灾害事故报警。

【释义】

本条规定了消防通信指挥系统应具有的基本功能。消防通信指挥系统是全国各级消防指挥中心实施减少火灾危害，应急抢险救援，保护人身、财产安全，维护公共安全的业务信息系统。

第1款～第3款规定了系统应具有本级辖区和跨区域灭火救援指挥调度、火场及其他灾害事故现场指挥通信、语音、数据、图像等各种信息的综合管理等功能，是消防指挥中心的主要业务职能。

第5款规定城市消防通信指挥系统应能够依据国家法规受理本行政区域内的火灾以及以抢救人员生命为主的危险化学品泄漏、道路交通事故、地震及其次生灾害、建筑坍塌、重大安全生产事故、空难、爆炸及恐怖事件和群众遇险事件等灾害事故报警。

**4.2.1** 消防通信指挥系统应具有下列通信接口：

**1** 公安机关指挥中心的系统通信接口；

**2** 政府相关部门的系统通信接口；

**3** 灭火救援有关单位通信接口。

【释义】

本条规定了消防通信指挥系统应具有的通信接口。第1款～第3款规定了系统应通过接口实现消防指挥中心与公安机关指挥中心、政府相关部门以及供水、供电、供气、医疗、救护、交通、环卫等灭火救援有关单位的业务信息系统互联互通、信息共享，完成灭火救援指挥调度、火场及其他灾害事故现场指挥通信以及语音、数据、图像等各种信息的综合管理主要业务职能。

**4.2.2** 城市消防通信指挥系统应具有下列接收报警通信接口：

**1** 公网报警电话通信接口。

【释义】

本条规定了城市消防通信指挥系统应具有的接收报警通信接口。系统通过这些接口实现城市消指挥中心依据国家法规受理本行政区域内的火灾及其他灾害事故报警。由于公网119报警电话是火灾及其他灾害事故报警不可替代的重要手段。因此，第1款规定了系统应具有公网报警电话通信接口。

**4.3.1** 消防通信指挥系统的主要性能应符合下列要求：

**1** 能同时对**2**起以上火灾及以抢救人员生命为主的危险化学品泄漏、道路交通事故、地震及其次生灾害、建筑坍塌、重大安全生产事故、空难、爆炸及恐怖事件和群众遇险事件等灾害事故进行灭火救援调度指挥；

**5** 采用北京时间计时，计时最小量度为秒，系统内保持时钟同步；

**6** 城市消防通信指挥系统应能同时受理2起以上火灾及以抢救人员生命为主的危险化学品泄漏、道路交通事故、地震及其次生灾害、建筑坍塌、重大安全生产事故、空难、爆炸及恐怖事件和群众遇险事件等灾害事故报警；

**7** 城市消防通信指挥系统从接警到消防站收到第一出动指令的时间不应超过**45s**。

**【释义】**

**1** 本款规定了系统能同时对2起以上火灾及其他灾害事故进行灭火救援调度指挥，避免因系统处理能力的限制延误火灾扑救及其他灾害事故应急抢险救援，造成人身、财产的更大损失。各级消防通信指挥系统应按此要求合理配置调度指挥终端和通信线路，并留有余量。

**5** 本款规定了系统内外时钟同步要求。火警受理、灭火救援指挥调度、火场及其他灾害事故现场指挥是实时性极强的消防业务工作，系统记录的报警时间、出动时间、到场时间、出水时间、控制时间、结束时间等将作为火灾及其他灾害事故调查、认定的证据。

**6、7** 这两款规定了城市消防通信指挥系统在接收和处理责任辖区火灾及其他灾害事故报警时的有关性能要求。第6款规定了城市消防通信指挥系统能够受理同时并发的多个火灾及其他灾害事故报警，避免因系统接警能力的限制延误火灾扑救及其他灾害事故应急抢险救援，造成人身、财产的更大损失。各城市消防通信指挥系统的接处警席位和接处警通信线路的配置数量，应根据城市的规模、最大火警日呼入数量、最大火警呼入峰值等参数合理配置，并留有余量。第7款规定了在一般情况下，城市消防通信指挥系统完成火警受理流程的时间要求。发生火灾及其他灾害事故时，城市消防通信中心快速反应，在第一时间调派消防力量到灾害现场处置，是最大限度减少人身、财产损失的关键环节。

**4.4.3** 消防通信指挥系统的运行安全应符合下列要求：

**1** 重要设备或重要设备的核心部件应有备份；

**2** 指挥通信网络应相对独立、常年畅通；

**4** 系统软件不能正常运行时，能保证电话接警和调度指挥畅通；

**5** 火警电话呼入线路或设备出现故障时，能切换到火警应急接警电话线路或设备接警。

**【释义】**

本条规定了消防通信指挥系统的运行安全要求。其中第1款、第2款、第4款、第5款为强制性条款，必须严格执行，否则将使消防通信指挥系统丧失其基本功能，延误火灾扑救及其他灾害事故应急抢险救援，造成人身、财产的更大损失。

**1** 本款规定了出现故障将丧失消防通信指挥系统的基本功能、不能达到其主要性能要求、造成某个子系统瘫痪的设备或设备的核心部件必须作备份。

**2** 本款规定了用于支持火警受理、调度指挥、现场指挥的计算机通信网、有线通信网、无线通信网、卫星通信网等消防指挥通信网络应相对独立，与非消防指挥通信网络之间连接应有边界安全措施，与非公安网络之间连接应做物理隔离。消防通信指挥系统与其他应用系统共用通信网络时，应保证必需的通信线路（信道）和信息传输速率。指挥通信网络必须保证常年畅通。

4、5规定了应具有必要的故障应急措施，保证火警受理、调度指挥通信不间断和畅通。

**5.11.1** 消防有线通信子系统应具有下列火警电话呼入线路：

**1** 与城市公用电话网相连的语音通信线路。

**【释义】**

本条规定了消防有线通信子系统的火警电话呼入线路要求。火警电话呼入线路是指以数字或模拟中继方式与公用电话网（或其他专用通信网）相连，具有接收火警电话信息的线路。

1 本款规定了城市消防通信指挥系统应具有与城市公用电话网相连的语音通信线路。报警人拨打119号码报警，经公用电话网传输到消防通信指挥中心。本款为强制性条款，必须严格执行，否则将使城市消防通信指挥系统丧失其接收火灾及其他灾害事故报警的重要手段，延误火灾扑救及其他灾害事故应急抢险救援，造成人身、财产的更大损失。

**5.11.2** 消防有线通信子系统应具有下列火警调度专用通信线路：

**3** 连通公安机关指挥中心和政府相关部门的语音、数据通信线路；

**4** 连通供水、供电、供气、医疗、救护、交通、环卫等灭火救援有关单位的语音通信线路。

**【释义】**

本条规定了消防有线通信子系统的火警调度专用通信线路要求。火警调度专用通信线路是传递灭火救援指令、调度灭火救援力量和实现消防可视指挥的通信线路。消防通信指挥系统应建立连通上级消防通信指挥中心、公安机关指挥中心、政府相关部门、辖区消防站、灭火救援有关单位的专用通信线路，可靠传输火警调度的语音、数据、图像信息。

3 本款规定了消防通信指挥中心应有连通公安机关指挥中心和政府相关部门的语音、数据通信线路。这是实现公安机关和政府相关部门统一指挥、信息共享、部门联动、快速反应的重要技术手段。

4 本款规定了消防通信指挥中心应有连通供水、供电、供气、医疗、救护、交通、环卫等灭火救援有关单位的语音通信线路。这是消防通信指挥中心与各灭火救援有关单位建立灭火救援联动机制，统一调度指挥和协同处置的重要技术手段。

## 11.《建设工程施工现场消防安全技术规范》GB 50720—2011

**5.1.4** 施工现场的消火栓泵应采用专用消防配电线路。专用消防配电线路应自施工现场总配电箱的总断路器上端接入，且应保持不间断供电。

**【释义】**

火灾发生时，为避免施工现场消火栓泵因电力中断而无法运行，导致消防用水难以保证，故作本条规定。

**6.2.3** 室内使用油漆及其有机溶剂、乙二胺、冷底子油灯易挥发产生易燃气体的物资作业时，应保持良好通风，作业场所严禁明火，并应避免产生静电。

**【释义】**

油漆由油脂、树脂、颜料、催干剂、增塑剂和各种溶剂组成，除无机颜料外，绝大部分是可燃物。油漆的有机溶剂（又称稀料、稀释剂）由易燃液体如溶剂油、苯类、酮类、醋类、醇类等组成。油漆调配和喷刷过程中，会大量挥发出易燃气体，当易燃气体与空气混合达到5％的浓度时，会因动火作业火星、静电火花引起爆炸和火灾事故。乙二胺是一种挥发性很强的化学物质，常用作树脂类防腐蚀材料的固化剂，乙二胺挥发产生的易燃气体在空气中达到一定浓度时，遇明火有爆炸危险。冷底子油是由沥青和汽油或柴油配制而成的，挥发性强，闪点低，在配制、运输或施工时，遇明火即有起火或爆炸的危险。因此，室内使用油漆及其有机溶剂、乙二胺、冷底子油或其他可能产生可燃气体的物资，应保持室内良好通风，严禁动火作业、吸烟，并应避免其他可能产生静电的施工操作，因为静电会产生火花，会引燃引爆所挥发的易燃易爆气体。

## 12.《火灾自动报警系统施工及验收规范》GB 50166—2007

**1.0.3** 火灾自动报警系统在交付使用前必须经过验收。

**【释义】**

火灾自动报警系统的安装、调试，是专业性很强的技术工作，需要具有一定专业技术水平的人员完成。此外，火灾自动报警系统在交付试用前必须经过建设部门组织的验收，以确保系统完好、无误，正常可靠。

**2.1.5** 火灾自动报警系统的施工，应按照批准的工程设计文件和施工技术标准进行。不得随意变更。确需变更设计时，应有原设计单位负责更改。

**【释义】**

为保证工程质量，强调施工单位无权任意修改设计图纸，应按批准的工程设计文件和施工技术标准施工。有必要进行修改时，需经原设计单位负责修改。

**2.1.8** 火灾自动报警系统施工前，应对设备、材料及配件进行现场检查，检查不合格者的不得使用。

**【释义】**

本条强调在施工前应对设备、材料及配件进行检查，检查不合格的产品不得安装使用。

**2.2.1** 设备、材料及配件进入施工现场应有清单、使用说明书、质量合格证明文件、国家法定质检机构的检验报告等文件。火灾自动报警系统中的强调认证（认可）产品还应有认证（认可）证书和认证（认可）标识。

检查数量：全数检查。

检查方法：查验相关材料。

**【释义】**

本条规定了设备、材料及配件进入施工现场前文件检查的内容。其中检验报告及认证（认可）证书是国家法定机构颁发的，在火灾自动报警系统中，有许多产品是国家强制认证（认可）和型式检验的，进场前必须具备与产品对应的检验报告和证书；另外国家相关法规规定认证（认可）产品应贴有相应国家机构颁发的认证（认可）标识。因此检验报告、证书和标识是证明产品满足国家相关标准和法规要求的法定证据。

**2.2.2** 火灾自动报警系统的主要设备应通过国家认证（认可）的产品。

产品的名称、型号、规格应与检验报告一致。

检查数量：全数检查。

检查方法：核对检验报告一致。

【释义】

本条强调应重点检查产品名称、型号、规格是否与认证（认可）的内容一致。从近年来火灾自动报警系统的使用情况来看，个别企业存在送检产品与实际工程应该产品质量不一致或因考虑经济原因更改已通过检验的产品等现象，造成产品质量存在先天缺陷，使系统容易产生无法开通、误报率高、误动作等问题，严重影响系统的稳定性和可靠性。因此，在设备、材料及配件进场前，施工单位与建设单位应组织人员认真检查、核对。

**3.2.4** 火灾自动报警系统应单独布线，系统内不同的电压等级、不同电流类别的线路，不应布在同一管内或线槽的同一槽孔内。

【释义】

此条规定是为了确保系统的安全和正常运行。

**5.1.1** 火灾自动报警系统竣工后，建设单位应负责组织施工、设计、监理等单位进行验收。验收不合格不得投入使用。

【释义】

系统竣工验收是对系统设计和施工质量的全面检查。消防验收，主要是针对消防设计内容进行检查和必要的系统性能测试。对于设有自动消防设施工程验收机构的，要求建设和施工单位必须委托相关机构进行技术检测，取得技术测试报告，由建设单位组织验收。

**5.1.3** 对系统中下列装置的安装位置、施工质量和功能等应进行验收：

**1** 火灾报警系统装置（包括各种火灾探测器、手动火灾报警按钮、火灾报警控制器和区域显示器等）；

**2** 消防联动控制系统（含消防联动控制器、气体灭火控制器、消防电气控制器、消防应急广播设备、消防电话、传输设备、消防控制中心图形显示装置、模块、消防电动装置、消火栓按钮等设备）；

**3** 自动灭火系统控制装备（包括自动喷水、气体、干粉、泡沫等固定灭火系统的控制系统）；

**4** 消火栓系统的控制装置；

**5** 通风空调、防烟排烟及电动防火阀等控制装置；

**6** 电动防火门控制装置、防火卷帘控制器；

**7** 消防电梯和非消防电梯的回降控制装置；

**8** 火灾警报装置；

**9** 火灾应急照明和疏散指示控制装置；

**10** 切断非消防电源的控制装置；

**11** 电源阀控制装置；

**12** 消防联网通信；

**13** 系统内的其他控制装置。

【释义】

本条规定了进行验收的设备。设备验收和系统功能的验收是根据现行国家标准《建筑设计防火规范》GB 50016、《人民防空工程设计防火规范》GB 50098、《汽车库设计防火规范》GBJ 67 和《火灾自动报警系统设计规范》GB 50116、《自动喷水灭火系统设计规范》GB 50084 等规范中的有关规定综合制定的。将火灾自动报警设备有关的自动灭火设备及其他联动控制设备列入验收内容，这对保证整个消防设备施工安装的质量是十分必要的。

**5.1.4** 按现行国家标准《火灾自动报警系统设计规范》GB 50116 的设计的各项系统功能进行验收。

【释义】

本条强调应验收系统功能是否满足设计要求。

**5.1.5** 系统中各装置的安装位置、施工质量和功能等的验收数量应满足下列要求。

**1** 各种消防用电设备主、备电源的自动转换装置，应进行 3 次转换试验，每次试验均为正常。

**2** 火灾报警控制器（含可燃气体报警控制器）和消防联动控制器应按实际安装数量全部进行功能检验。先放两种控制系统中其他各种用电设备、区域显示器应按下列要求进行功能检验：

　1）实际安装数量在 5 台以下者，全部检验；

　2）实际安装数量在 6～10 台者抽 5 台；

　3）实际安装数量超过 10 台者，应按实际安装数量 30%～50% 的比例抽验，但抽验总数不得少于 5 台；

　4）各装置的安装位置、型号、数量、类别及安装质量应符合设计要求。

**3** 火灾探测器（含可燃气体探测器）和手动火灾报警按钮，应按下列要求进行模拟火灾响应（可燃气体报警）和故障信号检验：

　1）实际安装数量在 100 只以下者，抽验 20 只（每个回路都应抽验）；

　2）实际安装数量超过 100 只，每个回路按实际安装数量 10%～20% 的比例抽检，但抽检总数不应少于 20 只；

　3）被检查的火灾探测器的类别、型号、适用场所、安装高度、保护半径、保护面积和探测的器上网间距离均应符合设计要求。

**4** 室内消火栓的功能验收应在出水压力符合现行国家有关建筑设计防火规范的条件下，抽检下列控制功能：

　1）在消防控制室内操作启、停泵 1～3 次；

　2）消火栓处操作泵按钮，按实际按安装数量 5%～10% 比例抽检。

**5** 自动喷水灭火系统，应在符合现行国家标准《自动喷水灭火系统设计规范》GB 50084 的条件下，抽验下列控制功能：

　1）在消防控制室内操作启、停泵 1～3 次；

　2）水流指示器、信号阀等按实际安装数量的30%～50%的比例抽检；

　3）压力开关、电动阀、电磁阀等按安装的实际数量进行检验。

　6　气体、泡沫、干粉等灭系统，应按符合国家现行有关系统设计规范得见条件下按实际安装数量的20%～30%的比例进行抽验下列控制功能：

　1）自动、手动启动和紧急切断电源试验1～3次；

　2）与固定灭火设备联动控制的其他设备动作（包括关闭防火门窗、停止空调风机、关闭防火阀等）试验1～3次。

　7　电动防火门、防火卷帘，5樘以下的应全部检验，超过5樘的应按实际数量20%的比例抽检，但抽检总数不应少于5樘，并抽验联动控制功能。

　8　防烟排烟风机应全部检验，通风空调和防排烟设备的阀门，应按安装数量10%～20%的比例抽检，并筹建联动功能，且应符合下列要求：

　1）报警联动启动、消防控制室直接启停、现场启动联动防烟排烟风机1～3次；

　2）报警联动停、消防控制室远程停通风空调送风1～3级次；

　3）报警联动开启、消防控制室开启。现场手动开启防排烟阀门1～3次。

　9　消防电梯应进行1～2次手动控制和联动控制功能检验，非消防电梯应进行1～2次联动返回首层功能检验，其控制功能、信号均为正常。

　10　火灾应急广播设备，应按实际安装数量的10%～20%的比例进行下列功能检验。

　1）对所有广播分区进行选区广播，对共用扬声器进行切换；

　2）对扩音机和备用扩音机进行全负荷试验；

　3）检查应急广播的逻辑工作和联动功能。

　11　消防专用电话的检验，应符合下列要求：

　1）消防控制室与所设的对讲机电话分机进行1～3次通话试验；

　2）电话插孔按实际安装数量10%～20%的比例进行通话试验；

　3）消防控制室的外线电话与另一部外线电话模拟报警电话进行1～3次通话试验。

　12　消防应急照明和疏散指示系统控制装置应进行1～3次使系统转入引进状态检验，系统中各消防应急照明灯具均应能转入应急状态。

【释义】

本条具体规定了验收内容和抽验数量。这些抽验的比例是参照一些发达国家的技术规范并结合我国的经验而定。这次修订时对个别条款作了完善和补充。如本条第3款规定：火灾探测器应按实际安装数量分不同情况抽验。实际安装数量在100以下者，抽验20只；实际安装数量超过100只，按每个回路的10%～20%的比例进行抽验，但抽验总数应不少于20只；被抽验的探测器的功能均应正常。又如本条第2款，对火灾报警控制器抽验的数量，条文中规定应按实际安装数量全部进行功能抽验。检验时，每个功能应重复1～2次，被检验的控制器、联动控制设备和区域显示器的基本功能均应符合相应的现行国家标准的要求。本条第5款对自动喷水灭火系统，要求在符合国家现行标准《自动喷水灭火系统设计规范》GB 50084的条件下，在消防控制室操作启、停泵1～3次；水流指示器、信号阀等按实际安装数量的30%～50%的比例进抽验；压力开关、电动阀、电磁阀等按实际安装数量全部进行检验。本条第6款对气体泡沫、干粉等灭火系统，要求在符合国家现行设计规范的条件下，按实际安装数量的 20%～30% 的比例抽验下列功能：自动、手动启动和紧急切断试验 1～3 次，与固定灭火设备联动控制的其他设备动作（包括关闭防火门窗、停止空调风机、关闭防火阀等）试验 1～3 次；上述试验控制功能、信号均应正常。此外，对电动防火门、防火卷帘、防排烟设备、火灾应急广播、消防电梯、消防电话等设备抽验比例也作了相应的规定。为了提高竣工验收的质量，验收机构要注意抽样试验的普遍性和代表性，尤其是系统的整体功能方面的要求，防止验收工作出现不符合实际的问题。

**5.1.7 系统工程质量验收判定标准应符合下列要求：**

**1** 系统内的设备及配件规格型号与设计不符、无国家相关证书和检验报告的，系统内的任控制器和火灾探测器无法发出报警信号，无法实现要求的联动功能的，定位 A 类不合格。

**2** 验收前提供资料不符合本规范第 5.2.1 条要求定位 B 类不合格。

**3** 除 1、2 款规定的 A、B 类不合格外，其余不合格均为 C 类不合格。

**4** 系统验收合格判定应为：A＝0，且 B≤2，且 B＋C≤检查项的 5% 为合格，否则为不合格。

**【释义】**

在系统验收中，被抽验的装置应该是全部合格的，但是，由于多方面的原因，可能出现一些差错。为了既保证工程质量，又能及时投入使用，本条提出 一个验收判定条件。如果抽验中的结果不满足判定条件，则判为不合格。如第一次验收不合格，验收机构应在限期修复后，进行第二次验收。第二次验收时，对有抽验比例要求的，应按条文规定的比例加倍抽验，且不得有差错；第二次验收不合格，不能通过验收。

## 13.《泡沫灭火系统施工及验收规范》GB 50151—2010

**6.1.2 全淹没系统或固定式局部应用系统应设置火灾自动报警系统，并应符合下列规定：**

**1** 全淹没系统应同时具备自动、手动和应急机械手动启动功能；

**2** 自动控制的固定式局部应用系统应同时具备手动和应急机械手动启动功能；手动控制的固定式局部应用系统尚应具备应急机械手动启动功能；

**3** 消防控制中心（室）和防护区应设置声光报警装置；

**【释义】**

为了对所保护的场所进行有效监控，尽快启动灭火系统，规定全淹没系统或固定式局部应用系统的保护场所，设置火灾自动报警系统。

**1** 为确保系统的可靠启动，规定同时设有自动、手动、应急机械手动启动三种方式。应急机械手动启动主要是针对电动控制阀门、被压控制阀门等而言的。这类阀门通常设置手动快开机构或带手动阀门的旁路。

**2** 对于较为重要的固定式局部应用系统保护的场所，如 LNG 集液池，一般都设计成自动系统。对于设置火灾报警手动控制的固定式局部应用系统，如果设有电动控制阀门、液压控制阀门等，也需要设置应急启动装置。

**3** 本款规定是为了在火灾发生后立即通过声和光两种信号向防护区内工作人员报警，提示他们立即撤离，同时使控制中心人员采取相应措施。

4　一方面，为防止泡沫流失，使高倍数泡沫灭火系统在规定的喷放时间内达到要求的泡沫淹没深度，泡沫淹没深度以下的门、窗要在系统启动的同时自动关闭；另一方面，为使泡沫顺利施放到被保护的封闭空间，其封闭空间的排气口也应在系统启动的同时自动开启；再者，高倍数泡沫具有导电性，当高倍数泡沫进入未封闭的带电电气设备时，会造成电器短路，甚至引起明火，所以相关设备等的电源也应在系统启动的同时自动切断。

本条是为了保证系统的可靠运行而制定。

**8.1.5　泡沫消防泵站内应设置水池（罐）水位指示装置。泡沫消防泵站应设置与本单位消防站或消防保卫部门直接联络的通讯设备。**

【释义】

设置水位指示装置是为了及时观察水位。设置直通电话是保障发生火灾后，消防泵站的值班人员能及时与本单位消防队、消防保卫部门、消防控制室等取得联系。本条是为了保证系统的可靠运行而制定。

**8.1.6　当泡沫比例混合装置设置在泡沫消防泵站内无法满足本规范第4.1.10条的规定时，应设置泡沫站，且泡沫站的设置应符合下列规定：**

**2　当泡沫站靠近防火堤设置时，其与备甲、乙、丙类液体储罐罐壁的间距应大于20m，且应具备远程控制功能。**

【释义】

泡沫站通常是无人值守的，为了在发生火灾时及时启动泡沫系统灭火，故规定应具备远程控制功能。

## 14.《消防通信指挥系统施工及验收规范》GB 50401—2007

**4.1.1　系统竣工后必须工程验收，验收不合格不得投入使用。**

【释义】

工程验收是系统交付使用前的一项重要技术工作。由于以前没有验收统一标准和具体要求，造成对系统是否到达设计功能要求，能否投入正常使用等重大问题心中无数，鉴于这种情况，为确保系统发挥其作用，本条规定了消防通信指挥系统竣工后必须进行工程验收，强调验收不合格不得投入使用。

**4.7.2　系统工程验收合格判定条件应为：主控项不合适数量为0项，否则为不合格。**

【释义】

本条规定了消防通信指挥系统工程验收是否合格的判定条件，使消防通信指挥系统工程质量验收有统一的评价标准，操作上简便易行。本条明确了施工和质量验收的主控项必须全部合格，否则为系统验收不合格。验收不合格应限期整改，直至验收合格。整改完毕重新进入试运行和系统验收程序。复验时，《消防通信指挥系统工程验收记录》中已经有验收合格结论的，不再重复验收。

## 15.《固定消防炮灭火系统施工与验收规范》GB 50498—2009

**4.6.2　阀门的安装应符合下列规定：**

**2　具有遥控、自动控制功能的阀门安装，应符合设计要求；当设置在有爆炸和火灾**

危险的环境时，应符合现行国家标准《爆炸和火灾危险环境电气装置施工及验收规范》**GB 50257** 等相关标准的规定。

**【释义】**

本款是对远程和自动控制的阀门安装要求，当设置在有爆炸和火灾危险的安装环境时，应按现行国家标准《电气装置安装工程爆炸和火灾危险环境电气装置施工及验收规范》GB 50257 执行。

**5.2.1** 布线前，应对导线的种类、电压等级进行检查；强、弱电回路布线前，应对导线的种类、电压等级进行检查；强、弱电回路不应使用同一根电缆，应分别成束分开排列；不同电压等级的线路，不应穿在同一管内或线槽的同一槽孔内。不应使用同一根电缆，应分别成束分开排列；不同电压等级的线路，不应穿在同一管内或线槽的同一槽孔内。

**【释义】**

本条规定是为了防止互相干扰，避免发生故障。

**7.2.8** 固定消防炮灭火系统的喷射功能调试应符合下列规定：

**1** 水炮灭火系统：当为手动灭火系统时，应以手动控制的方式对该门水炮保护范围进行喷水试验；当为自动灭火系统时，应以手动和自动控制的方式对该门水炮保护范围分别进行喷水试验。系统自接到启动信号至水炮炮口开始喷水的时间不应大于 **5min**，其各项性能指标均应达到设计要求。

**2** 泡沫炮灭火系统：泡沫炮灭火系统按本条第 1 款的规定喷水试验完毕，将水放空后，应以手动或自动控制的方式对该门泡沫炮保护范围进行喷射泡沫试验。系统自接到启动信号至泡沫炮口开始喷射泡沫的时间不应大于 **5min**，喷射泡沫的时间应大于 **2min**，实测泡沫混合液的混合比应符合设计要求。

**3** 干粉炮灭火系统：当为手动灭火系统时，应以手动控制的方式对该门干粉炮保护范围进行一次喷射试验；当为自动灭火系统时，应以手动和自动控制的方式对该门干粉炮保护范围各进行一次喷射试验。系统自接到启动信号至干粉炮口开始喷射干粉的时间不应大于 **2min**，干粉喷射时间应大于 **60s**，其各项性能指标均应达到设计要求。

**4** 水幕保护系统：当为手动水幕保护系统时，应以手动控制的方式对该道水幕进行一次喷水试验；当为自动水幕保护系统时应以手动和自动控制的方式分别进行喷水试验。其各项性能指标均应达到设计要求。

**【释义】**

本条对固定消防炮灭火系统的调试作了规定，并作为强制性条文执行。

**1** 用手动控制或自动控制的方式对消防水炮进行喷水试验，其目的是检查消防泵组能否及时准确启动，点动阀门的启闭是否灵活、准确，管道是否畅通无阻，到达泡沫比例混合装置的进、出口压力，打到消防炮的进口压力是否符合设计要求等。

**2** 泡沫炮灭火系统不管是哪种控制方式只进行一次喷泡沫试验，是为了节省泡沫液，当为自动灭火系统时，应以自动控制的方式进行。并要求喷射泡沫的时间不宜少于 2min，这是因为一般消防泡沫炮的流量都很大，如果喷射时间较短，那么就有可能出现消防泡沫炮系统的额定工作压力尚未满足，泡沫炮就停止喷射了，这样就不能反映泡沫炮的实际工况。要求泡沫炮喷射的时间不宜小于 2min，是为了真实地测出泡沫混合液中的泡沫液与水的混合比和泡沫混合液的发泡倍数。

泡沫混合液的混合比的测量方法及合格标准，在本规范第7.2.5条的条文说明中已有叙述。其检查结果应符合设计要求。

3 干粉炮进行喷射试验，其目的是检查氮气瓶组能否及时准确启动，电动阀门的启闭是否灵活、准确，干粉管道是否畅通无阻，到达干粉罐的进、出口压力和到达干粉炮的进口压力等指标是否符合设计要求。

4 水幕保护系统试验，其目的是检查在系统处于手动和自动控制状态下，水幕保护系统的各项性能指标是否达到设计要求。

## 16.《防火卷帘、防火门、防火窗施工与验收规范》GB 50877—2014

**4.2.1 防火卷帘及与其配套的感烟和感温火灾探测器等应具有出厂合格证和符合市场准入制度规定的有效证明文件，其型号、规定及耐火性能应符合设计要求。**

【释义】

本条规定了防火卷帘及与其配套的感烟探测器、感温探测器等产品，应有出厂合格证和符合市场准入制度要求的法定检测机构出具的有效证明文件，如质量认证证书及型式检验报告等，并要查看其产品名称、型号、规格、性能与有效证明文件和设计要求是否相符。防火卷帘及与其配套的感烟、感温探测器等产品是否能够达到质量要求和设计要求，是防火卷帘能否满足耐火性能的保障，所以确定本条为强制性条文。

## 17.《消防给水及消火栓系统技术规范》GB 50974—2014

**4.3.9 消防水池的出水、排水和水位应符合下列规定：**

**1 消防水池的出水管应保证消防水池的有效容积能被全部利用；**

**2 消防水池应设置就地水位显示装置，并应在消防控制中心或值班室等地点设置显示消防水池水位的装置，同时应有最高和最低报警水位。**

【释义】

本条为消防水池的技术要求。

1 消防水池出水管的设计能满足有效容积被全部利用是提高消防水池有效利用率，减少死水区，实现节地的要求；

消防水池（箱）的有效水深是设计最高水位至消防水池（箱）最低有效水位之间的距离。消防水池（箱）最低有效水位是消防水泵吸水喇叭口或出水管喇叭口以上0.6m水位，当消防水泵吸水管或消防水箱出水管上设置防止旋流器时，最低有效水位为防止旋流器顶部以上0.20m，见图2。

2 消防水池设置各种水位的目的是保证消防水池不因放空或各种因素漏水而造成有效灭火水源不足的技术措施。为了避免消防水池无水或不足等情况的发生，所以要求在消防控制中心或值班室设置消防水池水位的显示装置及最高和最低水位报警来提醒值班人员。

**5.1.6 消防水泵的选择和应用应符合下列规定**

**1 消防水泵的性能应满足给水系统所需流量和压力的要求；**

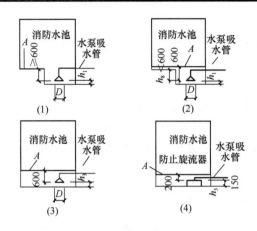

图 2　消防水池最低水位

A—消防水池最低水位线；

D—吸水管喇叭口直径；

$h_1$—喇叭口底到吸水井底的距离；

$h_3$—喇叭口底到池底的距离

**2**　消防水泵所配驱动器的功率应满足所选水泵流量扬程性能曲线上任何一点运行所需功率的要求；

**3**　当采用电动机驱动的消防水泵时，应选择电动机干式安装的消防水泵。

**【释义】**

本条规定了消防水泵选择的技术规定。

**1**　消防水泵的选择应满足消防给水系统的流量和压力需求，是消防水泵选择的最基本规定；

**2**　消防水泵在运行时可能在曲线上任何一个点，因此要求电机功率能满足流量扬程性能曲线上任何一个点运行要求；

**3**　电机湿式安装维修时困难，有时要排空消防水池才能维修，造成消防给水的可靠性降低。电机在水中，电缆漏电会给操作人员和系统带来危险，因此从安全可靠性和可维修性来讲本规范定采用干式电机安装；

**4**　消防水泵的运行可能在水泵性能曲线的任何一点，因此要求其流量扬程性能曲线应平缓无驼峰，这样可能避免水泵喘振运行。消防水泵零流量时的压力不应超过额定设计压力的 140% 是防止系统在小流量运行时压力过高，造成系统管网投资过大，或者系统超压过大。零流量时的压力不宜小于额定压力的 120% 是因为消防给水系统的控制和防止超压等都是通过压力来实现的，如果消防水泵的性能曲线没有一定的坡度，实现压力和水力控制有一定难度，因此规定了消防水泵零流量时压力的上限和下限。

**5.1.8**　当采用柴油机消防水泵时应用应符合下列规定：

**1**　柴油机消防水泵应采用压缩式点火型柴油机；

**2**　柴油机的额定功率应校核海拔高度和环境温度对柴油机功率的影响；

**3**　柴油机消防水泵应具备连续工作的性能，试验运行时间不应小于 24h；

**4**　柴油机消防水泵的蓄电池应保证消防水泵随时自动启泵的要求。

**【释义】**

本条规定当临时高压消防给水系统采用柴油机泵时的原则性技术规定。

**1**　规定柴油机消防水泵配备的柴油机应采用压缩点火型的目的是热备，能随时自动启动，确保消防给水的可靠性；

**2**　海拔高度越高空气中的绝对氧量减少，而造成内燃机出力减少；进入内燃机的温度高将影响内燃机出力，为此本条规定了不同环境条件下柴油机的出力不同，要满足水泵全性能曲线供水时应根据环境条件适当调整柴油机的功率；

**3**　在工程实践中，有些柴油机泵运行 1h～2h 就出现喘振等不良现象，造成不能连续工作，致使不能满足消防灭火需求，为此规定柴油机消防泵的可靠性，且应能连续运行 24h 的要求；

4 柴油机消防泵是由蓄电池自动启动的，本条规定了柴油机泵的蓄电池的可靠性，要求能随时自动启动柴油机泵。

**11.0.1 消防水泵控制柜应设置在消防水泵房或专用消防水泵控制室内，并应符合下列要求：**

**1 消防水泵控制柜在平时应使消防水泵处于自动启泵状态；**

【释义】

本条规定了临时高压消防给水系统应在消防水泵房内设置控制柜或专用消防水泵控制室，并规定消防水泵控制柜在准工作状态时消防水泵应处于自动启泵状态。在我国大型社会活动工程调研和检查中，往往发现消防水泵处于手动启动状态，消防水泵无法自动启动，特别是对于自动喷水系统等自动水灭火系统，这会造成火灾扑救的延误和失败，为此本规范制订时规定临时高压消防给水系统必须能自动启动消防水泵，控制柜在准工作状态时消防水泵应处于自动启泵状态，目的是提高消防给水的可靠性和灭火的成功率，因此规定消防水泵平时应处于自动启泵状态。

有些自动水灭火系统的开式系统一旦误动作，其经济损失或社会影响很大时，应采用手动控制，但应保证有24h人工值班。如剧院的舞台，演出时灯光和焰火较多，火灾自动报警系统误动作发生的概率高，此时可采用人工值班手动启动。

**11.0.2 消防水泵不应设置自动停泵的控制功能，停泵应由具有管理权限的工作人员根据火灾扑救情况确定。**

【释义】

在以往的工程实践中发现有的工程往往设置自动停泵控制要求，这样可能造成火灾扑救的失败或挫折，因火场消防水源的供给有很多补水措施，并不是设计1～6h火灾延续时间的供水后就没有水了，如果突然自动关闭水泵也会给现场火灾扑救的消防队员造成一定的危险，因此不允许消防自动停泵，只有有管理权限的人员根据火灾扑救情况确定消防水泵的停泵。

具有管理权限的概念来自美国等发达国家的规范要求，我国现行国家标准《消防联动控制系统》GB 16806—2006第4.1节提出了消防联动控制分为四级的要求，并由相关人员执行，这一概念与本规范具有管理权限的人员基本一致，只是表述不同。

**11.0.5 消防水泵应能手动和自动启动。**

【释义】

本条规定了消防水泵应具有手动和自动启动控制的基本功能要求，以确保消防水泵的可靠控制和适应消防水泵灭火和灾后控制，以及维修的要求。

**11.0.7 消防控制室或值班室，应具有下列控制和显示功能；**

**1 消防控制柜或控制盘应设置专用线路连接的手动直接启泵按钮。**

【释义】

在消防控制室和值班室设置消防给水的控制和水源信号的目的是提高消防给水的可靠性。

1 为保证消防控制室启泵的可靠性，规定采用硬拉线直接启动消防水泵，以最大可能的减少干扰和风险。而采用弱电信号总线制的方式控制，有可能软件受病毒侵害等危险而导致无法动作；

    2  显示消防水泵和稳压泵运行状态是监视其运行，以确保消防给水的可靠性；

    3  消防水源是灭火必需的，有些火灾导致成灾主要原因是没有水，如某东北省会城市汽配城屋顶消防水箱没有水而烧毁，北京某家具城消防水池没有水而烧毁，因此规范制订时要求对消防水源的水位进行检测。当水位下降或溢流时能及时采取补水和维修进水阀等。

**11.0.9**  消防水泵控制柜设置在专用消防水泵控制室时，其防护等级不应低于 IP30；与消防水泵设置在同一空间时，其防护等级不应低于 IP55。

【释义】

    消防水泵房内有压水管道多，一旦因压力过高如水锤等原因而泄漏，当喷泄到消防水泵控制柜时有可能影响控制柜的运行，导致供水可靠性降低，因此要求控制柜的防护等级不应低于 IP55，IP55 是防尘防射水。当控制柜设置在专用的控制室，根据国家现行标准，控制室不允许有管道穿越，因此消防水泵控制柜的防护等级可适当降低，IP30 能满足防尘要求。

**11.0.12**  消防水泵控制柜应设置机械应急启泵功能，并应保证在控制柜内的控制线路发生故障时由有管理权限的人员在紧急时启动消防水泵。机械应急启动时，应确保消防水泵在报警后 5min 内正常工作。

【释义】

    压力开关、流量开关等弱电信号和硬拉线是通过继电器来自动启动消防泵的，如果弱电信号因故障或继电器等故障不能自动或手动启动消防泵时，应依靠消防泵房设置的机械应急启动装置启动消防泵。

    当消防水泵控制柜内的控制线路发生故障而不能使消防水泵自动启动时，若立即进行排除线路故障的修理会受到人员素质、时间上的限制，所以在消防发生的紧急情况下是不可能进行的。为此本条的规定使得消防水泵只要供电正常的条件下，无论控制线路如何都能强制启动，以保证火灾扑救的及时性。

    该机械应急启动装置在操作时必须由被授权的人员来进行，且此时从报警到消防水泵的正常运转的时间不应大于 5min，这个时间可包含了管理人员从控制室至消防泵房的时间，以及水泵从启动到正常工作的时间。

# 第四篇

## 民用建筑

# 1.《人民防空地下室设计规范》GB 50038—2005

**3.3.26** 当电梯通至地下室时，电梯必须设置在防空地下室的防护密闭区以外。

【释义】

本条所述电梯主要是为平时服务的，由于战时的供电不能保证，而且在空袭中电梯也容易遭到破坏，故防空地下室战时不考虑使用电梯。如因平时使用需要，地面建筑的电梯直通地下室时，为确保防空地下室的战时安全，故要求电梯间应设在防空地下室的防护区之外。

**3.6.6** 柴油电站的贮油间应符合下列规定：

**2** 贮油间应设置向外开启的防火门，其地面应低于与其相连接的房间（或走道）地面150～200mm 或设门槛。

**3** 严禁柴油机排烟管、通风管、电线、电缆等穿过贮油间。

【释义】

本条规定是考虑到当室内发生事故时，现场人员容易逃离事故地点。贮油间门槛的设置也可以采用将贮油间地面下负150～200mm 的做法，目的是防止地面渗漏油的外流。

上述管线穿越贮油间时，大大增加了火灾险情发生的可能性，同时可能导致火灾沿此类管线而大面积蔓延，造成更加严重的损失。因此，应严格要求，禁止此类管线穿越贮油间。

**7.2.9** 防空地下室内安装的变压器、断路器、电容器等高、低压电器设备，应采用无油、防潮设备。

【释义】

本条所述选用无油设备是为了符合消防的防火要求。

**7.2.10** 内部电源的发电机组应采用柴油发电机组，严禁采用汽油发电机组。

【释义】

本条所述汽油具有较大的挥发性，在防空地下室内使用汽油发电机组，极易发生火灾，所以从安全考虑，本条规定了"严禁使用汽油发电机组"。

**7.2.11** 下列工程应在工程内部设置柴油电站：

**1** 中心医院、急救医院；

**2** 救护站、防空专业队工程、人员掩蔽工程、配套工程等防空地下室，建筑面积之和大于5000㎡。

【释义】

本条是依据现行《战技要求》的有关规定制定的。

其中第2款建筑面积大于5000㎡应指以下几种情况：

1 新建单个防空地下室的建筑面积大于5000㎡；

2 新建建筑小区各种类型的（救护站、防空专业队工程、人员掩蔽工程、配套工程等）多个单体防空地下室的建筑面积之和大于5000㎡；

3 新建防空地下室与已建而又未引接内部电源的防空地下室的建筑面积之和大于5000㎡时。例如：某建筑小区一、二期人防工程的建筑面积小于5000㎡未设置电站，当建造第三期人防工程时，它的建筑面积与一、二期之和大于 $5000m^2$ 时，应设置电站。

现在设置内部电站的要求相当明确，电站设在工程内部，靠近负荷中心；简化了供电系统，节省了电气设备投资，供电安全可靠，维修管理便捷。扩大了防空地下室设置电站的覆盖率，平战结合更为紧密。

**7.3.4　防空地下室内的各种动力配电箱、照明箱、控制箱，不得在外墙、临空墙、防护密闭隔墙、密闭隔墙上嵌墙暗装。若必须设置时，应采取挂墙式明装。**

**【释义】**

防空地下室的外墙、临空墙、防护密闭隔墙、密闭隔墙等，具有防护密闭功能，各类动力配电箱，照明箱、控制箱嵌墙暗装时，使墙体厚度减薄，会影响到防护密闭功能。所以在此类墙体上应采取挂墙明装。

**7.6.6　保护线（PE）上，严禁设置开关或熔断器。**

**【释义】**

PE 导体不允许有开断的可能，是一条保障人身安全的重要原则。PE 线是专用于将电气装置外露导电部分接地的导体。设备发生故障时外壳可能带电，PE 线可以将电导向大地防止触电事故发生。如果设置开关或者熔断器，设备发生故障时，开关或者熔断器断开，设备外壳仍然带电，人接触后可能导致发生触电事故。

## 2.《锅炉房设计规范》GB 50041—2008

**6.1.7　燃油锅炉房室内油箱的总容量，重油不应超过 $5m^3$，轻柴油不应超过 $1m^3$。室内油箱应安装在单独的房间内。当锅炉房总蒸发量大于等于 30t/h，或总热功率大于等于 21MW 时，室内油箱应采用连续进油的自动控制装置。当锅炉房发生火灾事故时，室内油箱应自动停止进油。**

**【释义】**

本条是原规范第 3.2.22 条的修订条文。

本条文在原条文的内容上增加了 3 点内容：

1　明确了日用油箱应安装在独立的房间内。

2　当锅炉房总蒸发量大于等于 30t/h 或总热功率大于等于 21MW 时，由于室内油箱容积不够，故应采用连续进油的自动控制装置。

3　当锅炉房发生火灾事故时，室内油箱应自动停止进油。

日用油箱油位，一般采用高低油位式控制，但当锅炉房容量较大时，日用油箱低油位，贮油量不足锅炉房 20min 耗油量时，应采用油位连续自动控制，30t/h 锅炉房耗油量约为 2000kg/h，20min 耗油量约为 670kg，因此本规范按锅炉房总蒸发量 30t/h 耗油量作为界线。

**11.1.1　蒸汽锅炉必须装设指示仪表监测下列安全运行参数：**

1　锅筒蒸汽压力；

2　锅筒水位；

3　锅筒进口给水压力；

4　过热器出口蒸汽压力和温度；

**5** 省煤器进、出口水温和水压；

**6** 单台额定蒸发量大于等于 **20t/h** 的蒸汽锅炉，除应装设本条 **1** 、 **2** 、 **4** 款参数的指示仪表外，尚应装设记录仪表。

　　注：**1** 采用的水位计中，应有双色水位计或电接点水位计中的 **1** 种；

　　　　**2** 锅炉有省煤器时，可不监测给水压力。

**【释义】**

　　本条是原规范第 9.1.1 条的条文。

　　根据原规范条文结合目前国内锅炉房监测的现状，并按现行《蒸汽锅炉安全技术监察规程》的有关规定，为保证蒸汽锅炉机组的安全运行，必须装设监测下列主要参数的指示仪表：

　　锅筒蒸汽压力。

　　锅筒水位。

　　锅筒进口给水压力。

　　过热器出口的蒸汽压力和温度。

　　省煤器进、出口的水温和水压。

　　对于大于等于 20t/h 的蒸汽锅炉，除了应装设上列保证安全运行参数的指示仪表外，尚应装设记录其锅筒蒸汽压力、水位和过热器出口蒸汽压力和温度的仪表。

　　控制非沸腾式（铸铁）省煤器出口水温可防止汽化，确保省煤器安全运行；对沸腾式省煤器，需控制进口水温，以防止钢管外壁受含硫酸烟气的低温腐蚀。

　　此外，通过对省煤器进、出口水压的监测，可以及时发现省煤器的堵塞，及时清理，以利于省煤器的安全运行。

**15.2.2** 电动机、启动控制设备、灯具和导线型式的选择，应与锅炉房各个不同的建筑物和构筑物的环境分类相适应。燃油、燃气锅炉房的锅炉间、燃气调压间、燃油泵房、煤粉制备间、碎煤机间和运煤走廊等有爆炸和火灾危险场所的等级划分，必须符合现行国家标准《爆炸危险环境电力装置设计规范》**GB 50058** 的有关规定。

**【释义】**

　　本条是原规范第 13.2.2 条的条文。

　　燃气中如天然气的主要成分为甲烷，与空气形成 5％～15％ 浓度的混合气体时易着火爆炸。因而天然气调压间属防爆建筑物。

　　燃油泵房、煤粉制备间、碎煤机间和运煤走廊等均属有火灾危险场所，而燃煤锅炉间则属于多尘环境，水泵房属于潮湿环境。

　　上述不同环境的建筑物和构筑物内所选用的电机和电气设备，均应与各个不同环境相适应。

## 3.《住宅设计规范》GB 50096—2011

### 8.1.3 住宅应设置照明供电系统。

**【释义】**

　　照明供电系统，是有利于居住者身体健康的最基本居住生活设施，是现代居家生活的重要组成部分，因此规定应予设置。

**8.1.4 住宅计量装置的设置应符合下列规定：**

**4 设有供电系统时，应设置分户电能表。**

【释义】

按户分别设置电能仪表是节能节电的重要措施。

**8.1.7 下列设施不应设置在住宅套内，应设置在共用空间内：**

**1 公共功能的管道，包括给水总立管、消防立管、雨水立管、采暖（空调）供回水总立管和配电和弱电干线（管）等，设置在开敞式阳台的雨水立管除外；**

**2 公共的管道阀门、电气设备和用于总体调节和检修的部件，户内排水立管检修口除外；**

**3 采暖管沟和电缆沟的检查孔。**

【释义】

公共的管道和设备、部件如设置在住宅套内，不仅占用套内空间的面积、影响套内空间的使用，住户装修时往往将管道等加以隐蔽，给维修和管理带来不便，且经常发生无法进入户内进行维护的实例，因此本条规定不应设置在住宅套内。

雨水立管指建筑物屋面等公共部位的雨水排水管，不包括仅为各户敞开式阳台服务的各层共用雨水立管。屋面雨水管如设置在室内（包括封闭阳台和卫生间或厨房的管井内），使公共共用管道占据了某些住户的室内空间，下雨时还有噪声扰民等问题，因此规定不应设置在住宅套内。但考虑到为减少首层地面下的水平雨水管坡度占据的空间，往往需要在靠建筑物外墙就近排出室外，且敞开式阳台已经不属于室内，对住户影响不大，因此将设置在此处的屋面公共雨水立管排除在规定之外。当阳台设置屋面雨水管时，还应注意按《建筑给水排水设计规范》GB 50015 的规定单独设置，不能与阳台雨水管合用。

当给水、生活热水采用远传水表或 IC 水表时，立管设置在套内卫生间或厨房，但立管检修间一般设置在共用部分（例如管道层的横管上），而不设置在套内立管的部分。

采暖（空调）系统用于总体调节和检修的部件设置举例如下：环路检修阀门设置在套外公共部分；立管检修阀设置在设备层或管沟内；共用立管的分户独立采暖系统，与共用立管相连接的各分户系统的入口装置（检修调节阀、过滤器、热量表等）设置在公共管井内。

配电干线、弱电干线（管）和接线盒设置在电气管井中便于维护和检修。当管线较少或没有条件设置电气管井时，宜将电气立管和设备设置在共用部分的墙体上，确有困难时，可在住宅的分户墙内设置电气暗管和暗箱，但箱体的门或接线盒应设置在共用部分的空间内。

采暖管沟和电缆沟的检查孔不得设置在套内，除考虑维修和管理因素外，还考虑了安全问题。

**8.3.2 除电力充足和供电政策支持，或建筑所在地无法利用其他形式的能源外，严寒和寒冷地区、夏热冬冷地区的住宅不应设计直接电热作为室内采暖主体热源。**

【释义】

本条引自《严寒和寒冷地区居住建筑节能设计标准》JGJ 26 和《夏热冬冷地区居住

建筑节能设计标准》JGJ 134。直接电热采暖，与采用以电为动力的热泵采暖，以及利用电网低谷时段的电能蓄热、在电网高峰或平峰时段采暖有较大区别。

用高品位的电能直接转换为低品位的热能进行采暖，热效率较低，不符合节能原则。火力发电不仅对大气环境造成严重污染，还产生大量温室气体（$CO_2$），对保护地球、抑制全球气候变暖不利，因此它并不是清洁能源。

严寒、寒冷、夏热冬冷地区采暖能耗占有较高比例。因此，应严格限制应用直接电热进行集中采暖方式。但并不限制居住者在户内自行配置电热采暖设备，也不限制卫生间等设置"浴霸"等非主体的临时电采暖设施。

**8.7.3　每套住宅应设置户配电箱，其电源总开关装置应采用可同时断开相线和中性线的开关电器。**

**【释义】**

为保证住宅内人身用电安全和便于管理，本条对每套住宅的电源总断路器提出了相应要求。

**8.7.4　住宅套内安装在 1.80m 及以下的插座均应采用安全型插座。**

**【释义】**

为了避免儿童玩弄插座发生触电危险，本条规定安装高度在 1.8m 及以下的插座采用安全型插座。

**8.7.5　共用部位应设人工照明，应采用高效节能的照明装置和节能控制措施。当应急照明采用节能自熄开关时，必须采取消防时应急点亮的措施。**

**【释义】**

原规范规定公共部分照明采用节能自熄开关，以实现人在灯亮，人走灯灭，达到节电目的。但在应用中也出现了一些新问题：如夜间漆黑一片，对住户不方便；在设置安防摄像场所（除采用红外摄像机外），达不到摄像机对环境的最低照度要求；较大声响会引起大面积公共照明自动点亮，如在夜间经常有重型货车通过时频繁亮灭，使灯具寿命缩短，也达不到节能效果；具体工程中，楼梯间、电梯厅有无外窗的条件也不相同。此外，应用于住宅建筑的节能光源的声光控制和应急启动技术也在不断发展和进步。因此，本条强调住宅公共照明要选择高效节能的照明装置和节能控制。设计中要具体分析，因地制宜，采用合理的节能控制措施，并且要满足消防控制的要求。

**8.7.9　当发生火警时，疏散通道上和出入口处的门禁应能集中解除或能从内部手动解锁。**

**【释义】**

门禁系统必须满足紧急逃生时人员疏散的要求。当发生火警或需紧急疏散时，住宅楼疏散门的防盗门锁须能集中解除或现场顺疏散方向手动解除，使人员能迅速安全疏散。设有火灾自动报警系统或联网型门禁系统时，在确认火情后，须在消防控制室集中解除相关部位的门禁。当不设火灾自动报警系统或联网型门禁系统时，要求能在火灾时不需使用任何工具就能从内部徒手打开出口门，以便于人员的逃生。

## 4.《中小学校设计规范》GB 50099—2011

**4.1.8　高压电线、长输天然气管道、输油管道严禁穿越或跨越学校校园；当在学校周边**

敷设时，安全防护距离及防护措施应符合相关规定。

【释义】

本条对原文进行了修改。高压电线、长输天然气管道及石油管道都有爆燃隐患，危险性极大，故不得将校址选在这些管线的影响范围内。建校后亦不得在校园内过境穿越或跨越，以保障学校师生安全。

## 5.《铁路旅客车站建筑设计规范》GB 50226—2007（2011年版）

**8.3.2 旅客车站主要场所的照明除应符合现行国家标准《建筑照明设计标准》GB 50034 的有关规定外，尚应符合下列要求：**

**5 旅客站台所采用的光源不应与站内的黄色信号灯的颜色相混。**

【释义】

根据与运营单位实际情况的调查，站台采用高压钠灯，由于点燃后呈现橙黄色，极易与黄色信号灯的颜色相混，特作出规定，以引起注意。

**8.3.4 旅客车站疏散和安全照明应有自动投入使用的功能，并应符合下列规定：**

**1 各候车区（室）、售票厅（室）、集散厅应设疏散和安全照明；重要的设备房间应设安全照明。**

**2 各出入口、楼梯、走道、天桥、地道应设疏散照明。**

【释义】

本条规定了应设置消防应急照明的部位，主要为直接影响人员安全疏散的地方或火灾时需要继续工作的场所。公共场所发生火灾，多数造成重大的人员伤亡。其原因很多，而着火后由于无可靠的应急照明，人员在光线黯淡或黑暗中逃生困难是个重要原因。因此，在设计时应考虑消防应急照明。根据实际情况出发，从有利于人员安全疏散需要出发考虑设置应急照明，以在火灾时起到良好的疏散指示作用。

## 6.《住宅建筑规范》GB 50368—2005

**7.1.4 水、暖、电、气管线穿过楼板和墙体时，孔洞周边应采取密封隔声措施。**

【释义】

各种管线穿过楼板和墙体时，若孔洞周边不密封，声音会通过缝隙传递，大大降低楼板和墙体的隔声性能。对穿线孔洞的周边进行密封，属于施工细节问题，几乎不增加成本，但对提高楼板和墙体的空气声隔声性能很有好处。

**7.2.3 套内空间应能提供与其使用功能相适应的照度水平。套外的门厅、电梯前厅、走廊、楼梯的地面照度应能满足使用功能要求。**

【释义】

住宅套内的各个空间由于使用功能不同，其照度要求各不相同，设计时应区别对待。套外的门厅、电梯前厅、走廊、楼梯等公共空间的地面照度，应满足居住者的通行等需要。

**8.1.3 住宅应设照明供电系统。**

【释义】

照明供电系统是基本的居住生活条件，并有利于居住者身体健康，改善环境质量。

**8.1.4** 住宅的给水总立管、雨水立管、消防立管、采暖供回水总立管和电气、电信干线（管），不应布置在套内。公共功能的阀门、电气设备和用于总体调节和检修的部件，应设在共用部位。

【释义】

为便于给水总立管、雨水立管、消防立管、采暖供回水总立管和电气、电信干线（管）的维修和管理，不影响套内空间的使用，本条规定上述管线不应布置在套内。

实践中，公共功能的管道、阀门、设备或部件设在套内，住户在装修时加以隐蔽，给维修和管理带来不便；在其他住户发生事故需要关闭检修阀门时，因设置阀门的住户无人而无法进入，不能正常维护，这样的事例较多。本条据此规定上述设备和部件应设在公共部位。

给水总立管、雨水立管、消防立管、采暖供回水总立管和电气、电信干线（管）应设置在套外的管井内或公共部位。对于分区供水横干管，也应布置在其服务的住宅套内，而不应布置在与其毫无关系的套内；当采用远传水表或 IC 水表而将供水立管设在套内时，供检修用的阀门应设在公用部位的横管上，而不应设在套内的立管顶部。公共功能管道其他需经常操作的部件，还包括有线电视设备、电话分线箱和网络设备等。

**8.1.5** 住宅的水表、电能表、热量表和燃气表的设置应便于管理。

【释义】

计量仪表的选择和安装方式，应符合安全可靠、便于计量和减少扰民的原则。计量仪表的设置位置，与仪表的种类有关。住宅的分户水表宜相对集中读数，且宜设置在户外；对设置在户内的水表，宜采用远传水表或 IC 卡水表等智能化水表。其他计量仪表也宜设置在户外；当设置在户内时，应优先采用可靠的电子计量仪表。无论设置在户外还是户内，计量仪表的设置应便于直接读数、维修和管理。

**8.3.5** 除电力充足和供电政策支持外，严寒地区和寒冷地区的住宅内不应采用直接电热采暖。

【释义】

合理利用能源，提高能源利用效率，是当前重要的政策要求。用高品位的电能直接用于转换为低品位的热能进行采暖，热效率低，运行费用高，是不合适的。严寒、寒冷地区全年有 4～6 个月采暖期，时间长，采暖能耗高。近些年来由于空调、采暖用电所占比例逐年上升，致使一些省市冬夏季尖峰负荷迅速增长，电网运行困难，电力紧缺。盲目推广电锅炉、电采暖，将进一步劣化电力负荷特性，影响民众日常用电。因此，应严格限制应用直接电热进行集中采暖，但并不限制居住者选择直接电热方式进行分散形式的采暖。

**8.4.8** 住宅内设置的燃气设备和管道，应满足与电气设备和相邻管道的净距要求。

【释义】

为了保证燃气设备、电气设备及其管道的检修条件和使用安全，燃气设备和管道应满足与电气设备和相邻管道的净距要求。该净距应综合考虑施工要求、检修条件及使用安全等因素确定。国家标准《城镇燃气设计规范》GB 50028—93（2002 年版）第 7.2.26 条给出了相关要求。

**8.5.1** 电气线路的选材、配线应与住宅的用电负荷相适应，并应符合安全和防火要求。

【释义】

为保证用电安全，电气线路的选材、配线应与住宅的用电负荷相适应。

**8.5.2** 住宅供配电应采取措施防止因接地故障等引起的火灾。

【释义】

为了防止因接地故障等引起的火灾，对住宅供配电应采取相应的安全措施。

**8.5.3** 当应急照明在采用节能自熄开关控制时，必须采取应急时自动点亮的措施。

【释义】

出于节能的需要，应急照明可以采用节能自熄开关控制，但必须采取措施，使应急照明在应急状态下可以自动点亮，保证应急照明的使用功能。国家标准《住宅设计规范》GB 50096—1999（2003 年版）第 6.5.3 条规定："住宅的公共部位应设人工照明，除高层住宅的电梯厅和应急照明外，均应采用节能自熄开关。"本条从节能角度对此进行了规定。

**8.5.4** 每套住宅应设置电源总断路器，总断路器应采用可同时断开相线和中性线的开关电器。

【释义】

为保证安全和便于管理，本条对每套住宅的电源总断路器提出相应要求。

**8.5.5** 住宅套内的电源插座与照明，应分路配电。安装在 1.8m 及以下的插座均应采用安全型插座。

【释义】

为了避免儿童玩弄插座发生触电危险，安装高度在 1.8m 及以下的插座应采用安全型插座。

**8.5.6** 住宅应根据防雷分类采取相应的防雷措施。

【释义】

住宅建筑应根据其重要性、使用性质、发生雷电事故的可能性和后果，分为第二类防雷建筑物和第三类防雷建筑物。预计雷击次数大于 0.3 次/a 的住宅建筑应划为第二类防雷建筑物。预计雷击次数大于或等于 0.06 次/a，且小于或等于 0.3 次/a 的住宅建筑，应划为第三类防雷建筑物。各类防雷建筑物均应采取防直击雷和防雷电波侵入的措施。

**8.5.7** 住宅配电系统的接地方式应可靠，并应进行总等电位联结。

【释义】

住宅建筑配电系统应采用 TT、TN-C-S 或 TN-S 接地方式，并进行总等电位联结。等电位联结是指为达到等电位目的而实施的导体联结，目的是当发生触电时，减少电击危险。

**8.5.8** 防雷接地应与交流工作接地、安全保护接地等共用一组接地装置，接地装置应优先利用住宅建筑的自然接地体，接地装置的接地电阻值必须按接入设备中要求的最小值确定。

【释义】

本条根据国家标准《建筑物电子信息系统防雷技术规范》GB 50343—2004 第 5.2.5 条、第 5.2.6 条制定，对建筑防雷接地装置做了相应规定。

**9.1.5** 住宅建筑设备的设置和管线敷设应满足防火安全要求。

**【释义】**

本条原则规定了各种建筑设备和管线敷设的防火安全要求。

**9.4.3** 住宅建筑中竖井的设置应符合下列要求：

**1** 电梯井应独立设置，井内严禁敷设燃气管道，并不应敷设与电梯无关的电缆、电线等。电梯井井壁上除开设电梯门洞和通气孔洞外，不应开设其他洞口。

**2** 电缆井、管道井、排烟道、排气道等竖井应分别独立设置，其井壁应采用耐火极限不低于 **1.00h** 的不燃性构件。

**3** 电缆井、管道井应在每层楼板处采用不低于楼板耐火极限的不燃性材料或防火封堵材料封堵；电缆井、管道井与房间、走道等相连通的孔洞，其空隙应采用防火封堵材料封堵。

**4** 电缆井和管道井设置在防烟楼梯间前室、合用前室时，其井壁上的检查门应采用丙级防火门。

**【释义】**

本条对住宅建筑中电梯井、电缆井、管道井等竖井的设置做了规定。

电梯是重要的垂直交通工具，其井道易成为火灾蔓延的通道。为防止火灾通过电梯井蔓延扩大，规定电梯井应独立设置，且在其内不能敷设燃气管道以及敷设与电梯无关的电缆、电线等，同时规定了电梯井井壁上除开设电梯门和底部及顶部的通气孔外，不应开设其他洞口。

各种竖向管井均是火灾蔓延的途径，为了防止火灾蔓延扩大，要求电缆井、管道井、排烟道、排气道等竖井应单独设置，不应混设。为了防止火灾时将管井烧毁，扩大灾情，规定上述管道井壁应为不燃性构件，其耐火极限不低于 1.00h。本条未对"垃圾道"做出规定，因为住宅中设置垃圾道不是主流做法，从健康、卫生角度出发，住宅不宜设置垃圾道。

为有效阻止火灾通过管井的竖向蔓延，本条对竖向管道井和电缆井层间封堵及孔洞封堵提出了要求。可靠的层间封堵及孔洞封堵是防止管道井和电缆井成为火灾蔓延通道的有效措施。同样，为防止火灾竖向蔓延，本条还对住宅建筑中设置在防烟楼梯间前室和合用前室的电缆井和管道井井壁上检查门的耐火等级做了规定。

**9.7.1** 10 层及 10 层以上住宅建筑的消防供电不应低于二级负荷要求。

**【释义】**

本条对 10 层及 10 层以上住宅建筑的消防供电做了规定。高层建筑发生火灾时，主要利用建筑物本身的消防设施进行灭火和疏散人员。合理地确定供电负荷等级，对于保障建筑消防用电设备的供电可靠性非常重要。

**9.7.2** 35 层及 35 层以上的住宅建筑应设置火灾自动报警系统。

**【释义】**

火灾自动报警系统由触发器件、火灾报警装置及具有其他辅助功能的装置组成，是为及早发现和通报火灾，并采取有效措施控制和扑灭火灾，而设置在建筑物中或其他场所的一种自动消防设施。在发达国家，火灾自动报警系统的设置已较为普及。考虑到现阶段国内的实际条件，规定 35 层及 35 层以上的住宅建筑应设置火灾自动报警系统。

**9.7.3** **10 层及 10 层以上住宅建筑的楼梯间、电梯间及其前室应设置应急照明。**

【释义】

本条对 10 层及 10 层以上住宅建筑的楼梯间、电梯间及其前室的应急照明做了规定。为防止人员触电和防止火势通过电气设备、线路扩大，在火灾时需要及时切断起火部位及相关区域的电源。此时若无应急照明，人员在惊慌之中势必产生混乱，不利于人员的安全疏散。

**10.1.4** **住宅公共部位的照明应采用高效光源、高效灯具和节能控制措施。**

【释义】

在住宅建筑能耗中，照明能耗也占有较大的比例，因此要注重照明节能。考虑到住宅建筑的特殊性，套内空间的照明受居住者的控制，不易干预，因此不对套内空间的照明做出规定。住宅公共场所和部位的照明主要受设计和物业管理的控制，因此本条明确要求采用高效光源和灯具并采取节能控制措施。

住宅建筑的公共场所和部位有许多是有天然采光的，例如大部分住宅的楼梯间都有外窗。在天然采光的区域为照明系统配置定时或光电控制设备，可以合理控制照明系统的开关，在保证使用的前提下同时达到节能的目的。

**10.1.5** **住宅内使用的电梯、水泵、风机等设备应采取节电措施。**

【释义】

随着经济的发展，住宅的建造水准越来越高，住宅建筑内配置电梯、水泵、风机等机电设备已较为普遍。在提高居住者生活水平的同时，这些机电设备消耗的电能也很大，因此也应该注重这类机电设备的节电问题。

机电设备的节电潜力很大，技术也成熟，例如电梯的智能控制，水泵、风机的变频控制等都是可以采用的节电措施，并且能收到很好的节能效果。

## 7. 《民用建筑供暖通风与空气调节设计规范》GB 50736—2012

**5.5.1** **除符合下列条件之一外，不得采用电加热供暖：**

　**1** 供电政策支持；

　**2** 无集中供暖和暖气源，且煤和油等燃料的使用受到环保或消防严格限制的建筑；

　**3** 以供冷为主，供暖负荷较小且无法利用热泵提供热源的建筑；

　**4** 采用蓄热式电散热器、发热电缆在夜间低谷电进行蓄热，且不在用电高峰和平段时间启用的建筑；

　**5** 由可再生能源发电设备供电，且其发电量能够满足自身电加热量需求的建筑。

【释义】

电加热供暖使用条件。合理利用能源、节约能源、提高能源利用率是我国的基本国策。直接将燃煤发电生产出的高品位电能转换为低品位的热能进行供暖，能源利用效率低，是不合适的。由于我国地域广阔、不同地区能源资源差距较大，能源形式与种类也有很大不同，考虑到各地区的具体情况，在只有符合本条所指的特殊情况时方可采用。

**5.5.5** **根据不同的使用条件，电供暖系统应设置不同类型的温控装置。**

【释义】

电供暖系统温控装置要求。从节能角度考虑，要求不同电供暖系统应设置相应的温控装置。

**5.5.8** 安装于距地面高度 **180cm** 以下的电供暖元器件，必须采取接地及剩余电流保护措施。

【释义】

对安装于距地面高度 180cm 以下电供暖元器件的安全要求。对电供暖装置的接地及漏电保护要求引自《民用建筑电气设计规范》JGJ 16。安于地面及距地面高度 180cm 以下的电供暖元件，存在误操作（如装修破坏、水浸等）导致的漏、触电事故的可能性，因此必须可靠接地并配置漏电保护装置。

**5.10.1** 集中供暖的新建建筑和既有建筑节能改造必须设置热量计量装置，且具备室温调控功能。用于热量计量的热量计量装置必须采用热量表。

【释义】

集中供热热量的计量要求。根据《中华人民共和国节约能源法》的规定，新建建筑和既有建筑的节能改造应当按照规定安装热计量装置。计量的目的是促进用户自主节能，室温调控是节能的必要手段。供热企业和终端用户间的热量结算，应以热量表作为结算依据。用于结算的热量表应符合相关国家产品标准，且计量检定证书应在检定的有效期内。

**6.3.9** 事故通风应符合下列规定：

**2** 事故通风应根据发散物的种类，设置相应的检测报警及控制系统。事故通风的手动控制装置应在室外便于操作的地点分别设置。

【释义】

事故通风的规定。事故风机系统（包括兼做事故排风用的基本排风系统）应根据建筑物可能释放的放散物种类设置相应的检测报警及控制系统，以便及时发现事故，启动自动控制系统，减少损失。事故通风的手动控制装置应装在室内、外便于操作的地点，以便一旦发生紧急事故，使其立即投入运行。

**6.6.16** 可燃气体管道、可燃液体管道和电线等，不得穿过风管的内腔。也不得沿风管的外壁敷设。可燃气体管道和可燃液体管道，不应穿过通风、空调机房。

【释义】

风管敷设的安全要求。可燃气体（煤气等）、可燃液体（甲、乙、丙类液体）和电线等，易引起火灾事故。为防止火势通过风管蔓延，作此规定。这是因为穿过风管（通风、空调机房）内可燃气体、可燃被体管道一旦泄漏会很容易发生和传播火灾，火势也容易通过风管蔓延。电线由于使用时间长、绝缘老化，会产生短路起火，并通过风管蔓延，因此，不得在风管内腔敷设或穿过。配电线路与风管的间距不应小于 0.1m，若采用金属套管保护的配电线路，可贴风管外壁敷设。

**7.2.11** 空调系统的夏季冷负荷，应按下列规定确定：

**1** 末端设备设有温度自动控制装置时，空调系统的夏季冷负荷按所服务各空调区逐时冷负荷的综合最大值确定。

【释义】

空调系统的夏季冷负荷确定。

根据空调区的同时使用情况、空调系统类型以及控制方式等各种不同情况，在确定空调系统夏季冷负荷时，主要有两种不同算法：一个是取同时使用的各空调区逐时冷负荷的综合最大值，即从各空调区逐时冷负荷相加后所得数列中找出的最大值；一个是取同时使用的各空调区夏季冷负荷的累计值，即找出各空调区逐时冷负荷的最大值并将它们相加在一起，而不考虑它们是否同时发生。后一种方法的计算结果显然比前一种方法的结果要大。如当采用全空气变风量空调系统时，由于系统本身具有适应各空调区冷负荷变化的调节能力，此时系统冷负荷即应采用各空调区逐时冷负荷的综合最大值；当末端设备设有室温自动控制装置时，由于系统本身不能适应各空调区冷负荷的变化，为了保证最不利情况下达到空调区的温湿度要求，系统冷负荷即应采用各空调区夏季冷负荷的累计值。

新风冷负荷应按新风量和夏季室外空调计算干、湿球温度确定。再热负荷是指空气处理过程中产生冷热抵消所消耗的冷量，附加冷负荷是指与空调运行工况、输配系统有关的附加冷负荷。

同时使用系数可根据各空调区在使用时间上的不同确定。

**8.1.2** 除符合下列条件之一外，不得采用电直接加热设备作为空调系统的供暖热源和空气加湿热源：

**1** 以供冷为主、供暖负荷非常小，且无法利用热泵或其他方式提供供暖热源的建筑，当冬季电力供应充足、夜间可利用低谷电进行蓄热且电炉锅不在用电高峰和平段时间启用时；

**2** 无城市或区域集中供热，且采用燃气、用煤、油等燃料受到环保或消防严格限制的建筑；

**3** 利用可再生能源发电，且其发电量能够满足直接电热用量需求的建筑；

**4** 冬季无加湿用蒸汽源，且冬季室内相对湿度要求较高的建筑。

【释义】

本条规定了电能作为直接热源的限制条件。常见的采用直接电能供热的情况有：电热锅炉、电热水器、电热空气加热器、电极（电热）式加湿器等。合理利用能源、提高能源利用率、节约能源是我国的基本国策。考虑到国内各地区的具体情况，在只有符合本条所指的特殊情况时方可采用。

1 夏热冬暖地区冬季供热时，如果没有区域或集中供热，那么热泵是一个较好的选择方案。但是，考虑到建筑的规模、性质以及空调系统的设置情况，某些特定的建筑，可能无法设置热泵系统。如果这些建筑冬季供热设计负荷很小（电热负荷不超过夏季供冷用电安装容量的20%且单位建筑面积的总电热安装容量不超过 $20W/m^2$），允许采用夜间低谷电进行蓄热。同样，对于设置了集中供热的建筑，其个别局部区域（例如：目前在一些南方地区，采用内、外区合一的变风量系统且加热量非常低时，有时采用窗边风机及低容量的电热加热、建筑屋顶的局部水箱间为了防冻需求等）有时需要加热，如果为此单独设置空调热水系统可能难度较大或者条件受到限制或者投入非常高时，也允许局部采用。

2 对于一些具有历史保护意义的建筑，或者位于消防及环保有严格要求无法设置燃气、燃油或燃煤区域的建筑，由于这些建筑通常规模都比较小，在迫不得已的情况下，也允许适当地采用电进行供热,但应在征求消防、环保等部门的规定意见后才能进行设计。

3  如果该建筑内本身设置了可再生能源发电系统(例如利用太阳能光伏发电、生物质能发电等),且发电量能够满足建筑本身的电热供暖需求,不消耗市政电能时,为了充分利用其发电的能力,允许采用这部分电能直接用于供热。

4  在冬季无加湿用蒸汽源、但冬季室内相对湿度的要求较高且对加湿器的热惰性有工艺要求(例如有较高恒温恒湿要求的工艺性房间),或对空调加湿有一定的卫生要求(例如无菌病房等),不采用蒸汽无法实现湿度的精度要求或卫生要求时,才允许采用电极(或电热)式蒸汽加湿器。而对于一般的舒适型空调来说,不应采用电能作为空气加湿的能源。当房间因为工艺要求(例如高精度的珍品库房等)对相对湿度精度要求较高时,通常宜设置末端再热。为了提高系统的可靠性和可调性(同时这些房间可能也不允许末端带水),可以适当地采用电为再热的热源。

**8.11.14**  锅炉房及换热机房,应设置供热量控制装置。

【释义】

锅炉房及换热机房的供热量控制。本条文对锅炉房及换热机房的节能控制提出了明确的要求。设置供热量控制装置的主要目的是对供热系统进行总体调节,使供水水温或流量等参数在保持室内温度的前提下,随室外空气温度的变化随时进行调整,始终保持锅炉房或换热机房的供热量与建筑物的需热量基本一致,实现按需供热;达到最佳的运行效率和最稳定的供热质量。

气候补偿器是供暖热源常用的供热量控制装置,设置气候补偿器后,还可以通过在时间控制器上设定不同时间段的不同室温,节省供热量;合理地匹配供水流量和供水温度,节省水泵电耗,保证散热器恒温阀等调节设备正常工作;还能够控制一次水回水温度,防止回水温度过低减少锅炉寿命。

由于不同企业生产的气候补偿器的功能和控制方法不完全相同,但必须具有能根据室外空气温度变化自动改变用户侧供(回)水温度、对热媒进行质调节的基本功能。

**9.1.5**  锅炉房、换热机房和制冷机房的能量计量应符合下列规定:

**2**  应计量耗电量。

【释义】

锅炉房、换热机房和制冷机房应计量的项目。一次能源/资源的消耗量均应计量。此外,在冷、热源进行耗电量计量有助于分析能耗构成,寻找节能途径,选择和采取节能措施。循环水泵耗电量不仅是冷热源系统能耗的一部分,而且也反映出输送系统的用能效率,对于额定功率较大的设备宜单独设置电计量。

**9.4.9**  空调系统的电加热器应与送风机连锁,并应设无风断电、超温断电保护装置;电加热器必须采取接地及剩余电流保护措施。

【释义】

电加热器的连锁与保护。要求电加热器与送风机连锁,是一种保护控制,可避免系统中因无风电加热器单独工作导致的火灾。为了进一步提高安全可靠性,还要求设无风断电、超温断电保护措施,例如、用监视风机运行的风压差开关信号及在电加热器后面设超温断电信号与风机启停连锁等方式,来保证电加热器的安全运行。

电加热器采取接地及剩余电流保护,可避免因漏电而造成触电事故。

## 8.《档案馆建筑设计规范》JGJ 25—2010

**6.0.5 特级、甲级档案馆和属于一类高层的乙级档案馆建筑均应设置火灾自动报警系统。其他乙级档案馆的档案库、服务器机房、缩微用房、音像技术用房、空调机房等房间应设置火灾自动报警系统。**

【释义】

根据防火规范中的规定以及档案馆用房的特殊性和重要性作出的相应规定。火灾自动报警设施应是档案馆建筑最基本的应该具备的预警、保护措施,考虑到一些小型档案馆经济条件所限,不能将火灾自动报警设施覆盖全馆,但在一些重要用房必须设置。所以,将此条作为强制性条款也是无可厚非的。

《建筑设计防火规范》GB 50016 规定:重要的档案馆应设火灾自动报警系统,考虑到乙级档案馆中一些规模较大地市级档案馆属于重要的建筑物。为了符合《建筑设计防火规范》GB 50016 规定,本条提出乙级档案馆中的一类高层档案馆建筑应设置火灾自动报警设施。

**7.3.2 特级档案馆应设自备电源。**

【释义】

本条规定了特级档案馆应设自备电源。自备电源的设置是为了防止停电、火灾等自然灾害。考虑到特级档案馆的重要性,将本条列为强制性条款,以保证特级档案馆的正常运行。

## 9.《宿舍建筑设计规范》JGJ 36—2005

**6.3.3 宿舍配电系统的设计,应符合下列安全要求:**

　　**3 供未成年人使用的宿舍,必须采用安全型电源插座。**

【释义】

为了避免未成年人发生触电危险,它是未成年人宿舍配电系统的重要安全措施,应据此执行。

## 10.《商店建筑设计规范》JGJ 48—2014

**7.3.14 对于大型和中型商店建筑的营业厅,线缆的绝缘盒护套应采用低烟低毒阻燃型。**

【释义】

大型和中型商店客流量大、人员多,如果采用不阻燃,或者非低烟无卤的线缆,一旦燃烧,各类线缆延燃快、毒性大,易造成人员的死伤,需予以禁止,所以应采用低烟低毒阻燃型线缆。

**7.3.16 对于大型和中型商店建筑的营业厅,除消防设备及应急照明外,配电干线回路应设置防火剩余电流动作报警系统。**

【释义】

大型和中型商店建筑的营业厅照明、配电干线(除消防设备及应急照明)回路,布线复杂、不便于维护，设置剩余电流动作报警系统是防止其发生电气火灾的必要措施。

## 11.《剧场建筑设计规范》JGJ 57—2000

**6.7.13** 面光桥活荷载不应小于 2.5kN/m²，灯架活荷载不应小于 1.0kN/m²。

【释义】

本条的数据来自国内外剧场建设中的一些经验数据，并得到了有关研究机构以及相关设备生产厂家的验证。

**8.1.5** 变电间的高、低压配电室与舞台、侧台、后台相连时，必须设置面积不小于 6m² 的前室，并应设甲级防火门。

【释义】

容量小的变压器在主体建筑内的例子很多，其优点是节约管沟线路，也接近负荷中心，但必须要形成独立的防火间隔，舞台既是负荷中心，在演出时又是聚集场所，我们又规定增加了前室。前室门设置甲级防火门，前室通风良好，可以迅速排除热空气烟雾，形成较完整的防火间隔。

**8.1.9** 观众厅及舞台内的灯光控制室、面光桥及耳光室各界面构造均采用不燃材料。

【释义】

目前国内多数剧场的面光桥、耳光室设施简陋，通风不良，特别是夏季因屋面辐射热等影响较大，上海儿童剧场面光桥及耳光室，工人截开风管，自设岗位送风，收到很好的效果。面光桥本身多为钢木结构，加上聚光灯高温，灯具线路交错，极易发生火灾，故应采用不燃材料。在调查中见到用铁皮覆盖或用高压石棉板覆盖，后者优于前者。观众厅及舞台内的灯光控制室采用不燃材料也是考虑到防火问题。

**8.4.1** 甲等及乙等的大型、特大型剧场下列部位应设有火灾自动报警装置：观众厅、观众厅闷顶内、舞台、服装室、布景库、灯控室、声控室、发电机房、空调机房、前厅、休息厅、化妆室、栅顶、台仓、吸烟室、疏散通道及剧场中设置雨淋灭火系统的部位。甲等和乙等的中型剧场上述部位宜设火灾自动报警装置。当上述部位中设有自动喷水灭火系统（雨淋灭火系统除外）时，可不设火灾自动报警系统。

【释义】

条文中要求设置火灾自动报警装置及探测器的地点，均属剧场容易起火部位，设置火灾自动报警装置起到火灾前的及早预警作用。

**10.3.13** 剧场下列部位应设事故照明和疏散指示标志：

1 观众厅、观众厅出口；
2 疏散通道转折处以及疏散通道每隔 20m 长处；
3 台仓、台仓出口处；
4 后台演职员出口处。

【释义】

引导观众、演员及工作人员在发生事故时，迅速疏散出去。此类标志，目前尚未制订出统一标准。据调查，剧场疏散时间一般不大于 4min。应急照明用蓄电池连续供电 30min 就可确保安全疏散。

## 12.《电影院建筑设计规范》JGJ 58—2008

**4.6.1 室内装修不得遮挡消防设施标志、疏散指示标志及安全出口，并不得妨碍消防设施和疏散通道的正常使用。**

【释义】

目前电影院建筑二次装修设计单位，在进行观众厅内部疏散通道设计过程中，往往忽略声学装修厚度，使得原有满足疏散宽度的土建设计，在装修后不能满足疏散宽度要求。另外，观众厅通常装有消火栓、疏散指示等设施，在进行室内装修不得有遮挡，否则会影响到观众的消防安全疏散，因此对观众厅声学的装修作此规定。

**7.3.4 乙级及乙级以上电影院应设踏步灯或座位排号灯，其供电电压应为不大于36V的安全电压。**

【释义】

本条是源于安全要求。电影院为人员密集性场所，应保证人员的安全。在与人员密切接触的踏步、座位等设置的指示灯，应采用不大于36V的安全电压。

## 13.《办公建筑设计规范》JGJ 67—2006

**4.5.8 办公建筑中的变配电所应避免与有酸、碱、粉尘、蒸汽、积水、噪声严重的场所毗邻，并不应直接设在有爆炸危险环境的正上方或正下方，也不应直接设在厕所、浴室等经常积水场所的正下方。**

【释义】

变配电所内与有酸、碱、粉尘、蒸汽、积水、噪声严重的场所毗邻会影响到电气设备的正常运行，变配电所设置应符合现行国家标准《爆炸危险环境电力装置设计规范》GB 50058的规定，不应设在有爆炸危险的环境；同时也考虑到设置的位置上部如发生漏水、滴水等会造成变配电所设备电气短路事故发生，而影响供配电系统运行的可靠性。

## 14.《展览建筑设计规范》JGJ 218—2010

**5.2.8 展览建筑内的燃油或燃气锅炉房、油浸电力变压器室、充有可燃油的高压电容器和多油开关室等不应布置于人员密集场所的上一层、下一层或贴邻，并应采用耐火极限不低于2.00h的隔墙和1.50h的楼板进行分隔，隔墙上的门应采用甲级防火门。**

【释义】

展厅、前厅、过厅、会议中心等场所聚集人员较多，属于人员密集场所。燃油、燃气锅炉房，可燃油油浸变压器，充有可燃油的高压电容器和多油开关等设备在运行时如安全保护设备失灵或操作不慎会引起火灾、爆炸等事故，因此宜独立建造，不宜布置在主体建筑内。但近年来由于受用地紧张等条件的限制，较多的将这些设备用房布置在主体建筑内，在这种情况下，应采取相应的安全措施，除设备的选用应符合安全要求外，设置的位置不应在人员密集场所的上一层、下一层或贴邻，与相邻部位应采用防火分隔措施。

## 15.《住宅建筑电气设计规范》JGJ 242—2011

**4.3.2** 设置在住宅建筑内的变压器，应选择干式、气体绝缘或非可燃性液体绝缘的变压器。

**【释义】**

本条根据《民用建筑电气设计规范》JGJ 16—2008 第 4.3.5 条强制性条文"设置在民用建筑中的变压器，应选择干式、气体绝缘或非可燃性液体绝缘的变压器。当单台变压器油量为 100kg 及以上时，应设置单独的变压器室。"本条是从消防安全性考虑所作出的规定。

**8.4.3** 家居配电箱应装设同时断开相线和中性线的电源进线开关电器，供电回路应装设短路和过负荷保护电器，连接手持式及移动式家用电器的电源插座回路应装设剩余电流动作保护器。

**【释义】**

本条根据《住宅建筑规范》GB 50368—2005 第 8.5.4 条强制性条文"每套住宅应设置电源总断路器，总断路器应采用可同时断开相线和中性线的开关电器。"为保障居民和维修维护人员人身安全和便于管理，制定本强制性条款。家居配电箱内应配置有过流、过载保护的照明供电回路、电源插座回路、空调插座回路、电炊具及电热水器等专用电源插座回路。除壁挂分体式空调器的电源插座回路外，其他电源插座回路均应设置剩余电流动作保护器，剩余动作电流不应大于 30mA。

每套住宅可在电能表箱或家居配电箱处设电源进线短路和过负荷保护，一般情况下一处设过流、过载保护，一处设隔离器，但家居配电箱里的电源进线开关电器必须能同时断开相线和中性线，单相电源进户时应选用双极开关电器，三相电源进户时应选用四极开关电器。

**10.1.1** 建筑高度为 100m 或 35 层及以上的住宅建筑和年预计雷击次数大于 0.25 的住宅建筑，应按第二类防雷建筑物采取相应的防雷措施。

**【释义】**

住宅建筑的防雷分类见表 3。

表 3 住宅建筑的防雷分类

| 住 宅 建 筑 | 防雷分类 |
|---|---|
| 建筑高度为 100m 或 35 层及以上的住宅建筑 | 第二类防雷建筑物 |
| 年预计雷击次数大于 0.25 的住宅建筑 | |
| 建筑高度为 50m～100m 且 19 层～34 层的住宅建筑 | 第三类防雷建筑物 |
| 年预计雷击次数大于或等于 0.05 且小于或等于 0.25 的住宅 | |

根据《建筑物防雷设计规范》GB 50057—2010 第 3.0.3 条强制性条文制定本强制性条款。《建筑物防雷设计规范》GB 50057—2010 第 3.0.3 条第 10 款只对年预计雷击次数大于 0.25 的住宅建筑作出了规定，本规范在此基础上，根据住宅建筑的特性对住宅建筑的高度及层数也作出了规定，目的是为了保障居民的人身安全。

**10.1.2** 建筑高度为 50m～100m 或 19 层～34 层的住宅建筑和年预计雷击次数大于或等于 0.05 且小于或等于 0.25 的住宅建筑，应按不低于第三类防雷建筑物采取相应的防雷措施。

**【释义】**

本条规定是根据《建筑物防雷设计规范》GB 50057—2010 第 3.0.4 条强制性条文制定本强制性条款。《建筑物防雷设计规范》GB 50057—2010 第 3.0.4 条第 3 款只对年预计雷击次数大于或等于 0.05 且小于或等于 0.25 的住宅建筑作出了规定，本规范在此基础上，根据住宅建筑的特性对住宅建筑的高度及层数也作出了规定，目的是为了保障居民的人身安全。

## 16.《交通建筑电气设计规范》JGJ 243—2011

**6.4.7** Ⅱ类及以上民用机场航站楼、特大型和大型铁路旅客车站、集民用机场航站楼或铁路及城市轨道交通车站等为一体的大型综合交通枢纽站、地铁车站、磁浮列车站及具有一级耐火等级的交通建筑内，成束敷设的电线电缆应采用绝缘及护套为低烟无卤阻燃的电线电缆。

**【释义】**

本条主要是从人员密集的交通建筑发生火灾时，为提高人员的安全率、存活率而做出的强制性规定。火灾事故中，直接火烧造成人员死亡的比例很低，近 80% 是由于烟雾和毒气窒息而造成人员死亡；或者由于火灾产生的烟雾阻碍人员视线，使受灾人员不能顺利找到疏散线路，引起恐慌造成人员踩踏，不知所措，又使人难以呼吸而直接致命。一般由 PVC 燃烧后产生的烟雾，其毒性指数高达 15.01，人在此浓烟中只能存活 2～3min。浓烟的另一个特征随气流升腾奔突且无孔不入，其移动速度比火焰传播快得多（可达 20m/min 以上）。因此在电气火灾中，烟密度的大小与火场逃离人员生命安全密切相关。烟是物质在燃烧过程中产生的不透明颗粒在空气的漂浮物。它既决定于材料燃烧时的充分性，又与燃烧物被烧蚀的量有关。燃烧越容易越充分就越少有烟。

由于 PVC 材质的高发烟率和较高的毒性指数，因此欧美从 20 世纪 90 年代起就开始减少或禁止 VV、ZRVV 之类的高卤型电缆在室内的使用，以低烟无卤的电线电缆替代。

从对人员安全负责的角度出发，对于在交通建筑中人员密集的场所和人流难以疏散的地方（如：Ⅱ类及以上民用机场航站楼、特大型和大型铁路旅客车站、集民用机场航站楼或铁路及城市轨道交通车站等为一体的大型综合交通枢纽站、地铁车站、磁浮列车站及具有一级耐火等级的交通建筑），成束敷设的电线电缆规定采用绝缘及护套为低烟无卤的电线电缆（即绝缘材料不含卤素，燃烧时产生的烟尘较少且具有阻止或延缓火焰蔓延的电线电缆），以此可大大减少火灾事故中线缆燃烧后产生的烟雾和毒气，为火灾发生时人员争取到更多宝贵的逃生时间。

另外用于消防负荷成束敷设的电线电缆除了应采用绝缘及护套为低烟无卤阻燃的电线电缆外还要具有耐火功能，可采用低烟无卤阻燃耐火电线电缆（即材料不含卤素，燃烧时产生的烟尘较少且具有阻止或延缓火焰蔓延、在火焰燃烧的规定时间内可保持线路完整性的电线电缆）或矿物绝缘（MI）电缆。

**8.4.2** 应急照明的配电应按相应建筑的最高级别负荷电源供给，且应能自动投入。

**【释义】**

交通建筑的公共场所内往往会有大量的旅客和其他人员通行，有时也会非常集中，而且旅客对建筑内的环境并不熟悉，一旦建筑内供电系统出现故障（特别是在夜晚），势必会影响到整个建筑的正常照明，导致照明灯的熄灭，由于突发的黑暗会造成建筑内的旅客或其他人员出现恐慌，程序混乱，严重时可出现人员拥挤、踩踏等恶性事故发生，造成人员的伤亡。为避免此类情况发生，规定了在交通建筑的公共场所内应设置应急照明，同时为确保在供电系统出现故障时，应急照明的有效性，本条规定并强调了对于应急照明的配电应按其所在建筑的最高级别负荷电源供给且能自动投入，使应急照明的供电做到安全、可靠、有效。

## 17.《金融建筑电气设计规范》JGJ 284—2012

**4.2.1.** 金融设施的用电负荷等级应符合表 4.2.1 的规定。

**表 4.2.1 金融设施的用电负荷等级**

| 金融设施等级 | 用电负荷等级 | 金融设施等级 | 用电负荷等级 |
|---|---|---|---|
| 特级 | 一级负荷中特别重要负荷 | 二级 | 二级负荷 |
| 一级 | 一级负荷 | 三级 | 三级负荷 |

**【释义】**

金融设施的安全运行与供电的可靠性是密切相关的。重要的金融设施一旦发生停电，将在大范围内造成金融秩序紊乱，给金融企业造成重大的经济损失和严重的社会问题。如果将高等级金融设施按低等级负荷来提供电力，势必严重危及金融设施的安全运行；反之，如果无故提高低等级金融设施的用电负荷等级，势必造成巨大的投资浪费。因此，金融设施的用电负荷等级必须与金融设施等级相适应。

**19.2.1** 自助银行及自动柜员机室的现金装填区域应设置视频安全监控装置、出入口控制装置和入侵报警装置，且应具备与 110 报警系统联网功能。

**【释义】**

自助银行及自动柜员机室的现金装填区域属于高风险场所，必须设置完善的安全技术防范设施，以遏制恶性犯罪案件的发生，同时也便于警方快速反应和案情追查。

## 18.《教育建筑电气设计规范》JGJ 310—2013

**4.3.3** 附设在教育建筑内的变电所，不应与教室、宿舍相贴邻。

**【释义】**

本条中的"相贴邻"的场所，是指与变电所的上、下及四周相贴邻的教室、宿舍。本条规定主要是考虑学生的安全和健康，以及不干扰正常的教学活动。根据国家标准《声环境质量标准》GB 3096—2008，教室及宿舍归为 1 类声环境功能区，其昼间环境噪声限值应为 55dB（A），夜间环境噪声限值应为 45dB（A），是需要保持安静的区域。而调研中发现，有的变电所与教室或宿舍相贴邻，噪声干扰较大，教室的教学环境受影响，宿舍没有安静的生活环境。教室、宿舍是学生较长时间学习、生活的场所，特别是中小学，学生均为未成年人，变电所与教室、宿舍相贴邻，其噪声干扰和电磁辐射均不利于学生健康，故作此强制性规定。噪声限值皆为等效声级。所谓等效声级，是等效连续 A 声级（用 A 计权网络测得的声压级）的简称，指在规定测量时间 $T$ 内，A 声级的能量平均值，用 $L_{eq}$ 表示，其单位为 dB（A）。在教育建筑电气设计中，首先，校园供配电系统总体设计要避免将变电所附设在教学楼或宿舍楼内；如果不可避免地在教学楼或宿舍楼内设变电所时，不要将变电所与教室或宿舍相贴邻。图书馆内设有的 24h 自习教室、实验楼内设有的教室，也应执行此条文。

**5.2.4　中小学、幼儿园的电源插座必须采用安全型。幼儿活动场所电源插座底边距地不应低于 1.8m。**

**【释义】**

为防止未成年中小学生和幼儿将手指或细物伸入插座的插孔中而触电，故中小学、幼儿园的电源插座必须采用安全型。考虑幼儿的身高因素，规定幼儿活动场所电源插座底边距地不低于 1.8m，可进一步避免意外触电事故的发生。在中小学、幼儿园电气设计文件中，需明确所有场所的各类电源插座必须采用安全型。在幼儿园电气设计文件中，还需明确幼儿活动场所，如幼儿的活动室、衣帽储存间、卫生间、洗漱间及幼儿寝室等场所的电源插座底边距地为 1.8m 或大于 1.8m。实施过程中，审查中小学设计文件中对于电源插座类型的要求与标注；审查幼儿园设计文件中对于电源插座类型及其距地高度的要求与标注。

## 19.《医疗建筑电气设计规范》JGJ 312—2013

**7.1.2　对于需进行射线防护的房间，其供电、通信的电缆沟或电气管线严禁造成射线泄露；其他电气管线不得进入和穿过射线防护房间。**

**【释义】**

射线是直线传播的，对人体有伤害作用。为了防止射线泄漏制订本条款。为射线防护房间供电、通信的电缆沟或电气管线，需要严格按设备的工艺要求进行设计和施工，防止射线泄漏。

**9.3.1　医疗场所配电系统的接地形式严禁采用 TN-C 系统。**

**【释义】**

当非故障状态下三相负荷不平衡或发生接地故障时，TN-C 系统的保护中性导体（PEN）有电流通过，此电流会危及医疗场所的人身安全，因此，为了防止人员触电伤亡而制订本条文。

## 20.《会展建筑电气设计规范》JGJ 333—2014

**8.3.6　展位箱、综合展位箱的出线开关以及配电箱（柜）直接为展位用电设备供电的出线开关，应装设不超过 30mA 剩余电流动作保护装置。**

**【释义】**

本条规定针对展览建筑举办展会的可变性及展览形式多样化的特点，当展会布展时，根据需求，展位用电设备可以从展位箱、综合展位箱的出线开关取电，也可以从展览用电配电柜的出线开关取电。工作人员或参观者会随时触摸到展位用电设备。为了避免因漏电对人身产生的危害，本规范强调在展位箱、综合展位箱以及展览用电配电柜直接为展位用电设备供电的出线开关处，装设不超过 30mA 剩余电流动作保护装置。

## 21.《体育建筑电气设计规范》JGJ 354—2014

**6.1.7** 体育建筑内的应急电源严禁采用燃气发电机组和汽油发电机组。

【释义】

体育建筑内的应急电源严禁采用燃气发电机组和汽油发电机组是为了保障人身安全。根据《电工术语 电气装置》GB/T 2900.71—2008/IEC 60050—826：2004 中应急电源的定义，应急电源主要用于保障人身安全，例如用于火灾等紧急情况下的灭火和人员疏散。而天然气有其特殊性，当空气中天然气含量达到 5%～15% 时，遇到明火会发生爆炸，这种情况下燃气发电机组不仅起不到应急的作用，反而增加了危险。汽油发电机组也有类似情况，在火灾类紧急情况时自身缺乏安全保障，不能作为应急电源。如果燃气发电机组或汽油发电机组没有安装在体育建筑内，或者不是用于应急电源，则不受本条限制。

**7.2.1** 跳水池、游泳池、戏水池、冲浪池及类似场所水下照明设备应选用防触电等级为 Ⅲ 类的灯具，其配电应采用安全特低电压（SELV）系统，标称电压不应超过 12V，安全特低电压电源应设在 2 区以外的地方。

【释义】

跳水池、游泳池、戏水池、冲浪池及类似场所属于潮湿场所，电器的绝缘容易受潮，人员触电危险增大。本条根据《建筑物电气装置 第 7-715 部分：特殊装置或场所的要求 特低电压照明装置》GB 16895.30—2008，结合这类场所的特点，从保护人身安全出发，将本条设为强制性条文。上述场所的 0、1 和 2 区的区域范围需符合《低压电气装置 第 7-702 部分：特殊装置或场所的要求 游泳池和喷泉》GB 16895.19 的规定，条文中所说的 2 区以外区域与泳池有一定的距离，SELV 电源安装在这个区域相对安全。

**9.1.4** 体育建筑的应急照明应符合下列规定：

**1** 观众席和运动场地安全照明的平均水平照度值不应低于 20lx；

**2** 体育场馆出口及其通道、场外疏散平台的疏散照明地面最低水平照度值不应低于 5lx。

【释义】

本条从安全角度出发做出的规定。现在，许多体育建筑或体育建筑群设置场外疏散平台，平台离地面有一定的高度，人员失足坠地将会发生伤亡危险，因此，此处需设置疏散照明。场外疏散平台系指建筑物红线内的平台。

## 22.《人民防空医疗救护工程设计标准》RFJ 005—2011

**6.2.5** 中心医院、急救医院应设置固定柴油电站，并应符合下列要求：

**1** 供电容量必须满足战时一级、二级电力负荷的需求，并宜作为区域电站，以满足在低压供电范围内的邻近人防工程的战时一级、二级负荷用电；

**2** 柴油发电机组台数不应少于 **2** 台，单机容量应满足战时一级负荷的用电需要。不设备用机组。

【释义】

本条是依据现行《人民防空工程战术技术要求》的规定，对的中心医院、急救医院设置固定柴油电站的具体要求；柴油发电机组台数不应少于 2 台的规定是考虑到一旦一台发生故障，另一台发电机组能保障医疗用电的应急需求。

**6.3.6** 人防医疗救护工程内的各种动力配电箱、照明箱、控制箱，不得在外墙、临空墙、防护密闭隔墙上嵌墙暗装。若必须设置时，应采取挂墙式明装。

【释义】

各种电气设备箱体嵌墙暗装在具有防护密闭功能的墙体上时，墙体厚度减薄，会影响防护密闭功能。所以在此类墙体上应采用挂墙明装。

## 23.《医院洁净手术部建筑技术规范》GB 50333—2013

**11.1.3** 有生命支持电气设备的洁净手术室必须设置应急电源。自动恢复供电时间应符合下列要求：

**1** 生命支持电气设备应能实现在线切换。

**2** 非治疗场所和设备应小于等于 **15s**。

**3** 应急电源工作时间不应小于 **30min**。

【释义】

发电机投入使用需要一定的准备时间。因此，有生命支持电气设备的洁净手术室必须设置应急电源设备，保证手术正常用电。同时，部分心外科手术在手术过程中要使用体外循环机。因此为保证病人生命安全，生命支持电气设备还应有在线切换功能。设计应急电源的容量不宜过大，并规定应急供电时间≥30min。

**11.1.6** 心脏外科手术室用电系统必须设置隔离变压器。

【释义】

心脏外科手术室为防止手术过程中触及心脏的设备漏电致人死亡的危险，必须设置隔离变压器。

## 24.《生物安全实验室建筑技术规范》GB 50346—2011

**7.1.2** BSL3 实验室和 ABSL-3 中的 a 类和 b1 类实验室应按一级负荷供电，当按一级负荷供电有困难时，应采用一个独立供电电源，且特别重要负荷应设置应急电源；应急电源采用不间断电源的方式时，不间断电源的供电时间不应小于 **30min**；应急电源采用不间断电源加自备发电机的方式时，不间断电源应能确保自备发电设备启动前的电力供应。

【释义】

四级生物安全实验室一般是独立建筑，而三级生物安全实验室可能不是独立建筑。无论实验室是独立建筑还是非独立建筑，因为建筑中的生物安全实验室的存在，这类建筑均要求按生物安全实验室的负荷等级供电。

ABS-3 实验室和 ABSL-3 中的 b1 类实验室特别重要负荷包括防护区的送风机、排风机、生物安全柜、动物隔离设备、照明系统、自控系统、监视和报警系统应采用不间断电源的供电方式。

**7.1.3** ABSL-3 中的 b2 类实验室和四级生物安全实验室必须按一级负荷供电,特别重要负荷应同时设置不间断电源和自备发电设备。作为应急电源,不间断电源应能确保自备发电设备启动前的电力供应。

【释义】

一级负荷供电要求由两个电源供电,当一个电源发生故障时,另一个电源不应同时受到破坏,同时特别重要负荷应设置应急电源。两个电源可以采用不同变电所引来的两路电源,虽然它不是严格意义上的独立电源,但长期的运行经验表明,一个电源发生故障或检修的同时另一电源又同时发生事故的情况较少,且这种事故多数是由于误操作造成的,可以通过增设应急电源、加强维护管理、健全必要的规章制度来保证用电可靠性。ABSL-3 中的 b2 类实验室考虑到其风险性,将其供电标准提高。ABSL-3 中的 b2 类实验室和四级生物安全实验室,考虑到对安全要求更高,强调必须按一级负荷供电,并要求特别重要负荷同时设置不间断电源和备用发电设备。ABSL-3 中的 b2 类实验室和四级生物安全实验室特别重要负荷包括防护区的生命保障系统、化学淋浴系统、气密门充气系统、生物安全柜、动物隔离设备、送风机、排风机、照明系统、自控系统、监视和报警系统等供电。

**7.2.2** 三级和四级生物安全实验室内应设置不少于 30min 的应急照明。

【释义】

为了满足应急之需应设置应急照明系统,紧急情况发生时工作人员需要对未完成的实验进行处理,需要维持一定时间正常工作照明。当处理工作完成后,人员需要安全撤离,其出口、通道应设置疏散照明。

**7.3.3** 三级和四级生物安全实验室自控系统报警信号应分为重要参数报警和一般参数报警。重要参数报警应为声光报警和显示报警,一般参数报警应为显示报警。三级和四级生物安全实验室应在主实验室内设置紧急报警按钮。

【释义】

报警方案的设计异常重要,原则是不漏报、不误报、分轻重缓急、传达到位。人员正常进出实验室导致的压力波动等不应立即报警,可将此报警响应时间延迟(人员开门、关门通过所需的时间),延迟后压力梯度持续丧失才应判断为故障而报警。一般参数报警指暂时不影响安全,实验活动可持续进行的报警,如过滤器阻力的增大、风机正常切换、温湿度偏离正常值等;重要参数报警指对安全有影响,需要考虑是否让实验活动终止的报警,如实验室出现正压、压力梯度持续丧失、风机切换失败、停电、火灾等。

出现无论何种异常,中控系统应有即时提醒,不同级别的报警信号要易区分。紧急报警应设置为声光报警,声光报警为声音和警示灯闪烁相结合的报警方式。报警声音信号不宜过响,以能提醒工作人员而又不惊扰工作人员为宜。监控室和主实验室内应安装声光报警装置,报警显示应始终处于监控人员可见和易见的状态。主实验室内应设置紧急报警按钮,以便需要时实验人员可向监控室发出紧急报警。

**7.3.10** 三级和四级生物安全实验室当负压梯度超过设定范围时,自控系统应有声光报警功能。声光报警器应设置在实验室内实验人员最方便看到的地方。

**【释义】**

实验室出现正压和气流反向是严重的故障，可能导致实验室内有害气溶胶的外溢，危害人员健康及环境。实验室应建立有效的控制机制，合理安排送风、排风机启动和关闭时的顺序和时差，同时考虑生物安全柜等安全隔离装置及密闭阀的启、关顺序，有效避免实验室和安全隔离装置内出现正压和倒流的情况发生。为避免人员误操作，应建立自动连锁控制机制，尽量避免完全采取手动方式操作。自控系统设声光报警是为了提醒工作人员注意，其安装位置应在实验人员能够方便看到的地方。

**7.4.3** 三级和四级生物安全实验室应在互锁门附近设置紧急手动解除互锁开关。中控系统应具有解除所有门或指定门互锁的功能。

**【释义】**

生物安全实验室互锁的门会影响人员的通过速度，应有解除互锁的控制机制。当人员需要紧急撤离时，可通过中控系统解除所有门或指定门的互锁。此外，还应在每扇互锁门的附近设置紧急手动解除互锁开关，使工作人员可以手动解除互锁。

## 25.《实验动物设施建筑技术规范》GB 50447—2008

**7.3.3** 当出现紧急情况时，所有设置互锁功能的门应处于可开启状态。

**【释义】**

缓冲室是人员进出的通道，在紧急情况（如火灾）下，所有设置互锁功能的门都应处于开启状态，人员能方便地进出，以利于疏散与救助。

**7.3.7** 空气调节系统的电加热器应与送风机连锁，并应设无风断电、超温断电保护及报警装置。

**【释义】**

要求电加热器与送风机连锁，是一种保护控制，可避免系统中因无风电加热器单独工作导致的火灾。为了进一步提高安全可靠性，还要求设无风断电、超温断电保护措施。例如，用监视风机运行的压差开关信号及在电加热器后面设超温断电信号与风机启停连锁等方式，来保证电加热器的安全运行。

**7.3.8** 电加热器的金属风管应接地。电加热器前后各 **800mm** 范围内的风管和穿过设有火源等容易起火部位的管道和保温材料，必须采用不燃材料。

**【释义】**

连接电加热器的金属风管接地，可避免造成触电类的事故。电加热器前后各 800mm 范围内的风管和穿过设有火源等容易起火部位的管道，采用不燃材料是为了满足防火要求。

**8.0.6** 屏障环境设施应设置火灾事故照明。屏障环境设施的疏散走道和疏散门，应设置灯光疏散指示标志。当火灾事故照明和疏散指示标志采用蓄电池作备用电源时，蓄电池的连续供电时间不应少于 **20 min**。

**【释义】**

本条规定了必须设置事故照明和灯光指示标志的原则、部位和条件。强调设置灯光疏散指示标志和连续供电时间是为了确保疏散的可靠性。

## 26.《医用气体工程技术规范》GB 50751—2012

**4.3.5** 各种医用气体汇流排在电力中断或控制电源故障时，应能持续供应。医用二氧化碳、医用氧化亚氮气体供应源汇流排，不得出现气体供应结冰情况。

【释义】

医用气体汇流排所供应的气体对于病人的生命保障非常重要，如果中断可能会造成严重医疗事故直至危及病人生命。因此应该保证在断电或控制系统有问题的情况下，能够持续供应气体。本条是为了保障使用医用气体汇流排的气源能够在意外情况下可靠供气，因此汇流排的结构可能不同于一般用途的产品，在产品设计中应有特殊考虑。

医用二氧化碳、医用氧化亚氮气体供应源汇流排在供气量达到一定程度时会有气体结冰情况出现，如不采取措施会影响气体的正常供应，造成严重后果。所以应充分考虑气体供应源及环境温度的条件，一般应在汇流排机构上进行特殊设计，如安装加热装置等。

**4.4.7** 医用真空汇应设置应急备用电源

【释义】

本条规定系为防止医用真空汇主电源因故停止供电时，导致机组长时间停止运行，影响供气。医用真空在医疗卫生机构中起着重要的作用，尤其手术、ICU 等生命支持区域都需要大流量不间断供应，供应的不善有可能会导致严重的医疗事故。因此医用真空汇的动力供电必须有备用电源来保证用电连续。

## 27.《疾病预防控制中心建筑技术规范》GB 50881—2013

**7.3.6** 房间有严格正负压控制要求的空调通风系统，应设置通风系统启停次序的连锁控制装置。

【释义】

空调通风系统应有严格正负压控制要求，是指如果房间应有的正负压得不到保证或在试验过程中房间正负压被破坏时，可能造成生物安全事故危险，或严重影响试验结果正确性或准确性。为了避免空调设备在启动和停止过程中，由于短时的气流和压力的改变而破坏房间的生物安全环境，必须认真设计设备系统的启动和停止程序，以保证空调通风系统在启动和停止过程中满足房间空气压差控制的要求。为每个实验室单独设置的空调通风系统，其控制措施宜就地设置在试验人员方便使用的地方，中央控制系统可对其进行监视。

**9.0.10** 试验区域内走廊及出口应设置疏散指示标志和应急照明。

【释义】

本条规定的主要目的是在紧急情况（火灾、地震、断电等）下，避免引起恐慌、忙乱和无序，保证试验人员在方便地采取紧急处理措施后，能安全、顺利地撤离，保证人身安全。规定中的走廊及其出口，应包括存在内区时的内走廊和出口以及走廊中间的常闭门。

## 28.《古建筑防雷工程技术规范》GB 51017—2014

**4.1.6** 当外部防雷装置设置在古建筑的主要出入口、经常有人通过或停留的场所时，外部防雷装置必须采取人身安全保护措施。

【释义】

外部防雷装置直接影响人身安全的是引下线及其接地装置的接触电压和跨步电压,古建筑防雷工程的设计,必须有完善的接触电压和跨步电压防护措施,保证游客及工作人员的人身安全。

**4.5.2  接闪器应符合下列规定:**

**3  不应在由易燃材料构成的屋顶上直接安装接闪器。在可燃材料构成的屋顶上安装接闪器时,接闪器的支撑架应采用隔热层与可燃材料之间隔离。**

【释义】

制订本条的目的是防止由于接闪器安装方式不当而引起火灾。接闪器安装在易燃物和可燃物两种材料的屋顶上时,需要采取不同的方法,并且接闪器安装不仅包括接闪器本身,还包括接闪器的支架。易燃材料指茅草、稻草等细小易点燃物。这些材料可能因雷电的放电火星引起燃烧,所以不允许在其上直接安装接闪器。在易燃材料构成的屋顶安装接闪器时,接闪器通常需要距其表面0.15m以上,且防雷部件(含支架)不能直接与易燃材料接触;或在接闪器导体层面投影的两侧至少各外延0.5m范围内的易燃物上覆盖不可燃物,接闪器安装在不可燃物上。

可燃材料指木材等可燃的材料。这类可燃材料热容性较大,故需采取隔热措施。为了满足隔热要求,可以采用空间间隔50mm;贴邻时,接闪器通常采用3mm厚度的不可燃绝缘垫层进行隔离。

**5.1.4  防雷装置现场安装施工时,古建筑内部严禁采用容易引起火灾的施工方法。古建筑外部附近施工应采取防火安全措施。**

【释义】

本条规定的目的是防止施工时由于施工方法或防火措施不合适引起火灾,或产生高温损害古建筑的原状、古建筑内部物件,造成不可复制的损失。条文从古建筑内部和外部两方面采取措施,避免火灾发生。古建筑内部(含在古建筑上)进行防雷装置安装施工时,严禁采用焊接等产生高温容易引起火灾的施工方法。在古建筑外部采用容易引起火灾的施工方法时,应远离古建筑,或采用防火隔离等安全、可靠的防火措施,防止施工可能引起的火灾危及古建筑。

**5.3.2  引下线安装应符合下列规定:**

**3  在木结构上敷设引下线时,引下线的金属支撑架应采用隔热板与木结构之间隔离。**

【释义】

本款为强制性条款,规定引下线的金属支撑架不能在木结构体上直接固定,主要是防止雷击泄流时的热效应会引起木结构损伤或引起火灾。隔热层材料要求见本规范第4.5.2条第3款的说明。

## 29.《综合医院建筑设计规范》GB 51039—2014

**8.1.3  医疗用房内严禁采用 TN-C 接地系统。**

【释义】

TN-C 系统中保护线与中性线合并为 PEN 线,系统对于单相负荷及三相不平衡负荷的线路，PEN 线总有电流流过，其产生的压降会呈现在电气设备的金属外壳上，会对医疗人员和病员造成触电伤害，因此在医院不准使用 TN-C 系统。

**8.3.5** 除本规范第 8.3.3 条第 2 款所列的电气回路外，在 2 类医疗场所中维持患者生命、外科手术和其他位于"患者区域"范围内的电气装置和供电的回路，均应采用医用 IT 系统。当采用医用 IT 系统时，应符合下列要求：

**1** 多个功能相同的毗邻房间，应至少安装 1 个独立的医用 IT 系统。

**2** 医用 IT 系统必须配置绝缘监视器，并应符合下列要求：

交流内阻应大于或等于 $100k\Omega$；

测试电压不应大于直流 25V；

在任何故障条件下，测试电流峰值不应大于 1mA；

当电阻减少到 $50k\Omega$ 时应发出信号，并备有试验设施。

**3** 每一个医用 IT 系统，应设置显示工作状态的信号灯和声光报警装置。声光报警装置应安装在便于永久性监视的场所。

**4** 隔离变压器应设置过负荷和高温的监控。

**【释义】**

根据《建筑物电气装置第 7-710 部分：特殊装置或场所的要求-医疗场所》GB 16895.24—2005 中关于医用 IT 系统的应用范围相关条款确定的。按 IEC 标准，进行心脏手术的医疗电气设备的正常泄漏不得大于 $10\mu A$；当发生一个接地故障时，其故障电流不得大于 $50\mu A$。因为通过人体心脏的电流如果超过 $50\mu A$，就可以导致微电击致死。采用 IT 系统，通过隔离变压器二次回路导体不接地，电气设备外露可导电部分接到电气装置的 PE 线上，并设置辅助等电位连接。当出现接地故障时，故障电流仅为流过自隔离变压器到手术设备之间一小段非故障线段极小的对地的电容电流，因此故障时可以不切断电源，使电气设备继续运行，并可通过报警装置及检查消除故障，大大提高了系统供电的可靠性。

采用医用 IT 系统的意义，既保证直接接触患者心脏的电气设备回路不产生微电流，同时保证生命支持系统的电气设备持续供电。从 IEC 相关标准历年讨论稿的演变过程可以看出医用 IT 系统的双重作用。

多个功能房间，至少安装 1 个医用 IT 系统，主要指多个单间 ICU 病房可公用一套医用 IT 系统；当大型 ICU 集中设置病床时，可根据负荷需要设置多台医用 IT 系统。

"患者区域"见右图。

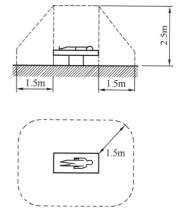

**8.6.7** X 线诊断室、加速器治疗室、核医学扫描室、γ 照相机室和手术室等用房，应设防止误入的红色信号灯，红色信号灯电源应与机组连通。

**【释义】**

本条所述场所，医疗设备工作时均有不同程度的辐射危险，因此在工作中应在用房外显示防止误入的红色信号灯。本条为保障医护人员或病员的人身安全。

### 30. 《通风管道技术规程》JGJ 141—2004

**4.1.6** 风管内不得敷设各种管道、电线或电缆，室外立管的固定拉索严禁拉在避雷针或避雷网上。

**【释义】**

明确规定风管内不得敷设各种管道、电线或电缆以确保安全；明确规定室外立管的固定拉索严禁拉在避雷针或避雷网上，避免雷击事故隐患。

### 31. 《建筑施工作业劳动防护用品配备及使用标准》JGJ 184—2009

**3.0.2** 电工的劳动防护用品配备应符合下列规定：

1　维修电工应配备绝缘鞋、绝缘手套和灵便紧口的工作服。

2　安装电工应配备手套和防护眼镜。

3　高压电气作业时，应配备相应等级的绝缘鞋、绝缘手套和有色眼镜。

**【释义】**

本条规定的高压电气作业是指高压电气设备的维修、调试、值班，为保护电工的人身安全，须配备作业时的劳动防护用品。

### 32. 《公共浴场给水排水工程技术规程》CJJ 160 — 2011

**6.2.12** 当公共浴池设有触摸开关时，应符合下列规定：

1　应具有明显的识别标志；

2　应具有延时设定功能；

4　应使用 12V 电压。

**【释义】**

公共浴池的使用者一般都是浸泡在浴池内的水中，与水、浴池本体及相关配套设施都是紧密接触的，入浴者操作触摸感应器有可能带有水滴。为防止电击入浴者安全事故的发生，将公共浴池用电设备的防漏电和对入浴者造成电击伤害和触摸开关的性能要求作为强制性条文。

### 33. 《人民防空工程施工及验收规范》GB 50134—2004

**3.3.6** 当施工现场的杂散电流值大于 **30mA** 时，不应采用电力起爆。当受条件限制需采用电力起爆时，应采取下列防杂散电流的措施：

1　检查电气设备的接地质量；

2　爆破导线不得有破损和裸露接头；

3　应采用紫铜桥丝低电阻雷管或无桥丝低电阻雷管，并应采用高能发爆器引爆。

**【释义】**

所谓杂散电流，是存在于电源电路以外的杂乱游散的电流，其方向和大小随时变化。如用钢轨作回路的架线，在电机车附近，在变压器周围等均有杂散电流产生。当杂散电流值超过电雷管的准爆电流值时，有可能发生早爆事故。施工中应引起足够重视。

**3.3.12** 掘进工作面的通风，应符合下列规定：

　　**4** 扇风机与工作面的电气设备，应采用风、电闭锁装置。

**【释义】**

　　坑道、地道掘进施工中，工作面空气中可能含有许多有害物质，如一氧化碳、二氧化碳、硫化氢、游离二氧化硅、氮氧化合物、甲烷等。根据实践经验，只要加强通风，保证本条文中规定的新鲜空气量和风流速度，就能使工作面空气中的有害物质降低到允许浓度，保障人体健康，同时采用风、电闭锁装置来保证人员和设备的安全运行。

**10.1.2** 给水管、压力排水管、电缆电线等的密闭穿墙短管，应采用壁厚大于 3mm 的钢管。

**【释义】**

　　穿过外墙、临空墙、防护密闭隔墙和密闭隔墙的电气预埋管线应选用管壁厚度不小于3mm 的热镀锌钢管。在其他部位的管线可按有关地面建筑的设计规范或规定选用管材。

**10.1.6** 密闭穿墙短管两端伸出墙面的长度，应符合下列规定：

　　**1** 电缆、电线穿墙短管宜为 30~50mm。

**【释义】**

　　密闭穿墙短管位置不正，管口不平整，将直接影响前后管路的连接。为防止在捣固混凝土时短管发生错位，要求密闭翼环与钢筋焊牢。

**10.4.1** 电缆、电线在穿越密闭穿墙短管时，应清除管内积水、杂物。在管内两端应采用密封材料充填，填料应捣固密实。

**【释义】**

　　若不清除杂物势必影响穿线。内有积水影响线路的绝缘；填充密封材料的目的，是阻止毒气沿穿墙套管内空隙渗入，保证工程的整体气密性。

**10.4.2** 电缆、电线暗配管穿越防护密闭隔墙或密闭隔墙时，应在墙两侧设置过线盒，盒内不得有接线头。过线盒穿线后应密封，并加盖板。

**【释义】**

　　防护密闭隔墙或密闭隔墙两侧设置密闭过线盒，不仅便于穿线，而且能解决较长管路的密闭处理问题，防止毒剂沿穿管侵入。

**11.4.8** 电气接地装置安装，应符合下列规定：

　　**1** 应利用钢筋混凝土结构的钢筋网作为自然接地体，用作自然接地体的钢筋网应焊接成整体；

　　**2** 当利用自然接地体不能满足要求时，宜在工程内渗水井、水库、污水池中放置镀锌钢板作人工接地体，并不得损坏防水层；

　　**3** 不宜采用外引式的人工接地体。当采用外引接地时，应从不同口部或不同方向引进接地干线。接地干线穿越防护密闭隔墙时，应做防护密闭处理。

**【释义】**

　　接地装置利用结构钢筋和桩基内钢筋，这是实际使用中所取得的成功经验，它具有以下优点：（1）不需专设接地体、施工方便、节省投资；（2）钢筋在混凝土中不易腐蚀；（3）不会受到机械损伤，安全可靠，维护简单；（4）使用期限长，接地电阻比较稳定；当接地电阻值不能满足要求时，可考虑增加人工接地体，水中含有导电离子，人工接地体放置在水中，是为了保证接地电阻值满足要求。不建议采用外引式人工接地体是防止毒气沿空隙侵入，当不得已采用外引接地时，应做好防护密闭处理。

**11.5.6** 配电箱、板，严禁采用可燃材料制作。

【释义】

本条主要是防止电气设备故障时引燃可燃材料而造成起火灾。

**11.5.9** 处于易爆场所的电气设备，应采用防爆型。电缆、电线应穿管敷设，导线接头不得设在易爆场所。

【释义】

在易爆场所，电气设备若选择不当和线路有接头，极易出现爆炸事故。故设备的选型需与易爆场所要求的防爆等级相适应；电缆、电线穿管敷设是进一步加强对线路的保护；导线若有接头可设在易爆场所外，可以降低爆炸危险。

**11.5.10** 在顶棚内的电缆、电线必须穿管敷设，导线接头应采用密封金属接线盒。

【释义】

本条规定主要是防止线路引起火灾。低压配电线路因使用时间长而使绝缘老化，产生短路着火或因接触电阻大而发热，因此要求在顶棚内的电缆、电线，必须穿管敷设。过去发生在有可燃物的顶棚或吊顶内的电气火灾，大多数因未采取穿金属管保护、电缆使用年限长、绝缘老化，产生漏电着火或电缆过负荷运行发热着火等情况引起。

**11.6.3** 给水排水系统试验应符合下列规定：

　　**3** 柴油发电机组、空调机冷却设备的进、出水温度、供水量等符合设计要求。

【释义】

进、出水温度、供水量应符合设备运行技术条件要求，才能保证设备正常运转。

**11.6.4** 电气系统试验应包括下列内容：

　　**1** 检查电源切换的可靠性和切换时间；

　　**2** 测定设备运行总负荷；

　　**3** 检查事故照明及疏散指示电源的可靠性；

　　**4** 测定主要房间的照度；

　　**5** 检查用电设备远控、自控系统的联动效果；

　　**6** 测定各接地系统的接地电阻。

【释义】

主要是为了保证电气系统在安装完成后，能够满足使用要求，减少安全隐患。

## 34.《建筑装饰装修工程质量验收规范》GB 50210—2001

**3.3.4** 建筑装饰装修工程施工中，严禁违反设计文件擅自改动建筑主体、承重结构或主要使用功能；严禁未经设计确认和有关部门批准擅自拆改水、暖、电、燃气、通讯等配套设施。

【释义】

本条规定是针对施工中擅自拆改的现象制定的，其中包含两方面的要求一是严禁违反设计文件擅自改动建筑主体、承重结构或主要使用功能；二是严禁未经设计确认和有关部门批准擅自拆改水、暖、电、燃气、通讯等配套设施。《建设工程质量管理条例》规定施工单位必须按照工程设计图纸和施工技术标准施工，不得擅自修改设计，不得偷工减料。设计文件是施工单位施工操作的依据，正常情况下不应出现上述现象。但在实际执行中，尤其是既有建筑的装饰装修中，由于使用功能的变化或装饰效果的需要而对线路、设施进行改动时，经常发生施工单位未与设计单位洽商，擅自修改设计或不按设计要求施工的现象。当涉及建筑主体和承重结构时，可能造成安全隐患；当涉及拆改水、暖、电、燃气、通讯等线路、设施时，既可能损害使用功能，也可能引起安全事故。

**6.1.12  重型灯具、电扇及其他重型设备严禁安装在吊顶工程的龙骨上。**

【释义】

吊顶工程在考虑龙骨承载能力的前提下，允许将一些轻型设备如小型灯具、烟感器、喷淋头、风口箅子等安装在吊顶龙骨上。但如果把大型吊灯、电扇或一些重型构件也固定在龙骨上，则可能会造成脱落伤人事故，故本条规定严禁安装在吊顶工程的龙骨上，吊顶是一个由吊杆、龙骨、饰面板组成的整体，受力相互影响，因此即使加大龙骨断面，也不得将大型吊灯、电扇或重型构件安装在龙骨上，而应经过计算安装在主体结构上。

## 35.《建筑给水排水及采暖工程施工质量验收规范》GB 50242—2002

**13.4.4  锅炉的高、低水位报警器和超温、超压报警器及连锁保护装置，必须按设计要求安装齐全和有效。**

【释义】

锅筒中的水位是锅炉运行的主要参数之一，维持水位在一定范围内是锅炉正常安全运行必要条件，因为水位过高或过低都会造成重大运行事故，有时甚至引起爆炸。热水锅炉超温将会产生汽化现象，使锅筒和管道内压力急剧增加。无论是蒸汽锅炉还是热水锅炉，严重的超压都将会给锅炉及供热系统中设备和管道造成损害。锅炉上安装高、低水位报警器、超温、超压报警器及连锁保护装置，就是为了及时、准确地警示操作人员采取紧急处理措施，同时通过连锁保护装置采取一些最基本的措施自动调节锅炉运行状态，消除事故在初起阶段。为了在安装时应给予足够的重视，将此内容列为强制性条文。

## 36.《通风与空调工程施工质量验收规范》GB 50243—2002

**6.2.2  风管安装必须符合下列规定：**

**1  风管内严禁其他管线穿越；**

**2  输送含有易燃、易爆气体或安装在易燃、易爆环境的风管系统应有良好的接地，通过生活区或其他辅助生产房间时必须严密，并不得设置接口；**

**3  室外立管的固定拉索严禁拉在避雷针或避雷网上。**

【释义】

风管内严禁其他管线穿越是为保证风管和管线的安全使用而规定的。无论是电、水或气体管线，只要是不相关的，均得遵守。对于输送含有易燃、易爆气体或安装在易燃、易爆环境的风管系统，为了防止静电引起意外事故的发生，必须有良好的接地。当此类风管通过生活区或其他辅助生产房间时，为了避免易燃、易爆气体的扩散，故规定风管必须严密，并不得设置接口。就是排风系统的负压风管段，也同样要遵守这个规定。风管系统的室外立管，包括处于建筑物屋顶和沿墙安装超过屋顶一定高度的，应采取相应的抗风措施。当无其他固定结构时，宜采用拉索进行固定。当拉索与避雷针或避雷网相连接，在雷电来临时，可能使风管系统成为带电体和导电体，危及整个设备系统的安全使用。为了保证风管系统的安全使用，故规范规定，不得把拉索拉（固定）在防雷电的避雷针或避雷网上。

**7.2.7 静电空气过滤器金属外壳接地必须良好。**

**【释义】**

本条强制规定了静电空气处理设备外壳必须可靠接地的要求。静电空气过滤器是利用高压静电电场对空气中的微小浮尘，能进行有效清除的空气处理装置（设备）。当设备运行时，设备带有高压电，为了防止意外事故的伤害，其外壳必须进行可靠的接地。

**7.2.8 电加热器的安装必须符合下列规定：**

**1 电加热器与钢构架间的绝热层必须为不燃材料；接线柱外露的应加设安全防护罩；**

**2 电加热器的金属外壳接地必须良好；**

**3 连接电加热器的风管的法兰垫片，应采用耐热不燃材料。**

**【释义】**

本条强制规定了电加热器安装必须可靠接地和防止燃烧的要求。电加热器运行后，一是存在对人体可能产生伤害的高压电；二是可能引起产生火种的高温。对于电的伤害，规范规定对接线柱外露的应加设防护罩，对其金属外壳的接地必须良好。对于高温火种的防止，规范规定对电加热器与钢结构间的绝热层和连接电加热器的风管的法兰垫片，均必须为耐热不燃的材料。电加热器在风管系统内的安装，一般都采用间接安装的方法。即预先将电加热器组合成一个独立的结构，然后固定在风管上。我们这里说的钢构架，是指将电加热管或丝组合成一个完整的结构。因为与电加热器组合在一起，所以规定其材质必须为耐热的不燃材料，其中的隔热绝缘材料一般宜采用石棉水泥板。

**8.2.6 燃油管道系统必须设置可靠的防静电接地装置，其管道法兰应采用镀锌螺栓连接或在法兰处用铜导线进行跨接，且接合良好。**

**【释义】**

燃油管道系统的静电火花，可能会造成很大的危害，必须杜绝。本条文就是针对这个问题而作出规定的。管道系统的防静电接地装置，包括整个系统的接地电阻和管道系统管段间的可靠连接两个方面。前者强调的是整个系统的接地应可靠，后者强调的是法兰处的连接电阻应尽量小，以构成一个可靠的完整系统。

## 37.《锅炉安装工程施工及验收规范》GB 50273—2009

**5.0.3 锅炉水压试验前应作检查，且应符合下列要求：**

**4 试压系统的压力表不应少于 2 只。额定工作压力大于或等于 2.5MPa 的锅炉，压力表的精度等级不应低于 1.6 级。额定工作压力小于 2.5MPa 的锅炉，压力表的精度等级不应低于 2.5 级。压力表应经过校验并合格，其表盘量程应为试验压力的 1.5～3 倍。**

**【释义】**

本条对压力试验用压力表给出了表盘量程应为试验压力的 1.5~3 倍，操作时最好选用 2 倍。

## 38.《电梯工程施工质量验收规范》GB 50310—2002

**4.2.3** 井道必须符合下列规定：

**3** 当相邻两层门地坎间的距高大于 **11m** 时，其间必须设置井道安全门，井道安全门严禁向井道内开启，且必须装有安全门处于关闭时电梯才能运行的电气安全装置。当相邻轿厢间有相互救援用轿厢安全门时，可不执行本款。

**【释义】**

井道安全门或轿厢安全门的作用是电梯发生故障轿厢停在两个层站之间时，可通过他们救援被困在轿厢中的乘客。当相邻轿厢间没有设置能够相互援救的轿厢安全门时，只能通过层门或井道安全门来援救乘客，如相邻的两层门地坎间之间的距离大于 11m 时，不利于救援人员的操作及紧急情况的处理，救援时间的延长会引起轿内乘客恐慌或引发意外事故，因此这种情况下要求设置井道安全门，以保证安全援救。井道安全门和轿厢安全门的高度不应小于 1.8m，宽度不应小于 0.35m；将 300N 的力以垂直于安全门表面的方向均匀分布在 5cm² 的圆形面积（或方形）上，安全门应无永久变形且弹性变形不应大于 15mm。井道安全门还应满足如下要求：

（1）应装设用钥匙开启的锁。当安全门开启后，应不用钥匙就能将其关闭和锁住。即使在锁住的情况下，应能从井道内部将其打开。只有经过批准的人员（检修、救援人员）才能在井道外用钥匙将安全门开启。

（2）不应向井道内开启。因为如果安全门的开启方向是朝向井道内，当电梯发生故障利用井道安全门救援时，轿厢停在安全门附近，轿厢部件会阻挡安全门开启，它将形同虚设；向井道内开启时，操作人员开启门时容易坠入井道；如果验证安全门关闭状态的电气安全开关发生故障时，向井道内开启，安全门会凸入到电梯的运行空间，与电梯运行部件发生碰撞，造成事故。

（3）应装有安全门处于关闭时电梯才能运行的电气安全装置。此电气安全装置应符合《电梯制造与安装安全规范》GB 7588 中 14.1.2 的规定，其位置必须是在安全门打开后才能触及。电梯安装施工人员应将该电气安全装置串联在电梯安全回路中，当安全门处于开启或没有完全关闭时，电梯应不能启动，运动中的电梯应停止运行。目的是为了防止人员在井道安全门附近与电梯运动部件发生挤压、剪切及坠入井道等伤亡事故。

（4）安全门设置的位置应有利于安全的援救乘客。在井道外安全门附近不应有影响其开启的障碍物，且从安全门出来应很容易踏到楼面。

**4.5.4** 层门锁钩必须动作灵活，在证实锁紧的电气安全装置动作之前，锁紧元件的最小啮合长度为 **7mm**。

**【释义】**

层门锁钩动作灵活，其一是指除外力作用的情况外，锁钩应能从任何位置回到设计要求的锁紧位置；其二是指轿门门刀带动门锁或用三角钥匙开锁时，锁钩组件应实现开锁动作且在设计要求的运动范围内应没有卡阻现象。证实门锁锁紧的电气安全装置动作前，锁紧元件之间应达到了最小的 7mm 啮合尺寸，反之当用门刀或三角钥匙开门锁时，锁紧元件之间脱离啮合之前，电气安全装置应已动作。

**4.10.1　电气设备接地必须符合下列规定：**

**1　所有电气设备及导管、线槽的外露可导电部分均必须可靠接地（PE）；**

**2　接地支线应分别直接接至接地干线接线柱上，不得互相连接后再接地。**

【释义】

1　本款是为了保护人身安全和避免损坏设备。所有电气设备是电气装置和由电气设备组成部件的统称，如：控制柜、轿厢接线盒、曳引机、开门机、指示器、操纵盘、风扇、电气安全装置以及有电气安全装置组成的层门、限速器、耗能型缓冲器等，由于使用 36V 安全电压的电气设备即使漏电也不会造成人身安全事故，因此可以不考虑接地保护。如果电气设备的外壳导电，则应设有易于识别的接地端标志。导管和线槽是防止软线或电缆等电气设备遭受机械损伤而装设的，如果被保护电气设备的外露部分导电，则保护它的导管或线槽的外露部分也导电，因此也必须可靠接地。如果电气设备的外壳及导管、线槽的外露部分不导电，则其可以不进行保护性接地连接，这些外壳及导管、线槽的材料应是非燃烧材料，且应符合环保要求。

2　本款对每个电气设备接地支线与接地干线接线柱之间进行了连接规定，每个接地支线必须直接与接地干线可靠连接。如接地支线之间互相连接后再与接地干线连接，则会造成如下后果：离接地干线接线柱最远端的接地电阻较大，在发生漏电时，较大的接地电阻则不能产生足够的故障电流，可能造成漏电保护开关或断路器等保护装置无法可靠断开，另外如有人员触及，有可能通过人体的电流较大，危及人身安全；如前端某个接地支线因故断线，则造成其后端电气设备（或部件）接地支线与接地干线之间也断开，增大了出现危险事故概率；如前端某个电气设备（或部件）被拆除，则很容易造成其后端电气设备（或部件）接地支线与接地干线之间断开，而得不到接地保护。

## 39.《传染病医用建筑施工及验收规范》GB 50686—2011

**7.2.4　当出现紧急情况时，所有设置互锁功能的门都必须能处于可开启状态。**

【释义】

本条所指紧急情况一般包括火灾等，因此一般都会在房间内设置紧急报警按钮，一旦出现紧急情况，人员可以按下按钮所有互锁门瞬间打开，人员迅速撤离，并在指定区域或护士站产生声光报警信号。

**7.2.5　负压手术室及负压隔离病房的空调设备监控应具有监视手术室及负压隔离病房与相邻压差的功能。当压差失调时应能声光报警。**

【释义】

负压手术室及负压隔离病房需要保证负压，以使病源微生物不泄露，因此压差参数非常重要，应在护士站或指定区域设置声光报警。

**7.3.5　IT 接地系统中包括中性导体在内的任何带电部分严禁直接接地。IT 接地系统的电源对地应保持良好的绝缘状态。**

**【释义】**

由于民用建筑目前采取的接地系统多为 TN-S，因此需要将 TN-S 形式转换为 IT 接地系统，设置隔离变压器的目的是为了将原来的接地系统（如 TN-S、TT）通过隔离变压器变换为中性点不接地或通过阻抗接地的 IT 接地系统，IT 接地系统允许在发生第一次接地故障时系统短时间运行，例如维持病人生命的呼吸机等设备可以在故障发生时仍然维持供电，保证生命安全。

**7.4.1** 通风空调系统的电加热器应与送风机连锁，并应设无风断电、超温断电保护及报警装置。严寒地区、寒冷地区新风系统应设置防冻保护措施。

**【释义】**

如果风机未启动或无风状态电加热干烧会引起火灾，因此投入使用电加热器时一定要满足有风条件。寒冷地区应设防冻保护，其报警是作用于停机还是启动预热等，应根据情况而定。

**9.1.1** 传染病医院建筑消防用电设备应采用专用回路供电，并应设应急电源。火灾时应急电源应能自动切换。

**【释义】**

本条规定的供电回路是指从低压总配电室（包括分配电室）至消防设备最末级配电箱的配电线路。火灾时保证消防用电设备的持续供电对人员的疏散、火势的控制与扑救至关重要，因此消防用电设备的配电线路应单独设置。为避免火灾时火势沿配电线路蔓延及触电事故的发生，在切断非消防电源的同时，应保证消防用电设备配电线路仍能继续供电。此外考虑到传染病医院建筑消防供电安全的重要性，要求设置应急电源，一旦消防专用回路供电失效，自动切换至应急电源持续供电。

## 40.《擦窗机安装工程质量验收规程》JGJ 150—2008

**4.8.1** 在停电或电源故障时，手动升降机构应能正常工作。

**【释义】**

本条是参照《擦窗机》GB 19154—2003 制定。手动机构是指在卷扬机构中制动电机的手动释放机构或手摇升降机构，当悬吊船在高空作业遇到停电或电源故障时，作业人员可以通过该手动释放机构或手摇升级机构安全升降到路面或地面以达到安全撤离目的。

**4.13.1** 擦窗机的绝缘性能应符合下列要求：

1　主电路相间绝缘电阻不小于 0.5MΩ。

2　电气线路绝缘电阻不小于 2MΩ。

**【释义】**

本条是参照《擦窗机》GB 19154—2003 第 5.13.2 条制定。《电气装置安装工程 盘、柜及二次回路接线施工及验收规范》GB 50171—2012 第 3.0.11 条规定"二次回路的电源回路送电前，应检查绝缘，其绝缘电阻值不应小于 1MΩ，潮湿地区不应小于 0.5 MΩ"；第 8.0.1 条规定"…在验收时，二次回路的电源回路绝缘应符合本规范第 3.0.11 条的规定"。

**4.13.2** 擦窗机的接地性能应符合下列规定：

1　擦窗机的主体结构、电机及所有电气设备的金属外壳和护套必须接地。

**2**  接地电阻不大于 **4Ω。**

【释义】

本条规定了擦窗机基础接地要求，主要目的是为了擦窗机防雷避雷，在本条参照了《施工现场临时用电安全技术规范》JGJ 46，对装在建筑物上的擦窗机与防雷装置的接地进行规定。

**4.13.4**  擦窗机的电气保护装置及保护功能应符合下列规定：

**1**  电气系统必须设置过载、短路、漏电等保护装置。必须设置在紧急状态下能切断主电源控制回路的急停按钮。急停按钮不得自动复位。

【释义】

本条是参照《擦窗机》GB 19154—2003 第 5.13.7、5.13.9 条制定，考虑到擦窗机设备的安全运行，故对擦窗机的电气保护装置及保护功能提出要求。

# 第五篇

## 节能、环保

# 5.1 节　能

1.《公共建筑节能设计标准》GB 50189—2015

**4.2.2　除符合下列条件之一外，不得采用电直接加热设备作为供暖热源：**

　　**1** 电力供应充足，且电力需求侧管理鼓励用电时；

　　**2** 无城市或区域集中供热，采用燃气、煤、油等燃料受到环保或消防限制，且无法利用热泵提供供暖热源的建筑；

　　**3** 以供冷为主、供暖负荷非常小，且无法利用热泵或其他方式提供供暖热源的建筑；

　　**4** 以供冷为主、供暖负荷小，无法利用热泵或其他方式提供供暖热源，但可以利用低谷电进行蓄热，且电锅炉不在用电高峰和平段时间启用的空调系统；

　　**5** 利用可再生能源发电，且其发电量能满足自身电加热用电量需求的建筑。

**【释义】**

　　合理利用能源、提高能源利用率、节约能源是我国的基本国策。我国主要以燃煤发电为主，直接将燃煤发电生产出的高品位电能转换为低品位的热能进行供暖，能源利用效率低，应加以限制。考虑到国内各地区的具体情况，只有在符合本条所指的特殊情况时方可采用。

　　1　随着我国电力事业的发展和需求的变化，电能生产方式和应用方式均呈现出多元化趋势。同时，全国不同地区电能的生产、供应与需求也是不相同的，无法做到一刀切的严格规定和限制。因此如果当地电能富裕、电力需求侧管理从发电系统整体效率角度，有明确的供电政策支持时，允许适当采用直接电热。

　　2　对于一些具有历史保护意义的建筑，或者消防及环保有严格要求无法设置燃气、燃油或燃煤区域的建筑，由于这些建筑通常规模都比较小，在迫不得已的情况下，也允许适当地采用电进行供热，但应在征求消防、环保等部门的批准后才能进行设计

　　3　对于一些设置了夏季集中空调供冷的建筑，其个别局部区域（例如：目前在一些南方地区，采用内、外区合一的变风量系统且加热量非常低时，有时采用窗边风机及低容量的电热加热、建筑屋顶的局部水箱间为了防冻需求等），有时需要加热，如果为这些要求专门设置空调热水系统，难度较大或者条件受到限制或者投入非常高。因此，如果所需要的直接电能供热负荷非常小（不超过夏季空调供冷时冷源设备电气安装容量的20%）时，允许适当采用直接电热方式。

　　4　夏热冬暖或部分夏热冬冷地区冬季供热时，如果没有区域或集中供热，热泵是一个较好的方案。但是，考虑到建筑的规模、性质以及空调系统的设置情况，某些特定的建筑，可能无法设置热泵系统。当这些建筑冬季供热设计负荷较小，当地电力供应充足，且具有峰谷电差政策时，可利用夜间低谷电蓄热方式进行供暖，但电锅炉不得在用电高峰和平段时间启用。为了保证整个建筑的变压器装机容量不因冬季采用电热方式而增加，要求冬季直接电能供热负荷不超过夏季空调供冷负荷的20%，且单位建筑面积的直接电能供热总安装容量不超过20W/m²。

**5** 如果建筑本身设置了可再生能源发电系统（例如利用太阳能光伏发电、生物质能发电等），且发电量能够满足建筑本身的电热供暖需求，不消耗市政电能时，为了充分利用其发电的能力，允许采用这部分电能直接用于供暖。

**4.2.3** 除符合下列条件之一外，不得采用电直接加热设备作为空气加湿热源：

**1** 电力供应充足，且电力需求侧管理鼓励用电时；

**2** 利用可再生能源发电，且其发电量能满足自身加湿用电量需求的建筑；

**3** 冬季无加湿用蒸汽源，且冬季室内相对湿度控制精度要求高的建筑。

**【释义】**

用高品位的电能直接用于转换为低品位的热能进行采暖或空调，热效率低，运行费用高，是不合适的。国家有关强制性标准中早有"不得采用直接电加热的空调设备或者系统"的规定。考虑到国内各地区的具体情况，在只有符合本条所指的特殊情况时方可采用。但前提条件是：该地区确实电力充足且电价优惠或者利用太阳能、风能等装置发电的建筑。在冬季无加湿用蒸汽源，但冬季室内相对湿度的要求较高且对加湿器的热惰性有工艺要求（例如有较高恒温恒湿要求的工艺性房间），或对空调加湿有一定的卫生要求（例如无菌病房等），不采用蒸汽无法实现湿度的精度要求时，才允许采用电极（或电热）式蒸汽加湿器。

**4.5.2** 锅炉房、换热机房和制冷机房应进行能量计量，能量计量应包括下列内容：

**1** 燃料的消耗量；

**2** 制冷机的耗电量；

**3** 集中供热系统的供热量；

**4** 补水量。

**【释义】**

加强建筑用能的量化管理，是建筑节能工作的需要，在冷热源处设置能量计量装置，是实现用能总量量化管理的前提和条件，同时在冷热源处设置能量计量装置利于相对集中，也便于操作。供热锅炉房应设燃煤或燃气、燃油计量装置。制冷机房内，制冷机组能耗是大户，同时也便于计量，因此要求对其单独计量。直燃型机组应设燃气或燃油计量总表，电制冷机组总用电量应分别计量。《民用建筑节能条例》规定，实行集中供热的建筑应当安装供热系统调控装置、用热计量装置和室内温度调控装置，因此，对锅炉房、换热机房总供热量应进行计量，作为用能量化管理的依据。目前水系统"跑冒滴漏"现象普遍，系统补水造成的能源浪费现象严重，因此对冷热源站总补水量也应采用计量手段加以控制。

**4.5.4** 锅炉房和换热机房应设置供热量自动控制装置。

**【释义】**

本条文针对公共建筑项目中自建的锅炉房及换热机房的节能控制提出了明确的要求。供热量控制装置的主要目的是对供热系统进行总体调节，使供水水温或流量等参数在保持室内温度的前提下，随室外空气温度的变化进行调整，始终保持锅炉房或换热机房的供热量与建筑物的需热量基本一致，实现按需供热，达到最佳的运行效率和最稳定的供热质量。气候补偿器是供暖热源常用的供热量控制装置，设置气候补偿器后，可以通过在时间控制器上设定不同时间段的不同室温节省供热量；合理地匹配供水流量和供水温度，节省水泵电耗，保证散热器恒温阀等调节设备正常工作；还能够控制一次水回水温度，防止回水温度过低而减少锅炉寿命。虽然不同企业生产的气候补偿器的功能和控制方法不完全相同，但气候补偿器都具有能根据室外空气温度或负荷变化自动改变用户侧供（回）水温度或对热媒流量进行调节的基本功能。

**4.5.6 供暖空调系统应设置室温调控装置；散热器及辐射供暖系统应安装自动温度控制阀。**

**【释义】**

《中华人民共和国节约能源法》第三十七条规定：使用空调供暖、制冷的公共建筑应当实行室内温度控制制度。用户能够根据自身的用热需求，利用空调供暖系统中的调节阀主动调节和控制室温，是实现按需供热、行为节能的前提条件。除末端只设手动风量开关的小型工程外，供暖空调系统均应具备室温自动调控功能。以往传统的室内供暖系统中安装使用的手动调节阀，对室内供暖系统的供热量能够起到一定的调节作用，但因其缺乏感温元件及自力式动作元件，无法对系统的供热量进行自动调节，从而无法有效利用室内的自由热，降低了节能效果。因此，对散热器和辐射供暖系统均要求能够根据室温设定值自动调节。对于散热器和地面辐射供暖系统，主要是设置自力式恒温阀、电热阀、电动通断阀等。散热器恒温控制阀具有感受室内温度变化并根据设定的室内温度对系统流量进行自力式调节的特性，有效利用室内自由热从而达到节省室内供热量的目的。

**2.《夏热冬暖地区居住建筑节能设计标准》JGJ 75—2012**

**6.0.13 居住建筑公共部位的照明应采用高效光源、灯具并应采取节能控制措施。**

**【释义】**

出于节能的需要，除采用高效节能的紧凑型荧光灯外，目前的节能控制措施是采用自熄开关控制。

**3.《严寒和寒冷地区居住建筑节能设计标准》JGJ 26—2010**

**5.1.6 除当地电力充足和供电政策支持，或者建筑所在地无法利用其他形式的能源外，严寒和寒冷地区的居住建筑内，不应设计直接电热采暖。**

**【释义】**

根据《住宅建筑规范》GB 50368—2005 第 8.3.5 条（强制性条文）："除电力充足和供电政策支持外，严寒地区和寒冷地区的居住建筑内不应采用直接电热采暖。"合理利用能源，提高能源利用效率，是当前的重要政策要求。用高品位的电能直接用于转换为低品位的热能进行采暖，热效率低，运行费用高，是不合适的。严寒、寒冷地区全年有 4～6 个月采暖期，时间长，采暖能耗高。近些年来由于空调、采暖用电所占比例逐年上升，致使一些省市冬夏季尖峰负荷迅速增长，电网运行困难，电力紧缺。盲目推广电锅炉、电采暖，将进一步劣化电力负荷特性，影响民众日常用电。因此，应严格限制应用直接电热进行集中采暖，但并不限制居住者选择直接电热方式进行分散形式的采暖。

**5.2.19 当区域供热锅炉房设计采用自动监测与控制的运行方式时，应满足下列规定：**

**1** 应通过计算机自动监测系统，全面、及时地了解锅炉的运行状况。

**2** 应随时测量室外的温度和整个热网的需求，按照预先设定的程序，通过调节投入燃料量实现锅炉供热量调节，满足整个热网的热量需求，保证供暖质量。

**3** 应通过锅炉系统热特性识别和工况优化分析程序，根据前几天的运行参数、室外温度，预测该时段的最佳工况。

**4** 应通过对锅炉运行参数的分析，作出及时判断。

**5** 应建立各种信息数据库，对运行过程中的各种信息数据进行分析，并应能够根据需要打印各类运行记录，储存历史数据。

**6** 锅炉房、热力站的动力用电、水泵用电和照明用电应分别计量。

**【释义】**

锅炉房采用计算机自动监测与控制不仅可以提高系统的安全性，确保系统能够正常运行；而且，还可以取得以下效果：

（1）全面监测并记录各运行参数，降低运行人员工作量，提高管理水平。

（2）对燃烧过程和热水循环过程能进行有效的控制调节，提高并使锅炉在高效率下运行，大幅度的节省运行能耗，并减少大气污染。

（3）能根据室外气候条件和用户需求变化及时改变供热量，提高并保证供暖质量，降低供暖能耗和运行成本。

因此，在锅炉房设计时，除小型固定炉排的燃煤锅炉外，应采用计算机自动监测与控制。

条文中提出的五项要求，是确保安全、实现高效、节能与经济运行的必要条件。他们的具体监控内容分别为：

1）实施检测：通过计算机自动检测系统，全面、及时地了解锅炉的运行状况，如运行的湿度、压力、流量等参数，避免凭经验调节和调节滞后。全面了解锅炉运行工况，是实施科学调控的基础。

2）自动控制：在运行过程中，随室外气候条件和用户需求的变化，调节锅炉房供热量（如改变出水温度，或改变循环水量，或改变供汽量）是必不可少的，手动调节无法保证精度。计算机自动监测与控制系统，可随时测量室外的温度和整个热网的需求，按照预先设定的程序，通过调节投入的燃料量（如炉排转速）等手段实现锅炉供热量调节，满足整个热网的热量需求，保证供暖质量。

3）按需供热：计算机自动监测与控制系统可通过软件开发，配置锅炉系统热特性识别和工况优化分析程序，根据前几天的运行参数，室外温度，预测该时段的最佳工况，进而实现对系统的运行指导，达到节能的目的。

4）安全保障：计算机自动监测与控制系统的故障分析软件，可通过对锅炉运行参数的分析，做出及时判断，并采取相应的保护措施，以便及时抢修，防止事故进一步扩大，设备损坏严重，保证安全供热。

5）健全档案：计算机自动监测与控制系统可以建立各种信息数据库，能够对运行过程中的各种信息数据进行分析，并根据需要打印各类运行记录储存历史数据，为量化管理提供了物质基础。

**5.2.20** 对于未采用计算机进行自动监测与控制的锅炉房和换热站，应设置供热量控制装置。

【释义】

本条文对锅炉房及热力站的节能控制提出了明确的要求。设置供热量控制装置（比如气候补偿器）的主要目的是对供热系统进行总体调节，使锅炉运行参数在保持室内温度的前提下，随室外空气温度的变化随时进行调整，始终保持锅炉房的供热量与建筑物的需热量基本一致，实现按需供热；达到最佳的运行效率和最稳定的供热质量。

**5.3.3** 集中采暖（集中空调）系统，必须设置住户分室（户）温度调节、控制装置及分户热计量（分户热分摊）的装置或设施。

【释义】

楼前热量表是该栋楼与供热（冷）单位进行用热（冷）量结算的依据，而楼内住户则进行按户热（冷）量分摊，所以，每户应该装设有相应的温度调节、控制装置和计量装置作为对整栋楼的耗热（冷）量进行户间分摊的依据。

## 4.《夏热冬冷地区居住建筑节能设计标准》JGJ 134—2010

**6.0.2** 当居住建筑采用集中采暖、空调系统时，必须设置分室（户）温度调节、控制装置及分户热（冷）量计量或分摊设施。

【释义】

当居住建筑设计采用集中采暖、空调系统时，用户应该根据使用的情况缴纳费用。目前，严寒、寒冷地区的集中采暖系统用户正在进行供热体制改革，用户需根据其使用热量的情况按户缴纳采暖费用。严寒、寒冷地区采暖计量收费的原则是，在住宅楼前安装热量表，作为楼内用户与供热单位的结算依据。而楼内住户则进行按户热量分摊，当然，每户应该有相应的设施作为对整栋楼的耗热量进行户间分摊的依据。要按照用户使用热量情况进行分摊收费，用户应该能够自主进行室温的调节与控制。在夏热冬冷地区则可以根据同样的原则和适当的方法，进行用户使用热（冷）量的计量和收费。

**6.0.3** 除当地电力充足和供电政策支持、或者建筑所在地无法利用其他形式的能源外，夏热冬冷地区居住建筑不应设计直接电热采暖。

【释义】

合理利用能源、提高能源利用率、节约能源是我国的基本国策。用高品位的电能直接用于转换为低品位的热能进行采暖，热效率低，运行费用高，是不合适的。几年来由于采暖用电所占比例逐年上升，致使一些省市冬季尖峰负荷也迅速增长，电网运行困难，出线冬季电力紧缺。盲目推广没有蓄热装置的电锅炉，直接电热采暖，将进一步恶化电力负荷特性，影响民众日常用电。因此，应严格限制设计直接电热进行集中采暖的方式。当然，作为居住建筑来说，本标准并不限制居住者自行、分散的选择直接电热采暖的方式。

## 5.《民用建筑太阳能热水系统应用技术规范》GB 50364—2005

**4.3.2** 太阳能热水系统应安全可靠，内置加热系统必须带有保证使用安全的装置，并根据不同地区应采取防冻、防结露、防过热、防雷、抗雹、抗风、抗震等技术措施。

**【释义】**

安全性能是太阳能热水系统各项技术性能中最重要的一项，其中特别强调了内置加热系统必须带有保证使用安全的装置，并作为本规范的强制性条款。可靠性能强调了太阳能热水系统中应有抗击各种自然条件的能力，根据太阳能系统所处的不同地区，其中包括应有可靠的防冻、防结露、防过热、防雷、防雹、抗风、抗震的技术措施。

**5.6.2** 太阳能热水系统中所使用的电器设备应有剩余电流保护、接地和断电等安全措施。

**【释义】**

这是对太阳能热水系统中使用电气设备的安全要求。如果系统中含有电气设备，其电器安全应符合现行国家标准《家用和类似用途电气的安全》（第一部分 通用要求）GB 4706.1 和（贮水式电热水器的特殊要求）GB 4706.12 的要求。

**6.3.4** 支承太阳能热水系统的钢结构支架应与建筑物接地系统可靠连接。

**【释义】**

为防止雷电对人员和系统设备造成伤害，本条强调钢结构支架应与建筑物接地系统可靠连接。

## 6.《空调通风系统运行管理规范》GB 50365—2005

**4.4.1** 当制冷机组采用的制冷剂对人体有害时，应对制冷机组定期检查、检测和维护，并应设置制冷剂泄漏报警装置。

**【释义】**

制冷剂如 R-123 等，目前已经被确认对人体有危害，在欧盟、澳大利亚等国家和地区已经明确禁止使用，因此必须装设泄漏报警装置来防范的要求作为强制性规定。

**4.4.5** 空调通风系统冷热源的燃油管道系统的防静电接地装置必须安全可靠。

**【释义】**

为防止由静电引发的燃油管道火灾隐患，本条强调防静电接地装置应与建筑物接地系统可靠连接。

## 7.《太阳能供热采暖工程技术规范》GB 50495—2009

**1.0.5** 在既有建筑上安装或改造太阳能供热采暖系统必须经建筑结构安全复核、满足建筑结构及其他相应的安全性要求，并经施工图设计文件审查合格后方可实施。

**【释义】**

在既有建筑上改造或太阳能供热采暖系统，容易影响房屋结构安全和电气系统的安全，同时可能造成对房屋其他使用功能的破坏。因此要求按建筑工程审批程序，进行专项工程的设计、施工和验收。

**3.1.3** 太阳能供热采暖系统应根据不同地区和使用条件采取防冻、防结露、防雷、防雹、抗风、抗震和保证电气安全等技术措施。

**【释义】**

强调了太阳能供热采暖系统中应有抗击各种自然条件的能力，根据太阳能系统所处的不同地区，其中包括应有可靠的防冻、防结露、防过热、防雷、防雹、抗风、抗震和漏电保护、保护接地等电气安全技术措施。

## 8.《民用建筑太阳能空调工程技术规范》GB 50787—2012

**3.0.6** 太阳能集热系统应根据不同地区和使用条件采取防过热、防冻、防结垢、防雷、防雹、抗风、抗震和保证电气安全等技术措施。

**【释义】**

本条目的是确保太阳能集热系统在实际使用中的安全性。第一，集热系统因位于室外，首先要做好保护措施，如采取避雷针、与建筑物避雷系统连接等防雷措施。第二，在非采暖和制冷季节，系统用热量和散热量低于太阳能集热系统的热量时，蓄能水箱温度会逐步升高，如系统未设置防过热措施，水箱温度会远高于设计温度，甚至沸腾过热。解决的措施包括：（1）遮盖一部分集热器，减少集热系统的热量；（2）采用回流技术使传热介质离开集热器，保证集热器中的热量不再传递到蓄能水箱；（3）采用散热措施将过剩的热量传送到周围环境去；（4）及时排出部分蓄能水箱（池）中热水以降低水箱水温；（5）传热介质液体从集热器迅速排放到膨胀罐，集热回路中达到高温的部分总是局限在集热器本身。第三，在冬季最低温度低于0℃的地区，安装太阳能集热系统需要考虑防冻问题。当系统集热器和管道温度低于0℃后，水结冰体积膨胀，如果管材允许变形量小于水结冰的膨胀量，管道会胀裂损坏。目前常用的防冻措施见下表：

| 防冻措施 | 严寒地区 | 寒冷地区 | 夏热冬冷 |
|---|---|---|---|
| 防冻液为工质的间接系统 | ● | ● | ● |
| 排空系统 | — | — | ● |
| 排回系统 | ○[1] | ● | ● |
| 蓄能水箱热水再循环 | ○[2] | ○[2] | ● |
| 在集热器联箱和管道敷设电热带 | — | ○[2] | ● |

注：

1　室外系统排空时间较长时（系统较大，回流管线较长或管道坡度较小）不宜使用；

2　方案技术可行，但由于夜晚散热较大，影响系统经济效益；

3　表中的"●"为可选用；"○"为有条件选用；"—"为不宜选用。

最后，还应防止因水质问题带来的结垢问题。一般合格的集热器均能满足防雹要求，采取合适的防冻液或排空措施均可实现集热系统的防冻。用电设备的漏电保护、保护接地等电气安全技术措施，在设计时也要重点考虑。

**5.6.2** 太阳能空调系统中所使用的电气设备应设置剩余电流保护、接地和断电等安全措施。

**【释义】**

如果系统中含有电气设备，其电气安全应符合现行国家标准《家用和类似用途电器的安全第1部分：通用要求》GB 4706.1的要求。

## 9.《光伏发电站设计规范》GB 50797—2012

**3.0.6** 建筑物上安装光伏发电系统，不得降低相邻建筑物的日照标准。

**【释义】**

为了避免与周围邻近地域的建筑物业主之间因日照引起纠纷，在与建筑相结合的光伏发电站建设初期，有必要事先与相关业主进行充分协商。

**3.0.7** 在既有建筑物上增设光伏发电系统，必须进行建筑物结构和电气的安全复核，并应满足建筑结构及电气的安全性要求。

**【释义】**

在既有建筑物上建设光伏发电系统，有可能对既有对既有建筑物的安全性造成不利影响，威胁人身安全，因此必须进行安全复核。这些不利影响包括但不限于增加了既有建筑物的荷载，对既有建筑物的结构造成了破坏，导热不利致使既有建筑物局部温度过高、漏电等电气安全性不足的内容。

**14.1.6** 设置带油电气设备的建（构）筑物与贴邻或靠近该建（构）筑物的其他建（构）筑物之间必须设置防火墙。

**【释义】**

设置有油电气设备的建（构）筑物内，较易发生火灾，发生火灾时，会向周边蔓延。防火墙是防止建筑物间火灾蔓延的重要分隔构建，对于减少火灾损失发挥重要作用。防火墙能在火灾初期和灭火过程中，将火灾有效地限制在一定空间内，阻断火灾在防火墙一侧而不蔓延到另一侧。

**14.2.4** 35kV 以上屋内配电装置必须安装在有不燃烧实体墙的间隔内，不燃烧实体墙的高度严禁低于配电装置中带油设备的高度。

总油量超过 **100kg** 的屋内油浸变压器必须设置单独的变压器室，并设置灭火设施。

**【释义】**

由于 35kV 以上屋内配电装置中带有设备较多且较大，如果发生火灾容易向周边蔓延，因此应安装在有不燃烧实体墙的间隔内。总油量超过 100kg 的屋内油浸变压器单独设置变压器是（35kV 变压器和 10kV、80kV·A 及以上的变压器油量均超过 100kg），并设置灭火设施，目的也是防止火势向周边蔓延。

## 10.《辐射供暖供冷技术规程》JGJ 142—2012

**3.8.1** 新建住宅热水辐射供暖系统应设置分户热计量和室温调控装置。

**【释义】**

采用热水辐射供暖系统的住宅，应设分户热计量装置，并应符合《供热计量技术规程》JGJ 173 的规定。现有的辐射供暖工程出现了大量过热的现象，既不舒适又浪费了能源；为避免出现过热，需要温度调控装置进行调节，以满足使用要求。因此本规程要求设置室内温度调控装置。对于不能采用室温传感器时，如大堂中部等，可采用自动地面温度优先控制。

**3.9.3** 加热电缆辐射供暖系统应做等电位连接，且等电位连接线应与配电系统的地线连接。

**【释义】**

用于辐射供暖的加热电缆系统必须做到等电位连接，且等电位连接应与配电系统的PE 线连接，才能保障加热电缆辐射供暖运行的安全性。

**4.5.1** 辐射供暖用加热电缆产品必须有接地屏蔽层。

**【释义】**

屏蔽接地是为了保证人身安全，防止人体触电和受到较强的电磁辐射。

**4.5.2 加热电缆冷、热线的接头应采用专用设备和工艺连接，不应在现场简单连接；接头应可靠、密封，并保持接地的连续性。**

**【释义】**

加热电缆的冷线和热线接头为其薄弱环节，为满足至少50年的非连续正常使用寿命，加热电缆接头应做到安全可靠。为此，要求冷、热线的接头应由专用设备和工艺方法加工，不允许在现场简单连接，以保证其连接的安全性能、机械性能和使用寿命达到要求。连接方法除保证牢固可靠外，还应做好密封，避免接头处渗水漏电；此外，连接时还必须保持接地的连续性，确保用电安全。

**5.1.6 施工过程中，加热电缆间有搭接时，严禁电缆通电。**

**【释义】**

本条目的在于保护加热电缆，以免搭接时温度过高损坏电缆。

**5.5.2 加热电缆出厂后严禁剪裁和拼接，有外伤或破损的加热电缆严禁敷设。**

**【释义】**

一般在加热电缆出厂时，冷线热线及其接头已加工完成，每根电缆的长度和功率都应是确定的，电缆内可能是双导线自成回路，也可能是单导线需要在施工中连接成回路；冷线与热线也是在制造中连接好的，按照设计选型现场安装，不允许现场裁减和拼接，现场裁减或拼接不但不能调节发热功率，而且会造成电缆损坏，通电后会造成严重后果。如在竣工验收后，意外情况下出现电缆破损，必须由电缆厂家用专业设备和特殊方法来处理，以减少接头处存在的安全隐患。

**5.5.7 加热电缆的热线部分严禁进入冷线预留管。**

**【释义】**

本条目的是防止热线在套管内发热，影响寿命和安全性能。

# 11.《燃气冷热电三联供工程技术规程》CJJ 145—2010

**4.3.11 燃气增压间、调压间、计量间直通室外或通向安全出口的出入口不应少于1个。变配电室出入口不应少于2个，且直通室外或通向安全出口的出入口不应少于1个。**

**【释义】**

《建筑设计防火规范》GB 50016—2006第3.7.2条的规定，甲类厂房每层建筑面积小于或等于$100m^2$时可设置1个安全出口。能源站专用的燃气增压间、调压间、计量间面积一般不会超过$100m^2$，且平时无人值守。因此要求设不少于1个直通室外或直通安全出口的出入口。根据《20kV及以下变电所设计规范》GB 50053第6.2.6条的规定，变配电室设2个安全出口。

**5.1.10 燃气管道应直接引入燃气增压间、调压间或计量间，不得穿过易燃易爆品仓库、变配电室、电缆沟、烟道和进风道。**

**【释义】**

参考《城镇燃气设计规范》GB 50023—2006第10.2.14条、《锅炉房设计规范》GB

50041—2008 第 13.3.6 条的规定。

## 12. 《供热计量技术规程》JGJ 173—2009

**3.0.1 集中供热的新建建筑和既有建筑的节能改造必须安装热量计量装置。**

**【释义】**

根据《中华人民共和国节约能源法》的规定，新建建筑和既有建筑的节能改造应当按照规定安装用热计量装置。目前很多项目只是预留了计量表的安装位置，没有真正具备热计量的条件，所以本条文强调必须安装热量计量仪表，以推动热计量的节能工作的实现。

**4.2.1 热源或热力站必须安装供热量自动控制装置。**

**【释义】**

为了有效降低能源的浪费。过去，锅炉房操作人员凭经验"看天烧火"，但是效果并不很好。近年来的试点实践发现，供热能耗浪费并不是主要浪费在严寒期，而是在初寒末寒期，由于没有根据气候变化调节供热量，造成能耗大量浪费。供热量自动控制装置能够根据负荷变化自动调节供水温度和流量，实现优化运行和按需供热。热源处应设置供热量自动控制装置，通过锅炉系统热特性识别和工况优化程序，根据当前的室外温度和前几天的运行参数等，预测该时段的最佳工况，实现对系统用户侧的运行指导和调节。气候补偿器是供热量自动控制装置的一种，比较简单和经济，主要用在热力站。它能够根据室外气候变化自动调节供热出力，从而实现按需供热，大量节能。气候补偿器还可以根据需要设成分时控制模式，如针对办公建筑，可以设定不同时间段的不同室温需求，在上班时间设定正常供暖，在下班时间设定值班供暖。结合气候补偿器的系统调节作法比较多，也比较灵活，监测的对象除了用户侧供水温度之外，还可能包含回水温度和代表房间室内温度，控制的对象可以是热源侧的电动调节阀，也可以是水泵的变频器。

**7.2.1 新建和改扩建的居住建筑或以散热系统为主的室内供暖系统应安装自动温度控制阀进行室温调控。**

**【释义】**

供热体制改革以"多用热，多交费"为原则，实现供暖用热的商品化、货币化。因此，用户能够根据自身的用热需求，利用供暖系统中的调节阀主动调节室温、有效控制室温是实施供热计量收费的重要前提条件。按照《中华人民共和国节约能源法》第三十七条规定：使用空调采暖、制冷的公共建筑应当实行室内温度控制制度。

以往传统的室内供暖系统中安装使用的手动调节阀，对室内供暖系统的供热量能够起到一定的调节作用，但因其缺乏感温元件及自力式动作元件，无法对系统的供热量进行自动调节，从而无法有效利用室内的自由热，节能效果大打折扣。

散热器系统应在每组散热器安装散热器恒温阀或者其他自动阀门（如电动调温阀门）来实现室内温控；通断面积分摊法可采用通断阀控制户内室温。散热器恒温控制阀具有感受室内温度变化并根据设定的室内温度对系统流量进行自力式调节的特性。正确使用散热器恒温控制阀可实现对室温的主动调节以及不同室温的恒定控制。散热器恒温控制阀对室内温度进行恒温控制时，可有效利用室内自由热、消除供暖系统的垂直失调从而达到节省室内供热量的目的。

低温热水地面辐射供暖系统分室温控的作用不明显，且技术和投资上较难实现，因此，低温热水地面辐射供暖系统应在户内系统入口处设置自动控温的调节阀，实现分户自动控温，其户内分集水器上每支环路上应安装手动流量调节阀；有条件的情况下宜实现分室自动温控。自动控温可采用自力式的温度控制阀、恒温阀或者温控器加热电阀等。

## 13.《民用建筑太阳能光伏系统应用技术规范》JGJ 203—2010

**1.0.4** 在既有建筑上安装或改造光伏系统应按建筑工程审批程序进行专项工程的设计、施工和验收。

**【释义】**

在既有建筑上改造或安装光伏系统，容易影响房屋结构安全和电气系统的安全，同时可能造成对房屋其他使用功能的破坏。因此要求按建筑工程审批程序，进行专项工程的设计、施工和验收。

**3.1.5** 在人员有可能接触或接近光伏系统的位置，应设置防触电警示标识。

**【释义】**

人员有可能接触或者接近的、高于直流 50V 或 240W 以上的系统属于应用等级 A，适用于应用等级 A 的设备被认为是满足安全等级 Ⅱ 要求的设备，即 Ⅱ 类设备。当光伏系统从交流侧断开后，直流侧的设备仍有可能带电，因此，在光伏系统直流侧设置必要的触电警示和防止触电的安全措施。

**3.1.6** 并网光伏系统应具有相应的并网保护功能，并应安装必要的计量装置。

**【释义】**

对于并网光伏系统，只有具备并网保护功能，才能保障电网和光伏系统的正常运行，确保上述一方发生异常情况不至于影响另一方的正常运行。同时并网保护也是电力检修人员人身安全的基本要求。另外，安装计量装置还便于用户对光伏系统的运行效果进行统计、评估。同时也考虑到随着国家相关政策的出台，国家对光伏系统用户进行补偿的可能。

**3.4.2** 并网光伏系统与公共电网之间应设隔离装置。光伏系统在并网处应设置并网专用低压开关箱（柜），并应设置专用标识和"警告"、"双电源"提示性文字和符号。

**【释义】**

光伏系统并网后，一旦公共电网或光伏系统本身出现异常或处于检修状态时，两系统之间如果没有可靠的脱离，可能带来电力系统或人身安全的影响或危害。因此，在公共电网与光伏系统之间一定要有专用的联结装置，在电网或系统出现异常时，能够通过醒目的联结装置及时人工切断两者之间的联系。另外，还需要通过醒目的标识提示光伏系统可能危害人身安全。

**4.1.2** 安装在建筑各部位的光伏组件，包括直接构成建筑围护结构的光伏构件，应具有带电警告标识及相应的电气安全防护措施，并应满足该部位的建筑维护、建筑节能、结构安全和电气安全要求。

**【释义】**

安装在建筑屋面、阳台、墙面、窗面或其他部位的光伏组件，应满足该部位的承载、保温、隔热、防水及设置必要的触电警示和防止触电、漏电的安全措施，这些措施应成为建筑的有机组成部分，保持与建筑和谐统一的外观。

**4.1.3** 在既有建筑上增设或改造光伏系统，必须进行建筑结构安全、建筑电气安全的复核，并应满足光伏组件所在建筑部位的防火、防雷、防静电等相关功能要求和建筑节能要求。

【释义】

在既有建筑上增设或改造的光伏系统，其重量会增加建筑荷载。另外，安装过程也会对建筑结构和建筑功能有影响，因此，必须进行建筑结构安全，建筑电气安全等方面的复核和检验。

**5.1.5** 施工安装人员应采取防触电措施，并应符合下列规定：

　　**1**　应穿绝缘鞋、戴低压绝缘手套、使用绝缘工具；

　　**2**　当光伏系统安装位置上空有架空电线时，应采取保护和隔离措施。

【释义】

光伏系统安装时应采取防触电措施，确保施工安装人员安全。

## 14.《建筑节能工程施工质量验收规范》GB 50411—2007

**9.2.3** 采暖系统的安装应符合下列规定：

　　**1**　各系统的制式应符合设计要求；

　　**2**　散热设备、阀门、过滤器、温度计及仪表应按设计要求安装齐全，不得随意增减和更换；

　　**3**　室内温度调控装置、热计量装置、水力平衡装置以及热力入口装置的安装位置和方向应符合设计要求，并便于观察、操作和调试；

　　**4**　温度调控装置和热计量装置安装后，采暖系统应能实现设计要求的分室（区）温度调控、分栋热计量和分户或分室（区）热量分摊的功能。

【释义】

在采暖系统中系统制式也就是管道的系统制式，是经过设计人员周密考虑而设计的，要求施工单位必须按照设计图纸进行施工。设备、阀门以及仪表能否安装到位，直接影响采暖系统的节能效果，任何单位不得擅自增减和更换。在实际工程中，温控装置经常被遮挡，水力平衡装置因安装空间狭小无法调节，有很多采暖系统的热力入口只有总开关阀门和旁通阀门，没有按照设计要求安装热计量装置、过滤器、压力表、温度计等入口装置；有的工程虽然安装了入口装置，但空间狭窄，过滤器和阀门无法操作、热计量装置、压力表、温度计等仪表很难观察读取。常常是采暖系统热力入口装置起不到过滤、热能计量及调节水力平衡等功能，从而达不到节能的目的。同时，本条还强制性规定设有温度调控装置和热计量装置的采暖系统安装完毕后，应能实现设计要求的分室（区）温度调控和分栋热计量及分户或分室（区）热量（费）分摊，这也是国家有关节能标准要求的。

**10.2.3**　通风与空调节能工程中的送、排风系统及空调风系统、空调水系统的安装应符合下列规定：

　　**1**　各系统的制式应符合设计要求；

　　**2**　各种设备、自控阀门与仪表应按设计要求安装齐全，不得随意增减和更换；

**3** 水系统各分支管路水力平衡装置、温控装置与仪表的安装位置、方向应符合设计要求，并便于观察、操作和调试；

**4** 空调系统应能实现设计要求的分室（区）温度调控功能。对设计要求分栋、分区或分户（室）冷、热计量的建筑物，空调系统应能实现相应的计量功能。

【释义】

为保证通风与空调节能工程中送、排风系统及空调风系统、空调水系统具有节能效果，首先要求工程设计人员将其设计成具有节能功能的系统；其次要求在各系统中要选用节能设备和设置一些必要的自控阀门与仪表，并安装齐全到位。这些要求，必然会增加工程的初投资。因此，有的工程为了降低工程造价，根本不考虑日后的节能运行和减少运行费用等问题，在产品采购或施工过程中擅自改变了系统的制式并去掉一些节能设备和自控阀门与仪表，或将节能设备及自控阀门更换为不节能的设备及手动阀门，导致了系统无法实现节能运行，能耗及运行费用大大增加。为避免上述现象的发生，保证以上各系统的节能效果，本条做出了通风与空调节能工程中送、排风系统以及空调风系统、空调水系统的安装制式应符合设计要求的强制性规定，且各种节能设备、自控阀门与仪表应全部安装到位，不得随意增加、减少和更换。水力平衡装置，其作用是可以通过对系统水力分布的调整与设定，保持系统的水力平衡，保证获得预期的空调效果。为使其发挥正常的功能，本条文要求其安装位置、方向应正确，并便于调试操作。空调系统安装完毕后应能实现分室（区）进行温度调控，一方面是为了通过各空调场所室温的调节达到舒适度要求；另一方面是为了通过对各空调场所室温的调节达到节能的目的。对有分栋、分室（区）冷、热计量要求的建筑物，要求其空调系统安装完毕后，能够通过冷（热）量计量装置实现冷、热计量，是节约能源的重要手段，按照用冷、热量的多少来计收空调费用，既公平合理，更有利于提高用户的节能意识。

**11.2.3** 空调与采暖系统冷热源设备和辅助设备及其管网系统的安装，应符合下列规定：

**1** 各系统的制式应符合设计要求；

**2** 各种设备、自控阀门与仪表应按设计要求安装齐全，不得随意增减和更换；

**3** 空调冷（热）水系统，应能实现设计要求的变流量或定流量运行；

**4** 供热系统应能根据热负荷及室外温度变化实现设计要求的集中质调节、量调节或质一量调节相结合的运行。

【释义】

为保证空调与采暖系统具有良好的节能效果，首先要求将冷热源机房、换热站内的管道系统设计成具有节能功能的系统制式；其次要求所选用的省电节能型冷、热源设备及其辅助设备，均要安装齐全、到位；另外在各系统中药设置一些必要的自控阀门和仪表，或将节能设备及自控阀门更换为不节能的设备及手动阀门，导致了系统无法实现节能运行，能耗及运行费用大大增加。为避免上述现象的发生，保证以上各系统的节能效果，本条作出了空调与采暖管道的制式及其安装应符合设计要求、各种设备和自控阀门与仪表应安装齐全且不得随意增减和更换的强制性规定。本条文规定的空调冷（热）水系统应能实现设计要求的变流量或定流量运行，以及热水采暖系统应能实现根据热负荷及室外温度的变化实现设计要求的集中质调节、量调节或者质一量调节相结合的运行，是空调与采暖系统最终达到节能目的有效运行方式。为此，本条文做出了强制性的规定，要求安装完毕的空调与供热工程，应能实现工程设计的节能运行方式。

**11.2.5** 冷热源侧的电动两通调节阀、水力平衡阀及冷（热）量计量装置等自控阀门与仪表的安装，应符合下列规定：

    **1** 规格、数量应符合设计要求；

    **2** 方向应正确，位置应便于操作和观察。

**【释义】**

    在冷热源及空调系统中设置自控阀门和仪表，是实现系统节能运行等的必要条件。当空调场所的空调负荷发生变化时，电动两通调节阀和电动两通阀，可以根据已设定的温度通过调节流经空调机组的水流量，使空调冷热水系统实现变流量的节能运行；水力平衡装置，可以通过对系统水力分布的调整与设定，保持系统的水力平衡，保证获得预期的空调和供热效果；冷（热）量计量装置，是实现量化管理、节约能源的重要手段，按照用冷、热量的多少来计收空调和采暖费用，既公平合理，更有利于提高用户的节能意识。工程实践表明，许多工程为了降低造价，不考虑日后的节能运行和减少运行费用等问题，未经设计人员同意，就擅自去掉一些自控阀门与仪表，或将自控阀门更换为不具备主动节能功能的手动阀门，或将平衡阀、热计量装置去掉；有的工程虽然安装了自控阀门与仪表，但是其进、出口方向和安装位置却不符合产品及设计要求。这些不良做法，导致了空调与采暖系统无法进行节能运行和水力平衡及冷（热）量计量，能耗及运行费用大大增加。为避免上述现象的发生，本条文对此进行了强调。

**12.2.2** 低压配电系统选择的电缆、电线截面不得低于设计值，进场时应对其截面和每芯导体电阻值进行见证取样送检。每芯导体电阻值应符合表 12.2.2 的规定。

表 12.2.2　不同标称截面的电缆、电线每芯导体最大电阻值

| 标称截面<br>（mm²） | 20℃ 时导体最大电阻（Ω/km）<br>圆铜导体（不镀金属） | 标称截面<br>（mm²） | 20℃ 时导体最大电阻（Ω/km）<br>圆铜导体（不镀金属） |
|---|---|---|---|
| 0.5 | 36.0 | 35 | 0.524 |
| 0.75 | 24.5 | 50 | 0.387 |
| 1.0 | 18.1 | 70 | 0.268 |
| 1.5 | 12.1 | 95 | 0.193 |
| 2.5 | 7.41 | 120 | 0.153 |
| 4 | 4.61 | 150 | 0.124 |
| 6 | 3.08 | 185 | 0.0991 |
| 10 | 1.83 | 240 | 0.0754 |
| 16 | 1.15 | 300 | 0.0601 |
| 25 | 0.727 | | |

**【释义】**

    工程中使用伪劣电线电缆会造成发热，造成极大的安全隐患，同时增加线路损耗。为加强对建筑电气中使用的电线和电缆的质量控制，工程中使用的电线和电缆进场时均应进

行抽样送检。相同材料、截面导体和相同芯数为同规格，如 VV 3 * 185 与 YJV 3 * 185 为同规格，BV6.0 与 BVV6.0 为同规格。

**13.2.5** 通风与空调监测控制系统的控制功能及故障报警功能应符合设计要求。

**【释义】**

在验收时，当通风与空调系统因季节原因无法进行连续不间断试运行时，故控制功能及故障报警功能的检测和验收按此条规定执行。

# 5.2 环 保

**1.《污水再生利用工程设计规范》GB 50335—2002**

**7.0.5** 不得间断运行的再生水厂，其供电应按一级负荷设计。

**【释义】**

这是指向工业供水的再生水厂而言，当有不间断运行要求时，那就需要考虑进线电源按一级负荷供电，采用双重电源即两路独立的供电电源来保证水厂设备可靠供电。

**7.0.6** 再生水厂的主要设施应设故障报警装置。有可能产生水锤危害的泵站，应采取水锤防护措施。

**【释义】**

再生水厂主要设施故障包括：正常供电断电、生物处理发生故障、消毒过程发生故障、混凝过程发生故障、过滤过程发生故障及其他特定过程发生故障，为了及时反映设施故障内容，所以要设故障报警装置。为克服水锤故障，应设水锤消除设施，如采用多功能水泵控制阀、缓闭止回阀等。

**2.《电子工程环境保护设计规范》GB 50814—2013**

**3.1.10** 废水处理构筑物应采取防护栏杆、防滑梯等安全措施，高架处理构筑物应设置避雷设施。

**【释义】**

本条是关于处理构筑物安全设施的规定，列入强制性条款。废水处理构筑物的平台、走道、爬梯等是工作人员活动频繁的场所，为保证工作人员的人身安全，应根据需要设置适用的防护栏杆和防滑梯；高架处理构筑物应位于废水处理站的高点，容易受雷击而影响安全，因此应设置避雷设施。

**3.4.19** 废水处理的水泵及泵房的设计，除应符合现行国家标准《室外排水设计规范》**GB 50014** 的有关规定外，还应符合下列规定：

　　**4** 废水收集池出水泵的供电，应按二级负荷设计。

**【释义】**

本条为强制性条款。废水收集池一般位于地下，而且有效容积较小，一旦废水提升泵供电出现问题，一方面地下泵房有被淹掉的危险，同时工厂可能被逼停产，造成重大经济损失；另一方面废水一旦外溢，也会对周边环境造成污染，造成重大环境污染事故，因此对用电负荷提出要求。

**3.7.15　废水处理站中央控制系统应采用双回路供电系统。**

【释义】

为了提高控制系统的供电可靠性，要求控制室内的电源箱应为双回路供电。

**4.2.6　排风系统供电应符合下列要求：**

**2　事故排风及有毒有害排风系统的风机必须设置应急电源。**

【释义】

之所以规定"事故排风及有害排风系统的风机必须设置应急电源"，是因为该系统风机一旦停电，有毒、有害废气将得不到及时排除，并可能会扩散至工作场所，对工作人员造成伤害。

**5.2.2　危险废物应设置专用区域贮存，并应符合下列规定：**

**5　散发挥发有毒有害气体的危险废物贮存区域，应设置紧急排风系统，紧急排风系统应采用应急电源。**

【释义】

设置紧急排风的目的是为了在事故时及时将危险性废物释放的挥发性有毒有害气体及时排放。事故时，正常供电往往会中断，为了提高紧急排风系统供电的可靠性，确保事故处理人员工作环境的安全，该系统设置应急电源是非常必要的。

## 3.《生活垃圾焚烧处理工程技术规范》CJJ 90—2009

**5.2.6　垃圾池卸料口处必须设置车挡和事故报警设施。**

【释义】

垃圾运输车辆在卸料时，要在卸料门等处安装红绿灯等操作信号；设置防止车辆滑落进垃圾池的车挡及防止车辆撞到门侧墙、柱的安全岛等设施。由于国内发生过卸料车辆安全事故，因此将本条作为强制性条文。

**5.3.2　垃圾池应处于负压封闭状态，并应设照明、消防、事故排烟及通风除臭装置。**

【释义】

本条为强制性条文。垃圾池内储存的垃圾是焚烧厂主要恶臭污染源之一。防止恶臭扩散的对策是抽取垃圾池内的气体作为焚烧炉助燃空气，使恶臭物质在高温条件下分解，同时实现垃圾池内处于负压状态。为防止垃圾焚烧炉内的火焰通过进料斗回燃到垃圾池内，以及垃圾池内意外着火，需要采取切实可行的防火措施。还需要加强对垃圾卸料过程的管理，严防火种进入垃圾池内；加强对垃圾池内垃圾的监视，一旦发现垃圾堆体自燃，应及时采取灭火措施。在垃圾池间设置必要的消防设施是很必要的。停炉时焚烧炉一次风停止供给，这时垃圾池内不能保证负压状态，如垃圾池内有垃圾存在，则需要附加必要的通风除臭设施，因此应设置照明、消防、事故排烟及通风除臭装置。

**6.5.2　燃料的储存、供应设施应配有防爆、防雷、防静电和消防设施。**

【释义】

本条是对燃料储存、供应系统的安全方面所作出的规定要求。

**7.6.6　排放烟气应进行在线监测，每条焚烧生产线应设置独立的在线监测系统，在线监**

测点的布置、监测仪表和数据处理及传输应保证监测数据真实可靠。

**【释义】**

由于垃圾焚烧厂烟气是污染控制的重点，烟气排放是否达标是环保部门和公众最关心的问题。设置烟气在线监测设施是保证焚烧生产线正常运行及监督烟气排放是否达标的重要措施。

**10.2.5** 垃圾焚烧厂的自动化控制系统应设置独立于主控系统的紧急停车系统。

**【释义】**

本条为强制性条文。一旦系统发生故障或需紧急停车时，紧急停车系统将确保设施和人员的安全。

**10.3.4** 垃圾焚烧厂的自动化控制系统应设置独立于分散控制系统的紧急停车系统。

**【释义】**

垃圾焚烧厂一旦自动化控制系统发生故障或需紧急停车时，紧急停车系统将确保设施和人员的安全。

**10.4.5** 测量油、水、蒸汽、可燃气体等的一次仪表不应引入控制室。

**【释义】**

由于油、水、蒸汽及可燃气体均存在介质泄露的可能，如在引入控制室，一旦泄露易造成安全事故。同时也是为了保证控制室值班人身安全。

**10.5.1** 保护系统应有防误动、拒动措施，并应有必要的后备操作手段。保护系统输出的操作指令应优先于其他任何指令，保护回路中不应设置供运行人员切、投保护的任何操作设备。

**【释义】**

保护的目的在于消除异常工况或防止事故发生和扩大，保证工艺系统中有关设备及人员的安全。这就决定了保护要按照一定的规律和要求，自动地对个别或一部分设备，甚至一系列的设备进行操作。保护用接点信号的一次元件应选用可靠产品，保护信号源取自专用的无源一次仪表。接点可采用事故安全型触点（常闭触点）。保护的设计应稳妥可靠。按保护作用的程度和保护范围，设计可分下列三种保护：①停机保护；②改变机组运行方式的保护；③进行局部操作的保护。

**12.3.9** 中央控制室、电子设备间、各单元控制室及电缆夹层内，应设消防报警和消防设施，严禁汽水管道、热风道及油管道穿过。

**【释义】**

由于中央控制室、电子设备间、各单元控制室及电缆夹层内是焚烧厂控制的关键部位，如这些地方引起火灾，将给全厂造成很大损失，因此这些部位应设消防报警和消防设施。汽水管道、热风道及油管均是有火灾隐患的设施，因此这些管道不能穿过这些消防重点部位。

## 4.《生活垃圾填埋场填埋气体收集处理及利用工程技术规范》CJJ 133—2009

**8.6.2** 填埋气体发电厂房及辅助厂房的电缆敷设，应采取有效的阻燃、防火封堵措施。

**【释义】**

本条规定考虑填埋气体发电厂为易燃、易爆场所，防火、阻火十分重要，除采取防火的相应措施外，对电缆敷设应采取阻燃、防火封堵，目前普遍采用的有防火包、防火堵料、涂料及隔火、阻火设施，这些措施和设施已经在电力部门、电厂、变电站广泛使用，效果良好。

**9.2.4　自动控制系统应设置独立于主控系统的紧急停车系统。**

【释义】

本条的要求旨在保证系统安全运行，一旦系统发生故障或需紧急停车时，紧急停车系统将确保设施和人员的安全。

**9.4.3　填埋气体处理和利用车间应设置可燃气体检测报警装置，并应与排风机联动。**

【释义】

由于填埋气体属于可燃气体，一旦管路漏气，车间内很容易形成爆炸性混合气体，因此本条规定填埋气体处理和利用车间必须安装可燃气体检测报警装置，并在报警的同时开启排风机，避免产生爆炸性混合气体。

**9.4.5　测量油、水、蒸汽、可燃气体等的一次仪表不应引入控制室。**

【释义】

由于油、水、蒸汽及可燃气体等的一次仪表均存在介质泄露的可能，如在控制室安装，一旦泄露易造成安全事故。

**9.5.1　保护系统应有防误动、拒动措施，并应有必要的后备操作手段。**

【释义】

保护的目的在于消除异常工况或防止事故发生和扩大，保证工艺系统中有关设备及人员的安全。这就决定了保护要按照一定的规律和要求，自动的对个别或一部分设备，以至一系列设备进行操作。保护用的接点信号的一次元件应选用可靠产品，保护信号源取自专用的无源一次仪表。接点可采用事故安全型触点（常闭触点）。保护的设计应稳妥可靠。按保护作用的程度和保护范围，设计可分下列三种保护：停机保护；改变系统运行方式的保护；进行局部操作的保护。

## 5.《生活垃圾渗沥液处理技术规范》CJJ 150—2010

**5.5.2　调节池、厌氧反应设施应设置硫化氢、沼气浓度监测和报警装置；曝气设施应设置氨浓度监测和报警装置。**

【释义】

调节池、厌氧反应设施等厌氧过程会产生硫化氢、沼气等气体，浓度超过一定的限值有爆炸危险，应在调节池、厌氧反应设施相应位置设置监测和报警装置；渗沥液氨氮浓度高，曝气过程中会有氨气的释放，应在曝气设施相应位置设置氨气浓度监测和报警装置。

## 6.《生活垃圾卫生填埋气体收集处理及利用工程运行维护技术规程》CJJ 175—2012

**3.3.2　在使用仪器仪表时，必须采取静电防护措施，严禁徒手接触仪器仪表。**

【释义】

主要是为了防止静电对仪器仪表中的微电子装置等设备造成损坏。

**3.3.3** 清理机电设备及其周围环境时，严禁擦拭设备运转部位，冲洗水不得溅到电缆头和电机带电与润滑部位。

【释义】

擦拭设备运转部位会造成设备参数的偏差；水溅到电缆头或者电机带电部位会导致漏电，造成工作人员安全隐患；水溅到电机润滑部位会稀释润滑剂而降低润滑效果。

**3.3.5** 维修设备时，不得随意搭接临时动力线。

【释义】

维修发电设备时，若确实需要临时动力线，必须在保证安全的前提下搭接，使用过程中需有专职电工在现场管理，使用完毕需立即拆除。

**4.3.4** 风机和变频器检修必须在切断电源的情况下进行。

【释义】

是风机和变频器安全维修的基本要求，防止检修人员受到伤害。

**4.3.6** 风机运行时，严禁全部关闭出口阀，操作人员不得贴近风机旋转部件；满载时，禁止突然停机。

【释义】

是风机运行期间安全操作的基本要求，防止检修人员受到伤害和设备的损坏。

# 第 六 篇

# 市 政 工 程

## 1.《室外给水设计规范》GB 50013—2006

**7.5.5** 水塔应根据防雷要求设置防雷装置。

**【释义】**

本条是关于水塔设置避雷装置的规定，因为室外水塔大都是高耸的建筑，故需设置防雷装置。

**9.8.17** 加氯（氨）间及氯（氨）库的设计应采用下列安全措施：

**3** 加氯（氨）间和氯（氨）库应设置泄漏检测仪和报警设施，检测仪应设低、高检测极限。

**5** 氨库的安全措施与氯库相同。装卸氨瓶区域内的电气设备应设置防爆型电气装置。（氨）库应设有根据氯（氨）气泄漏量开启通风系统或全套漏氯（氨）气吸收装置的自动控制系统。

**【释义】**

本条是关于加氯（氨）间及氯（氨）库采用安全措施的规定。

根据国家现行标准《工业企业设计卫生标准》CBZ 1 规定，室外空气中氯气允许浓度不得超过 $1mg/m^3$，故加氯间（真空加氯间除外）及氯库应设置泄漏检测仪和报警设施。

当室内空气含氯量≥$1mg/m^3$ 时，自动开启通风装置；当室内空气含氯量≥$5mg/m^3$ 时，自动报警，并关闭通风装置；当室内空气含氯量≥$10mg/m^3$ 时，自动开启漏氯吸收装置。漏氯检测仪的测定范围为：$1\sim15mg/m^3$。

氨是有毒的、可燃的，比空气轻。氨瓶间仓库安全措施与氯库相似，但还需有防爆措施。

**9.8.19** 加氯（氨）间外部应备有防毒面具、抢救设施和工具箱。防毒面具应严密封藏，以免失效。照明和通风设备应设置室外开关。

**【释义】**

本条是关于加氯（氨）间设置安全防范设施的规定，是考虑到人员的操作环境和人身安全，规定照明和通风设备的开启是由设在室外的开关来控制。

**9.8.26** 二氧化氯制备、贮备、技加设备及管道、管配件必须有良好的密封性和耐腐蚀性；其操作台、操作梯及地面均应有耐腐蚀的表层处理。其设备间内应有每小时换气 8～12 次的通风设施，并应配备二氧化氯泄漏的检测仪和报警设施及稀释泄漏溶液的快速水冲洗设施。设备间应与贮存库房毗邻。

**【释义】**

本条是关于二氧化氯设备系统密封、防腐及安全措施的规定。

**9.9.19** 在设有臭氧发生器的建筑内，其用电设备必须采用防爆型。

**【释义】**

本条是对设有臭氧发生器建筑内的用电设备的安全防护类型作出的规定。

## 2.《室外排水设计规范》GB 50014—2006（2014 年修订版）

**5.1.9** 排水泵站供电应按二级负荷设计，特别重要地区的泵站，应按一级负荷设计。当不能满足上述要求时，应设置备用动力设施。

【释义】

关于排水泵站供电负荷等级的规定。供电负荷是根据其重要性和中断供电所造成的损失或影响程度来划分的。若突然中断供电，造成较大经济损失，给城镇生活带来较大影响者应采用二级负荷设计。若突然中断供电，造成重大经济损失，使城镇生活带来重大影响者采用一级负荷设计。二级负荷宜由二回路供电，二路互为备用或一路常用一路备用。根据《供配电系统设计规范》GB 50052 的规定，二级负荷的供电系统，对小型负荷或供电确有困难地区，也容许一回路专线供电，但应从严掌握。一级负荷应两个电源供电，当一个电源发生故障时，另一个电源不应同时受到损坏。上海合流污水治理一期和二期工程中，大型输水泵站 35kV 变电站都按一级负荷设计。

**6.1.19** 污水厂的供电系统，应按二级负荷设计，重要的污水厂宜按一级负荷设计。当不能满足上述要求时，应设置备用动力设施。

【释义】

关于污水厂供电负荷等级的规定。

考虑到污水厂中断供电可能对该地区的政治、经济、生活和周围环境等造成不良影响，污水厂的供电负荷等级应按二级设计。本条文增加重要的污水厂宜按一级负荷设计的内容。重要的污水厂是指中断供电对该地区的政治、经济、生活和周围环境等造成重大影响者。

**6.1.23** 处理构筑物应设置适用的栏杆、防滑梯等安全措施，高架处理构筑物还应设置避雷设施。

【释义】

本条是关于污水厂处理构筑物安全设施的规定。

**6.3.9** 污水厂格栅间应设置通风设施和有毒有害气体的检测与报警装置。

【释义】

本条是关于格栅间设置通风设施的规定。

为改善格栅间的操作条件和确保操作人员安全，需设置通风设施和有毒有害气体的检测与报警装置。

**7.3.11** 污泥气贮罐、污泥气压缩机房、污泥气阀门控制阀、污泥气管道层等可能泄漏污泥气的场所，电机、仪表和照明等电器设备均应符合防爆要求，室内应设置通风设施和污泥气泄漏报警装置。

【释义】

关于通风报警和防爆的设计规定。

存放或使用污泥气的贮罐、压缩机房、阀门控制间、管道层等场所，均存在污泥气泄漏的可能，规定这些场所的电机、仪表和照明等电器设备均应符合防爆要求，若处于室内时，应设置通风设施和污泥气泄漏报警装置。

## 3.《城镇燃气设计规范》GB 50028—2006

**4.2.11** 加热煤气管道的设计应符合下列要求：

**3** 必须设置低压报警信号装置，其取压点应设在压力自动调节装置的蝶阀前的总管上。管道末端应设爆破膜。

【释义】

本条规定了加热煤气管道的设计规定。

整个加热管道中必须经常保持正压状态，避免由于出现负压而窜入空气，引起爆炸事故。因此必须规定在加热煤气管道上设煤气的低压报警信号装置，并在管道末端设置爆破膜，以减少爆破时损坏程度。

**4.2.13** 炉顶荒煤气管，应设压力自动调节装置。调节阀前必须设置氨水喷洒设施。调节蝶阀与煤气鼓风机室应有联系信号和自控装置。

【释义】

本条规定了干馏炉顶荒煤气管的设计要求。

（1）荒煤气管上设压力自动调节装置的主要理由如下：

1）煤干馏炉的荒煤气的导出流量是不均匀的，其中焦炉的气量波动更大，需要设该项装置以稳定压力；否则将影响焦炉及净化回收设备的正常生产。

2）正常操作时要求炭化室始终保持微正压，同时还要求尽量降低炉顶空间的压力，使荒煤气尽快导出。这样才能达到减轻煤气二次裂解，减少石墨沉积，提高煤气质量和增加化工产品的产量和质量等目的，因此需要设置压力调节装置。

3）为了维持炉体的严密性也需要设置压力调节装置以保持炉内的一定压力。否则空气窜入炉内，造成炉体漏损严重、裂纹增加，将大大降低炉体寿命。

（2）因为煤气中含有大量焦油，为了保证调节蝶阀动作灵活就要防止阀上粘结焦油，因此必须采取氨水喷洒措施。

（3）由于煤气产量不稳定，煤气总管蝶阀或调节阀的自动控制调节是很重要的安全措施。尤其是当排送风机室、鼓风机室或调节阀失常时，必须加强联系并密切注意，互相配合。当调节阀用人工控制调节时，更应加强信号联系。

**4.3.27** 生产系统的仪表和自动控制装置的设置应符合下列规定：

**8** 应设置循环气化炉的缓冲气罐的高、低位限位器分别与自动控制机和煤气排送机连锁装置，并应设报警装置；

**10** 应设置连续气化炉的煤气排送机（或热煤气直接用户如直立炉的引风机）与空气总管压力或空气鼓风机连锁装置，并应设报警装置；

**11** 应设置当煤气中含氧量大于1%（体积）或电气滤清器的绝缘箱温度低于规定值、或电气滤清器出口煤气压力下降到规定值时，能立即切断高压电源装置，并应设报警装置；

**12** 应设置连续气化炉的低压煤气总管压力与煤气排送机连锁装置，并应设报警装置。

【释义】

本条文规定了设置仪表和自动控制的要求。

8 气化炉缓冲柜位于气化装置与煤气排送机之间，缓冲柜到高限位时，如不停止自动控制机运转将有顶翻缓冲柜的危险。所以本条文规定煤气缓冲柜的高位限位器应与自动控制机连锁。当煤气缓冲柜下降到低限位时，如果不停止煤气排送机的运转将发生抽空缓冲柜的事故。因此规定循环气化炉缓冲柜的低位限位器与煤气排送机连锁。

10 空气总管压力过低或空气鼓风机停车，必须自动停止煤气排送机，以保证煤气站内整个气体系统正压安全运行。所以两者之间设计连锁装置。

11 电气滤清器内易产生火花、操作上稍有不慎即有爆炸危险，因此为防止在电气滤清器内形成负压从外面吸入空气引起爆炸事故，特规定该设备出口煤气压力下降至规定值（小于 50Pa）、或气化煤气含氧量达到 1%时即能自动立即切断电源；对于设备绝缘箱温度值的限制是因为煤气温度达到露点时，会析出水分，附着在瓷瓶表面，致使瓷瓶耐压性能降低、易发生击穿事故。所以一般规定绝缘保温箱的温度不应低于煤气入口温度加 25℃（《工业企业煤气安全规程》GB 6222），否则立即切断电源。

12 低压煤气总管压力过低，必须自动停止煤气排送机，以保证煤气系统正压安全运行，压力的设计值和允许值应根据工艺系统的具体要求确定。

**4.4.18 自动控制装置的程序控制系统设计，应符合下列要求：**

**4 主要阀门应设置检查和连锁装置，在发生故障时应有显示和报警信号，并能恢复到安全状态。**

【释义】

本条规定了自动控制装置程序控制系统设计的技术要求。

各种程序控制系统具有不同的特点，各地的具体条件也互不相同，不宜于统一规定采用程序控制系统的形式，因此本条仅规定工艺对程序控制系统的基本技术要求。

4 主要阀门如空气阀、油阀、煤气阀等应设置"检查和连锁装置"，以达到防止因阀门误动作而造成爆炸和其他意外事故，在控制系统的设计上还规定了"在发生故障时应有显示和报警信号，并能恢复到安全状态"，使操作人员能及时处理故障。

**5.3.4 用电动机带动的煤气鼓风机，其供电系统应符合现行的国家标准《供配电系统设计规范》GB 50052 的"二级负荷"设计的规定；电动机应采取防爆措施。**

【释义】

本规范将"用电动机带动的煤气鼓风机的供电系统设计"由"一级负荷"调整为"二级负荷"，主要考虑按一级负荷设计实施起来难度往往很大，而且按照《供配电系统设计规范》GB 50052 关于电力负荷分级规定，用电动机带动的煤气鼓风机其供电系统对供电可靠性要求程度及中断供电后可能会造成的影响进行分级，其供电负荷等级应确定为二级负荷。

二级负荷的供电系统要求应满足《供配电系统设计规范》GB 50052 的有关规定。

人工煤气厂中除发生炉煤气工段之外，皆属"甲类生产"，所以带动鼓风机的电动机应采取防爆措施。如鼓风机的排送煤气量大，无防爆电机可配时，国内目前采用主电机配置通风系统来解决。

**5.4.2 电捕焦油器设计，应符合下列要求：**

**1 电捕焦油器应设置泄爆装置、放散管和蒸汽管，负压回收流程可不设泄爆装置；**

**3 当干管煤气中含氧量大于 1%（体积分数）时应进行自动报警，当含氧量达到 2%**

或电捕焦油器的绝缘箱温度低于规定值时，应有能立即切断电源措施。

【释义】

不同煤气的爆炸极限各不相同，我们通常所说的爆炸极限是指煤气在空气中的体积百分比，而煤气中的含氧量是指氧气在煤气中的体积百分比。由于煤气中的氧气主要是由于煤气生产操作过程中吸入或掺进了空气造成的，因此可考虑把煤气中的氧含量理解为是掺入了一定量的空气，这样就可计算出煤气中氧的体积百分比或空气的体积百分比为多少时达到爆炸极限。各种人工煤气的爆炸极限范围见表14。

由表14可看出，各种燃气的爆炸上限最大为70%，这时空气所占比例即为30%，则氧含量大于6%，这样越过置换终止点的20%的安全系数时，此时氧含量可达4.8%，因此生产中要求氧含量指标小于1%是有点过于保守了。

表14　各种人工煤气爆炸极限表（体积百分比）

| 序号 | 名　称 | 煤气空气混合物中煤气（体积百分比） | | 煤气空气混合物中空气（体积百分比） | | 煤气空气混合物中氧气（体积百分比） | |
| --- | --- | --- | --- | --- | --- | --- | --- |
| | | 上限 | 下限 | 上限 | 下限 | 上限 | 下限 |
| 1 | 焦炉煤气 | 35.8 | 4.5 | 64.2 | 95.5 | 13.5 | 20.1 |
| 2 | 直立炉煤气 | 40.9 | 4.9 | 59.1 | 95.1 | 12.4 | 20.0 |
| 3 | 发生炉煤气 | 67.5 | 21.5 | 32.5 | 79.5 | 6.8 | 16.5 |
| 4 | 水煤气 | 70.4 | 6.2 | 29.6 | 93.8 | 6.2 | 19.7 |
| 5 | 油制气 | 42.9 | 4.7 | 57.1 | 95.3 | 12.0 | 20.0 |

从表14可看出：正常生产情况下，煤气中的空气量不可能达到如此高浓度，没有必要控制煤气中氧含量一定要低于1%。实际生产过程中由于控制煤气中含氧量小于1%很难进行操作，许多企业采用含氧量小于或等于1%切断电源的控制，经常发生断电停车，影响后续工段的正常生产。国内大部分企业都反映很难将电捕焦油器含氧量控制在小于或等于1%，一般控制在2%～4%，同时国内国际经过几十年的实际生产运行，没有发生电捕焦油器爆炸的情况。国外一些国家将煤气中含氧量设定为4%，个别企业甚至达到6%。因此采用控制煤气中含氧量小于或等于2%（体积分数）并经上海吴淞煤气厂实践证明是很安全的，从爆炸极限角度分析是完全可行的。

**5.12.17**　一氧化碳变换炉应设置超温报警及连锁控制。

【释义】

从安全运行角度考虑须设置超温报警和连锁控制。

**6.3.3**　地下燃气管道不得从建筑物和大型构筑物（不包括架空的建筑物和大型构筑物）的下面穿越。

地下燃气管道与建筑物、构筑物或相邻管道之间的水平和垂直间距，不应小于表**6.3.3-1**和表**6.3.3-2**的规定。

表 6.3.3-1 地下燃气管道与建筑物、构筑物或相邻管道之间的水平净距（m）

| 项 目 | | 地下燃气管道压力（MPa） | | | | |
|---|---|---|---|---|---|---|
| | | 低压 <0.01 | 中 压 | | 次高压 | |
| | | | B ≤0.2 | A ≤0.4 | B 0.8 | A 1.6 |
| 建筑物 | 基 础 | 0.7 | 1.0 | 1.5 | — | — |
| | 外墙面（出地面处） | — | — | — | 5.0 | 13.5 |
| 给水管 | | 0.5 | 0.5 | 0.5 | 1.0 | 1.5 |
| 污水、雨水排水管 | | 1.0 | 1.2 | 1.2 | 1.5 | 2.0 |
| 电力电缆（含电车电缆） | 直 埋 | 0.5 | 0.5 | 0.5 | 1.0 | 1.5 |
| | 在导管内 | 1.0 | 1.0 | 1.0 | 1.0 | 1.5 |
| 通信电缆 | 直 埋 | 0.5 | 0.5 | 0.5 | 1.0 | 1.5 |
| | 在导管内 | 1.0 | 1.0 | 1.0 | 1.0 | 1.5 |
| 其他燃气管道 | DN≤300mm | 0.4 | 0.4 | 0.4 | 0.4 | 0.4 |
| | DN>300mm | 0.5 | 0.5 | 0.5 | 0.5 | 0.5 |
| 热力管 | 直 埋 | 1.0 | 1.0 | 1.0 | 1.5 | 2.0 |
| | 在管沟内（至外壁） | 1.0 | 1.5 | 1.5 | 2.0 | 4.0 |
| 电杆（塔）的基础 | ≤35kV | 1.0 | 1.0 | 1.0 | 1.0 | 1.0 |
| | >35kV | 2.0 | 2.0 | 2.0 | 5.0 | 5.0 |
| 通信照明电杆（至电杆中心） | | 1.0 | 1.0 | 1.0 | 1.0 | 1.0 |
| 铁路路堤坡脚 | | 5.0 | 5.0 | 5.0 | 5.0 | 5.0 |
| 有轨电车钢轨 | | 2.0 | 2.0 | 2.0 | 2.0 | 2.0 |
| 街树（至树中心） | | 0.75 | 0.75 | 0.75 | 1.2 | 1.2 |

表 6.3.3-2 地下燃气管道与构筑物或相邻管道之间垂直净距（m）

| 项 目 | 地下燃气管道（当有套管时，以套管计） |
|---|---|
| 给水管、排水管或其他燃气管道 | 0.15 |
| 热力管、热力管的管沟底（或顶） | 0.15 |

续表

| 项　　目 | | 地下燃气管道（当有套管时，以套管计） |
| --- | --- | --- |
| 电　缆 | 直　埋 | 0.50 |
| | 在导管内 | 0.15 |
| 铁路（轨底） | | 1.20 |
| 有轨电车（轨底） | | 1.00 |

注：1　当次高压燃气管道压力与表中数不相同时，可采用直线方程内插法确定水平净距。

2　如受地形限制不能满足表 6.3.3-1 和表 6.3.3-2 时，经与有关部门协商，采用有效的安全防护措施后，表 6.3.3-1 和表 6.3.3-2 规定的净距，均可适当缩小，但低压管道不应影响建（构）筑物和相邻管道基础的稳固性，中压管道距建筑物基础不应小于 0.5m 且距建筑物外墙面不应小于 1m，次高压燃气管道距建筑物外墙面不应小于 3.0m。其中当对次高压 A 燃气管道采取有效的安全防护措施或当管道壁厚不小于 9.5mm 时，管道距建筑物外墙面不应小于 6.5m；当管壁厚度不小于 11.9mm 时，管道距建筑物外墙面不应小于 3.0m。

3　表 6.3.3-1 和表 6.3.3-2 规定除地下燃气管道与热力管的净距不适于聚乙烯燃气管道和钢骨架聚乙烯塑料复合管外，其他规定均适用于聚乙烯燃气管道和钢骨架聚乙烯塑料复合管道。聚乙烯燃气管道与热力管道的净距应按国家现行标准《聚乙烯燃气管道工程技术规程》CJJ 63 执行。

4　地下燃气管道与电杆（塔）基础之间的水平净距，还应满足本规范表 6.7.5 地下燃气管道与交流电力线接地体的净距规定。

【释义】

本条规定了敷设地下燃气管道与电力、通信电缆和电杆之间的水平净距的要求，与现行的国家标准《城市工程管线综合规划规范》GB 50289 基本相同。

6.5.3　储配站内的储气罐与站内的建、构筑物的防火间距应符合表 6.5.3 的规定。

表 6.5.3　储气罐与站内的建、构筑物的防火间距（m）

| 储气罐总容积（m³） | ≤1000 | >1000～≤10000 | >10000～≤50000 | >50000～≤200000 | >200000 |
| --- | --- | --- | --- | --- | --- |
| 明火、散发火花地点 | 20 | 25 | 30 | 35 | 40 |
| 调压室、压缩机室、计量室 | 10 | 12 | 15 | 20 | 25 |
| 控制室、变配电室、汽车库等辅助建筑 | 12 | 15 | 20 | 25 | 30 |
| 机修间、燃气锅炉房 | 15 | 20 | 25 | 30 | 35 |
| 办公、生活建筑 | 18 | 20 | 25 | 30 | 35 |
| 消防泵房、消防水池取水口 | 20 | | | | |

续表

| | | | | | |
|---|---|---|---|---|---|
| 站内道路（路边） | 10 | 10 | 10 | 10 | 10 |
| 围墙 | 15 | 15 | 15 | 15 | 18 |

注：1 低压湿式储气罐与站内的建、构筑物的防火间距，应按本表确定；
　　2 低压干式储气罐与站内的建、构筑物的防火间距，当可燃气体的密度比空气大时，应按本表增加25%；比空气小或等于时，可按本表确定；
　　3 固定容积储气罐与站内的建、构筑物的防火间距应按本表的规定执行。总容积按其几何容积（m³）和设计压力（绝对压力，10²kPa）的乘积计算；
　　4 低压湿式或干式储气罐的水封室、油泵房和电梯间等附属设施与该储罐的间距按工艺要求确定；
　　5 露天燃气工艺装置与储气罐的间距按工艺要求确定。

**【释义】**

为了使本规范的适用性和针对性更强，制定了储气罐与控制室、变配电室、汽车库等辅助建筑的防火间距。此表的规定与《建筑设计防火规范》的规定是基本一致的。表中的储罐容积是指公称容积。

**6.5.20** 门站和储配站供电系统设计应符合现行国家标准《供配电系统设计规范》GB 50052 的"二级负荷"的规定。

**【释义】**

原规范规定门站和储配站为"一级负荷"，主要是为了提高供气的安全性、可靠性，但在实际的操作中，要达到一级负荷的电源要求很困难，投资也很大。"二级负荷"（由二路电源供电）的要求从供电安全和可靠性上完全可以满足燃气供气安全的需要，当采用两回线路有困难时，可另设燃气或燃油发电机等自备电源，且可以大大节省投资，可操作性强。

**6.5.22** 储气罐和压缩机室、调压计量室等具有爆炸危险的生产用房应有防雷接地设施，其设计应符合现行国家标准《建筑物防雷设计规范》GB 50057 的"第二类防雷建筑物"的规定。

**【释义】**

本条将储气罐和压缩机室、调压计量室等生产用房列为第二类防雷建筑物并设置防雷接地设施是由于这些场所具有较大的爆炸危险性，本条是考虑到人员和设备安全而作出的规定。

**7.6.8** 压缩天然气储配站的供电系统设计应符合现行国家标准《供配电系统设计规范》GB 50052"二级负荷"的规定。

**【释义】**

由于压缩天然气储配站不能间断供电，故生产用电负荷及消防水泵用电负荷均须按"二级负荷"供电。

**8.4.20** 热值仪应靠近取样点设置在混气间内的专用隔间或附属房间内，并应符合下列要求：

　　1 热值仪间应设有直接通向室外的门，且与混气间之间的隔墙应是无门、窗洞口的防火墙；

**2** 采取可靠的通风措施，使其室内可燃气体浓度低于其爆炸下限的 **20%**；

**3** 热值仪间与混气间门、窗之间的距离不应小于 6m;

**4** 热值仪间的室内地面应比室外地面高出 0.6m。

【释义】

热值仪应靠近取样点设置是根据运行经验和仪表性能要求确定的，以减少信号滞后。此外因为热值仪带有长明小火，为保证安全运行，对热值仪间的安全防火要求作了具体的规定。

**8.5.2** 当采用自然气化方式供气，且瓶组气化站配置气瓶总容积小于 $1m^3$ 时，瓶组间可设置在与建筑物（住宅、重要公共建筑和高层民用建筑除外）外墙毗连的单层专用房间，并应符合下列要求：

**4** 应配置燃气浓度检测报警器。

【释义】

设置可燃气体检测及报警装置，可以及时地发现非正常的超量泄漏，提醒一般操作和管理人员及时地进行处理。

**8.11.1** 液化石油气供应基地内消防水泵和液化石油气气化站、混气站的供电系统设计应符合现行国家标准《供配电系统设计规范》GB 50052 "二级负荷" 的规定。

【释义】

本条规定了液化石油气气化站、混气站的用电负荷等级，为保证用户安全用气，不允许停电，并保证消防用电的需要，故规定其用电负荷等级为 "二级负荷"。

**8.11.3** 液化石油气供应基地、气化站、混气站、瓶装供应站等具有爆炸危险的建、构筑物的防雷设计应符合现行国家标准《建筑物防雷设计规范》GB 50057 中 "第二类防雷建筑物" 的有关规定。

【释义】

本条将液化石油气供应基地、气化站、混气站、瓶装供应站等建、构筑物列为第二类防雷建筑物是由于这些场所具有较大的爆炸危险性，本条是考虑到人员和设备安全而作出的规定。

**9.6.3** 液化天然气气化站的供电系统设计应符合现行国家标准《供配电系统设计规范》GB 50052 "二级负荷" 的规定。

【释义】

由于液化天然气气化站承担向城镇或小区大量用户或向大型用户等供气的重要任务，不能间断供电是保证气化站正常运行的必要条件，故规定其用电负荷等级为 "二级负荷"。

**10.2.14** 燃气引入管敷设位置应符合下列规定：

**1** 燃气引入管不得敷设在卧室、卫生间、易燃或易爆品的仓库、有腐蚀性介质的房间、发电间、配电间、变电室、不使用燃气的空调机房、通风机房、计算机房、电缆沟、暖气沟、烟道和进风道、垃圾道等地方。

【释义】

本条规定的目的是为了保证用气的安全和便于维修管理。

（1）人工煤气引入管管段内，往往容易被萘、焦油和管道内腐蚀铁锈所堵塞，检修时要在引入管阀门处进行人工疏通管道的工作，需要带气作业。此外阀门本身也需要经常维修保养。因此，凡是检修人员不便进入的房间和处所都不能敷设燃气引入管。

（2）规定燃气引入管应设在厨房或走廊等便于检修的非居住房间内的根据是：

苏联1977年《建筑法规》第8.21条规定：住房内燃气立管规定设在厨房、楼梯间或走廊内；

我国的实际情况也是将燃气引入管设在厨房、楼梯间或走廊内。

**10.2.21** 地下室、半地下室、设备层和地上密闭房间敷设燃气管道时，应符合下列要求：

**3** 应有固定的防爆照明设备。

**4** 应采用非燃烧体实体墙与电话间、变配电室、修理间、储藏室、卧室、休息室隔开。

【释义】

本条规定了地下室、半地下室、设备层和地上密闭房间敷设燃气管道时应具备的安全条件。

**10.3.2** 用户燃气表的安装位置，应符合下列要求：

**2** 严禁安装在下列场所：

　2）有电源、电器开关及其他电器设备的管道井内，或有可能滞留泄漏燃气的隐蔽场所；

　6）有变、配电等电器设备的地方。

【释义】

本条规定了用户燃气表安装的安全要求。

2 禁止安装燃气表的房间、处所的规定是根据上海市煤气公司的实践经验和规定提出的，这主要是为了安全。因为燃气表安装在电气管道井和有变、配电等电器设备的地方时，电气设备有可能会产生电火花，一旦燃气泄漏就会发生火灾和爆炸事故；另当表内发生故障时既不便于检修，又极易发生事故；如在危险品和易燃物品堆存处安装煤气表，一旦出现漏气时更增加了易燃、易爆品的危险性，万一发生事故时必然加剧事故的灾情，故规定上述等一些场所"严禁安装"。

**10.5.3** 商业用气设备设置在地下室、半地下室（液化石油气除外）或地上密闭房间内时，应符合下列要求：

**1** 燃气引入管应设手动快速切断阀和紧急自动切断阀；紧急自动切断阀停电时必须处于关闭状态（常开型）；

**3** 用气房间应设置燃气浓度检测报警器，并由管理室集中监视和控制。

【释义】

本条对地下室等危险部位使用燃气时的安全技术要求进行了规定，主要依据我国上海、深圳等城市的经验，防止燃气泄漏事故的发生。

**10.5.7** 商业用户中燃气锅炉和燃气直燃型吸收式冷（温）水机组的安全技术措施应符合下列要求：

**3** 应设置火灾自动报警系统和自动灭火系统。

**【释义】**

对商业用户中燃气锅炉和燃气直燃型吸收式冷（温）水机组的设置作了规定，主要依据《建筑设计防火规范》GB 50016 和我国上海等地的实际运行经验，防止燃气泄漏而造成火灾事故的发生。

## 4. 《地铁设计规范》GB 50157—2013

**1.0.19　地铁工程设计应采取防火灾、水淹、地震、风暴、冰雪、雷击等灾害的措施。**

**【释义】**

地铁是乘客众多且密集的大运量城市交通工具，地下线路处于空间狭窄且基本封闭的隧道中，救灾和逃生均很困难，高架线路列车运行在高架桥上，两面凌空，故一旦发生本条所列灾害时，极可能造成群死群伤、巨大物质损失或长时间中断运营等重大事故，因此，设计对本条所列的各类灾害应采取有效防范措施。

**3.3.2　地铁列车必须在安全防护系统的监控下运行。**

**【释义】**

地铁是城市骨干交通系统，具有运量大，速度快，运行密度高的特点。为保证列车运行安全，一般情况下地铁列车的运行必须由安全防护系统进行自动监视和控制，保证列车追踪和列车进路的安全。如果缺乏自动化的安全防护系统，会危及行车安全，同时会造成管理人员劳动强度增加，列车运行效率降低，不利于提高系统的运输效率。

**4.1.3　车辆及其内部设施应使用不燃材料或无卤、低烟的阻燃材料。**

**【释义】**

为了防止火灾发生与蔓延，以及在火灾发生时产生有毒气体危害人体健康，车辆及内部设施原则上应采用不燃材料，不得已的情况下（如电线、电缆、减振橡胶件等）方可使用无卤、低烟的阻燃材料。

**4.7.2　列车应设置报警系统，客室内应设置乘客紧急报警装置，乘客紧急报警装置应具有乘务员与乘客间双向通信功能。当采用无人驾驶运行模式时，报警系统设置应符合现行国家标准《城市轨道交通技术规范》GB 50490 的有关规定。**

**【释义】**

由于列车客室内不设乘务员，乘客有紧急情况（如急病、火灾等）时，可通过报警装置报警，并通过具有双向通信功能的通信系统及时与列车驾驶员沟通，使驾驶员针对情况采取相应措施。

**4.7.4　客室车门系统应设置安全连锁，应确保车速大于 5km/h 时不能开启、车门未全关闭时不能启动列车。**

**【释义】**

设置本条文的目的是防止列车在运行中开启客室车门或客室车门未全关就启动列车，消除因此带来对乘客的危险因素。客室车门系统应设置安全连锁，是指车门控制系统与列车测速装置之间的连锁，为避免列车启动后因误开车门使乘客从门口跌落车下，当车速大于 5km/h 时应封锁车门的控制电路，不能开启车门，确保乘客安全。另一方面，车门未全关闭时列车的启动控制电路不能构成，列车不能启动，也是防止乘客从车门口跌落。

**9.3.11 当站台设置站台门时，自站台边缘起向内 1m 范围的站台地面装饰层下应进行绝缘处理。**

【释义】

本条规定 1m 范围内装饰面下作绝缘层处理。是为了防止可能出现车辆电位高于车站地电位，而危及乘客人身安全。绝缘层要求耐压不小于 500Ω。如在此范围内设地漏时，应采用非金属材料，设置站台门时也应绝缘处理。

**9.4.4 车站内应设置导向、事故疏散、服务乘客等标志。**

【释义】

为了方便乘客乘坐地铁，保证车站正常运营秩序，车站内应设置导向和服务乘客的标志；事故疏散标志是在灾害情况下保证乘客安全疏散的必要设施。

**14.2.5 管道布置和敷设应符合下列规定：**

**5 给水管不应穿过变电所、通信信号机房、控制室、配电室等电气房间。**

【释义】

地铁工程电气设备绝缘子的外绝缘因环境的污染可能使得电气设备的绝缘水平大大降低，当电气设备的绝缘子表面积污，一旦管道漏水或冷凝水滴落在电气设备上，绝缘子表面污层中的电解质成分会充分溶解于水中使污层变为导电层，引起表面电阻大大下降，使电气设备的绝缘强度大大降低从而造成电气设备短路跳闸等现象，将会直接影响到地铁列车的安全运营。因此，给排水管道均不应穿越变电所等电气设备房间。

**15.1.6 一级负荷必须采用双电源双回线路供电。**

【释义】

一级负荷供电中断将影响地铁的正常运行和安全运营，因此一级负荷供电既应考虑电源的可靠性也应考虑配电线路的可靠性，即电源和线路均应考虑冗余。同一降压变电所的两台非并列运行配电变压器的两段低压母线，可以作为动力照明一级负荷的双电源。

**15.1.7 一级负荷中特别重要的负荷，应增设应急电源，并严禁其他负荷接入。**

【释义】

一级负荷中特别重要的负荷按照现行国家标准《供配电系统设计规范》GB 50052 的规定进行。在一级负荷中，当中断供电将造成人员伤亡或重大设备损坏或发生中毒、爆炸和火灾等情况的负荷，以及特别重要场所的不允许中断供电的负荷，应视为一级负荷中的特别重要负荷。实际运行经验证明，从城网引接两路电源进线加备自投（BZT）的供电方式，不能满足一级负荷中特别重要负荷对供电可靠性及连续性的要求，从发生的全部停电事故来看，有的是由内部故障引起，有的是由城网故障引起，后者是因地区电网在主网电压上部是并网的，所以用户无论从电网取几回电源进线，也无法获得严格意义上的两个独立电源。因此，城网的各种故障，可能引起全部电源进线同时失电，造成停电事故。因而，对一级负荷中特别重要的负荷须由与城网不并列的、独立的应急电源供电。

工程设计中，对于各专业提出的特别重要负荷，应仔细研究，凡能采取非电气保安措施者，应尽可能减少特别重要负荷的负荷量。

禁止应急电源与工作电源并列运行，以防止电源故障时影响应急电源。

**15.1.23** 在地下使用的主要材料应选用无卤、低烟的阻燃或耐火的产品。

**【释义】**

本规定的主要目的是火灾时减少有害烟气对人身的伤害，并保证重要负荷（如消防设备等）的供电。无卤、低烟阻燃或耐火产品的主要特征是其材料不含卤素，且在燃烧时释放的烟雾量很少。有关数据表明：如果把在 30min 可致人死亡的气体浓度的毒性指数定为 1，那么聚氯乙烯燃烧释放的毒性指数为 15.01，而无卤聚烯燃烧释放的毒性指数为 0.79；另聚氯乙烯燃烧所释放的浓烟使人的裸视距离仅为 2m 左右，同时浓烟会随着热气的传播异常迅速，扩散速度为 20m/min 以上，由此可见，采用无卤、低烟阻燃或耐火产品对于地铁内火灾时人员的安全疏散极为重要。

**15.3.26** 接触网应满足限界要求。车辆基地内架空接触网应设置限界门。

**【释义】**

接触网作为轨旁设备的重要组成内容，必须满足限界要求，确保正常行车安全。车辆基地设置限界门是为了防止其他车辆在接触网下通行时，刮碰或损坏架空接触网。

**15.4.1** 系统采用的电力电缆应符合下列规定：

**1** 地下线路应采用无卤、低烟的阻燃电线和电缆。

**【释义】**

为防止地下线路的电线、电缆燃烧危及系统正常工作，以及燃烧时产生的有害气体危害人身健康、危及安全，电线电缆，应采用无卤、低烟的阻燃材料。地上线路由于所处环境特点，电线、电缆可采用低卤、低烟的阻燃材料。本条规定是对地下的用电设备的供配电线路的要求，其释义同 15.1.23 条。

**15.4.2** 火灾时需要保证供电的配电线路应采用耐火铜芯电缆或矿物绝缘耐火铜芯电缆。

**【释义】**

耐火电缆具有耐受 750~1000℃ 温度下维持通电能力，矿物绝缘耐火电缆的耐受温度更高，采用铜芯是因为铜的熔融温度比铝要高得多，故规定采用铜芯电缆。

**15.7.15** 直流牵引供电系统应为不接地系统，牵引变电所中的直流牵引供电设备必须绝缘安装。

**【释义】**

为减少直流杂散电流泄漏，并防止结构主体钢筋因杂散电流腐蚀而产生安全隐患，作此规定。直流牵引供电系统采用不接地系统，变电所直流牵引供电设备采用绝缘安装，有利于结构主体钢筋腐蚀防护，同时保障地铁沿线其他市政金属管线的安全。

**15.7.16** 正常双边供电运行时，站台处走行轨对地电位不应大于 **120V**，车辆基地库线走行轨对地电位不应大于 **60V**。当走行轨对地电压超标时，应采取短时接地措施。

**【释义】**

为了防止走行轨对地电压异常而使车站内乘客上下车时产生电击伤害；也为了避免车辆基地电化库内走行轨对地电位较高产生放电而对维护人员产生心理影响；并有利于减少

牵引变电所的分布数量，故作此规定。

条文中提出的走行轨对地电压不大于 120V 或 60V 是基于 IEC 标准《Railway applications-Fixed installations-Part 1：Protective provisions relating to electrical safety and earthing》IEC62128-1：2003　第7.3条的部分内容。

"IEC 62128-1：2003。

7.3　DC traction systems

7.3.1　Short time conditions

The touch voltages shall not exceed the values shown in table 4.

**Table 4-Maximum permissible touch voltages**

**ut in d. c. traction system systems as a function**

**of short time conditions t is the time duration of**

**current f10w in s ut is the touch voltage in V**

| $t$ | $U_t$ |
| --- | --- |
| 0. 02 | 940 |
| 0. 05 | 770 |
| 0. 1 | 660 |
| 0. 2 | 533 |
| 0. 3 | 480 |
| 0. 4 | 435 |
| 0. 5 | 395 |

7.3.2　Temporary conditions

7.3.2.1　Theaccessible voltages shall not exceed the values shown in table 5

**Table 5-Maximum pennissible accessible voltages**

**Us ind. c. traction system as a function of temporary conditions**

| $t$ | $U_s$ |
| --- | --- |
| 0. 6 | 310 |
| 0. 7 | 270 |
| 0. 8 | 240 |
| 0. 9 | 200 |
| 1. 0 | 170 |
| ≤300 | 150 |

$t$ is the time duration of current flow in s.

$U_s$ is the touch voltage in V.

7.3.2.2　For workshops similar locations 7.3.3　shall apply

7.3.3 Permanent conditions

The accessible voltages shall not exceed 120V except in
workshops and similar locations where the limit shall be 60V. "

正常运行方式，因不明原因造成走行轨对地电压超标或非正常运行方式下，走行轨对地电位超标，可能对乘客上下车产生电击伤害时，应采用短时接地措施，以保证人身安全。但接地措施的实施将造成杂散电流的腐蚀影响。

**16.1.13** 隧道内托板托架、结缆的设置严禁侵入设备限界；车载台无线天线的设置严禁超出车辆限界。

【释义】

地铁隧道内为确保车辆行驶的安全和设备设施的安全，设置了严格的设备限界和车辆限界，本条明确了在隧道内的通信设备设施必须满足的限界要求。

**16.2.11** 地下线路的通信主干电缆、光缆应采用无卤、低烟的阻燃材料，并应具有抗电气化干扰的防护层。

【释义】

地铁隧道内的电缆光缆必须无卤、低烟、阻燃，是为了在火灾情况下，线缆能够尽量避免产生对人身有害的物质，并能有效地防止燃烧。地下隧道环境潮湿，电磁环境复杂，因此，线缆要求防腐蚀和具有抗电气化干扰的防护层。

**17.1.3** ATP 系统、设备及电路应符合故障导向安全的原则。采用的安全系统、设备应经过安全认证。

【释义】

ATP 系统是行车安全的自动化保障，其系统/设备必须符合故障安全的原则，系统的研发、生产过程应遵循安全检测、安全认证，并经批准后方可载客运用的原则。目前国内 ATP 系统有关设备的研发、运用过程虽也遵循这一原则，但多是通过国际有关安全认证机构实现。国内认证手段和权威的组织机构尚待完善。

故障导向安全，是信号安全技术孜孜追求的目标。信号系统/设备故障不能导向安全，属极小概率事件。或是说，信号系统/设备发生故障时，可能发生不安全事件。故障导向安全的原则贯穿于信号系统/设备的全生命周期之中，与产品的研究、设计、制造及运用的全过程相关。

**17.1.9** 信号系统的车载设备严禁超出车辆限界，信号系统的地面设备严禁侵入设备限界。

【释义】

轨旁设备遵循设备限界，是保证列车运行安全的需求，是保证乘客人身安全、运行设备安全的需求。

**17.4.9** ATP 系统应符合下列要求：

**1** 地铁必须配置 ATP 系统，其系统安全完善度等级应满足安全完整性等级（SIL）4级标准；ATP 系统内部设备之间的信息传输通道也应符合故障导向安全原则；

**2** 在安全防护预定停车地点的外方应设安全防护距离或防护区段，安全防护距离应通过计算确定。

【释义】

第1款 ATP作为信号系统的安全核心，属于安全产品，是地铁信号系统必须配置的设备。信号系统安全失效率指标，有 $10^{-11}\,h^{-1}$ 或 $10^{-8}\,h^{-1}\sim10^{-9}\,h^{-1}$ 等多种界定，本规范按欧标定义取 $10^{-8}\sim10^{-9}\,h^{-1}$。

第2款 闭塞分区的划分或列车运行的安全间隔，应通过列车运行仿真确定，并经列车实际运行校验。安全防护距离涉及信号系统控制方式及其技术指标及列车速度、车辆性能和线路状态等多种因素，是安全行车必备要素。其取值主要是在一定的速度条件下，设定的紧急制动距离和有保证的（最不利的条件下）紧急制动距离之差。在列车跟踪运行的情况下，采用基于轨道电路的安全防护距离应增加列车尾车后部车轴可能不被检出的附加距离；CBTC系统应考虑前方列车位置的不确定性等因素。

**17.4.11** ATP车载设备应符合下列要求：

**1 ATP系统导致列车停车应为最高安全准则。车地连续通信中断、列车完整性电路断路、列车超速、列车的非预期移动、车载设备重要故障等均应导致列车强迫制动。**

【释义】

ATP系统的超速防护或ATP系统故障造成列车停车属安全行为。列车超速，车地连续通信中断、列车完整性电路断路、列车的非预期移动等故障是涉及行车安全的重要故障，通过安全性制动实现停车，属列车运行中的安全举措。

**17.4.15** ATP设备应符合下列连锁功能要求：

**1 ATP设备应确保进路上道岔、信号机和区段的连锁。连锁条件不符时，严禁进路开通。敌对进路应相互照查，不得同时开通；**

**7 车站站台及车站控制室应设站台紧急关闭按钮。站台紧急关闭按钮电路应符合故障导向安全的原则。**

【释义】

第1款为依据连锁表办理进路的基本原则，也是保证进路安全的基本原则。可参见相关连锁技术规范。

第7款站台紧急关闭按钮主要用于防止站内轨道及其上方出现影响行车安全或危及人员安全状况时，需要操作的应急按钮，以尽可能地阻止列车进站，防止危险事件发生，属安全概念与行为。

**18.1.9** 车站控制室应设置紧急控制按钮，并应与火灾自动报警系统实现联动；当车站处于紧急状态或设备失电时，自动检票机阻挡装置应处于释放状态。

【释义】

当车站处于紧急状态时，自动售检票系统可手动或者自动与火灾自动报警（FAS）系统实现联动，自动检票机阻挡装置应处于释放状态，如不严格执行此条文，不与火灾报警（FAS）系统联动，一旦车站发生火灾，将因自动检票机阻挡人群疏散、售票机继续售票等，造成客流积聚、拥堵，从而引发危及乘客生命财产安全的严重后果。

**19.3.1** 消防联动控制系统应实现消火栓系统、自动灭火系统、防烟排烟系统，以及消防电源及应急照明、疏散指示、防火卷帘、电动挡烟垂帘、消防广播、售检票机、站台门、门禁、自动扶梯等系统在火灾情况下的消防联动控制。

**【释义】**

　　消防联动是地铁火灾情况下，有效地组织各个设备系统实施灭火、人员疏散的重要手段。本条规范明确地铁涉及灭火、排烟、疏散、应急照明的设施均应在火灾情况下实现消防联动控制。消火栓系统联动是指采用消防泵加压的消火栓。疏散动态指示标识应在设备明确、可靠的前提下可实现消防联动控制。

**19.4.5　地下车站的站厅层公共区、站台层公共区、换乘公共区、各种设备机房、库房、值班室、办公室、走廊、配电室、电缆隧道或夹层，以及长度超过 60m 的出入口通道，应设置火灾探测器。**

**【释义】**

　　本条规定火灾探测器的设置地点。此外由于地铁的区间行车隧道也作电缆敷设通道，现有国内地铁区间隧道敷设电缆的性能、敷设方式、电缆敷设数量各有不同，地区性的环境条件也不一样，因此，有关地铁区间隧道敷设的电缆是否需要设置火灾探测器，本规范未作规定。各地的具体工程应由工程建设单位、当地消防等有关部门结合工程实际情况共同研究确定。

**20.3.10　综合监控系统应具备下列主要联动功能：**

　　**2　火灾工况，区间火灾防排烟模式控制、车站火灾消防应急广播、车站火灾场景的视频监控和乘客信息系统的火灾信息发布功能。**

**【释义】**

　　地铁列车、隧道和车站都可能发生火灾。当区间隧道内发生火灾时，将根据发生火灾的位置及列车的位置，由综合监控系统中央级下发命令到相邻两车站的综合监控系统并发送到车站机电设备监控系统，启动车站两端隧道风机工作，确定排烟方向，引导乘客安全撤离，同时启动车站消防广播及乘客信息系统发布火灾信息，在运营控制中心大屏幕上可联动相关视频画面。当车站发生火灾时，火灾自动报警系统（FAS）同时把火灾报警信息传送到车站机电设备监控系统（BAS）和车站综合监控系统；车站机电设备监控系统将启动车站排烟风机工作，同时车站综合监控系统启动车站消防广播以及乘客信息系统发布火灾信息，在运营控制中心大屏幕上可联动相关视频画面。

**21.2.4　环境与设备监控系统和火灾自动报警系统之间应设置通信接口；火灾工况应由火灾自动报警系统发布火灾模式指令，环境与设备监控系统应优先执行相应的控制程序。**

**【释义】**

　　火灾自动报警控制盘（FACP）与 BAS 的主控制器间设置 RS485 串行通信接口。当车站发生火灾时，车站级 FAS 探测火灾发生的具体位置，并发布相应火灾模式指令至BAS，BAS 优先执行相应的控制程序，保证防排烟及其他相关设备及时进入排烟救灾状态，避免灾情扩大，尽量减小人身和财产损失。

**21.2.5　防烟、排烟系统与正常通风系统合用的设备，在火灾情况下应由环境与设备监控系统统一监控。**

**【释义】**

　　地铁车站空调通风兼备火灾排烟功能的风机设备，模式控制应由 BAS 执行，以保证同一被控设备控制指令的唯一性，避免火灾紧急情况控制方式的转换；对于专用排烟风机设备由 FAS 直接控制。

**21.3.3 执行防灾和阻塞模式应具备下列功能：**

**1 接收车站自动或手动火灾模式指令，执行车站防烟、排烟模式；**

**2 接收列车区间停车位置、火灾部位信息，执行隧道防排烟模式；**

**3 接收列车区间阻塞信息，执行阻塞通风模式；**

**4 监控车站乘客导向标识系统和应急照明系统；**

**5 监视各排水泵房危险水位。**

**【释义】**

执行防灾和阻塞模式系 BAS 重要的基本监控功能：

第 1 款：当车站发生火灾时，FAS 根据火灾发生位置触发自动模式，由 BAS 执行模式控制；手动指令通过 IBP 盘实现，手动控制通常为后备控制模式。

第 2 款：当列车在区间发生火灾时，应优先驶往前方车站实施救灾模式。仅当列车失去动力而被迫滞留在地下区间时，根据司机利用无线通信方式向 OCC 报告列车发生火灾部位及 ATS 提供的列车在区间位置信息，由 BAS 中央级工作站发布火灾控制模式，由发生火灾区间相邻车站的 BAS 执行相应防排烟模式。通风排烟模式满足多数乘客撤离为迎风方向的要求，风速应大于危急气流速度，以避免烟气卷吸回流。

第 3 款：当列车在区间发生阻塞工况时，由 ATS 提供阻塞信息，由相邻车站 BAS 执行相应阻塞通风模式，隧道通风造成气流方向应与列车运行方向一致，以满足阻塞工况列车新风量的要求。

第 4 款：车站乘客导向标识系统的监控包括对平时与火灾工况导向标识常开、平时开启火灾工况关闭、平时关闭火灾工况开启、平时与火灾工况模式转换等标识系统转换的监控。对应急照明系统的监控主要对应急照明电源（EPS）交流电压、直流电压、充电时间、放电时间模拟信号监测；对进线、逆变、旁路、故障数字信号监视。

第 5 款：通过设置的水位传感器，对车站及区间排水泵的超高水位、超低水位、危险报警水位进行监测。

**21.7.6 环境与设备监控系统的信号线与电源线不应共用电缆，并不应敷设在同一根金属套管内。**

**【释义】**

BAS 的电源线与信号线分别隔离设置，以避免电源线与信号线间相互间的干扰，即线间耦合干扰。避免信号产生误差或失效。

**22.6.1 乘客信息系统的数据线与电源线不应共用电缆，并不应敷设在同一根金属套管内。**

**【释义】**

本条规定是为避免数据线与电源线相互间干扰，产生误差或失效。

**22.6.3 数据线应采用无卤、低烟的阻燃屏蔽电缆。**

**【释义】**

考虑电磁干扰对 PIS 的影响，以及防止因火灾引燃电缆产生有害气体，故在车站及区间内 PIS 的数据线应采用无卤、低烟的阻燃屏蔽电缆。

**23.1.7 设有门禁装置的通道门、设备及管理用房门的电子锁，应满足防冲撞和消防疏散**

的要求。电子锁应具备断电自动释放功能，设备及管理用房门电子锁还应具备手动机械解锁功能。

【释义】

地铁设置门禁是保证地铁设施日常工作环境安全以及运营安全的需要，因此门禁系统应具备一定的防冲撞的安全防护要求；为确保灾害时财产安全及消防疏散安全，规定门禁装置的电子锁均应具备断电自动释放功能。根据使用性质和管理要求的不同，通常地铁车站设备管理区的通道门可考虑采用磁力锁，确保紧急情况下断电时的可靠释放；设备及管理用房可考虑采用机电一体锁（电控插芯锁），并能在必要情况下可在门外使用钥匙、门内使用执手开启房门实现紧急逃生，以避免因不利于疏散而造成重大人身伤害。

**23.1.8** 门禁系统应实现与火灾自动报警系统的联动控制。车站控制室综合后备控制盘（IBP）上应设置门禁紧急开门控制按钮，并应具备手动、自动切换功能。

【释义】

门禁系统应与火灾自动报警系统实现联动，使火灾发生的时候能够及时地控制，避免和减少公共财产损失和对人身的伤害。在出现火灾的情况下可实现人工或自动按照既定的模式对通道门、设备及管理用房门进行开放，便于人员疏散和灭火工作的展开；火灾或紧急情况下门禁系统的开放应根据实际情况进行，原则上设备管理区公共通道门、有人长期职守的设备、管理用房应处于开放状态，存有现金、票证、重要的设备用房以及正在实施自动灭火的房间不宜进行开放。当操作终端出现故障时作为后备手段，在车站控制室综合后备控制盘（IBP）上应设门禁系统紧急开门控制按钮，为防止误动作和便于管理，IBP盘上还应设置联动的手动、自动切换开关。紧急开门控制按钮应能可靠地切断门禁电子锁的电源，当电子锁设有备用电源（UPS）时，也应一并切除。

**24.8.1** 控制中心应设置火灾自动报警、环境与设备监控、火灾事故广播、自动灭火、水消防、防排烟等系统。多线路中央控制室应设置自动灭火系统。

【释义】

控制中心为一级保护对象，应设置火灾自动报警、环境与设备监控、火灾事故广播、自动灭火、水消防、防排烟等消防系统；重要的电气设备房应设置自动灭火系统；与通风空调系统合用的防排烟系统，其联动控制应由环境与设备监控系统实现。当控制中心按多线路规模进行设计，其规模较大时，中央控制室应设置水喷淋、细水雾或其他适宜的自动灭火系统，具体设置方式应参照相关消防规范，并与当地消防部门协商确定。

**25.2.8** 当电梯兼做消防梯时，其设施应符合消防电梯的功能，供电应采用一级负荷。

【释义】

在发生火灾时，为保障消防梯疏散等作用，供电必须采用一级负荷。

**26.1.8** 地下车站站台门系统的绝缘材料、密封材料和电线电缆等应采用无卤、低烟的阻燃材料；地面和高架车站站台门系统的绝缘材料、密封材料和电线电缆等应采用低卤、低烟的阻燃材料。

【释义】

站台门系统中的绝缘地板、滑动门上的防夹胶条、站台上下部的绝缘材料、门体上的密封胶条或密封胶、电缆及其他非金属材料应采用无卤、低烟且不含放射性的阻燃材料，以避免在火灾情况下产生有害气体，对乘客造成更大的伤害。

**27.3.8** 地面接触轨应分段设置并加装安全防护罩。停车、列检库和双周/三月检库线采用架空接触网时，每线列位之间和库前均应设置隔离开关或分段器，并应设置送电时的信号显示或音响设施。

**【释义】**

为保证作业人员的人身安全，本条规定地面接触轨应分段设置并加装安全防护罩，停车、列检库和三周/双月检库线采用架空接触网时，每线列位之间和库前应设置隔离开关并应设有送电时的信号显示或音响设施。

**27.4.2** 车辆段的定修库、大架修库和临修库均不应设置接触网或接触轨供电。定修段需在定修库内进行升弓调试作业时，应在库端设移动接触网。

**【释义】**

车辆段的定修库、大架修库和临修库是车辆定期检修作业场所，人员较集中，车顶、车下都有作业，为保证检修人员的安全，条文规定定修库、大架修库和临修库均不应设接触网或接触轨供电。

车辆经定期检修后需进行静调作业，可在静调库完成，对于定修段的静调作业，通常利用静调列位完成，由于不单独设静调库，需在库内进行升弓调试作业时，应在库端设移动接触网。

**27.4.14** 油漆库应设置通风设备，并应采取消防和环保措施。库内电气设备均应符合防爆要求。

**【释义】**

油漆库的作业将产生漆雾和大量粉尘，对人体有一定的危害，容易引起火灾，为确保工作人员的健康安全、减少对厂区环境的污染、避免火灾，条文强调设置通风设备，采取消防和环保措施，并对电气设备提出防爆要求。

**28.2.1** 地铁各建（构）筑物的耐火等级应符合下列规定：

**1** 地下的车站、区间、变电站等主体工程及出入口通道、风道的耐火等级应为一级；

**3** 控制中心建筑耐火等级应为一级。

**【释义】**

第1款：地铁的地下工程是人流密集的封闭空间，出入口是安全疏散通道，通风亭是火灾时组织通风排烟的咽喉。本条规定是参照下列规范规定的：

《建筑设计防火规范》GB 50015 规定：建筑物地下室，其耐火等级应为一级；

《人民防空工程设计防火规范》GB 50098 的规定：人防工程的耐火等级应为一级。

第3款：控制中心是负责一条或若干条轨道交通线路平时运营和应对灾害的调度指挥中枢，属城市重要生命线工程，因此建筑耐火等级应为一级。

**28.5.1** 地铁公务电话交换机应具有火警时能自动转换到市话网"119"的功能；同时，地铁内应配备在发生灾害时供救援人员进行地上、地下联络的无线通信设施。

**【释义】**

地铁内一旦发生灾害，最关键的是采取及时的灾害救援，尽量确保人身财产的安全，这时候，顺畅的通信工具成为灾害报警，灾害救援的必要手段。公务电话系统由于本身具有与市话网的联通功能，灾害情况必须确保与报警电话119的快速顺畅联络，及时报告和处理灾害，而专用无线通信系统，公安和消防无线通信系统可以提供救灾人员流动情况下的通信联络，确保救灾现场人员之间和救灾现场与后台指挥之间的通信。

**28.5.5** 地铁应设置消防专用调度电话，防灾调度电话系统应在控制中心设调度电话总机，并应在车站及车辆基地设分机。

**【释义】**

根据火灾报警设计规范，消防应设置专用调度电话。另外，专用通信系统的专用电话系统中，设置了防灾调度电话，正常时作为环控调度使用，灾害时作为防灾调度使用，可为中心调度员和车站值班员之间以及车辆基地调度员之间提供防灾调度通信手段，确保中心、车站、车辆基地之间的防灾调度通畅。

**28.6.1** 消防用电设备应按一级负荷供电，并应在末级配电箱处设置自动切换装置。当发生火灾而切断生产、生活用电时，消防设备应能保证正常工作。

**【释义】**

鉴于地铁消防安全的重要性，消防设备应按照一级负荷供电，为避免配电干线故障对消防设备供电的影响，末级配电箱应设置自动切换装置。火灾时，为避免事故扩大，需要切断非消防设备电源；为保证扑救工作的正常进行，消防设备不能停电。

**28.6.5** 下列部位应设置应急疏散照明：

  1 车站站厅、站台、自动扶梯、自动人行道及楼梯；

  2 车站附属用房内走道等疏散通道；

  3 区间隧道；

  4 车辆基地内的单体建筑物及控制中心大楼的疏散楼梯间、疏散通道、消防电梯间（含前室）。

**【释义】**

有利于人员安全、有序地疏散，应设置疏散通道照明、疏散指示标志。因上述位置直接影响人员疏散工作的进行，故作此规定。对于本规范未明确规定的场所或部位，设计人员应根据实际情况，从有利于人员安全疏散需要出发，考虑设置。

**28.6.6** 下列部位应设置疏散指示标志：

  1 车站站厅、站台、自动扶梯、自动人行道及楼梯口；

  2 车站附属用房内走道等疏散通道及安全出口；

  3 区间隧道；

  4 车辆基地内的单体建筑物及控制中心大楼的疏散楼梯间、疏散通道及安全出口。

**【释义】**

见28.6.5条释义。

## 5.《城市配电网规划设计规范》GB 50613—2010

**6.1.2** 架空配电线路跨越铁路、道路、河流等设施及各种架空线路交叉或接近的允许距离应符合表6.1.2的规定。

表 6.1.2　架空配电线路跨越铁路、道路、河流等设施

| 项目 | 铁路 | | 公路 | | 电车道 | 通航河流 | 不通航河流 |
|---|---|---|---|---|---|---|---|
| | 标准轨距 | 电气化线路 | 高速，一、二级 | 三、四级 | 有轨及无轨 | | |
| 导线在跨越档内的接头要求 | 不得接头 | — | 不得接头 | — | 不得接头 | 不得接头 | — |
| 导线固定方式 | 双固定 | — | 双固定 | — | 双固定 | 双固定 | — |

| 最小垂直距离 | 线路电压（kV） | 至轨顶 | 接触线或承力索 | 至路面 | 至承力索或接触线 至路面 | 至常年高水位 | 至最高航行水位的最高船桅顶 | 至最高洪水位 | 冬季至冰面 |
|---|---|---|---|---|---|---|---|---|---|
| | 110 | 7.5 | 3.0 | 7.0 | 3.0/10.0 | 6.0 | 2.0 | 3.0 | 6.0 |
| | 35~66 | 7.5 | 3.0 | 7.0 | 3.0/10.0 | 6.0 | 2.0 | 3.0 | 5.0 |
| | 20 | 7.5 | 3.0 | 7.0 | 3.0/10.0 | 6.0 | 2.0 | 3.0 | 5.0 |
| | 3~10 | 7.5 | 3.0 | 7.0 | 3.0/9.0 | 6.0 | 1.5 | 3.0 | 5.0 |

| 最小水平距离 | 线路电压（kV） | 电杆外缘至轨道中心 | | 电杆外缘至路基边缘 | | | 线路与拉纤小路平行时，边导线至斜坡上缘 |
|---|---|---|---|---|---|---|---|
| | | 交叉 | 平行 | 开阔地区 | 路径受限地区 | 市区内 | |
| | 110 | 塔高加3.1m。对交叉，无法满足时，应适当减小，但不得小于30m | | 交叉：8.0m；平行：最高杆塔高 | 5.0 | 0.5 | 最高杆（塔）高 |
| | 35~66 | 30 | 最高杆塔高加3.1m | | 5.0 | 0.5 | |
| | 20 | 10 | | 1.0 | 1.0 | 0.5 | |
| | 3~10 | 5 | | 0.5 | 0.5 | 0.5 | |

| 其他要求 | 1. 110kV 交叉；<br>2. 35kV~110kV 线路不宜在铁路出站信号机以内跨越 | 1. 1k 以下配电线路和二、三级弱电线路，与公路交叉时，导线固定方式不限制；<br>2. 在不受环境和规划限制的地区，架空线路与国道、省道、县道、乡道的距离分别不应小于 20m、15m、10m 和 5m | 1. 最高洪水位时，有抗洪船只航行的河流，垂直距离应协商确定；<br>2. 不通航河流指不能通航和浮运的河流；<br>3. 常年高水位指 5 年一遇洪水位；<br>4. 最高水位对小于或等于 20kV 线路，为 50 年一遇洪水位；对大于或等于 35kV 线路，为百年一遇洪水位。 |
|---|---|---|---|

接及各种架空线路交叉或接近的允许距离（m）

| 弱电线路 | | 电力线路（kV） | | | | | | 特殊管道 | 一般管道、索道 | 人行天桥 |
|---|---|---|---|---|---|---|---|---|---|---|
| 一、二级 | 三级 | 3～10 | 20 | 35～110 | 154～220 | 350 | 500 | | | |
| 不得接头 | — | — | | 不得接头 | | | | 不得接头 | | — |
| — | — | 双固定 | — | — | — | — | | 双固定 | | — |
| 目 | | | | | | | | 至管道任何部分 | 至管、索道任何部分 | 至天桥上的栏杆顶 |
| 至被跨越线 | | 至导线 | | | | | | | | |
| 3.0 | | 3.0 | 3.0 | 3.0 | 4.0 | 5.0 | 6.0 | 4.0 | 3.0 | 6.0 |
| 3.0 | | 3.0 | 3.0 | 3.0 | 4.0 | 5.0 | 6.0 | 4.0 | 3.0 | 6.0 |
| 2.5 | | 3.0 | 3.0 | 3.0 | 4.0 | 5.0 | 8.5 | 4.0 | 3.0 | 6.0 |
| 2.0 | | 2.0 | 3.0 | 3.0 | 4.0 | 5.0 | 8.5 | 3.0 | 2.0 | 5.0 |
| 目 | | | | | | | | 至管道任何部分 | | 导线边缘至人行天桥边缘 |
| 在路径受限制地区，两线路边导线间 | | 在路径受限制地区，两线路边导线间 | | | | | | 开阔部分 | 路径受限地区 | |
| 4.0 | | 5.0 | 5.0 | 5.0 | 7.0 | 9.0 | 13.0 | | 4.0 | 5.0 |
| 4.0 | | 5.0 | 5.0 | 5.0 | 7.0 | 9.0 | 13.0 | 最高杆（塔）高 | 4.0 | 5.0 |
| 3.5 | | 3.5 | 3.5 | 5.0 | 7.0 | 9.0 | 13.0 | | 3.0 | 5.0 |
| 2.0 | | 2.5 | 2.5 | 5.0 | 7.0 | 9.0 | 13.0 | | 2.0 | 4.0 |
| 1. 两平行线路在开阔地区的水平距离不应小于电杆高度；2. 弱电线路等级见附录C | | 1. 两平行线路开阔地区的水平距离不应小于电杆高度；2. 线路跨越时，电压高的线路应架设在上方，电压相同时，公用线应在专用线上方；3. 电力线路与弱电线路交叉时，交叉档弱电线路的木质电杆应有防雷措施；4. 对路径受限制地区的最小水平距离的要求，应计及架空电力线路导线的最大风偏 | | | | | | | 1. 特殊管道指架设在地面上的输送易燃、易爆物的管道；2. 交叉点不应选在管道检查井（孔）处，与管道、索道平行、交叉时，管道、索道应接地 | | 实际安装时，根据天桥规模协商确定 |

【释义】

本条为强制性条文。综合了国家现行标准《110kV~750kV 架空输电线路设计规范》GB 50545、《66kV 及以下架空电力线路设计规范》GB 50061 和《10kV 及以下架空配电线路设计技术规程》DL/T 5220 有关架空线路与其他设施及架空线路之间交叉、跨越或接近的安全距离要求，并根据国家现行标准《交流电气装置的过电压保护和绝缘配合》DL/T 620 和《高压配电装置设计技术规程》DL/T 5352 对安全净距的基本规定，结合实践经验补充 20kV 架空线路的相关安全距离要求。

**6.1.5** 直埋敷设的电缆，严禁敷设在地下管道的正上方或正下方，电缆与电缆或电缆与管道、道路、构筑物等相互间的允许最小距离应符合表 6.1.5 的规定。

表 6.1.5 电缆与电线或电缆与管道、道路、构筑物等相互间的允许最小距离 (m)

| 电缆直埋敷设时的周围设施状况 | | 允许最小间距 | | | |
|---|---|---|---|---|---|
| | | 平行 | 特殊条件 | 交叉 | 特殊条件 |
| 控制电缆之间 | | — | — | 0.50 | 当采用隔板分隔或电缆穿管时，间距应大于或等于 0.25m |
| 电力与电缆之间或与控制电缆之间 | 10kV 及以下电力电缆 | 0.10 | — | 0.50 | |
| | 10kV 以上电力电缆 | 0.25 | 隔板分隔或穿管时，应大于或等于 0.10m | 0.50 | |
| 不同部门使用的电缆 | | 0.50 | | 0.50 | |
| 电缆与地下管沟 | 热力管沟 | 2.00 | 特殊情况，可适当减小，但减小值不得大于 50% | 0.50 | |
| | 油管或易（可）燃气管道 | 1.00 | — | 0.50 | |
| | 其他管道 | 0.50 | | 0.50 | |
| 电缆与铁路 | 非直流电气化铁路路轨 | 3.00 | — | 1.00 | 交叉时电缆应穿于保护管，保护范围超出路基 0.50m 以上 |
| | 直流电气化铁路路轨 | 10.00 | — | 1.00 | |
| 电缆与树木的主干 | | 0.70 | — | — | — |
| 电缆与建筑物基础 | | 0.60 | 特殊情况，可适当减小，但减小值不得大于 50% | — | — |
| 电缆与公路边 | | 1.50 | | 1.00 | 交叉时电缆应穿于保护管，保护范围超出路、沟边 0.50m 以上 |
| 电缆与排水沟边 | | 1.00 | | 0.50 | |
| 电缆与 1kV 以下架空线杆 | | 1.00 | | — | — |
| 电缆与 1kV 以上架空线杆塔基础 | | 4.00 | | — | — |
| 与弱电通信或信号电缆 | | 按电力系统单相接地短路电流和平行长度计算决定 | | 0.25 | — |

**【释义】**

本条为强制性条文。综合了国家现行标准《电力工程电缆设计规范》GB 50217 和《城市电力电缆线路设计技术规定》DL/T 5221 有关电缆与电缆、管道、道路、建筑设施等之间的安全距离要求，在工程设计中必须严格执行。

## 6.《城市轨道交通综合监控系统工程设计规范》GB 50636—2010

**3.0.11** 综合监控系统应实现重要控制对象的远程手动控制功能。车站控制室综合后备盘上应集中设置对集成和互联系统的手动后备控制。

**【释义】**

本条文规定远程手动控制功能是防止模式控制功能失效，针对单一控制对象（设备）进行控制，辅助实现模式控制预案功能或改变控制预案，可灵活实现控制策略的一种手段。综合监控系统应实现重要控制对象的远程手动控制功能，是指工作人员通过控制中心或车站控制室的综合监控系统操作员工作站的显示器、鼠标或键盘，针对控制对象发出的改变工作状态的操作指令功能。重要控制对象是指由控制中心调度、车站和车辆基地值班员等负责操作的控制对象。

集成和互联系统的手动后备控制是指控制信息不经过综合监控系统，直接由集成和互联系统实现的手动控制功能；集中设在车站控制室综合后备盘上；其他涉及安全的非集成系统的手动后备控制功能也应集中设在综合后备盘上。

## 7.《城市道路交通设施设计规范》GB 50688—2011

**8.2.8** 交通信号灯及其安装支架均不得侵入道路建筑限界。

**【释义】**

在道路的一定宽度和高度范围内不允许有任何设施及障碍物侵入的空间范围，称为道路建筑限界，又称道路净空。为保证车辆和行人安全通行，各类交通信号灯及其安装支架均不得侵入道路建筑限界内。

**10.3.2** 平面过街设施的设置应符合下列规定：

  **3** 道路交叉口采用对角过街时，必须设置人行全绿灯相位。

**【释义】**

本条文规定了平面过街设施的设置。

大型道路交叉口行人过街步行距离长，对角方向过街的行人需等两次人行绿灯，信号灯可设置人行全绿灯箱位，禁止机动车交通，行人可直接进行对角过街。对角过街由于增加了人行全绿灯，对道路交通影响较大，不宜用在道路交通需求高的路口。

**11.1.1** 城市道路应设置人工照明设施。

**【释义】**

本条为强制性条文。基于城市道路的重要性以及车流、人流情况复杂，应设置人工照明设施，以保障交通安全、畅通，提高运输效率，加强管理、防止犯罪活动。并对美化城市环境产生良好效果。

## 8. 《城市桥梁设计规范》CJJ 11—2011

**3.0.19** 桥上或地下通道内的管线敷设应符合下列规定：

**1** 不得在桥上敷设污水管、压力大于 **0.4MPa** 的燃气管和其他可燃、有毒或腐蚀性的液、气体管。条件许可时，在桥上敷设的电信电缆、热力管、给水管、电压不高于 **10kV** 配电电缆、压力不大于 **0.4MPa** 燃气管必须采取有效的安全防护措施。

**2** 严禁在地下通道内敷设电压高于 **10kV** 配电电缆、燃气管及其他可燃、有毒或腐蚀性液、气体管。

【释义】

对桥上或地下通道内敷设的管线作出规定主要是确保桥梁或地下通道结构的运营安全，避免发生危及桥梁或地下通道自身和在桥上或地下通道内通行的车辆、行人安全的重大燃爆事故。国务院颁发的《城市道路管理条例》（1996 年第 198 号令）第四章第二十七条规定：城市道路范围内禁止"在桥梁上架设压力在 4kg/cm² （0.4MPa）以上的煤气管道，10kV 以上的高压电力线和其他燃爆管线。"对于按本条规定允许在桥上通过的压力不大于 0.4MPa 燃气管道和电压在 10kV 以内的高压电力线，其安全防护措施应分别满足现行的《城镇燃气设计规范》GB 50028，《电力工程电缆设计规范》GB 50217 的规定要求。

对于超过本条规定的管线，如因特殊需要在桥上或地下通道内通过，应作可行性、安全性专题论证，并报请主管部门批准。

## 9. 《城镇供热管网设计规范》CJJ 34—2010

**8.2.8** 工作人员经常进入的通行管沟应有照明设备和良好的通风。人员在管沟内工作时，管沟内空气温度不得超过 **40℃**。

【释义】

经常有人进入的通行管沟，为便于进行工作应采用永久性的照明设备。为保证必要的工作环境，可采用自然通风或机械通风措施，使沟内温度不超过 40℃。当没有人员在沟内工作时，允许停止通风，温度允许超过 40℃以减少热损失。

**8.2.23** 地上敷设的供热管道同架空输电线或电气化铁路交叉时，管道的金属部分（包括交叉点两侧 **5m** 范围内钢筋混凝土结构的钢筋）应接地。接地电阻不应大于 **10Ω**。

【释义】

关于地上供热管道与电气架空线路交叉的规定，主要是考虑安全问题，参考原苏联《热力网规范》制订。

**12.3.3** 在通行管沟和地下、半地下检查室内的照明灯具应采用防潮的密封型灯具。

【释义】

管沟、地下、半地下阀室、检查室等处环境湿热，采用防潮型灯具以保证照明系统的安全可靠。

**12.3.4** 在管沟、检查室等湿度较高的场所，灯具安装高度低于 **2.2m** 时，应采用 24V 以下的安全电压。

**【释义】**

地下构筑物内照明灯具安装较低处，人员和工具易触及玻璃灯具，造成损坏触电，故应采用安全电压。

# 10.《城市道路照明设计标准》CJJ 45—2015

**7.1.2** 对于设置连续照明的常规路段，机动车道的照明功率密度限值应符合表 7.1.2 的规定。当设计照度高于表 7.1.2 的照度值时，照明功率密度（LPD）值不得相应增加。

表 7.1.2　机动车道的照明功率密度限值

| 道路级别 | 车道数（条） | 照明功率密度值<br>（LDP）（W/m²） | 对应的照度值（lx） |
|---|---|---|---|
| 快速路<br>主干路 | ≥6 | ≤1.00 | 30 |
| | <6 | ≤1.20 | |
| | ≥6 | ≤0.70 | 20 |
| | <6 | ≤0.85 | |
| 次干路 | ≥4 | ≤0.80 | 20 |
| | <4 | ≤0.90 | |
| | ≥4 | ≤0.60 | 15 |
| | <4 | ≤0.70 | |
| 支路 | ≥2 | ≤0.50 | 10 |
| | <2 | ≤0.60 | |
| | ≥2 | ≤0.40 | 8 |
| | <2 | ≤0.45 | |

**【释义】** 本条规定了各级机动车交通道路的照明功率密度值。各级道路照明的实际能耗不得超过此限值。本条中的常规路段系指除了各种交叉口等特殊区域之外、道路宽度及道路横断面形式保持一致的道路区段。

（1）本标准对同一级道路规定了两档亮度、照度标准值，因而也相应规定了两档功率密度值。

（2）由于照明功率密度与路面宽度即车道数有密切关系，而路面宽度又有多种变化，为方便使用，先选定出现得比较多的车道数作为某级道路宽度的代表，然后把路宽归为两类，大于或等于此车道数为一类，小于此车道数为另一类。比如，快速路中出现得比较多的是 6 车道，则大于或等于 6 为一类，小于 6 为另一类，设计时就能根据具体道路参数很容易确定所对应的 LPD 值。

（3）本标准规定的各级机动车交通道路的照明功率密度值系采用高压钠灯的参数进行计算的结果。理论上讲，若采用其他光源，则应将 LPD 乘以适当的系数。比如，采用金属卤化物灯时，应乘以 1.3，它是高压钠灯与金属卤化物灯的光通量之比，在 2006 年版中就是采取的这种规定方式。对于照明节能而言，肯定是要选择光效高的光源，之所以在道路照明中还要考虑金属卤化物灯，是基于它的良好显色性。现在，LED 光源的快速发展，并且在逐渐走向成熟，已经成为道路照明可选择光源中的一种，其所具有的高光效和高显色性会在道路照明不逊于其他光源，所以，在本次修订中，对所有光源统一规定功率密度值。

（4）由于本次修订对道路中的次干路照明标准提高了一级，因此其照明功率密度也要按照该照明等级进行规定。

（5）为了规定本标准中的 LPD 值，通过对我国部分城市道路照明耗能现状进行了调研，同时研究并参考了美国有关资料的内容和计算方法，最终导出了各级道路的 LPD 值。表 1 为成都市部分道路的照明功率密度折算值。由于不少道路的平均照度超过了 30lx，为了便于比较，均折合成 100lx、30lx、20lx 时的 LPD，而不是实际照度下的 LPD。表 2 为 Journal of the IES，1990 Winter，"IES Guidelines for Unit Power Density（UPD）for New Roadway Lighting Installation"（北美照明工程学会杂志，1990，冬季刊，北美照明工程学会关于新道路照明设施的单位功率密度的指引）提供的不同宽度道路的照明功率密度折算值。

**表 1　成都市不同宽度道路的 LPD 平均折算值**

| 道路宽度 (m) | 车道数 | LPD 平均折算值 | | | | | | 道路数 |
| --- | --- | --- | --- | --- | --- | --- | --- | --- |
| | | 100lx | 30lx | 20lx | 15lx | 10lx | 8lx | |
| ≥21 | ≥6 | 3.30 | 0.99 | 0.66 | — | — | — | 14 |
| 14～20 | 4～5 | 3.50 | 1.05 | 0.70 | 0.53 | 0.35 | — | 20 |
| 8～13 | 2～3 | 4.17 | 1.25 | 0.83 | 0.63 | 0.42 | 0.33 | 23 |
| <8 | 1～2 | — | — | — | 0.79 | 0.52 | 0.42 | 5 |

注：表中的 LPD 值系在成都市城市照明管理处所提供的资料基础上经光源光通量、镇流器能耗、灯具维护系数等修正后所得到的数值

**表 2　美国资料提供的不同宽度道路的 LPD 折算值**

| 道路宽度 (m) | 车道数 | LPD 平均折算值 | | | | | |
| --- | --- | --- | --- | --- | --- | --- | --- |
| | | 100lx | 30lx | 20lx | 15lx | 10lx | 8lx |
| 24～30 | >6 | 3.8 | 0.95 | 0.63 | — | — | — |
| 22 | 6 | 3.61 | 1.08 | 0.72 | — | — | — |
| 16～20 | 4～5 | 4.1 | 1.23 | 0.82 | 0.61 | 0.41 | — |
| 14 | 4 | 4.50 | 1.35 | 0.90 | 0.68 | 0.45 | — |
| 10～12 | 3～4 | 5.67 | — | — | 0.85 | 0.56 | 0.45 |
| 8 | 2 | 6.36 | — | — | — | 0.63 | 0.50 |

本标准的表 7.1.2 中的各级机动车交通道路的 LPD 值是在表 1 的基础上作必要的修正并参考表 2 导出的。

通过对我国 22 座城市的 161 条道路的照明功率密度进行了统计分析，再根据路宽分

类、并折算成产生 100lx 照度情况下，统计约有 60％的道路的 LPD 值符合本标准的要求。具体到某一条道路，如果其平均照度高于标准值，其 LPD 值多半就会超过本标准规定的限值，但在进行照明设计时，只要将照明水平控制在标准范围内，并进行认真计算，其 LPD 值完全能够达到本标准的要求。

表 2 中所列出的内容是 1990 年 IES 学报刊登的文章，这是本领域具有代表性的成果，其主要意义是它确立了一种计算方法，自那时至今，其所针对的道路形式并无变化，只是文章中采用的高压钠灯光效有了一些提升，因此，其计算方法仍然适用。编制本标准时参考了他们的计算方法，但在具体计算中是依据我们国家道路的形式和路宽进行的，光源和灯具的有关光度数据也是依据最新数据。基于光源光效水平的提升以及 LED 照明光源的引入，在本次修编中，又进行了深入的调研和计算，根据调研和计算结果，对功率密度进行了相应的调整，其目的是进一步提高节能效果。

## 11.《城市轨道交通直线电机牵引系统设计规范》CJJ 167—2012

**4.1.2** 感应板铺装设计值应严格控制与车载直线电机间的气隙，误差应控制在 **2mm** 范围内，并应满足车辆牵引和启制动要求。
【释义】

悬挂在车辆上的电机与感应板的间隙，是根据车辆性能、间隙管理、运营养护等确定的。根据日本直线电机的运营实践，气隙标准从 12mm 到 10mm，电能消耗降低约 4％，气隙标准从 12mm 提高到 16mm，电能消耗提高约 6％。因此应严格控制气隙值，才能保证列车有效平稳地运行。

**16.1.7** 专用通信系统应满足正常运营方式和灾害运营方式的需求。在正常运营方式时，应能为运营、维护调度指挥提供保障；在灾害运行方式时，应能为防灾、救援和事故处理的指挥使用提供保障。
【释义】

如果在常规通信系统之外再设置一套防灾指挥通信系统，势必增加很多投资，而且长期不用的设备难以保持良好的状态。因此，通信系统应设计为一套系统，该系统在正常运营方式时可为运营、维护调度指挥提供保障，在灾害运行方式时可为防灾、救援和事故处理的指挥使用提供保障。

## 12.《城市轨道交通技术规范》GB 50490—2009

**3.0.7** 城市轨道交通应采取有效的防淹、防雪、防滑、防风雨、防雷等防止自然灾害侵害的措施。
【释义】

根据国内外有关资料统计，地铁可能发生的灾害事故有火灾、水淹、地震、冰雪、风灾、雷击、停电、停车事故及人为事故等灾害，但发生火灾事故最多，而且人员伤亡和经济损失最严重。所以地铁防灾把防止火灾事故放在主要地位，采用比较全面、先进和可靠的防火灾设施。

**3.0.8** 车辆和机电设备应满足电磁兼容要求，投入使用前，应经过电磁兼容测试并验收合格。

【释义】

规定了城市轨道交通在电磁兼容方面的基本安全要求。

**4.1.8 当采用无人驾驶运行模式时，应满足下列要求：**

**1 应能根据运营需求实现车辆基地无人驾驶区域、车辆出入线、正线和折返线的无人驾驶运行。**

**2 客室内应设置乘客与控制中心或控制室的通信联络装置，实现值守人员与乘客的双向语音通信，值守人员与乘客通话应具有最高优先权。**

**3 车站应设站台屏蔽门；并应能通过电视监视各站台屏蔽门区域。**

【释义】

规定了系统应实现无人驾驶功能的区域范围；针对无人驾驶系统的特点，强调了值守人员与乘客应具备的联络手段；规定了与乘客安全直接相关的站台屏蔽门的设置、监视等保护乘客安全的基本要求。

**5.3.1 列车应具有既独立又相互协调配合的电气、摩擦制动系统，并应保证车辆在各种运行状态下所需的制动力。**

【释义】

规定了车辆两种基本制动形式。电制动一般包括电阻制动、再生制动；常见的摩擦制动有空气制动、液压制动和磁轨制动，基础制动有踏面制动、盘形制动。

**5.3.4 当列车发生分离事故时，应能自动实施紧急制动。**

【释义】

对制动系统的安全要求。列车意外分离应立即实施紧急制动，以保证行车安全。

**5.3.7 牵引与制动的控制应符合下列要求：**

**1 制动指令应优先于牵引指令。**

**2 牵引及制动力变化时的冲击率应符合人体对加、减速度变化的适应性。**

【释义】

为保证安全，规定制动指令优先于牵引指令；加减速度及冲击值不能过大，以保证舒适性要求。

**5.3.8 列车应设置独立的紧急制动按钮，在牵引制动主手柄上应设置紧急按钮。**

【释义】

所谓紧急制动就是在最短距离内将车停住，其实施主体是司机操纵或系统操作。城市轨道交通列车常用的紧急制动方法有：

车厢内操控：按下紧急制动按钮或拉下紧急制动手柄。

司机操控：牵引手柄拉向司机方向，或制动手柄切入紧急制动位，或拉下紧急放风阀。有时列车控制系统检测到列车异常或超速时也会下达紧急制动。

目前国内城市轨道交通车辆电器控制技术已趋于成熟，系统配置也趋于固定。本条文所说的紧急制动配置要求均已属车辆的标准化技术配置。

**5.3.9 当列车一个辅助逆变器丧失供电能力时，剩余列车辅助逆变器的容量应满足涉及行车安全的列车基本负载的供电要求。**

【释义】

这是从列车牵引安全供电角度要求的列车电力牵引装置的冗余配置，需严格遵照执行。

**5.4.1** 车辆应设置蓄电池，其容量应满足紧急状态下车门控制、应急照明、外部照明、车载安全设备、广播、通信、信号、应急通风等系统的供电要求。用于地下运行的车辆，蓄电池容量应保证供电时间不小于 **45min**；用于地面或高架线路运行的车辆，蓄电池容量应保证供电时间不小于 **30min**。

【释义】

规定了蓄电池的容量。地面高架线路，通常设置活窗，并可缓解应急通风问题，故时间可以短些；地下线路，通常设死窗，也难以缓解应急通风问题，故规定时间长些。与《地铁车辆通用技术条件》GB/T 7928—2003 相比，增加了"车门控制"项。

**5.4.2** 车辆内所有电气设备应有可靠的保护接地措施。

【释义】

地铁供电系统中存在两个"地"，即传统意义上的"大地"和钢轨。前者是车站、区间等房建范畴的动力照明负荷的"地"，后者是牵引供电系统的"地"。出于防杂散电流的要求，这两个"地"要求绝缘，并通过屏蔽门的绝缘安装来防止两个"地"引起的电位差对乘客的危害。此处指的"保护接地"应为接钢轨，即确保车辆上电气设备及人员的等电位。

**5.4.4** 客室及司机室应根据需要设置通风、空调和采暖设施，并应符合下列要求：

**3** 列车应设紧急通风装置。

**4** 采暖系统应确保消防安全，采用电加热器时应有超温保护功能，电加热器不应对乘客造成伤害。

【释义】

根据《地铁车辆通用技术条件》GB/T 7928—2003 制订，规定了空调、通风和电热系统的基本要求。采用空调系统时的"新风"是指从车辆外取得的空气；仅设有机械通风装置时的"供风量"是指"新风"。

第 4 款是对电热采暖系统的消防安全和人身防护作出规定。

**5.4.6** 车辆应设有应急照明。

【释义】

规定了车辆设置应急照明系统的基本要求。

**5.4.7** 车辆应具备下列通信设施和功能：

**1** 广播报站和应急广播服务。

**2** 司机与车站控制室、控制中心的通话设备。

**3** 乘客与司机直接联系的通话设备。

**4** 在无人驾驶模式中，乘客与控制中心联系的通信系统。

**5** 紧急通信优先。

【释义】

规定了车辆设置广播和通信系统的基本要求。

**7.3.15** 控制中心建筑的耐火等级应为一级；当控制中心与其他建筑合建时，应设置独立的进出通道。

**【释义】**

参见《建筑防火设计规范》GB 50016—2014 的相关规定。

**7.4.10** 采用直流供电和走行轨回流的结构工程，应采取防止杂散电流腐蚀的措施。

**【释义】**

杂散电流也被称为迷流，是在城轨直流牵引供电回路中产生的不按照规定途径移动的电流。它会对城轨系统内外的金属物体造成一定的危害，尤其会使钢轨、各种金属管线和金属部件等产生腐蚀，如沿线煤气管道会因腐蚀穿孔而造成煤气泄漏；隧道内水管会因腐蚀穿孔而造成漏水等。在城轨投运的初期，走行轨与道床之间的绝缘程度较高，由走行轨泄漏到大地中的杂散电流也较少。随着运营年限的增加，初期良好的绝缘性能会因废弃物、渗/漏水、列车对轨道的作用力等因素而受到不可避免的破坏，从而造成大量杂散电流泄漏到周围土壤介质中去。因此采取措施防止杂散电流腐蚀非常必要。

**8.1.1** 牵引供电系统，应急照明，通信、信号、自动售检票、消防用电设备，与防烟、排烟和事故通风有关的用电设备应为一级负荷。

**【释义】**

参见《地铁设计规范》GB 50157—2013 第 15.5.1 条的要求。

**8.1.2** 供电系统应具有完备的继电保护和自动装置。

**【释义】**

当系统中的设备和供电线路发生故障时，继电保护装置应能可靠地动作，切除故障；自动装置应根据情况投入备用电源或设备，并可限制某些设备用电。

**8.1.3** 供电系统注入公共电网系统的谐波含量值，不应超过允许范围。

**【释义】**

供电系统注入公共电网系统的谐波含量值，不应超过国家标准《电能质量公用电网谐波》GB/T 14549—1993 允许的范围。

**8.1.4** 直流牵引供电系统的电气安全防护措施应与减少杂散电流的措施相协调；当出现矛盾时，电气安全防护措施应优先。

**【释义】**

这一点尤其体现在接地与杂散电流防护的要求上。

**8.1.5** 在直流牵引供电系统中，除出于安全考虑外，变电所的接地系统和回流回路之间不应直接连接。

**【释义】**

直流牵引供电系统采用走行钢轨回流时，为了减小杂散电流，钢轨需对地绝缘，不能直接接地。如果某些原因造成钢轨电位超过允许值时，将危及乘客和工作人员的安全，应采用钢轨电位限制装置将钢轨直接接地以保证乘客和工作人员的安全。

**8.1.6** 供电系统应由电力监控系统实现远程监控。

**【释义】**

电力监控系统可以集成到综合监控系统中，但电力监控系统的功能和要求不能降低。

**8.1.7** 各变电所的两路进线电源中，每路进线电源的容量应满足变电所全部一、二级负荷的供电要求。

【释义】

需满足《供配电系统设计规范》GB 50052—2009 对一、二级负荷的供电要求。

**8.1.8** 地面变电所应避开易燃、易爆、有腐蚀性气体等影响电气设备安全运行的场所。

【释义】

需满足《20kV 及以下变电所设计规范》GB 50053—2013 对变电所选址的要求。

**8.1.9** 当变电所配电装置的长度大于 6m 时，其柜（屏）后通道应设 2 个出口；当低压配电装置的 2 个出口间的距离超过 15m 时，应增加通道出口。

【释义】

满足《20kV 及以下变电所设计规范》GB 50053—2013 对变电所的要求。

**8.1.10** 在地下使用的电气设备及材料，应选用低损耗、低噪声、防潮、无自爆、低烟、无卤、阻燃或耐火的定型产品。

【释义】

地下场所不利于火灾的扑救和疏散，因此对电气设备和材料的选型提出了较为严苛的要求。

**8.1.11** 接触网应满足下列要求：

**1** 接触网应能可靠地向列车馈电，并应满足列车的最高行驶速度要求。

**2** 接触网应适当分段，并应满足行车和检修的要求。

**3** 接触网应设置过电压保护装置。所有与大地不绝缘的裸露导体应接至接地极，不应直接至或通过电压限制装置接至回流回路。

**4** 架空接触网应具备防止由于接触线断线而扩大事故的措施。

**5** 接触轨应设防护罩。

【释义】

规定了接触网的基本要求。接触网包括架空接触网和接触轨。

过电压保护装置用于防止操作过电压和大气过电压。由于回流回路正常情况下对地绝缘，对地电位可能会较高，所以不与大地绝缘的裸露导体不应直接接至或通过电压限制装置接至回流回路，而应接至接地极。

**8.1.12** 牵引回流与杂散电流防护应满足下列要求：

**1** 在直流牵引供电系统中，回流电缆应对地绝缘。所有回流用的导体应保证电气和机械性能可靠，相关的连接件应做到不使用专用工具不能移动。

**2** 连接牵引变电所与回流轨间的回流电缆应至少有 2 个回路，并且当有 1 个回路的电缆发生故障时也应能满足回流的要求。

**3** 当采用走行轨作为回流轨时，应采取有效措施减少回流轨的纵向电阻，并应确保与大地间具有良好的绝缘水平。

**4** 在正常运营条件下，正线回流轨与地间的电压不应超过 DC 90V，车辆基地回流轨与地间的电压不应超过 DC 60V；当瞬时超过时应有可靠的安全保护措施。

**5** 在隧道入口，电缆的金属外护套及各种金属管道应与隧道内的各系统设备实现电气隔离。

【释义】

规定牵引回流和杂散电流防护的基本要求。

电缆的金属外护套及各种金属管道，在进入隧道时应有电气隔离，以防止外部高电位的引入和内部高电位的引出。

**8.1.13** 动力与照明应满足下列要求：

**1** 通信、信号、火灾自动报警系统及地下车站和区间隧道的应急照明应具备应急电源。

**2** 照明灯具应采用节能光源。

**3** 车站应具有总等电位联结或辅助等电位联结。

【释义】

通信、信号、火灾自动报警系统及应急照明属一级负荷中的特别重要负荷，设置应急电源《供配电系统设计规范》GB 50052—2009对一级负荷中的特别重要负荷的供电要求。一般采用 EPS 或 UPS 作为应急电源。

照明灯具采用节能光源满足节能的要求，一般采用 LED 灯。

车站动力照明系统与民用建筑供电系统相同，总电位联结级或辅助等电位联结有助于降低间接接触电击事故的发生。

**8.2.1** 通信系统应安全、可靠。在正常情况下应为运营管理、行车指挥、设备监控、防灾报警等进行语音、数据、图像等信息的传送。在非正常或紧急情况下，应能作为抢险救灾的通信手段。

【释义】

满足《地铁设计规范》GB 50157—2013 中对通信系统的要求。

**8.2.2** 通信系统应符合下列规定：

**1** 传输系统应满足通信各子系统和其他系统信息传输的要求。

**2** 无线通信系统应为控制中心调度员、车站值班员等固定用户与列车司机、防灾、维修、公安等移动用户之间提供通信手段，满足行车指挥及紧急抢险的需要，并应具有选呼、组呼、全呼、紧急呼叫、呼叫优先级权限等调度通信、存储及监测等功能。

**3** 闭路电视监视系统应为控制中心调度员、车站值班员、列车司机等提供列车运行、防灾救灾以及乘客疏导等视觉信息。

**4** 公务电话系统应满足城市轨道交通各部门间进行公务通话及业务联系，并应纳入公用网。公务电话系统设备应具备综合业务数字网络的交换能力。

**5** 专用电话系统应保证控制中心调度员及车站、车辆基地的值班员之间实现行车指挥和运营管理；调度电话系统应具有单呼、组呼、全呼等调度功能。

**6** 广播系统应保证控制中心调度员和车站值班员向乘客通告列车运行以及安全、向导等服务信息，向工作人员发布作业命令和通知。防灾广播应优先于行车广播。

**7** 时钟系统应为工作人员、乘客及相关系统设备提供统一的标准时间信息。

【释义】

通信系统的基本技术要求。

时钟系统除适应运营线路和车站统一标准时间信息的需求，还应适应具有运营关联的线路，乃至线网运营及各机电系统对统一标准时间信息的需求。

**8.2.3** 通信电源应具有集中监控管理功能，并应保证通信设备不间断、无瞬变地供电；通信电源的后备供电时间不应少于 **2h**；通信接地系统应保证人身和通信设备的安全，并应保证通信设备的正常工作。

【释义】

通信设备应按一级负荷供电，应由变电所提供两路独立的三相交流电源，当使用中的一路故障时，应能自动切换到另一路。目前，一般各机电系统均通过 UPS 供电，通信系统电源也有与其他弱电系统设备电源整合的案例。整合后的通信电源，除应满足本条要求外，尚应保证整合电源的可靠性和可用性，确保供电质量和不间断供电的要求。

**8.2.4** 隧道内的通信主干电缆、光缆应采用阻燃、无卤、防腐蚀、防鼠咬的防护层，并应符合防护杂散电流腐蚀的要求。

【释义】

带有防护层的通信线缆通常含金属铠装，当不满足要求布设时易使杂散电流对其造成腐蚀，因此需按《地铁设计规范》GB 50157—2013 的相关要求采取防护措施。

**8.3.1** 信号系统应具有行车指挥与列车运行监视、控制和安全防护功能，具有降级运用的能力。涉及行车安全的系统、设备应符合"故障—安全"原则。

【释义】

"故障—安全"原则，指在系统或设备发生故障、错误或失效的情况下，能自动导向安全侧，并具有减轻以至避免损失的功能，以确保行车安全的要求。

**8.3.2** 线路全封闭的城市轨道交通应配备和运用列车自动防护系统；线路部分封闭的城市轨道交通系统，应根据行车间隔、列车运行速度、线路封闭状态等运营条件，采取相应的技术手段进行列车运行的安全防护。

【释义】

线路完全封闭的城市轨道交通列车旅行速度较高、行车密度较大，应配置并运用列车自动防护系统，防止将信号系统的后备运行模式作为正常的列车运行模式利用，并且从载客运营起，就应遵守本条的规定；线路部分封闭的城市轨道交通，应根据行车间隔、列车运行速度，通过必要的信号显示、自动停车、平交路口控制等技术手段及严格的管理措施等确保列车运行的安全。

**8.3.3** 城市轨道交通应配置行车指挥系统。行车指挥调度区段内的区间、车站应能实现集中监视。当行车指挥系统具有自动控制功能时，尚应具有人工控制功能。

【释义】

集中监视便于运行值班人员对现场的了解。自动控制系统毕竟存在故障的可能，因此设置人工控制功能作为故障情况下的备用。

**8.3.4** 列车安全防护系统应满足行车密度、运行速度和行车交路等运营需求。当线路全封闭的城市轨道交通列车采用无安全防护功能的人工驾驶模式时，应有授权，并对授权及相关操作予以表征。

【释义】

本条文要求列车安全防护系统具有开放性，可根据行车密度、运行速度和行车交路等运营需求的变化而更改设置。

**8.3.5** 连锁设备应保证道岔、信号机和区段的连锁关系正确。当连锁条件不符时，不得开通进路。

【释义】

道岔、信号机和区段的连锁三者的关系对于行车安全非常重要。

**8.3.6** 列车自动运行系统应具有列车自动牵引、惰行、制动、区间停车和车站定点停车、车站通过及折返作业等控制功能。控制过程应满足控制精度、舒适度和节能等要求。

【释义】

本条文是对列车自动运行系统基本功能的要求。

**8.3.7** 当列车配置列车自动防护设备、车内信号装置时，应以车内信号为主体信号；当列车未配置列车自动防护设备或列车自动防护设备失效或未配置车内信号装置时，所设地面信号应为主体信号。当地面的主体信号显示熄灭时，应视为禁止信号。

【释义】

车内信号装置相当于铁路的机车信号。车内信号指列车自动防护设备、车内信号装置提供给司机，作为行车凭证的车内信号显示，可包括地面信息的复示信号、目标速度、目标距离等。

**8.3.8** 无人驾驶系统应符合下列规定：

**1** 无人驾驶系统的建设应与线路、站场配置及运行管理模式相互协调。无人驾驶系统应能实现信号、通信、防灾报警等机电系统设备及车辆的协同控制。

**2** 控制中心或车站有人值班室应能监控无人驾驶列车的运行状态，应能实现列车停车及车门、站台屏蔽门的应急控制。

【释义】

无人驾驶系统涉及车辆、信号、通信、防灾报警等机电系统设备，各子系统协同运用，可以充分发挥无人驾驶系统的作用。无人驾驶系统具有直接面向乘客的属性，其系统设备与乘客间应具有良好的人机界面。

**8.3.9** 当部分封闭的城市轨道交通设专用线路时，其与城市道路交通相交的平交路口应设置城市轨道交通列车优先信号；未设专用线路时，在平交路口处，城市轨道交通的列车应遵守道路交通的信号显示行车。

【释义】

信号系统需满足在交叉路口的道路优先通行权的约定。

**8.3.10** 车辆基地信号系统应符合下列规定：

**1** 用于有人驾驶系统的车辆基地，应设进、出车辆基地的信号机；进出车辆基地的信号机、调车信号机应以显示禁止信号为定位；车辆基地信号系统、设备的配置应满足列车进出车辆基地和在车辆基地内进行列车作业或调车作业的需求。

**2** 用于无人驾驶系统的车辆基地，其信号系统、设备的配置，应与无人驾驶系统在车辆基地的功能及车辆基地内无人或有人驾驶区域的范围相适应。

**3** 车辆基地应纳入信号系统的监视范围。

**4** 试车线信号系统的地面设备及其布置，应满足系统双向试车的需要。

**【释义】**

与《地铁设计规范》GB 50157—2013 中信号系统的相关要求一致。

**8.3.11** 信号系统设备应具有独立安全认证机构出具的、符合"故障—安全"原则的证明及相关说明。

**【释义】**

城市轨道交通信号系统的安全认证体系在我国尚不完善，本条是从规范我国城市轨道交通信号系统发展出发，提出的原则性规定。涉及行车安全的系统设备，应通过独立的安全认证机构（如常设的安全认证机构或政府组织的、由有关专家组成的技术鉴定委员会）的认证或认可，并经过安全检测、运用试验。

涉及行车安全的系统设备投入运用前，应证实安全系统设备的研发程序及安全管理组织体系符合规范要求；系统实施了危险鉴别、分类、危险处理和评估；系统的安全功能分析和确认；故障模式及故障影响范围确认；完成了外界干扰的系统运行试验；具有安全功能检测报告和安全性试验证明。

**8.3.12** 信号系统设备投入运用前，建设单位应提出技术性安全报告。信号系统的技术文件应对功能的安全性要求、量化的安全目标等进行描述。

**【释义】**

安全性的要求可分为功能性安全要求—满足系统、子系统和设备应达到的与安全相关的功能，安全性要求—为达到安全目的，在软、硬件、冗余、通信等方面所采取的技术措施，以及量化的安全目标—定量分析系统、子系统、设备所能达到的安全指标等。

**8.6.1** 车辆基地、主变电站、控制中心、全封闭运行的城市轨道交通车站等建筑物应设置火灾自动报警系统。

**【释义】**

规定了城市轨道交通的火灾自动报警系统（FAS）的设置范围。

**8.6.2** 全封闭运行的城市轨道交通设置的火灾自动报警系统应按中央级和车站级两级监控、管理方式设置；中央级火灾自动报警系统应设置在控制中心。

**【释义】**

规定了火灾自动报警系统的设置原则。对于有轨电车、和部分封闭运行的轻轨系统，本条未作强制规定，可在具体设计时确定。

**8.6.3** 中央级火灾自动报警系统应具备下列功能：

**1** 实现全线消防集中监控管理。

**2** 接收由车站级火灾监控报警系统所发送的火灾报警信息，实现声光报警，进行火灾信息数据储存和管理。

**3** 接收、显示并储存全线火灾报警设备、消防设备的运行状态信息。

**4** 存储事件记录和人员的各项操作记录，具备历史档案管理功能；实时打印火灾报警发生的时间、地点等事件记录。

【释义】

规定了火灾自动报警系统中央级的基本功能。设在控制中心的中央级工作站应具备全线消防管理中心的功能；发生火灾时，能够自动弹出火灾自动报警区域的平面图，显示火灾报警信息，

火灾报警具有优先级。地下区间隧道通过手动报警按钮、轨旁电话或车载无线电话向控制中心报警，由控制中心发布隧道通风排烟模式控制指令。

**8.6.4** 车站级火灾自动报警系统应具备下列功能：

**1** 接收、存储、打印监控区火灾报警信息，显示具体报警部位；向中央级火灾自动报警系统发送车站级火灾报警信息，接收中央级火灾自动报警系统发布的消防控制指令。

**2** 发生火灾时，车站级火灾自动报警系统应满足下列监控要求：

**1）** 直接控制专用排烟设备执行防排烟模式；启动广播系统进入消防广播状态；控制消防泵的启、停并监视其运行及故障状态；控制防火卷帘门的关闭并监视其状态；监视自动灭火系统的状态信号。

**2）** 直接向环境与设备监控系统发布火灾模式指令，由环境与设备监控系统自动启动防排烟与正常通风合用的设备执行相应火灾控制模式。控制其他与消防相关的设备进入救灾状态，切除非消防电源。

**3** 接收、显示、储存辖区内火灾自动报警系统设备及消防设备的状态信息，实现故障报警。

**4** 自动生成报警、设备状态信息的报表，并能对报警信息、设备状态信息进行分类查询。

【释义】

车站级火灾信息管理功能由车站级工作站实现，控制、报警功能通过火灾自动报警控制盘（FACP）完成。根据《地铁设计规范》GB 50157—2013 的相关原则。对于排烟系统与正常通风系统合用，正常工况由环境与设备监控系统（BAS）监控管理防排烟设备，由 BAS 实现联动控制。

**8.6.5** 火灾自动报警系统设备的设置应符合下列规定：

**1** 车站内管理用房、站厅及站台和通道等区域应设置感烟探测器或感温探测器；车辆基地、控制中心感烟探测器的设置应适应大空间的特点。

**2** 每个防火分区应至少设置一个手动报警按钮；从防火分区内的任何位置到最近的手动报警按钮的距离不应大于 30m。

**3** 变电所、车站站台板下的电缆夹层应敷设缆式线型探测器。车站公共区应设置应急广播；车站办公、设备区的走廊、控制中心、车辆基地及主变电站应设置警报装置。

**4** 车站公共区应设置应急广播；车站办公、设备区的走廊、控制中心、车辆基地及主变电站应设置警报装置。

**5** 车站、车辆基地、主变电站、控制中心应设置火灾自动报警控制盘。

**6** 重要设备室及值班室应设置消防电话。

【释义】

规定了地铁车站火灾自动报警系统设备设置的基本技术要求

1 提出车站、车辆基地、控制中心，感烟、感温探测器的设置原则。车站内感烟、感温探测器保护范围的限值应遵循《火灾自动报警系统设计规范》GB 50116 相关规定；对车辆基地、控制中心等大空间建筑，应设置红外光束感烟探测器。

2 规定了火灾手动报警为火灾人工确认的必要方式。

3 规定了适合缆式线型定温探测器的设置部位。当在电缆桥架或支架上设置时，应采用接触式布置。

4 规定了车站公共区，火灾声响报警装置设置部位，每个防火分区至少应设一个火灾报警装置。车站公共区利用火灾应急广播发布火灾信息，以免引起乘客恐慌。

5 规定了集中火灾自动报警控制盘的设置部位。火灾自动报警控制盘应设置在有专人值班的消防控制室或值班室内布置。

6 在车站控制室及各消防控制室设置电话主机；在设置手动报警处设置固定报警电话插孔；在高低压室、通信设备室、信号设备室、环控电控室和屏蔽门设备室等室外及值班室、消防水泵房、通风空调机房、自动灭火系统气瓶间应设消防挂壁电话；地下区间隧道报警利用通信专业设置的轨旁电话机。

**8.6.6** 火灾自动报警系统应设置维修工作站，并应具备下列功能：

1 接收、显示、储存、统计、查询、打印全线火灾监控报警系统设备的状态信息，发布设备故障报警信息，建立火灾监控报警系统设备维修计划及档案。

2 对车站级火灾自动报警控制盘进行远程软件下载、软件维护、故障查询和软件故障处理。

【释义】

维修工作站设于车辆基地，以实现 FAS 系统设备及系统软件的实时维护。

**8.6.7** 火灾监控报警系统应预留与拟建其他线路换乘站火灾自动报警系统接口的条件。

【释义】

对不同轨道交通线路的换乘站，车站级 FAS 应预留后建系统通信接口，实现火灾报警信息的互通，以统一协调火灾防排烟控制模式。

**8.7.1** 环境与设备监控系统应具备下列功能：

1 车站及区间设备的监控。

2 执行防灾和阻塞模式。

3 环境监控与节能运行管理。

4 车站环境和设备的管理。

5 系统维修。

【释义】

针对轨道交通的特点，规定了环境与设备监控系统（BAS）应具备的基本功能。

**8.7.2** 车站及区间设备的监控应具备下列功能：

1 中央和车站两级监控管理。

2 环境与设备监控系统控制指令应能分别从中央工作站、车站工作站和车站紧急控制盘人工发布或由程序自动判定执行。

3 注册和操作权限设定。

【释义】

BAS具有中央及车站两级监控信息管理，中央、车站、现场三级控制功能。通过车站紧急控制盘（IBP）手动按钮控制具有优先级。

**8.7.3 执行防灾和阻塞模式应具备下列功能：**

**1** 接收车站自动或手动火灾模式指令，执行车站防烟、排烟模式。

**2** 接收列车区间停车位置、火灾部位信息，执行隧道防排烟模式。

**3** 接收列车区间阻塞信息，执行阻塞通风模式。

**4** 监控车站逃生指示系统和应急照明系统。

**5** 监视各排水泵房危险水位。

【释义】

列车在区间发生火灾时，应优先选择驶往前方车站实施救灾的模式。仅当列车失去动力而被迫停留在地下区间时，根据列车发生火灾部位及停留在区间位置，由相邻车站级BAS系统执行相应防排烟模式。列车区间阻塞工况，由相邻车站级BAS系统执行相应阻塞通风模式，气流方向应与列车运行方向一致。

**8.7.4 环境监控与节能运行管理应具备下列功能：**

**1** 通过对环境参数的检测，对能耗进行统计分析。

**2** 控制通风、空调设备优化运行，提高整体环境的舒适度及降低能源消耗。

【释义】

设置一套自动控制系统来实现环境监控与节能运行管理，本条文第1条是该系统的输入条件，即需设置哪些传感器；第2条是该系统的输出条件，即控制的对象。

**8.7.5 车站环境和设备的管理应具备下列功能：**

**1** 对车站环境参数进行统计。

**2** 对设备的运行状况进行统计，优化设备的运行；形成维护管理趋势预告，提高设备管理效率。

【释义】

在8.7.4条的基础上追加提出的自动控制系统的功能。

**8.7.6 系统维修应具备下列功能：**

**1** 监视全线环境与设备监控系统的设备运行状态，对系统设备进行集中监控和管理。

**2** 对全线环境与设备监控系统软件进行维护、组态、运行参数的定义、系统数据库的形成及用户操作界面的修改等。

**3** 通过对硬件设备故障的判断，保证对系统进行实时监控及维护。

【释义】

对系统维护提出的要求，可作为产品招标时的技术文件，直接选用。

**8.7.7 防排烟系统与正常通风系统合用的车站设备，应由环境与设备监控系统统一监控。环境与设备监控系统和火灾监控报警系统之间应设置可靠的通信接口，由火灾自动报警系统发布火灾模式指令，环境与设备监控系统优先执行相应的火灾控制程序。**

【释义】

火灾控制程序优先等级最高，火灾情况下由火灾控制程序发出指令，并由设备监控系统实现对设备的控制。

**8.7.8** 在地下区间发生火灾或列车阻塞停车时，隧道通风、排烟系统应由控制中心发布模式控制命令，车站环境与设备监控系统接收命令并执行。

【释义】

控制中心对线路全程的了解度高，可在突发情况下对全局进行把控，车站级控制设备受控于控制中心便于有效的执行应急措施。

**8.7.9** 车站控制室应设置综合后备控制盘，盘面应以火灾工况操作为主，操作程序应简单、直接；作为环境与设备监控系统火灾工况自动控制的后备措施，其操作权限高于车站和中央工作站。

【释义】

车控室设置的控制盘操作程序要求简单可提高突发情况下的反应速度。因车控室对车站突发情况第一现场最近，对于情况最了解，因此其操作权限高于车站和中央工作站是合理的。

**8.7.10** 环境与设备监控系统应选择具备可靠性、容错性、可维护性、适应城市轨道交通使用环境的工业级标准设备；对事故通风与排烟系统的监控应采取冗余措施。

【释义】

对环境与设备监控系统的冗余配置要求，可作为产品招标时的技术文件，直接选用。

**8.7.11** 环境与设备监控系统软件应为标准、开放和通用软件，并具备实时多任务功能。

【释义】

软件采用高可靠和主流的实时多任务、安全等级满足美国国防部C2标准（安全计算机系统评估准则（Trusted Computer System Evaluation Criteria））的32位窗口式操作软件。应用软件包含顺序控制、PID控制及节能控制等高级算法软件，且应该是标准、开放和通用的监控软件。人机界面应为汉化界面。

**8.8.1** 自动售检票系统应适应城市轨道交通网络化运营的需要，并应预留与城市公共交通票务系统的数据接口。

【释义】

从线网层面规定自动售检票系统结构。线网票务清分中心负责各轨道交通线路票务清分；清分中心与城市公共交通"一卡通"票务系统进行数据交换，实现城市轨道交通与城市其他公共交通系统的票务清分。

**8.8.2** 自动售检票系统应建立统一的密钥体系和车票制式标准；车票制式应与城市公共交通系统标准一致。

【释义】

车票的数据格式和密钥管理系统应符合行业标准《建设事业集成电路（IC）卡应用技术》CJ/T 166及PSAM应用技术规则。

**8.8.3** 自动售检票系统应具备适应各种票务政策，进行实时客流统计、收入清分、防止票务作弊等功能。

【释义】

自动售检票系统（AFC）系统采用计程、计时制，全封闭票务收费管理模式，同时应兼顾未来的发展，预留区域票务收费和开放式管理模式的条件；具备快速处理客流信息，为运营管理提供相关数据；具有严密的制票、售票和验票程序，以防止票务作弊行为。收入清分应由票务清分中心实施。

**8.8.4** 自动售检票系统应采用相对独立分级设计，当其中任何一级系统故障时，均不应影响其他系统的正常运行；当故障解除后，应能自动进行系统的恢复处理。系统关键设备应冗余设置，重要数据应备份。

【释义】

规定了为保证系统的高可靠性而采取的具体措施。各级系统均可降级独立运行，满足票务处理要求；中央计算机系统服务器以双机集群方式运行；车站级计算机系统、车站终端设备均按冗余原则配置。

**8.8.5** 自动售检票系统对外部的恶意侵扰应具有有效的防御能力；车站计算机系统和车站终端设备控制器均应按工业级标准设计，系统设备应满足车站的环境要求。

【释义】

为保证票务数据安全，系统对外部的恶意侵扰的防御措施应包括车票防伪、重要数据传输加密和系统防病毒能力等。系统设备要满足防尘、防潮、防霉、抗电磁干扰等技术要求。

**8.8.6** 自动售检票系统的设计能力应满足车站最大预测客流量的需要。

【释义】

中央计算机系统的数据处理能力应能满足最大预测客流量（包括高峰小时客流及全日客流）的要求，只需更新或增加设备的硬件即可达到扩充数据处理能力的要求。

**8.8.7** 自动售检票系统应满足远期发展及与其他客运交通线路换乘的要求，预留后建线路的接入条件；所采用的车票制式、车站设备的功能和票务政策等应与已建线路自动售检票系统兼容，实现数据互联、互通。

【释义】

系统应预留系统扩展条件和软、硬件接口，车票采用符合 ISO 14443 标准的非接触式 IC 卡，满足与其他线路一卡通付费区换乘条件。

**8.8.8** 自动售检票系统应满足各种运行模式的要求。在非正常运营状态下，自动售检票系统应能由正常运行方式转为相应的降级运行方式或紧急方式、并应为票务管理、客流疏导提供方便。

【释义】

系统应具备正常运营模式（正常服务模式，关闭模式和暂停服务模式，设备故障模式，维修模式，离线运行模式）；非正常运行模式（列车故障模式，进出站次序、乘车时间、车票日期、车费免检模式，紧急放行模式等）。各种模式通过中央、车站计算机系统设定，自动检票机显示器显示相应乘客导引标志。

**8.8.9** 在紧急状态下，所有检票机闸门均应处于自由开启状态，并应允许乘客快速通过。

【释义】

当车站发生紧急情况时，通过中央、车站计算机系统或紧急按钮、检票机就地控制等方式将所有检票机开启并保持开放状态，保证乘客无障碍快速离开车站。

**8.8.10** 自动售票设备和进站检票设备的数量应满足最大预测客流量的需要；出站检票机应满足行车间隔内下车乘客全部出站的要求。

【释义】

规定自动售票、自动检票设备数量的配置原则。每个集散厅自动售票机的数量不应少于两台，以避免乘客因购票原因在非付费区滞留。出站检票机数量应分别满足近、远期不同行车间隔内乘客出站的要求，以避免乘客在付费区滞留。自动检票机应尽量集中布置，每组进、出站自动检票机的数量应满足不少于3通道，以减少机群数量。

**8.8.11** 自动检票机对乘客应有明确、清晰、醒目的工作状态显示；双向自动检票机应能通过参数设置自动转换各时段的使用模式。

【释义】

单向自动检票机在相应端分别显示允许使用和禁用信息；双向自动检票机的使用模式包括进站模式、出站模式及双向模式。在双向模式下，当一端有乘客使用时，另一端拒收车票并显示禁用信息，直至该乘客通过。

**8.9.2** 自动扶梯应符合下列规定：

**1** 自动扶梯应采用公共交通型重载扶梯，其传动设备、结构及装饰件应采用不燃材料或低烟、无卤、阻燃材料。

**2** 自动扶梯应有明确的运行方向指示。

**3** 自动扶梯应配备紧急停止开关。

【释义】

规定了自动扶梯选择和设置的基本技术要求。传动设备、结构及装饰件主要包括梯级、梳齿板、扶手带、传动链、梯级链、内外装饰板、传动机构等。

**8.9.3** 电梯应满足下列要求：

**1** 电梯的设置应方便残障乘客的使用。

**2** 电梯的操作装置应易于识别、便于操作。

**3** 当发生紧急情况时，电梯应能自动运行到设定层，并打开电梯门。

**4** 电梯轿厢内应设有专用通信设备，并应保证内部乘客与外界的通信联络。

**5** 非透明电梯轿厢内应设视频监视装置。

【释义】

从旅客安全的角度规定的电梯功能要求。

**8.10.1** 站台屏蔽门的设计、制造、安装和运行管理，应保证乘客顺利通过，并应满足列车停靠在站台任意位置时车上乘客的应急疏散需要。

【释义】

依据行业标准《城市轨道交通站台屏蔽门》CJ/T 236—2006 的规定，站台屏蔽门包括全高屏蔽门和半高屏闭门，有密闭和非密闭结构之分。屏蔽门的设计、制造、安装和运行管理不仅要考虑正常状态下的安全要求，也要考虑紧急状态下的安全要求，屏蔽门不得成为应急疏散的障碍。

**8.10.3** 在正常工作模式时，站台屏蔽门应由司机或信号系统监控，并应保证站台屏蔽门关闭不到位时，列车不能启动或进站。

**【释义】**

本条文考虑当客流高峰出现车厢拥堵时，避免因旅客吊车而引发的事故。站台屏蔽门关闭可作为列车启动和进站的闭锁条件。

**8.10.4** 站台屏蔽门应具有在站台侧或轨道侧手动打开或关闭每一扇滑动门的功能。

**【释义】**

在站台应可以由站务员手动打开或关闭每一扇滑动门；在轨道侧应可以由乘客手动打开每一扇滑动门。

**8.10.5** 站台屏蔽门应设置应急门；站台屏蔽门两端应设置供工作人员使用的专用工作门。应急门和工作门不受站台屏蔽门系统的控制。

**【释义】**

应保证紧急情况下工作人员的进出需求。

## 13.《城市轨道交通建设项目管理规范》GB 50722—2011

**3.1.5** 城市轨道交通项目安全设施必须与城市轨道交通工程统一规划、统一设计、同步建设。

**【释义】**

城市轨道交通工程作为重大公益性基础设施，是城市公共交通的大运量运输骨干网络，安全问题关系广大居民出行的生命安全，因安全设施建设的不同步、应急机制的缺失、项目安全保障能力出现瑕疵甚至漏洞，已在国内外城市轨道交通运营项目中付出了血的代价。安全是本规范的重要指导原则，必须在建设管理理念上，在规划、设计、施工各个环节上给予高度重视，统一规划、统一设计、同步建设安全设施，将安全问题落到实处。

**6.2.4** 详勘成果必须由建设管理单位送审查机构审查。未经审查通过不得作为施工图设计文件依据。

**【释义】**

详勘是城市轨道交通工程勘察的重要阶段。详勘成果是施工图文件设计的重要依据，是保证城市轨道交通工程建设与运营的质量安全、控制环境影响、防治不良地质作用的关键资料。目前，我国城市轨道交通建设规模和建设速度空前，但也出现了不遵守基本建设程序、有的项目甚至不做详勘或详勘成果未经审查通过直接作为施工图设计依据等现象，给城市轨道交通工程建设和运营带来质量与安全隐患。城市轨道交通工程，尤其是地下工程属隐蔽工程，具有不可恢复性，一旦出现质量与安全事故，将造成巨大的经济损失及环境和社会影响，工程不易修复且恢复成本过高。因此必须确保详勘成果的质量与准确性，为施工图设计和周边环境保护提供充分依据，进而保证城市轨道交通工程的质量与安全。

根据原建设部令第134号《房屋建筑和市政基础设施工程施工图设计文件审查管理办法》第三条"国家实施施工图设计文件（含勘察文件，以下简称施工图）审查制度"和第九条"建设单位应当将施工图送审查机构审查"的规定，详勘成果应实施审查制度，未经审查通过，严禁作为施工图设计依据。同时，建设管理单位作为工程质量的管理责任主体，应当将详勘成果送审查机构审查。建设单位可以自主选择审查机构，但是审查机构不得与所审查项目的建设单位、勘察设计企业有隶属关系或者其他利害关系。

**6.4.6** 设计质量控制应符合下列要求：

**3** 建设管理单位必须委托具有施工图审查资质的单位对施工图设计文件进行审查。

【释义】

原建设部令第 134 号《房屋建筑和市政基础设施工程施工图设计文件审查管理办法》第九条规定："建设单位应当将施工图送审查机构审查"。住房和城乡建设部印发的《城市轨道交通工程安全质量管理暂行办法》（建质〔2010〕5 号）第二章第九条规定："建设单位应当依法将施工图设计文件（含勘察设计）报送经认定具有资格的施工图审查机构进行审查。施工图设计文件未经审查或审查不合格的，不得使用。"

**8.1.3** 城市轨道交通建设项目工程完工后，建设管理单位应组织验收。未经验收或验收不合格的工程不得交付使用。

【释义】

本条为强制性条文。城市轨道交通工程属关键性基础设施，其建设质量关系到建设与运营安全，与人民生命财产安全、环境影响和项目经济效益息息相关，因此城市轨道交通工程建设质量必须符合现行国家标准、行业标准的规定及设计图纸的要求，并在政府质量监督部门的监督下组织工程质量验收，未经验收或验收不合格的工程不得交付使用。

**8.2.3** 建设管理单位在取得施工许可证或者开工报告前，应到建设行政主管部门办理工程质量监督手续。

【释义】

《建设工程质量管理条例》第十三条规定"建设单位在领取施工许可证或者开工报告前，应当按照国家有关规定办理工程质量监督手续"，办理工程质量监督手续是法定程序，不办理工程质量监督手续的，政府建设行政主管部门不发施工许可证，工程不得开工。因此将本条确定为强制性条文，要求建设单位按照《建设工程质量管理条例》的要求在办理施工许可证或者开工报告前按照国家有关规定到建设行政主管部门办理工程质量安全监督手续，接受政府部门的工程质量监督管理。

**10.1.4** 采购的产品必须符合职业健康安全和环境管理要求。

【释义】

城市轨道交通的建设和运营与人密切相关。在城市轨道交通工程的建设和运营中，采购的建筑材料、机电设备、构配件、车辆等的环保性能、安全性能、能耗指标、质量要求应符合国家、地方和行业的有关法律法规、标准规范的规定，必须符合职业健康安全和环境管理要求。

**18.2.4** 在与列车运行有关的系统联调开始前，必须完成行车相关区段轨道系统、供电系统初验、冷滑试验和热滑试验。试验合格后，方可进行与列车运行有关的系统联调。

【释义】

本条是保证列车安全运行的强制性条文。在与列车运行有关的系统联调开始前，必须检查站台、轨道和道岔几何尺寸、轨行区安装的设备几何尺寸，是否满足设计的设备限界和车辆限界要求。检查列车带电自立运行牵引供电系统带负荷运行的情况；检查信号连锁功能是否实现。

# 14.《城镇给水排水技术规范》GB 50788—2012

**3.6.11** 消防给水系统的构筑物、站室、设备、管网等均应采取安全防护措施，其供电应安全可靠。

【释义】

本条规定了消防给水系统的各组成部分均要具备防护功能，以满足其灭火要求；安全的消防供电、合理的系统控制亦是及时有效扑灭火灾的重要保证。

**7.1.1** 机电设备及其系统应能安全、高效、稳定地运行，且应便于使用和维护。

【释义】

机电设备及其系统是指相关机械、电气、自动化仪表和控制设备及其形成的系统，是城镇给水排水设施的重要组成部分。城镇给水排水设施能否正常运行，实际上取决于机电设备及其系统能否正常运行。城镇给水排水设施的运行效率以及安全、环保方面的性能，也在很大程度上取决于机电设备及其系统的配置和运行情况。

**7.1.2** 机电设备及其系统的效能应满足生产工艺和生产能力要求，并且应满足维护或故障情况下的生产能力要求。

【释义】

机电设备及其系统是实现城镇给水排水设施的工艺目标和生产能力的基本保障。部分机电设备因故退出运行时，仍应该满足相应运行条件下的基本生产能力要求。

**7.1.3** 机电设备的易损件、消耗材料配备，应保障正常生产和维护保养的需要。

【释义】

必要的备品备件能加快城镇给水排水机电设备的维护保养和故障修复过程，保障机电设备长期安全地运行。易损件、消耗材料一定要品种齐全，数量充足，满足经常更换和补充的需要。

**7.1.4** 机电设备在安装、运行和维护过程中均不得对工作人员的健康或周边环境造成危害。

【释义】

城镇给水排水设施要积极采用环保型机电设备，创造宁静、祥和的工作环境，与周边的生产、生活设施和谐相处。所产生的噪声、振动、电磁辐射、污染排放等均要符合国家相关标准。即使在安装和维护的过程中，也要采取有效的防范措施，保障工作人员的健康和周边环境免遭损害。

**7.1.5** 机电设备及其系统应能为突发事件情况下所采取的各项应对措施提供保障。

【释义】

城镇给水排水设施一定要有应对自然灾害、事故灾难、公共卫生事件和社会安全事件等突发事件的能力，防止和减轻次生灾害发生，其中许多内容是由机电设备及其系统实现或配合实现的。一旦发生突发事件，为配合应急预案的实施，相关的机电设备一定要能够继续运行，帮助抢险救灾，防止事态扩大，实现城镇给水排水设施的自救或快速恢复。为此，在机电设备系统的设计和运行过程中，应该提供必要的技术准备，保障上述功能的实现。

**7.1.6** 在爆炸性危险气体或爆炸性危险粉尘环境中，机电设备的配置和使用应符合国家现行相关标准的规定。

**【释义】**

在水处理设施中，许多场所如氨库、污泥消化设施及沼气存储、输送、处理设备房、甲醇储罐及投加设备房、粉末活性炭堆场等可能因泄漏而成为爆炸性危险气体或爆炸性危险粉尘环境，在这些场所布置和使用电气设备要遵循以下原则：

（1）尽量避免在爆炸危险性环境内布置电气设备；

（2）设计要符合《爆炸和火灾危险环境电力装置设计规范》GB 50058 的规定；

（3）防爆电气设备的安装和使用一定要符合国家相关标准的规定。

**7.1.7** 机电设备及其系统应定期进行专业的维护保养。

**【释义】**

城镇给水排水机电设备及其构成的系统能否正常运行，或能否发挥应有的效能，除去设备及其系统本身的性能因素外，很大程度上取决于对其的正确使用和良好的维护保养。机电设备及其系统的维护保养周期和深度应根据其特性和使用情况制定，由专业人员进行，以保障其具有良好的运行性能。

**7.3.1** 电源和供电系统应满足城镇给水排水设施连续、安全运行的要求。

**【释义】**

城镇给水排水设施的正常、安全运行直接关系城镇社会经济发展和安全。原建设部《城市给水工程项目建设标准》要求：一、二类城市的主要净（配）水厂、泵站应采用一级负荷。一、二类城市的非主要净（配）水厂、泵站可采用二级负荷。随着我国城市化进程的发展，城市供水系统的安全性越来越受到关注。同时，得益于我国电力系统建设的发展，城市水厂和给水泵站引接两路独立外部电源的条件也越来越成熟了。因此，新建的给水设施应尽量采用两路独立外部电源供电，以提高供电的可靠性。

原建设部《城市污水处理工程项目建设标准》规定，污水处理厂、污水泵站的供电负荷等级应采用二级。

对于重要的地区排水泵站和城镇排水干管提升泵站，一旦停运将导致严重积水或整个干管系统无法发挥效用，带来重大经济损失甚至灾难性后果，其供电负荷等级也适用一级。

在供电条件较差的地区，当外部电源无法保障重要的给水排水设施连续运行或达到所需要的能力，一定要设置备用的动力装备。室外给水排水设施采用的备用动力装备包括柴油发电机或柴油机直接拖动等形式。

**7.3.2** 城镇给水排水设施的工作场所和主要道路应设置照明，需要继续工作或安全撤离人员的场所应设置应急照明。

**【释义】**

城镇给水排水设施连续运行，其工作场所具有一定的危险性，必要的照明是保障安全的基本措施。正常照明失效时，对于需要继续工作的场所要有备用照明；对于存在危险的工作场所要有安全照明；对于需要确保人员安全疏散的通道和出口要有疏散照明。

**7.3.3** 城镇给水排水构筑物和机电设备应按国家现行相关标准的规定采取防雷保护措施。

**【释义】**

城镇给水排水设施的各类构筑物和机电设备要根据其使用性质和当地的预计雷击次数采取有效的防雷保护措施。同时尚应该采取防雷电感应的措施，保护电子和电气设备。

城镇给水排水设施各类建筑物及其电子信息系统的设计要满足现行国家标准《建筑物防雷设计规范》GB 50057 和《建筑物电子信息系统防雷技术规范》GB 50343 的相关规定。

**7.3.4 盛水构筑物上所有可触及的导电部件和构筑物内部钢筋等都应作等电位连接，并应可靠接地。**

**【释义】**

给水排水设施中各类盛水构筑物是容易产生电气安全问题的场所，等电位连接是安全保障的根本措施。本条规定要求盛水构筑物上各种可触及的外露导电部件和构筑物本体始终处于等电位接地状态，保障人员安全。

**7.3.5 城镇给水排水设施应具有安全的电气和电磁环境，所采用的机电设备不应对周边电气和电磁环境的安全和稳定构成损害。**

**【释义】**

安全的电气和电磁环境能够保障给水排水机电设备及其系统的稳定运行。同时，给水排水设施采用的机电设备及其系统一定要具有良好的电磁兼容性，能适应周围电磁环境，抵御干扰，稳定运行。其运行时产生的电磁污染也应符合国家相关标准的规定，不对周围其他机电设备的正常运行产生不利影响。

**7.3.6 机电设备的电气控制装置应能够提供基本的、独立的运行保护和操作保护功能。**

**【释义】**

机电设备的电气控制装置能够对一台（组）机电设备或一个工艺单元进行有效的控制和保护，包括非正常运行的保护和针对错误操作的保护。上述控制和保护功能应该是独立的，不依赖于自动化控制系统或其他联动系统。自动化控制系统需要操作这些设备时，也需要该电气控制装置提供基本层面的保护。

**7.3.7 电气设备的工作环境应满足其长期安全稳定运行和进行常规维护的要求。**

**【释义】**

城镇给水排水设施的电气设备应具有良好的工作和维护环境。在城镇给水排水工艺处理现场，尤其是污水处理现场，环境条件往往比较恶劣。安装在这些场所的电气设备应具有足够的防护能力，才能保证其性能的稳定可靠。在总体布局设计时，也应该将电气设备布置在环境条件相对较好的区域。例如在污水处理厂，电气和仪表设备在潮湿和含有硫化氢气体的环境中受腐蚀失效的情况比较严重，要采用气密性好，耐腐蚀能力强的产品，并且布置在腐蚀性气体源的上风向。

城镇给水排水设施可能会因停电、管道爆裂或水池冒溢等意外事故而导致内部水位异常升高。可能导致电气设备遭受水淹而失效。尤其是地下排水设施，电气设备浸水失效后，将完全丧失自救能力。所以，城镇给水排水设施的电气设备要与水管、水池等工艺设施之间有可靠的防水隔离，或采取有效的防水措施。地下给水排水设施的电气设备机房有条件时要设置于地面，设置在地下时，要能够有效防止地面积水倒灌，并采取必要的防范措施，如采用防水隔断、密闭门等。

**7.4.1** 存在或可能积聚毒性、爆炸性、腐蚀性气体的场所，应设置连续的监测和报警装置，该场所的通风、防护、照明设备应能在安全位置进行控制。

【释义】

对于各种有害气体，要采取积极防护，加强监测的原则。在可能泄漏、产生、积聚危及健康或安全的各种有害气体的场所，应该在设计上采取有效的防范措施。对于室外场所，一些相对密度较空气大的有害气体可能会积聚在低洼区域或沟槽底部，构成安全隐患，应该采取有效的防范措施。

**7.4.2** 爆炸性危险气体、有毒气体的检测仪表必须定期进行检验和标定。

【释义】

各种与生产和劳动安全有关的仪表，要由有关专业机构进行检验和标定，取得检验合格证书，并要定期进行检验，以确保仪表有效。

**7.4.3** 城镇给水厂站和管网应设置保障供水安全和满足工艺要求的在线式监测仪表和自动化控制系统。

【释义】

为了保障城镇供水水质和供水安全，一定要加强在线的监测和自动化控制，有条件的城镇供水设施要实现从取水到配水的全过程运行监视和控制。城镇给水厂站的生产管理与自动化控制系统配置，应该根据建设规模、工艺流程特点、经济条件等因素合理确定。随着城镇经济条件的改善和管理水平的提高，在线的水质、水量、水压监测仪表和自动化控制系统在给水系统中的应用越来越广泛，有助于提高供水质量、提高效率、减少能耗、改善工作条件、促进科学管理。

**7.4.4** 城镇污水处理厂应设置在线监测污染物排放的水质、水量检测仪表。

【释义】

根据《中华人民共和国水污染防治法》，应该加强对城镇污水集中处理设施运营的监督管理，进行排水水质和水量的检测和记录，实现水污染物排放总量控制。城镇污水处理厂的排水水质、水量检测仪表应根据排放标准和当地水环境质量监测管理部门的规定进行配置。

**7.4.5** 城镇给水排水设施的仪表和自动化控制系统应能够监视与控制工艺过程参数和工艺设备的运行，应能够监视供电系统设备的运行。

【释义】

本条规定了给水排水设施仪表和自动化控制系统的基本功能要求。

给水排水设施仪表和自动化控制系统的设置目标，首先要满足水质达标和运行安全，能够提高运行效率，降低能耗，改善劳动条件，促进科学管理。给水排水设施仪表和自动化控制系统应能实现工艺流程中水质水量参数和设备运行状态的可监、可控、可调。除此之外，自动化控制系统的监控范围还应包括供配电系统，提供能耗监视和供配电系统设备的故障报警，将能耗控制纳入到控制系统中。

**7.4.6** 应采取自动监视和报警的技术防范措施，保障城镇给水设施的安全。

【释义】

为了确保给水设施的安全，要实现人防、物防、技防的多重防范。其中技防措施能够实现自动的监视和报警，是给水排水设施安全防范的重要组成部分。

**7.4.7 城镇给水排水系统的水质化验检测设备的配置应满足正常生产条件下质量控制的需要。**

**【释义】**

城镇给水排水系统的水质化验检测分为厂站、行业、城市（或地区）多个级别。各级别化验中心的设备配置一定要能够进行正常生产过程中各项规定水质检查项目的分析和检测，满足质量控制的需要。一座城市或一个地区有几座水厂（或污水处理厂、再生水厂）时，可以在行业、城市（或地区）的范围内设一个中心化验室，以达到专业化协作，设备资源共享的目的。

**7.4.8 城镇给水排水设施的通信系统设备应满足日常生产管理和应急通信的需要。**

**【释义】**

城镇给水排水设施的通信系统设备，除用于日常的生产管理和业务联络外，还具有防灾通信的功能，需要在紧急情况下提供有效的通信保障。重要的供水设施或排水防汛设施，除常规通信设备外，还要配置备用通信设备。

**7.4.9 城镇给水排水系统的生产调度中心应能够实时监控下属设施，实现生产调度，优化系统运行。**

**【释义】**

城镇给水排水调度中心的基本功能是执行管网系统的平衡调度，处理管网系统的局部故障，维持管网系统的安全运行，提高管网系统的整体运行效率。为此，调度中心要能够实时了解各远程设施的运行情况，对其实施监视和控制。

**7.4.10 给水排水设施的自动化控制系统和调度中心应安全可靠，连续运行。**

**【释义】**

随着电子技术、计算机技术和网络通信技术的发展，现代城镇给水排水设施对仪表和自动化控制系统的依赖程度越来越高。实际上，现代城镇给水排水设施离开了仪表和自动化控制系统，水质水量等生产指标都难以保证。

**7.4.11 城镇给水排水信息系统应具有数据采集与处理、事故预警、应急处置等功能，应作为数字化城市信息系统的组成部分。**

**【释义】**

现代计算机网络技术加快了信息化系统的建设步伐，全国各地大中城市都制定了数字化城市和信息系统的建设发展计划，不少城市也建立了区域性的给水排水设施信息化管理系统。给水排水设施信息化管理系统以数据采集和设施监控为基本任务，建立信息中心，对采集的数据进行处理，为系统的优化运行提供依据，为事故预警和突发事件情况下的应急处置提供平台。在数字化城市信息系统的建设进程中，给水排水信息系统要作为其中一个重要的组成部分。

## 15.《城市综合管廊工程技术规范》GB 50838—2015

**4.3.6 热力管道不得同电力电缆同舱敷设。**

**【释义】**

根据现行国家标准《电力工程电缆设计规范》GB 5G217—2007 第 5.1.9 条的规定

"在隧道、沟、浅槽、竖井、夹层等封闭式电缆通道中，不得布置热力管道，严禁有易燃气体或易燃液体的管道穿越"，由此作出相关规定。但综合管廊内自用电缆除外。本条规定是为了确保综合管廊的安全运行并与其他国家规范标准相协调。

**6.6.1** 电力电缆应采用阻燃电缆或不燃电缆。

**【释义】**

综合管廊内的电力电缆一般为成束敷设，为了减少电缆可能着火蔓延而导致严重事故，要求综合管廊内敷设的电力电缆必须具备阻燃或不燃的特性。

## 16.《城镇供水厂运行、维护及安全技术规程》CJJ 58—2009

**9.5.2** 变电站、配电室应建立岗位责任、交接班、巡回检查、倒停闸操作、安全用具管理和事故报告等规章制度。并应做好运行、交接、传事、设备缺陷故障、维护检修以及操作票、工作票等各项原始记录。

**【释义】**

本条文主要依据为《国家电网公司电业安全工作规程（变电站和发电厂电气部分）》国家电网安监〔2009〕664号文的要求，保证操作安全。

**9.5.5** 变电站、配电室安全用具必须配备齐全，并应保证安全可靠地使用。变电站、配电室应设置符合一次线路系统状况的显示装置、操作模拟板或模拟图、微机防误装置、微机监控装置。

**【释义】**

本条文为强制性条款，操作模拟板（模拟图或微机防误装置、微机监控装置）要明确展示供电方式与电气设备的相互连接状态，作为实际操作前的预演示，防止误操作。

**9.5.6** 值班人员应定时进行高压设备的巡视检查。

**【释义】**

本条文主要依据为《国家电网公司电业安全工作规程（变电站和发电厂电气部分）》国家电网安监〔2009〕664号文的要求，保障设备安全运行。

**9.5.8** 当高压设备全部或部分停电检修时，必须遵守工作票制度，工作许可制度，工作监护制度，工作间断、转移和终结制度；必须按要求在完成停电、验电、装设接地线、悬挂标示牌和装设遮拦等保证安全的技术措施后，方可进行工作。

**【释义】**

本条文主要依据为《国家电网公司电业安全工作规程（变电站和发电厂电气部分）》国家电网安监〔2009〕664号文的要求，保证检修安全。

**9.5.9** 高压设备和架空线路不得带电作业。低压设备带电工作应符合国家现行有关标准的规定，并应经主管电气负责人批转，同时应设专人监护。

**【释义】**

本条规定了高压设备及架空线不准带电作业，低压设备带电工作须报有关手续并进行安全监护。

**9.5.10** 遇有五级以上大风以及大雨、雷电等情况，应停止架空线路检修作业。

【释义】

本条文主要依据为《国家电网公司电业安全工作规程（变电站和发电厂电气部分）》国家电网安监〔2009〕664号文的要求，保障检修人员的安全。

## 17.《城镇污水处理厂运行、维护及安全技术规程》CJJ 60—2011

**2.2.13** 各种设备维修前必须断电，并应在开关处悬挂维修和禁止合闸的标识牌，经检查确认无安全隐患后方可操作。

【释义】

本条文的规定为确保检修人员的人身安全，避免误合开关造成电击伤亡事故的发生。

**3.2.3** 当泵房突然断电或设备发生重大事故时，在岗员工应立刻报警，并启动应急预案。

【释义】

当泵房突然断电或设备发生重大事故时，在岗员工或事故发现者应在第一时间报警，并向中心控制室或调度中心、安技部门和值班领导报告。由值班领导决定并组织启动应急预案。泵房的应急预案主要包括：进（出）水泵房断电、电气火灾、异常水量、电器和设备重大事故、有毒有害气体预防等应急预案。

**3.12.4** 采用液氯消毒时，必须符合下列规定：

**1** 应每周检查1次报警器及漏氯吸收装置与漏氯检测仪表的有效联动功能，并应每周启动1次手动装置，确保其处于正常状态；

**2** 氯库应设置漏氯检测报警装置及防护用具。

【释义】

本条对采用液氯消毒提出需注意的事项：

**1** 对漏氯吸收装置，应定期检查其与漏氯检测器的有效联动，确保紧急情况下装置能够有效启动；定期于动启动装置，检查漏氯吸收装置运转情况，保证其处于正常状态，真正起到有效吸收的作用。

**2** 氯气属于危险化学品，为了保证加氯系统运行过程中的安全，氯库内必须配备有漏氯检测报警装置，漏氯探测探头应根据产品手册的规定合理使用，定期对探头的有效性进行检测，如探头失效应立即更换。漏氯检测报警装置通常设置两级报警，当轻微泄漏时触发漏氯低报警，启动排风装置降低环境中氯气的浓度。当严重泄漏时触发漏氯高报警，关闭排风装置，启动漏氯吸收装置将氯气中和。氯库应该配置专用扳手、活动扳手、手锤、竹签、氨水等维修、检测工具和材料，一旦氯气发生泄漏，操作人员应佩戴好防护用具，及时进入现场处理泄漏点，防止泄漏进一步扩大。防护用具置于氯库外，便于操作人员既安全又可迅速取用的位置。

**3.12.8** 采用臭氧消毒时，应定期校准臭氧发生间内的臭氧浓度探测报警装置；当发生臭氧泄漏事故时，应立即打开门窗并启动排风扇。

【释义】

高浓度臭氧属于对人体有害的气体，因此臭氧浓度探测报警装置是保证臭氧系统运行安全及操作人员人身安全的重要设备之一，应定期按设备操作手册对其灵敏度进行检测并按其使用寿命进行定期更换，以保证其有效性。通常在臭氧系统的自动控制中会设定车间环境臭氧浓度过高停机报警，即一旦发生臭氧泄漏事故时，设置在臭氧发生间内的臭氧浓度探测报警装置会将检测到的环境臭氧浓度值传送到控制系统，此值超过允许的浓度值上限时整个发生系统会自动停机，同时自动启动排风装置，直至将环境臭氧浓度值降低到允许范围内再停止排风装置，此时操作人员方可进入车间查找泄漏点，排除故障。如遇自动系统控制失灵，也应先于动启动排风装置或打开车间门窗，在确保安全的情况下再进行故障排除工作。

**8.1.3 当变、配电室设备在运行中发生跳闸时，在未查明原因之前严禁合闸。**

**【释义】**

未查明原因就合闸，只可能会扩大事故范围，加剧事故危害，故本条文规定在未查明原因之前严格禁止合闸。

## 18.《城镇供热直埋蒸汽管道技术规程》CJJ 104—2005

**10.1.2 直埋蒸汽管道疏水井、检查井及构筑物内的临时照明电源电压不得超过36V，严禁使用明火照明。当人员在井内作业时，严禁使用潜水泵。**

**【释义】**

蒸汽管道输水井、检查井及构筑物内潮湿，电气绝缘防护性能降低，因此采用安全低电压供电，以确保人员安全。明火照明易引发火灾，因此本条文严格禁止使用明火照明。

## 19.《城镇排水系统电气与自动化工程技术规程》CJJ 120—2008

**3.10.11 泵站**

**进出防雷保护区的金属线路必须加装防雷保护器，保护器应可靠接地。**

**【释义】**

防雷措施应包括防直击雷措施和防感应雷措施。所安装的电源、控制室、仪表、监视系统的设备应在电磁、静电和感应暂态电压以及其他可能出现的特殊情况下安全运行，并具有足够的防止过电压及抗雷电措施。我国处于温带多雷地区，每年平均雷击日为25～100d，我国没有一个地方可免受雷灾，每年因雷电遭受的损失有数千万元之多。为了有效防御雷电灾害，本条为强制性条文。

**5.8.1 污水处理厂**

**污泥消化池、沼气柜、沼气过滤间、沼气压缩机房、沼气火炬、加氯间等防爆场所的电气设备必须采用防爆电器，并应符合下列规定：**

**1 电动机应采用隔爆型或正压型鼠笼型感应电动机。**

**2 控制开关及按钮应采用本安型或隔爆型设备。**

**3 照明灯具应采用隔爆型设备。**

**【释义】**

上述场所属火灾爆炸危险场所，本条文是参照《爆炸危险环境电力装置设计规范》GB 50058—2014的相关要求作出的规定。

**6.11.5 污水处理厂**

在爆炸危险场所安装的自动化系统的仪表和材料，必须具有符合国家现行防爆质量标准的技术鉴定文件或防爆等级标志；其外部应无损伤和裂缝。

【释义】

本条文是参照《爆炸危险环境电力装置设计规范》GB 50058—2014 的相关要求作出的规定。

## 20.《镇（乡）村给水工程技术规程》CJJ 123—2008

**9.10.8 采用液氯加氯时，加氯间和氯库的外部应备有防毒面具、抢救设施和工具箱。在直通室外的墙下方应设有通风设备，照明和通风设备应设置室外开关。**

【释义】

本条是液氯投加时，加氯间及氯库设置安全措施的规定。

根据我国现行标准《工业企业设计卫生标准》GBZ1 的规定，室内空气中氯气允许浓度不得超过 $1mg/m^3$，故规定加氯间应备防毒面具、抢救材料和工具箱，并应有通风措施等。有条件时，应设氯吸收装置。

## 21.《快速公共汽车交通系统设计规范》CJJ 136—2010

**7.1.4 调度与控制应能提供快速交通车辆的信号优先服务。**

【释义】

调度与控制能提供信号优先服务是快速公交系统快速、高效的重要保障之一。控制与调度系统应能与平面交叉口的信号控制机或控制中心互相配合，对交叉口信号控制系统的绿信比等参数进行调整，为快速公交车辆提供信号优先服务。此条为强制性条文。

## 22.《城市轨道交通站台屏蔽门系统技术规范》CJJ 183—2012

**4.1.6 滑动门、应急门和端门必须能可靠关闭且锁紧，在站台侧必须能使用专用钥匙开启，在非站台侧必须能手动开启。**

【释义】

滑动门、应急门和端门应能可靠关闭且锁紧是为确保屏蔽门系统在站台边缘形成的隔离屏障安全可靠，保证行车和乘客的安全；专用钥匙的开启是为防止非工作人员开启屏蔽门；手动开启是指滑动门采用手动解锁装置或应急门和端门采用推杆锁方式开启屏蔽门，保证人员的疏散和通行。

**4.4.1 屏蔽门系统必须按一级负荷供电，必须设置备用电源。**

【释义】

屏蔽门系统属于重要设备，与行车及乘客疏散有直接关系，其电源系统须设置为一级负荷，电源配电箱双进线，同时为确保供电中断情况下乘客的紧急疏散，还须设置后备电源。为保证屏蔽门的状态在失电情况下能够监控，保证控制系统后备电源的独立性，控制系统及驱动系统后备电源应分开设置。

23.《地下铁道工程施工及验收规范》GB 50299—1999（2003 年版）

**7.10.1** 隧道施工应设双回路电源，并有可靠切断装置。照明线路电压在施工区域内不得大于 **36V**，成洞和施工区以外地段可用 **220V**。

【释义】

施工环境潮湿恶劣，采用安全电压供电可降低间接性接触电击事故。

**7.10.3** 隧道施工范围内必须有足够照明。交通要道、工作面和设备集中处并应设置安全照明。

【释义】

地下环境没有自然采光，设置人工照明十分必要。

**7.10.4** 动力照明的配电箱应封闭严密，不得乱接电源，应设专人管理并经常检查维修和保养。

【释义】

上面 3 条规定是为防止地面供电系统区域性或事故停电影响施工，保证供电和施工安全而制定的。

**14.6.4** 动力回路和电气安全回路的绝缘电阻不应小于 **0.5MΩ**。

**14.6.5** 扶梯桁架和电气设备金属外壳，应与保护地线（**PE**）线可靠连接。

**14.6.6** 限速器、断链保护、断带保护等装置的联动开关及安全保护开关的安装与调整，均应符合产品技术文件的规定，其动作应准确灵敏可靠。

【释义】

上面 3 条参照现行国家标准《电气装置安装工程 1kV 及以下配线工程施工及验收规范》GB 50258 制定的技术要求。

**14.7.1** 自动扶梯安全保护装置应固定牢固，不得在运行中产生位移。

【释义】

各种安全保护装置是确保自动扶梯安全运行的主要设施，为保证乘客的安全，故制定此两条规定。

**14.7.3** 自动扶梯有下列情况之一时，应自动停止运行并发出报警信号：

    **1** 无控制电压；

    **2** 电路接地故障；

    **3** 运行速度超过额定速度的 **1.2** 倍；

    **4** 控制装置在超速和运行方向非操纵逆转下动作；

    **5** 驱动链、牵引链和扶手带的断链与断带保护开关动作；

    **6** 附加制动器动作；

    **8** 扶手带入口保护装置动作；

    **9** 梯级下陷保护开关动作；

    **10** 安全电路的断电器和保护电动机的断路器动作。

【释义】

本条系参照现行国家标准《自动扶梯和自动人行道的制造与安装安全规范》GB 16899 制定的。

**15.1.7** 预埋件的埋设应符合下列规定：

**5** 管路经过结构变形缝时的防护及金属管路的接地应符合设计规定；

【释义】

防止灌注混凝土时，盒、箱与管路脱离而被堵塞，特制定本条。

**15.2.8** 电缆接续应符合下列要求：

**1** 铅套管不得变形漏气内外应光滑干燥清洁；

**2** 芯线接续应牢固线序正确芯线套管排列应整齐平直；

**3** 电缆接续不得有混线及断线；

**4** 电缆接头不宜设在电缆与障碍物交叉的位置；

**5** 绝缘电阻及电气绝缘强度应符合国家现行标准《铁路通信施工规范》TB 10205 的规定；

**6** 聚乙烯绝缘与纸绝缘的电缆接续，应设气闭绝缘套管；

**7** 芯线接续长度及扭绞方向应一致，不得改变芯线原有的扭矩和对称性，并恢复屏蔽线对的原屏蔽层；

**8** 分歧尾巴电缆接入干线的端别与干线应一致；

**9** 灌制气闭后不得漏气；

**10** 芯线接续完毕，应填写接头卡片，并封焊在铅套管内；

**11** 充油电缆剖头应使用电缆清洗剂清洗干净，端盖与电缆护套上下盖应密封严密，护套内应灌满密封化合物，并不得渗漏，电缆内外护套应分别沟通。

【释义】

质量差的铅套管容易漏气，使电缆的绝缘性能下降，容易产生串音及杂音，降低通话质量。

**15.3.7** 高频（智能）开关电源设备的输入电源的相线和零线不得接错，其零线不得虚接或断开。

【释义】

零线虚接处有一个大的接触电阻，交流在其上会产生一个交流电压降，该电压降对有的相是同相相加，有的是反相相减，造成某些相的电压偏高而超过允许范围，烧坏无输入过压保护的模块。零线断开危害更大，电压将重新分配，若某相上带的整流模块少，它将因承受的电压高而被烧坏。

**16.3.11** 轨道电路区段内连接两钢轨的装置，其绝缘配件应齐全、完整，绝缘性能符合产品技术文件规定。

【释义】

轨道电路区段内各种连接杆、件的绝缘程度，直接影响到区段漏泄电阻值。当其中任一杆、件绝缘不良时，都会造成道床漏泄电阻减小，漏泄电流增大，降低轨道电路的可靠性，甚至无法工作。故提出本条要求。

**16.3.15** 钢轨绝缘安装应符合下列规定：

**1** 轨道电路中相对的两绝缘节应对齐，不能对齐时，其错开距离不得大于 2.5m。

**2** 绝缘配件齐全并不应破损，紧固螺栓应拧紧。

**【释义】**

防止轨道电路出现死区段，致使小车跳动或停留在轨道绝缘节处，得不到分路状态检查。

**16.3.16 无绝缘轨道电路安装应符合下列规定：**

**1** 轨道电路区段配置的短路棒、调谐单元、电缆和环线安装位置应符合设计规定；

**2** 连接线焊接应牢固。

**【释义】**

地下铁道信号系统中采用的无绝缘轨道电路均为国外引进产品。由于设备型号不同，安装技术要求和安装标准也不相同，故仅作原则性规定。

**17.2.4 高压柜、低压柜、直流开关柜、整流柜、电源柜等设备的基础型钢，应与结构钢筋进行电气隔离，柜体的非带电金属部分应接地。**

**【释义】**

本条是为保证人身安全及采用"排"、"堵"双重方法，限制直流系统运行中杂散电流对结构钢筋及金属管道产生腐蚀而制定的。

**17.3.28 架空接触网设备安装的安全距离应符合下列规定：**

**1** 架空接触网带电部分至车辆限界线的最小安全间隙为115mm；

**2** 架空接触网带电部分在静态时至建筑物及设备的最小安全距离为150mm；

**3** 架空接触网设备安装后，受电弓与结构的最小安全间隙为150mm；

**4** 架空接触网上配件的横向突出部分与受电弓最小安全间隙为15mm；

**5** 隔离开关触头带电部分至顶部建筑物距离，不应小于500mm。

**【释义】**

减少接触电阻，并保证取流良好。

**17.4.2 隧道行车段的配线，严禁采用粘接法施工。**

**【释义】**

施工期间隧道内的湿度较大，其粘接质量不易控制，为保证供电和行车安全，本条做出了规定。

**17.4.6 动力箱、照明箱、电控箱（柜）的金属外壳应接地，接地线另一端应与变电所低压柜的接地线相接。**

**【释义】**

本条是为保证人身安全而制定的。

**17.5.10 接地体和接地线的材质应符合设计规定；当设计无规定时，应采用铜质材料。**

**【释义】**

北京地下铁道一、二期工程接地体（线）的材质为钢材，目前北京、上海等地下铁道的设计均采用铜材，故本条文提出当设计无规定时，应采用铜质材料。

**17.5.15 隧道内接地线与隧道外引入的接地线应采用螺栓连接，连接处的表面应按现行国家标准的规定处理。**

**【释义】**

隧道外接地线与隧道内接地干线，通过隧道内设置的接地箱连接，便于维护、检查。

**17.6.3** 强电回路应和弱电回路分开布线。

【释义】

强电设备的操作，将使强电回路及其操作回路的电流产生突变，与强电回路并排走线的弱电信号线上，将会感应出干扰脉冲，影响主机正常工作。

**17.7.5** 接触网送电前应检查并擦拭全部绝缘子，不合格者必须更换；绝缘电阻值应满足设计要求；隔离开关的分合闸位置，应符合送电方案的规定，并拆除临时接地线。

【释义】

接触网送电开通前的绝缘测试，是检查接触网绝缘状况的重要依据，根据实践经验，接触网绝缘电阻值随着气候、隧道内的湿度环境影响相差很大，特别是隧道内开通初期比较潮湿，绝缘子的绝缘电阻值接近于零，此时只要确认没有接地现象，即可考虑强行送电，实践证明，由于电晕作用，绝缘子表面将自行干燥，恢复绝缘强度。

**17.7.7** 接触网送电后，应在供电臂末端进行电压测试，合格后进行空载试验。空载运行 **1h** 无异常，再进行电动车组负载试验，并运行 **24h** 合格后方可进行试运行。

【释义】

空载运行 1h 及负载运行 24h 的规定，是参照国家现行标准《铁路电力牵引供电施工规范》TBJ 208 的有关规定制定的。

**18.1.2** 通风与空调工程所使用的材料，应为不燃材料并应具有防潮、防腐、防蛀的性能或已达到上述性能要求的防护措施。

【释义】

地下铁道的地下空间封闭，人员疏散困难。火灾的高温浓烟是危及人员生命的主要原因。使用不燃材料是必需的。另外根据地下铁道内湿度大的环境特点，对材料的性能要求作了相应规定。

**18.1.5** 通风与空调工程施工中应与环境监控系统和消防监控系统配合，做好接口处理工作。

【释义】

通风与空调工程与环境监控及消防监控系统密不可分，两者需结合一体发挥功效。但是从设计角度，通风与空调工程与环境监控及消防监控系统属环控与监控两个子专业，其施工安装分包也往往不在一起。因此做好接口管理工作尤为重要。

**19.3.3** 设备仪表安装应符合下列规定：

**1** 压力表位置、高程、表盘朝向应便于观察及维修。

**2** 液压指示计或液位控制装置应指示正确，动作可靠，显示清晰。

【释义】

是为保证排水管道、排水泵、设备仪表等安装质量而制定的。

**19.4.1** 工程验收应检查下列项目，并符合本章有关规定：

**3** 管道及附近防腐保温和防杂散电流措施。

**6** 管道阀门启闭和仪表的灵敏度。

【释义】

地下铁道给排水工程安装完毕，其中，给水管道经过试压、冲水等检查，排水系统经过试运转合格后，并填写记录，以给工程验收创造条件。而在验收过程中，除具体进行项目检查外，施工单位还应提供技术资料。当工程质量合格、技术资料齐全，即可正式验收。

## 24.《城市轨道交通自动售检票系统工程质量验收规范》GB 50381—2010

**3.3.4　在 AFC 系统工程质量验收中，对不符合本规范要求的 AFC 系统工程，且通过返修或加固处理仍不能满足安全使用要求的分部工程、单位工程，严禁验收。**

【释义】

本条规定为强制性条文。根据现行国家标准《建筑工程施工质量验收统一标准》GB 50300—2001 中第 5.0.7 条的规定，采取返修或加固处理措施后，仍然存在严重缺陷，不能满足安全和使用要求的分部、单位工程，是不合格工程，严禁验收。

**4.2.1　金属配管预埋的质量应符合下列规定：**

**2　金属配管严禁采用对口熔焊连接；镀锌和壁厚小于或等于 2mm 的钢导管，严禁采用套管熔焊连接。**

**3　当金属配管采用螺纹连接时，连接处的两端必须保证可靠接地连通。**

【释义】

本条第 2 款和第 3 款规定为强制性条款。

第 2 款引用了现行国家标准《建筑电气工程施工质量验收规范》GB 50303—2002 中的第 14.1.2 条的规定；

第 3 款当非镀锌配管采用螺纹连接时，连接处的两端应跨接接地线，当镀锌钢配管采用螺纹连接时，连接处的两端应用专用接地固定跨接接地线，同时两种情况下连接处的两端都应保证可靠接地连通。

**4.2.4　金属线槽、金属导管、接线盒、分向盒必须电气连接，且必须可靠接地。**

【释义】

本条规定为强制性条文，金属线槽、金属导管、接线盒、分向盒必须接地（PE）或接零（PEN）可靠。金属线槽不作设备的接地导体，当设计无要求时，金属线槽全长不少于 2 处与接地（PE）或接零（PEN）干线连接。

**6.2.1　终端设备的进场质量应符合下列规定：**

**4　终端设备接地点和设备接地必须连接可靠。**

【释义】

本条第 4 款为强制性条款。AFC 系统车站终端设备在完成施工安装后，进入调试前应特别满足终端设备接地点与现场施工完成端的接地点连接可靠。包括：实施设备安装前，检查各接地端口的完工质量应符合设备安装要求；设备安装完成后，各设备接地点的实测对地电阻值应满足设计指标；不应在未确认设备接地可靠之前进行设备的上电调试操作。

**12.3.4　电源端子接线必须正确，电源线缆两端的标志必须齐全。直流电源线必须以线色区别正、负极性，直流电源正、负严禁错接与短路，接触必须牢固；交流电源线必须以线色区别相线、零线、地线，严禁错接与短路，接触必须牢固。**

【释义】

本条规定为强制性条文。电源系统必须保证 AFC 系统各设备的正常运行和人身、设备的安全，因此在施工过程中电源系统的配线尤为重要。对电源线缆进行标识是有助于区分线缆用途的有效方式。

**12.5.6  防雷接地与交流工频接地、直流工作接地、安全保护接地必须共用综合接地体，接地装置的接地电阻值必须按接入设备中要求的最小值确定，其接地电阻测试值严禁大于 1Ω。**

【释义】

AFC 系统通常使用车站建筑的共用综合接地。根据国家标准《智能建筑工程质量验收规范》GB 50339—2003 中第 11.3.1 的规定，采用建筑物金属体作为接地装置时，接地电阻不应大于 1Ω。AFC 系统设备通常安装在车站客流密集的站厅（或站台）上，此区域属于公共服务区域，所以安全接地要求严格遵守。

## 25.《城市轨道交通通信工程质量验收规范》GB 50382—2006

**3.3.8  通过返修或加固处理仍不能满足安全使用要求的分部工程、单位工程，严禁验收。**

【释义】

采取返修或加固处理措施后，仍然存在严重缺陷，不能满足安全和使用要求的分部、单位工程，是不合格工程，严禁验收。

**4.2.4  支架、吊架安装在区间时，严禁超出设备限界。**

检验数量：全部检查。

检验方法：观察、尺量检查。

【释义】

根据《地铁设计规范》GB 50157—2013，区间内的部件均不得超过设备限界。违之则存在严重缺陷，不能满足安全和使用要求的分部、单位工程，是不合格工程，严禁验收。本条文规定采用全部检查的方法进行验收，以确保工程质量。

**5.2.5  光、电缆线路的防雷设施的设置地点、区段、数量、方式和防护措施应符合设计要求。**

检验数量：全部检查。

检验方法：观察检查。

【释义】

雷电引起的外部过电压对电气设备的危害极大。本条文规定采用全部检查的方法进行验收，以确保工程质量。

**5.3.4  电缆引入室内时，其金属护套与相连接的室内金属构件间应绝缘。**

检验数量：全部检查。

检验方法：施工单位观察检查，用万用表检查绝缘性能。监理单位见证试验。

【释义】

本条文规定采用全部检查的方法进行验收，并规定了检测绝缘性能具体方法，以统一验收作业规程，确保工程质量。

**5.4.4** 光缆引入室内时，应做绝缘接头，室内室外金属护层及金属加强芯应断开，并彼此绝缘。

　　检验数量：全部检查。

　　检验方法：观察检查。

【释义】

　　本条文旨在杜绝光缆引入室内时将室外的电位引入室内而造成电位差。

**6.3.6** 设备地线必须连接良好。

　　检验数量：全部检查。

　　检验方法：施工单位用万用表检查。监理单位见证试验。

【释义】

　　接地线需保证良好的连接，接地线与设备及接地端子的连接影响连接效果，本条文规定采用全部检查的方法进行验收，并规定了检测的具体方法，以统一验收作业规程，确保工程质量。

**6.3.7** 电缆、电线的屏蔽护套应接地可靠，并应与接地线就近连接。

　　检验数量：全部检查。

　　检验方法：观察检查。

【释义】

　　屏蔽护套的可靠接地利于电气屏蔽，并有利于防止供电系统故障而引起的故障电压蔓延。本条文规定采用全部检查的方法进行验收，并规定了检测的具体方法，以统一验收作业规程，确保工程质量。

**7.2.3** 区间电话安装严禁超出设备限界。

　　检验数量：全部检查。

　　检验方法：观察检查。

【释义】

　　根据《地铁设计规范》GB 50157—2013，区间内的部件均不得超过设备限界。违之则存在严重缺陷，不能满足安全和使用要求的分部、单位工程，是不合格工程，严禁验收。本条文规定采用全部检查的方法进行验收，以确保工程质量。

**9.2.5** 铁塔防雷装置、接地引下线和接地电阻应符合设计要求。

　　检验数量：全部检查。

　　检验方法：施工单位用接地电阻测试仪测接地电阻。监理单位见证试验。

【释义】

　　防雷与接地对于电气系统非常重要，须严格满足设计文件的相关要求。本条文规定采用全部检查的方法进行验收，并规定了检测的具体方法，以统一验收作业规程，确保工程质量。

**9.2.6** 铁塔塔体的接地电阻应符合设计要求，塔体金属构件间应保证电气连通。

　　检验数量：全部检查。

　　检验方法：施工单位用万用表检查电气连通性，用接地电阻测试仪测接地电阻。监理单位见证试验。

【释义】

接地电阻对于电气系统非常重要，须严格满足设计文件的相关要求。本条文规定采用全部检查的方法进行验收，并规定了检测的具体方法，以统一验收作业规程，确保工程质量。

**11.2.3 安装扬声器严禁超出设备限界，不得影响与行车有关的信号和标志。**

检验数量：全部检查。

检验方法：观察检查。

【释义】

根据《地铁设计规范》GB 50157—2013，区间内的部件均不得超过设备限界。违之则存在严重缺陷，不能满足安全和使用要求的分部、单位工程，是不合格工程，严禁验收。本条文规定采用全部检查的方法进行验收，以确保工程质量。

**14.3.1 电源设备配线用电源线应采用整段线料，中间禁止有接头。**

检验数量：全部检查。

检验方法：观察检查。

【释义】

线缆中间接头易故障，造成接地故障短路。因此本条文规定线缆中间禁止有接线，若避不开中间接头，则接头处须设置接线盒，接头在接线盒中完成。

**14.3.4 直流电源线必须以线色区别正、负极性，直流电源正负极严禁错接与短路，接触必须牢固；交流电源线必须以线色区别相线、零线、地线，严禁错接与短路，接触必须牢固。**

检验数量：全部检查。

检验方法：观察检查。

【释义】

本条文采用色别的方式来区分线缆，与《建筑电气工程施工质量验收规范》GB 50303—2002 的相关要求一致。

## 26.《城市轨道交通信号工程施工质量验收规范》GB 50578—2010

**3.1.2 城市轨道交通信号工程除应按现行国家标准《建筑工程施工质量验收统一标准》GB 50300—2001 第 3.0.2 条的规定进行施工质量控制外，尚应符合下列规定：**

**5 轨旁信号设备的安装不得侵入设备限界。**

【释义】

工程施工质量控制的要点包括两个方面：一是对材料、构配件和设备质量的进场验收，二是对各工序操作质量的自检、交接检验。

第一，对材料、构配件和设备质量的进场验收应分两个层次进行。

现场验收：对材料、构配件和设备的外观、规格、型号和质量证明文件等进行验收。检验方法为观察检查并配以必要的尺量、检查合格证、厂家（产地）试验报告；检验数J—i.多为全部检查。施工单位和监理单位的检验方法和数量多数情况下相同。未经检验或检验不合格的，不得运进施工现场。

试验检验：凡是涉及结构安全和使用功能的，要进行试验检验。确定试验检验项目时，首先要考虑对工程的结构安全和使用功能确有重要影响的项目，其次是大多数单位都具备相应试验条件。施工单位试验检验的批量、抽样数量、质量指标应根据相关产品标准、设计要求或工程特点确定，检验方法符合相关标准或技术条件的规定。监理单位要按施工单位抽样数量的20%或10%以上的比例进行见证取样检测或平行检验。不合格的不得用于工程施工。

第二，对工序操作质量的自检、交接检验。

自检：施工过程中各工序应按施工技术标准进行操作，该工序完成后，对反映该工序质量的控制点进行自检。自检的结果要留有记录。这个结果可以作为施工记录的内容，有的也正好是检验批验收需要的检验数据，要填入检验批质量验收记录表中。

交接检验：一般情况下，一个工序完成后就形成了一个检验批，可以对这个检验批进行验收，而不需要另外进行交接检验。对于不能形成检验批的工序，在其完成后应由其完成方与承接方进行交接检验。特别是不同专业工序之间的交接检验，应经监理工程师检查认可，未经检查或经检查不合格的不得进行下道工序施工。其目的是既促进了前道工序的质量控制，又促进了后道工序对前道工序质量的保护，还可分清质量职责而避免发生纠纷。

地下隧道壁、高架线路挡墙及整体道床均系钢筋混凝土结构，为了防止螺栓与钢筋结构件相通所产生的迷流对信号系统运转造成影响，要求在上述载体上安装的信号设备应与之绝缘。具体操作时，可使用便携式钢筋定位仪探头扫描钻孔位置处是否有钢筋，使安装螺栓避免与混凝土的配筋相碰。如无法避免一时，可采用化学锚栓方式（即钻孔后放入专用钻黏结胶剂，用电钻旋入螺杆，待黏结胶剂硬化后固定安装螺栓）将安装螺栓固定。

地铁限界分为车辆限界、设备限界、建筑限界。车辆限界是车辆在正常运行状态形成的最大动态包络线，设备限界是用以限制设备安装的控制线，建筑限界则是在设备限界的基础上，考虑了设备和管线安装尺寸后的最小有效断面。

在轨道交通信号系统中，有大量的信号设备在沿线轨旁安装。为了避免轨旁设备与车辆碰擦导致损伤，继而威胁行车和设备安全，因此要求所有信号轨旁设备安装均不得侵入规定的设备限界。

由于涉及行车安全，故该条款属强制性条文，必须严格执行。

**3.3.5** 单位工程质量验收合格应符合下列规定：

**1** 单位（子单位）工程所含分部工程的质量均应验收合格。

【释义】

单位工程质量的验收内容包括分部工程质量验收、质量控制资料的核查、工程安全和功能检验及抽查、观感质量等，都应符合本规范的规定。单位工程质量的验收是建设活动各方对工程质量控制的最后一关，而"单位（子单位）工程所含分部工程的质量均应验收合格"是单位工程质量合格的重要前提，故该条款属强制性条文，必须严格执行。

**7.2.5** 钢轨绝缘安装应符合下列规定：

**2** 设于警冲标外方的钢轨绝缘，除渡线及其他侵限绝缘外，绝缘安装位置与警冲标计算位置的最小距离应符合设计要求。

【释义】

本条文第 2 款所述的钢轨绝缘距警冲标位置的距离，主要是考虑警冲标与轨道电路绝缘节之间的有效距离，必须大于目前在轨道交通所运用车辆的第一根轮轴至车辆前端的实际距离，从而能有效地防止可能发生的列车侧面冲撞事故。由于直接涉及行车安全，故该条款属强制性条文，必须严格执行。

**8.1.4　车载设备的安装不得超出车辆限界。**

【释义】

本条为强制性条文。现行国家标准《地铁设计规范》GB 50157—2013 中车辆限界是指车辆在正常运行状态下形成的最大动态包络线。直线地段车辆限界分为隧道内车辆限界和高架或地面线车辆限界，高架或地面线车辆限界应在隧道内车辆限界基础上，另加当地最大风荷载引起的横向和竖向偏移量。因为车载信号设备安装超出车辆限界会损坏列车沿线其他设施，从而严重影响行车安全，或造成其他人身或财产损失，故严格禁止。

**13.2.3　车站连锁试验应符合下列要求：**

**1**　进路连锁表所列的每条列车/调车进路的建立与取消、信号机开放与关闭、进路锁闭与解锁等项目的试验，应保证连锁关系正确并符合设计要求。

**2**　进路不应建立敌对进路，敌对信号不得开放；建立进路时，与该进路无关的设备不得误动作，列车防护进路应正确和完整。

**3**　站内连锁设备与区间、站（场）间的连锁关系应符合设计要求。

**4**　计算机连锁设备的采集单元与采集对象、驱动单元与执行器件的状态应一致。

【释义】

本条文所列试验项目系指在室内的连锁模拟试验。模拟试验必须根据设计进路连锁图表逐项、逐条、全面、彻底进行。

本条文中"连锁关系"是指信号系统中各种信号机、道岔、轨道电路及相关系统设备之间，为确保行车安全而设定的一种相互制约的逻辑关系。由于信号连锁关系的正确与否，直接涉及列车运行和设备的安全，故该条文属强制性条文，必须严格执行。

**13.3.2　道岔转辙设备试验应符合下列要求：**

**5**　在道岔第一牵引点锁闭杆中心处的尖轨与基本轨间有 **4mm** 及以上间隙时，道岔不得锁闭；其他牵引点处的不锁闭间隙应符合设计要求。

【释义】

本条文所表述的道岔转辙设备实验的指标符合现行国家标准《地下铁道工程施工及验收规范》GB 50229－1999（2003 版）和国家现行标准《铁路信号工程施工质量验收标准》TB 10419—2003 的相关规定。

本条第 5 款中"道岔不得锁闭"系指：在动力转辙机转换终止时，机械锁闭部分不能进入锁闭缺口内、定位或反位表示电路不能接通的一种状态。由于道岔"4mm"密贴状态试验结果表示了列车车轮在通过道岔尖轨部分时的安全可靠程度，直接涉及行车安全，故该条款属强制性条款，必须严格执行。

**15.1.5　ATP 系统必须符合故障导向安全原则。**

**【释义】**

系统故障包括相关设备及电路故障，或人为操作错误。"故障导向安全"的最终目的是确保行车和设备安全。由于该条文内容关系到整个系统与列车运行的安全，故该条文属强制性条文，必须严格执行。

## 27.《城镇供热管网工程施工及验收规范》CJJ 28—2004

**2.4.3 施工现场夜间必须设置照明、警示灯和具有反光功能的警示标志。**

**【释义】**

夜间在城镇居民区或现有道路施工时，极易造成车辆或行人掉入管沟、碰撞施工围挡等事故，直接关系交通参与者和施工人员的安全。设置照明灯、警示灯和反光警示标志，能大大提高其安全性。由于夜间施工现场光线差，看不清楚各种围挡、沟槽、基坑、设备等，要求施工单位设置照明点、导行标志和围挡反光标志等是为保障行人、车辆安全。警示灯一般设置在道路无法前行点上，提醒行人和车辆此处有危险，注意绕行。

## 28.《城市道路照明工程施工及验收规程》CJJ 89—2012

**4.3.2 配电柜（箱、屏）内两导体间、导电体与裸露的不带电的导体间允许最小电气间隙及爬电距离应符合表 4.3.2 的规定。裸露载流部分与未经绝缘的金属体之间，电气间隙不得小于 12mm，爬电距离不得小于 20mm。**

**【释义】**

本条是根据现行国家标准《电气装置工程盘、柜及二次回路结线施工及验收规范》GB 50171 而编写的，施工时必须执行，以免造成运行事故。

**5.2.4 当拉线穿越带电线路时，距带电部位距离不得小于 200mm，且必须加装绝缘子或采取其他安全措施。当拉线绝缘子自然悬垂时，距地面不得小于 2.5m。**

**【释义】**

拉线加装绝缘子，是防止拉线碰到带电导线时，烧毁设备或发生人身触电事故；要求绝缘子自然悬垂距地面必须大于 2.5m，是为了防止人身触及绝缘子以上带电的拉线。

**5.3.3 不同金属、不同规格、不同绞向的导线严禁在档距内连接。**

**【释义】**

不同金属、不同规格、不同绞制方向的导线在档距内连接，因受条件限制，不易连接紧密、牢固，由于受物理和化学因素的影响接头处易腐蚀，会造成严重的线路隐患。

**6.1.2 电缆直埋或在保护管中不得有接头。**

**【释义】**

电缆直埋或在管中均无宽松的空间，电缆接头极易受到挤压而变形，造成烧断电缆的事故。

**6.2.3 直埋敷设的电缆穿越铁路、道路、道口等机动车通行的地段时应敷设在能满足承压强度的保护管中，应留有备用管道。**

**【释义】**

路灯低压电缆直埋敷设时如果没有任何保护，在穿越铁路、道路等处，过往车辆的压力会损坏电缆，造成烧毁电缆的事故。这些地段一般都严禁开挖，留有备用管道，以防应急和新增路灯线路之用。

**6.2.11 交流单芯电缆不得单独穿入钢管内。**

【释义】

运行经验表明，交流单相电缆以单根穿入钢（铁）管时，由于电磁感应会造成金属管发热而将管内电缆烧坏。

**7.1.1 城市道路照明电气设备的下列金属部分均应接零或接地保护：**

**1 变压器、配电柜（箱、屏）等的金属底座、外壳和金属门；**

**2 室内外配电装置的金属构架及靠近带电部位的金属遮拦；**

**3 电力电缆的金属铠装、接线盒和保护管；**

**4 钢灯杆、金属灯座、Ⅰ类照明灯具的金属外壳；**

**5 其他因绝缘破坏可能使其带电的外露导体。**

【释义】

钢灯杆、配电柜（箱、屏）等电气外露金属部分设置必要的防护可以避免施工维修人员和行人误触有电设备造成人身伤亡和设备事故。本条提到的电气设备的金属部分采取接零或接地保护后，可以有效地防止在电气装置的绝缘部分破坏时造成人身触电事故。

**7.1.2 严禁采用裸铝导体作接地极或接地线。接地线严禁兼做他用。**

【释义】

接地体（线）是保护人身和设备安全的重要装置。必须具备足够的导电截面和一定的机械强度。因此本条对接地线的使用做了具体的规定，必须严格执行。

**7.2.2 当采用接零保护时，单相开关应装在相线上，零线上严禁装设开关或熔断器。**

【释义】

单相开关如装在零线上，断开开关时，设备上仍然有电，因此，本条规定了单相开关应装在相线上。零线如装设开关或熔断器，则零线随时可能断开，容易造成人身触电事故。

**7.3.2 人工接地装置应符合下列规定：**

**1 垂直接地体所用的钢管，其内径不应小于 40mm、壁厚 3.5mm；角钢应采 L50mm×50mm×5mm 以上，圆钢直径不应小于 20mm，每根长度不小于 2.5m，极间距离不宜小于其长度的 20 倍，接地体顶端距地面不应小于 0.6m。**

**2 水平接地体所用的扁钢截面不小于 4mm×30mm，圆钢直径不小于 10mm，埋深不小于 0.6m，极间距离不宜小于 5m。**

**7.3.3 保护接地线必须有足够的机械强度，应满足不平衡电流及谐波电流的要求，并应符合下列规定：**

**1 保护接地线和相线的材质应相同，当相线截面在 35mm² 及以下时，保护接地线的最小截面不应小于相线的截面，当相线截面在 35mm² 以上时，保护接地线的最小截面不得小于相线截面的 50%；**

**2 采用扁钢时不应小于 4mm×30mm，圆钢直径不应小于 10mm；**

**3** 箱式变电站、地下式变电站、控制柜（箱、屏）可开启的门应与接地的金属框架可靠连接，采用的裸铜软线截面不应小于 4mm²。

【释义】

上面两条规定了人工接地装置和保护接地线的型号规格，是为了确保有足够的机械强度，满足不平衡电流及谐波电流的要求，是城市道路照明设施安全运行的可靠保证。

**8.4.7** 引下线严禁从高压线间穿过。

【释义】

引下线穿过高压线可能会造成引下线碰触高压线烧毁路灯设备或造成其他安全隐患。因此，本条规定严禁引下线穿过高压线。

# 参 考 文 献

[1]　中国建筑学会电气分会.《民用建筑电气设计规范实施指南》[M].北京：中国电力出版社，2008.

[2]　标准编制组.《建筑照明设计标准实施指南》[M].北京：中国建筑工业出版社，2014.

[3]　陆敏.《工程建设强制性条文—电气条文速查手册》[M].北京：中国建筑工业出版社，2014.

[4]　中国计划出版社编写.《电气装置安装工程施工及验收规范合编》[S].北京：中国计划出版社，2014.

[5]　曹晴峰.《建筑设备自动化工程》[M].北京：中国电力出版社，2013.

[6]　芮静康.《建筑安全监控防范技术》[M].北京：中国建筑工业出版社，2006.

[7]　中国航空工业规划设计研究院组编.《工业与民用配电设计手册　第三版》[M].北京：中国电力出版社，2005.

[8]　北京照明学会照明设计专业委员会编.《照明设计手册 第二版》[M].北京：中国电力出版社，2006.

[9]　赵勤、刘水平、牛学忠主编.《城市轨道交通通信信号系统工程》[M].北京：中国铁道出版社，2013.

[10]　黄德胜、张巍著.《地下铁道供电》[M].北京：中国电力出版社，2010.

[11]　杨建国主编.《城市轨道交通供电工程施工技术手册》[M].北京：中国铁道出版社，2013.

[12]　住房和城乡建设部工程质量安全监督司，中国建筑标准设计研究院.《全国民用建筑工程设计技术措施-电气》[S].北京：中国计划出版社，2009.